Kusch · *Rosenthal* · MATHEMATIK · BAND 3

MATHEMATIK

Band 3: Differentialrechnung

Funktionslehre, Differentialrechnung und Anwendung der Differentialrechnung mit 1400 Übungsaufgaben und 300 ausgerechneten Beispielen

Von

Lothar Kusch · Hans-Joachim Rosenthal
unter Mitwirkung von Heinz Jung

8., überarbeitete Auflage

VERLAG W. GIRARDET · ESSEN

ISBN 3-7736-2607-X
Bestellnummer 2607

W. Girardet Buchverlag GmbH, Essen
Druck W. Girardet Druck KG, Essen · Printed in Germany · 1980
(Nachdruck 1983)

VORWORT

Der vorliegende Band „*Differentialrechnung*“ baut auf den bewährten und viel verbreiteten Lehrbüchern „Mathematik, Band 1: Arithmetik“, und „Band 2: Geometrie“, auf. In Verbindung mit dem Band „*Integralrechnung*“ wird damit diejenige Mathematik behandelt, die jeder Ingenieur als Grundlage für seine Arbeit braucht. Dieses Buch kann auch an weiterführenden beruflichen Schulen eingesetzt werden.

Es ist ein methodisches Lehrbuch, das dem Adressaten eine vorzügliche Gelegenheit zur Wiederholung und Übung bietet. Der Lernerfolg läßt sich durch den Einsatz des Lösungsbuches vor allem für Autodidakten wesentlich verbessern. Das Buch füllt insofern eine Lücke im Angebot mathematischer Lehrbücher, als die in der Gesamtreihe didaktisch vielfach bewährten klassischen Formen der Darstellung und Lehrstoffverarbeitung beibehalten werden. Dadurch ist es möglich, allen Adressaten Probleme der Höheren Mathematik in einer besonders erfolgversprechenden, klaren und verständlichen Weise nahezubringen. Die Gliederung der mathematischen Lerninhalte in Informationseinheiten und Übungsabschnitte entspricht den modernen Vorstellungen eines für den Selbstunterricht geeigneten Lernbuches. Eine ausführliche Darstellung der Lerninhalte, die der Entwicklung der Mathematik in den letzten Jahren entspricht, findet man im Lehrbuch „*Funktionen, Differentialrechnung*“, das von uns im Verlag Girardet veröffentlicht wurde.

Die Verfasser freuen sich, nun eine neue überarbeitete Auflage vorlegen zu können; sie danken für die vielen Anregungen, die sie aus Leserkreisen erhalten haben. Herrn Heinz Jung gebührt besonderer Dank für seine Mitarbeit.

Gummersbach/Hannover, im Frühjahr 1980

Lothar Kusch

Hans-Joachim Rosenthal

INHALTSVERZEICHNIS

1. FUNKTIONSLEHRE

1.1. Grundbegriffe

1.1.1. Zahlenbegriff und Zahlensystem

Die Grundlage für alles mathematische und naturwissenschaftliche Denken bilden die Zahlen. Aus diesem Grund sei eine kurze Betrachtung über das heute in der Wissenschaft gebräuchliche Zahlensystem an den Anfang dieses Buches gestellt.

Alle bisher bekannten bestimmten Zahlen lassen sich wie folgt gliedern:

1. Reelle Zahlen

- 1.1 Rationale Zahlen
  - ganze Zahlen: $1;\ 2;\ 125;\ -23;\ -14$
  - gebrochene Zahlen: $\frac{1}{3};\ \frac{1}{7};\ \frac{15}{39};\ -\frac{7}{13};\ -\frac{2}{3}$
- 1.2 Irrationale Zahlen
  - algebraisch irrationale Zahlen: $\sqrt{2} = 1{,}414\ldots;\ \sqrt{3} = 1{,}7321\ldots$
  - transzendent irrationale Zahlen: $\pi = 3{,}14159\ldots;\ e = 2{,}7182\ldots$

Die reellen Zahlen können sowohl positiv als auch negativ sein und lassen sich auf der Zahlengeraden graphisch darstellen.

Reelle Zahlen

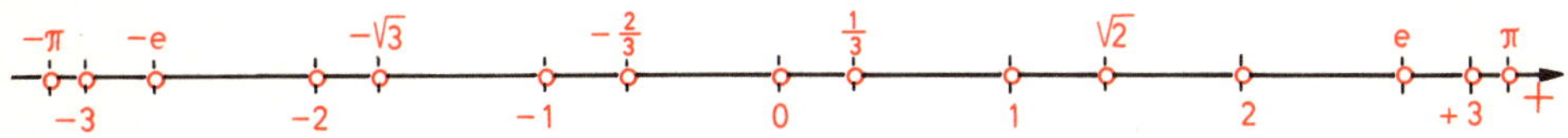

2. Imaginäre Zahlen

Definition:

Unter der imaginären Zahleneinheit i versteht man eine Zahl, deren Quadrat -1 ist.

$$\boxed{i^2 = -1}$$

Nicht nur i, sondern auch $-i$ hat nach den geltenden Rechenregeln das Quadrat -1.

$$\begin{aligned}(-i)^2 &= [(-1)\cdot i]^2\\ &= (-1)^2 \cdot i^2\\ &= 1 \cdot -1\\ &= \underline{\underline{-1}}\end{aligned}$$

Auch die imaginären Zahlen lassen sich wie die reellen Zahlen unterteilen und auf einer Zahlengeraden darstellen.

2.1 Rationale Zahlen

- ganze Zahlen: $2i;\ 3i;\ 423i;\ -11i;\ -20i$
- gebrochene Zahlen: $\frac{1}{2}i;\ \frac{23}{37}i;\ -\frac{1}{5}i;\ -\frac{9}{11}i;$

2.2 Irrationale Zahlen

- algebraisch irrationale Zahlen: $i \cdot \sqrt{3}\,;\ \frac{i}{\sqrt{5}};\ -i\sqrt{43}\,;$
- transzendent irrationale Zahlen: $i\pi;\ ie$

Imaginäre Zahlen

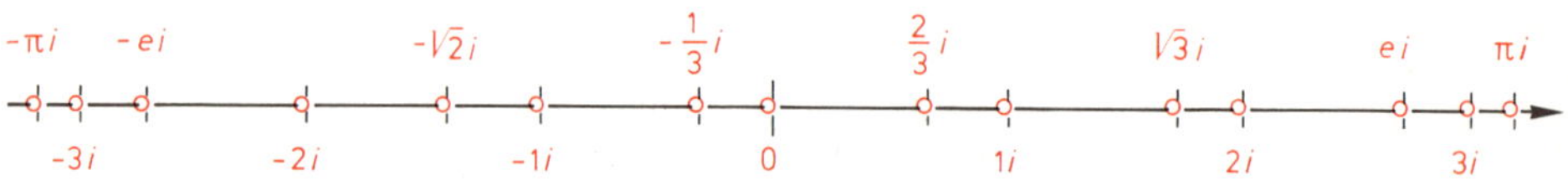

Durch Vereinigung einer imaginären und einer reellen Zahl entsteht eine komplexe Zahl.

$3 + 2i;\ -5 - 6i$

$a + bi$

Die komplexen Zahlen lassen sich in der Gaußschen Zahlenebene darstellen, die durch die beiden senkrecht aufeinanderstehenden Zahlengeraden der reellen und imaginären Zahlen gebildet wird.

Graphische Darstellung der Zahlen in der Gaußschen Zahlenebene

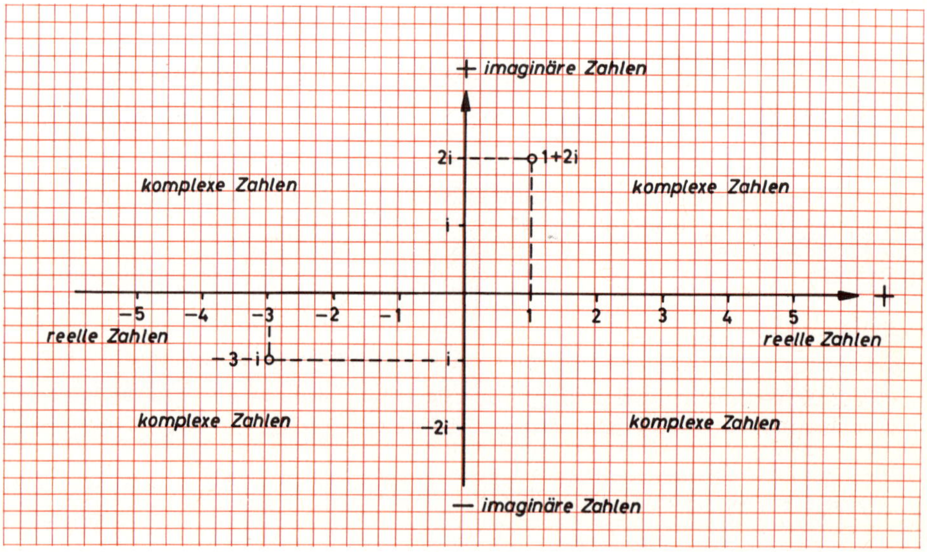

Nach der Gaußschen Darstellung sind alle komplexen Zahlen Punkte einer Ebene. Eine reelle Zahl entsteht, wenn der imaginäre Teil der komplexen Zahl gleich Null ist. Bei den imaginären Zahlen ist der reelle Teil der komplexen Zahl gleich Null. Die folgende schematische Übersicht gibt einen Überblick über das gesamte Zahlensystem.

Schematische Übersicht über die Zahlen

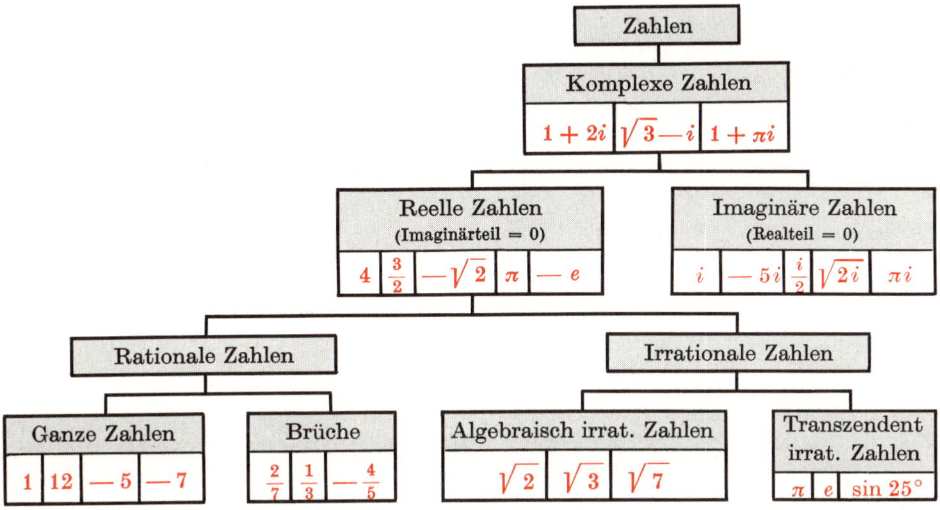

Auch die imaginären Zahlen lassen sich ebenso wie die reellen Zahlen aufgliedern.

1.1.2. Koordinatensysteme

Zur besseren Veranschaulichung von gegebenen Abhängigkeiten, Vorgängen und Gesetzen in Natur und Technik bedient man sich der graphischen Darstellung in Koordinatensystemen. In der modernen Wissenschaft sind derartige Darstellungen und ihre Deutung sehr wichtig, da ein klares und charakteristisches Bild vermittelt wird. Es seien hier nur die wichtigsten Koordinatensysteme aufgezeigt.

Das rechtwinklige ebene Koordinatensystem
(kartesisches Koordinatensystem)

Auf der Zahlengeraden läßt sich jeder Punkt durch eine Zahl festlegen.

z. B. $P_1 = 3$; $P_2 = -5$

Zahlengerade

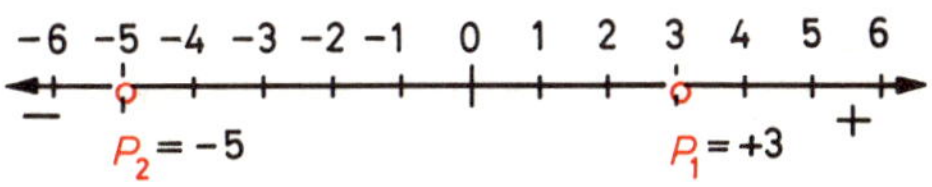

Um Punkte in einer Ebene festzulegen, genügt diese Darstellung nicht. Zu diesem Zweck zeichnet man ein rechtwinkliges Achsenkreuz (Koordinatenkreuz) aus zwei Zahlengeraden mit gleichem oder verschiedenem Maßstab. Die horizontale Achse heißt Abszisse oder x-Achse, die darauf senkrecht stehende Achse nennt man Ordinate oder y-Achse. Ihr Schnittpunkt heißt Nullpunkt oder Koordinatenanfang. Auf den Achsen werden die Zahlen oder Einheiten abgetragen. Jeder Punkt im Kreuz hat immer 2 Werte (Koordinaten), einen x- und einen y-Wert. Die zwischen den Achsen liegenden Felder nennt man Quadranten (I. bis IV.).

Stehen neben einem Punkt seine Koordinaten, so ist die erste Zahl in der Klammer immer die Abszisse x, die zweite Zahl die Ordinate y.

Koordinatenkreuz

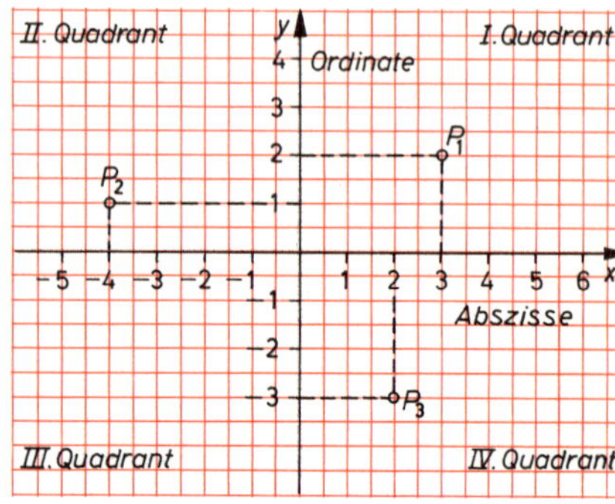

$P_1\ (3 \mid 2) \longrightarrow x_1 = 3;\quad y_1 = 2$

$P_2\ (-4 \mid 1) \longrightarrow x_2 = -4;\ y_2 = 1$

$P_3\ (2 \mid -3) \longrightarrow x_3 = 2;\quad y_3 = -3$

Das Polarkoordinatensystem

Neben den rechtwinkligen (kartesischen) Koordinaten kann man zur Festlegung eines Punktes in der Ebene das Polarkoordinatensystem benutzen.

Von einem gegebenen Nullpunkt, dem Pol, geht ein Strahl p, die Polar- oder Nullachse, aus. Ein Punkt P ist in der Ebene bestimmt durch seine Entfernung r vom Nullpunkt und durch den Winkel φ, den der Radius r mit der Nullachse p, im positiven Sinne gemessen, bildet. Man nennt r den Leitstrahl (Radiusvektor), φ den Polarwinkel (Abweichung, Anomalie) und beide zusammen die Polarkoordinaten eines Punktes. Das Wesen der Polarkoordinaten besteht darin, daß man die Punkte der Ebene als Schnittpunkte einer Schar von konzentrischen Kreisen mit einem vom Mittelpunkt ausgehenden Strahlenbüschel auffaßt. Zur schnellen zeichnerischen Darstellung von Funktionen in Polarkoordinaten benutzt man Polarkoordinatenpapier, dessen Vordruck aus konzentrischen Kreisen besteht, von deren Mittelpunkt ein Strahlenbüschel ausgeht.

Polarkoordinatensystem

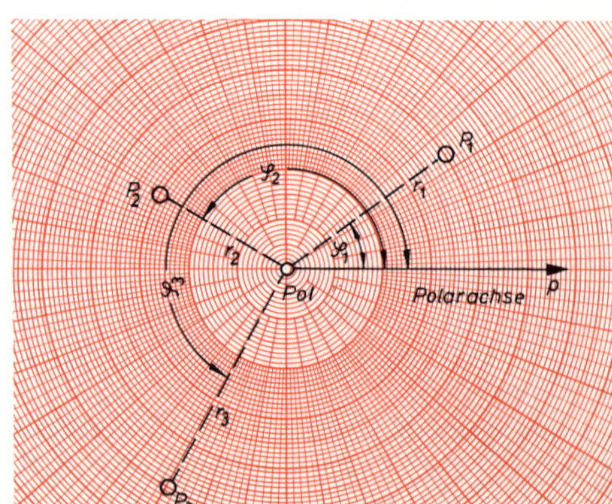

$P_1\ (4 \mid 35°) \longrightarrow r_1 = 4;\ \varphi_1 = 35°$

$P_2\ (3 \mid 150°) \longrightarrow r_2 = 3;\ \varphi_2 = 150°$

$P_3\ (5 \mid 240°) \longrightarrow r_3 = 5;\ \varphi_3 = 240°$

Beispiel: Zeichne die nachstehenden Punkte in ein Polarkoordinatensystem ein: $P_1\,(2\,|\,0°)$; $P_2\,(5\,|\,180°)$; $P_3\,(4\,|\,45°)$

Hat man einen Polarwinkel φ durch Zeichnen eines Schenkels festgelegt, so gelangt man zu P, indem man den Leitstrahl r auf dem Schenkel aufträgt.

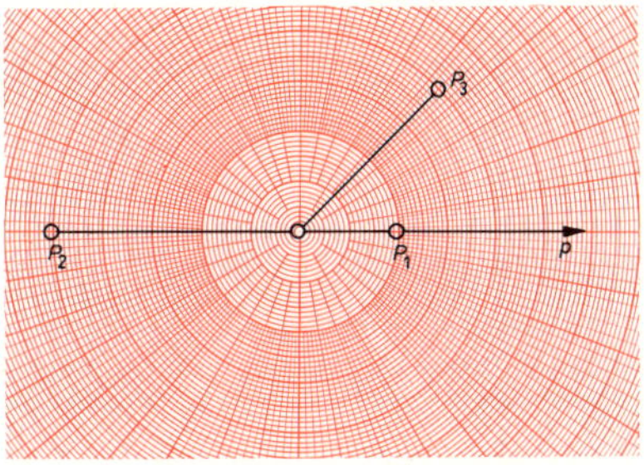

Die Koordinaten eines Punktes im kartesischen Koordinatensystem lassen sich leicht in Polarkoordinaten umrechnen und umgekehrt. Denkt man sich Nullpunkte, Nullachse und positive x-Achse zusammenfallend, so ergeben sich nebenstehende Beziehungen:

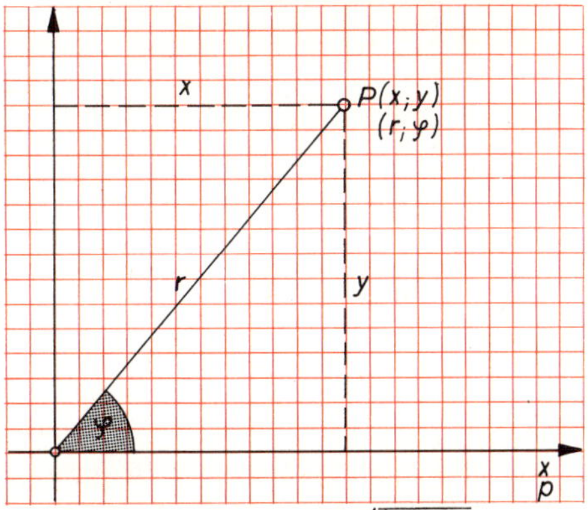

Umrechnung der kartesischen Koordinaten in Polarkoordinaten.

$$x^2 + y^2 = r^2; \longrightarrow r = \sqrt{x^2 + y^2}$$

$$\tan\varphi = \frac{y}{x}$$

Umrechnung der Polarkoordinaten in kartesische Koordinaten.

$$\sin\varphi = \frac{y}{r}; \longrightarrow y = r \cdot \sin\varphi$$

$$\cos\varphi = \frac{x}{r}; \longrightarrow x = r \cdot \cos\varphi$$

Beispiel: Rechne die kartesischen Koordinaten folgender Punkte in Polarkoordinaten um:

1. $P_1\,(4\,|\,3)$

1. $r_1 = \sqrt{4^2 + 3^2}$

$= \underline{\underline{5}}$

$\tan\varphi_1 = \frac{3}{4}; \longrightarrow \varphi_1 \approx \underline{\underline{36{,}9°}}$

2. $P_2\,(-5\,|\,2)$

2. $r_2 = \sqrt{(-5)^2 + 2^2}$

$= \sqrt{29}$

$\approx \underline{\underline{5{,}38}}$

$\tan\varphi_2 = \frac{2}{-5}$

$= -0{,}4; \longrightarrow \varphi_2 \approx \underline{\underline{158{,}2°}}$

Beispiel: Berechne die kartesischen Koordinaten zu folgenden Polarkoordinaten:

1. $P_1\,(6\,|\,30°)$

1. $y_1 = 6 \cdot \sin 30° = 6 \cdot 0{,}5 = \underline{\underline{3}}$

$x_1 = 6 \cdot \cos 30° = 6 \cdot 0{,}866 \approx \underline{\underline{5{,}2}}$

2. $P_2\,(4\,|\,220°)$

2. $y_2 = 4 \cdot \sin 220° = 4 \cdot -0{,}643 \approx \underline{\underline{-2{,}57}}$

$x_2 = 4 \cdot \cos 220° = 4 \cdot -0{,}766 \approx \underline{\underline{-3{,}07}}$

Das rechtwinklige räumliche Koordinatensystem

Durch das räumliche Koordinatensystem läßt sich die Lage von Punkten im Raum festlegen. Das rechtwinklige räumliche Koordinatensystem wird von drei Zahlengeraden gebildet, die in ihrem Nullpunkt senkrecht aufeinanderstehen. Sie werden bezeichnet als x-Achse, y-Achse, z-Achse. Ein Punkt P ist im Raum durch seine Koordinaten x, y, z bestimmt.

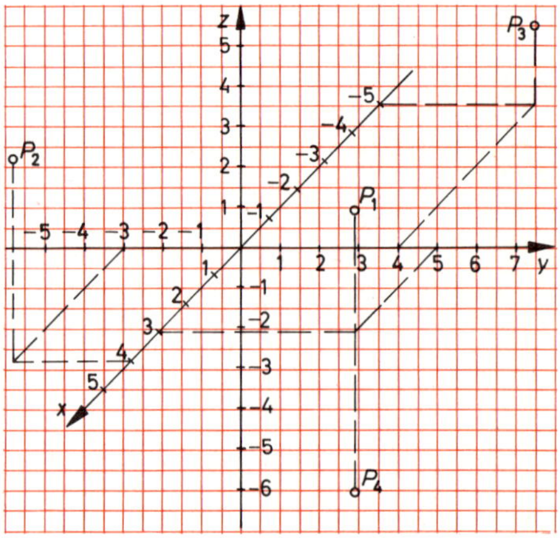

$P\,(3\,|\,-5\,|\,8)$ heißt: Der Punkt P hat im räumlichen Koordinatensystem die Koordinaten $x = 3$, $y = -5$ und $z = 8$.

$P_1(3|5|3) \longrightarrow x_1=3;\quad y_1=5;\quad z_1=3$

$P_2(4|-3|5) \longrightarrow x_2=4;\quad y_2=-3;\quad z_2=5$

$P_3(-5|4|2) \longrightarrow x_3=-5;\quad y_3=4;\quad z_3=2$

$P_4(3|5|-4) \longrightarrow x_4=3;\quad y_4=5;\quad z_4=-4$

1.1.3. Funktionsbegriff und Funktionsgleichung

Die Gesetze der Naturwissenschaft und Technik können auch in mathematischer Form ausgedrückt werden. Hierbei werden zahlenmäßige Beziehungen zwischen veränderlichen und unveränderlichen Größen dargelegt.

Funktionen einer Veränderlichen

Beispiel: Messe in der Zeit von 6 Uhr bis 18 Uhr alle zwei Stunden die Temperatur, und trage die Ergebnisse in eine Tabelle ein!

Die Wertetabelle gibt einen ungefähren Überblick über den Temperaturverlauf des Tages.

Wertetabelle

Uhrzeit	6^h	8^h	10^h	12^h	14^h	16^h	18^h
Temper.	3°	5°	7°	8°	9°	8°	6°

Man kann die einzelnen Werte auch in einem Koordinatenkreuz festhalten. Auf der x-Achse trägt man die Zeit und auf der y-Achse die Temperatur ein. Verbindet man die Punkte, so erhält man ein Schaubild der Temperaturkurve. Man kann daraus erkennen, in welcher Weise die Temperatur von der Tageszeit abhängt. Diese graphische Darstellung ist übersichtlicher als die Wertetabelle.

Schaubild

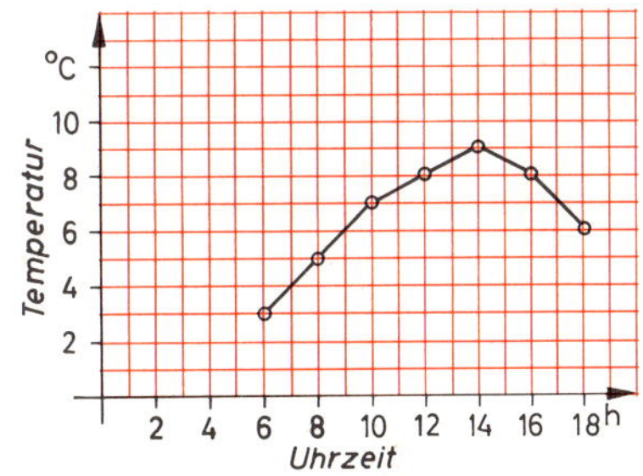

Solche Abhängigkeitsverhältnisse kommen in Natur und Technik überall vor und können tabellarisch oder graphisch dargestellt werden. Man nennt solche Schaubilder auch empirische Kurven, weil sie aus der Beobachtung und Erfahrung stammen.

Beispiele:

1. Diese Leistungskurve eines 250-cm³-Motors zeigt, in welcher Weise die Leistung des Motors von der Drehzahl abhängt.

1. Leistungskurve eines Motors

Wertetabelle

Leistung in kW	8	10	10,5	10
Drehzahl in U/min	3250	4300	5000	5750

Bei 3000 Umdrehungen leistet der Motor 7,5 kW. Seine höchste Leistung erreicht er bei 5000 Umdrehungen (10,5 kW), um bei höheren Drehzahlen wieder abzusinken (Grund: Abnahme der Zylinderfüllung).

Schaubild

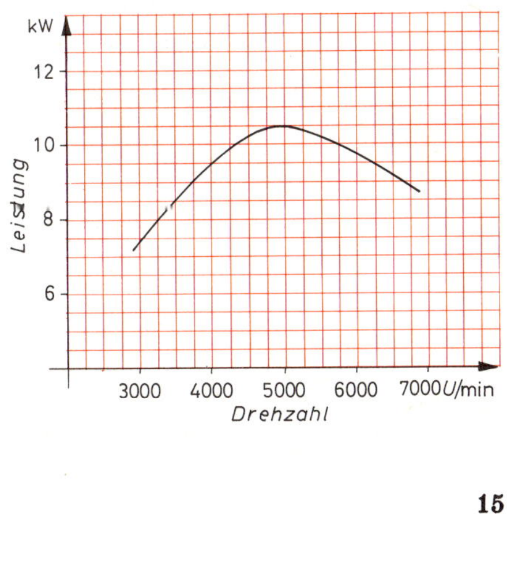

2. Die Form eines Parabolspiegels z. B. in einem Autoscheinwerfer, kann mathematisch berechnet werden. Der Querschnitt des tiefgezogenen Lampenkörpers ist eine Parabel mit der Gleichung

$$y = \pm\sqrt{x} \Rightarrow \begin{array}{l} y_1 = \sqrt{x} \\ y_2 = -\sqrt{x} \end{array}$$

Wertetabelle:

x	0	0,25	1	2	4	5
y_1	0	0,5	1	$\sqrt{2}$	2	$\sqrt{5}$
y_2	0	—0,5	—1	$-\sqrt{2}$	—2	$-\sqrt{5}$

2. Parabolspiegel

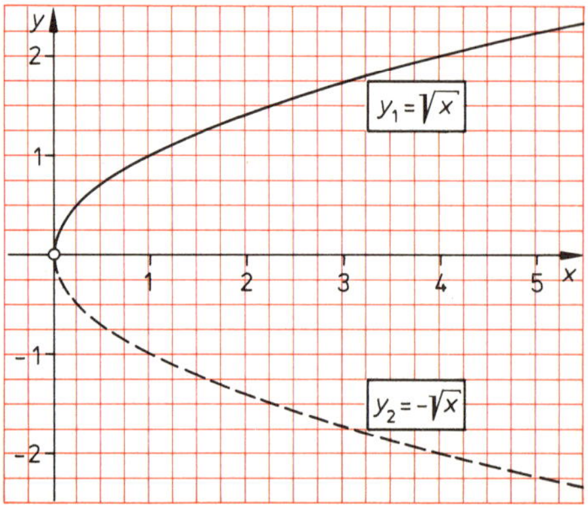

Aus dem Schaubild kann man erkennen, daß in diesem Beispiel jedem x-Wert **zwei** *y-Werte zugeordnet sind. Diese Zuordnung ist nicht wie in den vorangegangenen Beispielen* **eindeutig,** *sondern* **mehrdeutig.** *Im Gegensatz zur klassischen Mathematik nennt man solche mehrdeutigen Zuordnungen heute Relationen. In diesem Buch wird der klassische Funktionsbegriff verwendet, d. h. auch Relationen werden als Funktionen bezeichnet.*

Merke:

Ist eine Größe einer anderen Größe zugeordnet, so nennt man diese Zuordnung Funktion.

Besteht zwischen zwei Größen eine Zuordnung, so kann man nebenstehende symbolische Schreibweise anwenden.

$y = f(x)$ oder

$y = F(x)$ oder

$y = \varphi(x)$

Aus der Form der Schreibweise kann man erkennen, daß es sich um Gleichungen handelt; man nennt sie Funktionsgleichungen. In diesen ist immer die Größe y von der Größe x abhängig, man sagt auch: „y ist eine Funktion von x." Viele der in Naturwissenschaft und Technik vorkommenden Naturgesetze und Formeln sind solche Funktionsgleichungen. Die Funktionsgleichung ist die kürzeste mathematische Möglichkeit, gesetzmäßige Abhängigkeiten von verschiedenen Größen darzustellen.

Funktionsgleichung

$y = f(x)$

abhängig veränderliche Größe (y)	unabhängig veränderliche Größe (x)
↓	↓
abhängige Variable	unabhängige Variable

1. Beim Kreis ist der Umfang abhängig vom Durchmesser. Die genaue Gesetzmäßigkeit gibt die Formel (Rechenvorschrift) an.
2. Die Fläche eines Kreises ist abhängig vom Durchmesser, man sagt auch, sie ist eine Funktion des Durchmessers.
3. Die Größe y ist eine Funktion der Größe x (allgemeine Funktionsgleichung).

Bei einer Funktionsgleichung sind die Größen x und y bei der Rechnung veränderlich (variabel).

Frage:

Wie groß wird in der Gleichung y, wenn man für x verschiedene Werte einsetzt?

Beispiele von Funktionsgleichungen:

1. $l_u = f(d) \longrightarrow l_u = d \cdot \pi$

2. $A = f(d) \longrightarrow A = \frac{d^2 \cdot \pi}{4}$

3. $y = f(x) \longrightarrow y = 2x^3 + 3x^2 + 5$

Funktionsgleichung

$y = 5x + 4 \longrightarrow$

x	y
2	14
3	19

usw.

Aufgabe: Stelle beim Kreis die Abhängigkeit der Fläche vom Durchmesser wie folgt dar:

1. Durch eine Funktionsgleichung
2. Durch eine Wertetabelle
3. Durch ein Schaubild

Merke:

a) Aus einer Wertetabelle kann man ein Schaubild herstellen und umgekehrt.

b) Aus einer Funktionsgleichung kann man immer eine Wertetabelle und damit ein Schaubild gewinnen.

c) Aus einer Wertetabelle oder einem Schaubild läßt sich nicht immer eine Funktionsgleichung angeben.

1. Funktionsgleichung

$$A = f(d) = \frac{d^2 \cdot \pi}{4} = 0{,}785 \cdot d^2$$

2. Wertetabelle

A in cm²	0	3,14	12,57	19,64
d in cm	0	2	4	5

3. Schaubild

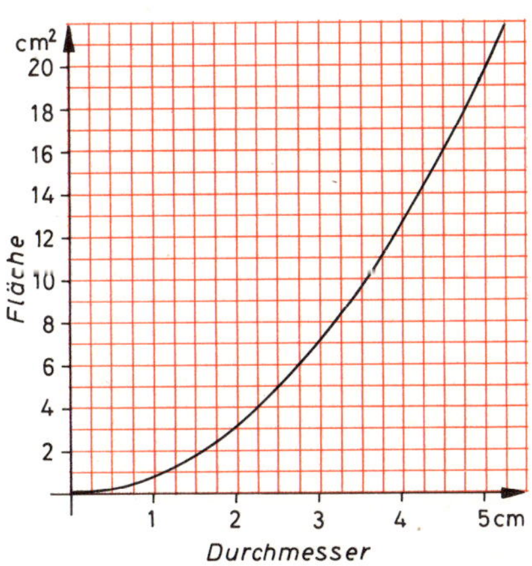

Funktionen von zwei Veränderlichen

Bisher wurden nur solche Abhängigkeiten behandelt, bei denen eine Größe von *einer* unabhängig veränderlichen Größe abhängt. Eine Größe kann auch von *zwei* unabhängig veränderlichen Größen abhängen.

Die Fläche des Rechtecks z. B. hängt von der Größe der Seiten l und b ab.

Rechteck

$A = f(l, b) \longrightarrow A = l \cdot b$

Bei der allgemeinen Form der Funktionsgleichung mit zwei unabhängig veränderlichen Größen sind die Größen x und y die unabhängig veränderlichen Größen, z ist die abhängig veränderliche Größe.

Funktionsgleichung

$z = f(x, y)$

abhängig veränderliche Variable (z)

unabhängig veränderliche Variablen (x, y)

Beispiele:

1. Die zulässige Belastung eines Werkstoffes ist abhängig von seiner Querschnittsfläche und seiner Festigkeit. Die genaue Gesetzmäßigkeit gibt die Formel an.

   $F = f(A, \sigma) \longrightarrow F = A \cdot \sigma$

2. Die Arbeit ist abhängig von der Kraft und dem Weg, sie ist also eine Funktion von Kraft und Weg.

   $A = f(F, s) \longrightarrow A = F \cdot s$

3. Die Größe z ist eine Funktion der Größen x und y (allgemeine Funktionsgleichung).

   $z = f(x, y) \longrightarrow z = 2x^2 + 3x + 4y - 5$

Aufgabe: Stelle beim Rechteck die Abhängigkeit des Umfanges von den Seiten l und b wie folgt dar:

1. Durch eine Funktionsgleichung

   1. Funktionsgleichung

   $l_u = f(l, b) = 2l + 2b = 2(l + b)$

2. Durch eine Wertetabelle

   2. Wertetabelle

	P_1	P_2	P_3	P_4	P_5	P_6
l	0	0	3	2	4	2
b	0	3	0	1	0	2
l_u	0	6	6	6	8	8

3. Durch ein Schaubild

Merke:

Das Schaubild einer Funktionsgleichung mit zwei unabhängig veränderlichen Größen ist eine Fläche im Raum, bei vorliegendem Beispiel eine ebene Fläche. Zum Zeichnen einer solchen Funktion ist ein räumliches Koordinatensystem erforderlich, dessen Achsen mit den 3 Veränderlichen der Funktion bezeichnet werden. Der Maßstab auf den drei Achsen kann beliebig gewählt werden.

Funktionsgleichungen mit zwei unabhängig veränderlichen Größen werden in der technischen Anwendung auch als Kurvenscharen in der Ebene dargestellt.

Als Beispiel wird die Abhängigkeit der Geschwindigkeit von Durchmesser und Drehzahl gewählt:

$v = f(d, n)$; ⟶ $v = d \cdot \pi \cdot n$

Hierzu wird die Variable n als Konstante behandelt. Auf diese Weise erscheinen z. B. die Normdrehzahlen einer Drehmaschine als Kurvenschar im Schaubild $v = f(d)$. Dabei sind folgende Darstellungsformen möglich:

1. arithmetisch geteiltes Koordinatensystem
2. logarithmisch geteiltes Koordinatensystem
3. Leiterdiagramm

3. Schaubild

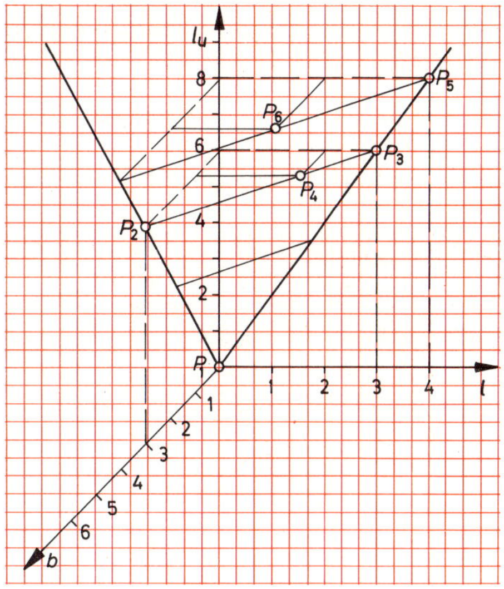

Beispiele:

1. Darstellung im arithmetisch geteilten Koordinatensystem

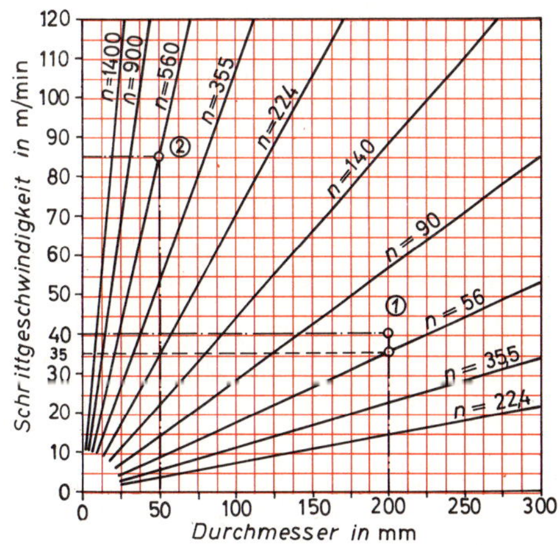

Ablesebeispiele:

Die Anwendung der drei Darstellungsformen in der Technik wird an den nachfolgenden Ablesebeispielen demonstriert. Die gesuchten Größen lassen sich ohne Rechnung aus den Schaubildern ablesen. Die Grundlage bildet die nachstehende Drehzahlreihe.

Normdrehzahlreihe:

22,4 — 35,5 — 56 — 90 — 140 — 224 — 355 — 560 — 900 — 1400

1. gegeben: $v = 40\,\frac{\text{m}}{\text{min}}$; $d = 200$ mm

   gesucht: $n = ?$

   Lösung: $n \approx 65\,\frac{\text{U}}{\text{min}}$

   gewählt: $n = 56\,\frac{\text{U}}{\text{min}} \mathrel{\hat{=}} v \approx 35\,\frac{\text{m}}{\text{min}}$

2. gegeben: $n = 560\,\frac{\text{U}}{\text{min}}$; $d = 50$ mm

   gesucht: $v = ?$

   Lösung: $v \approx 87\,\frac{\text{m}}{\text{min}}$;

2. Darstellung im logarithmisch geteilten Koordinatensystem

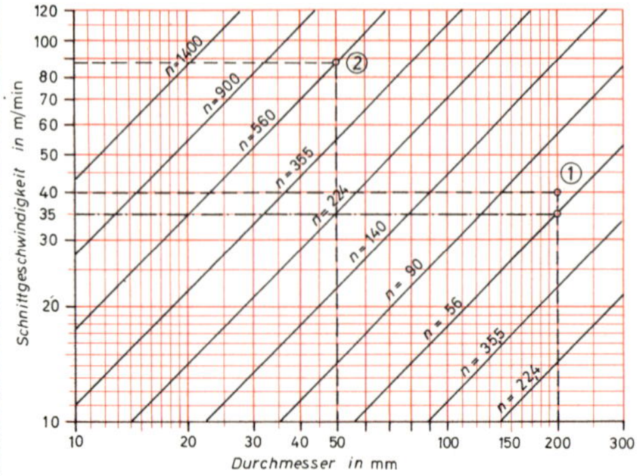

3. Darstellung als Leiterdiagramm

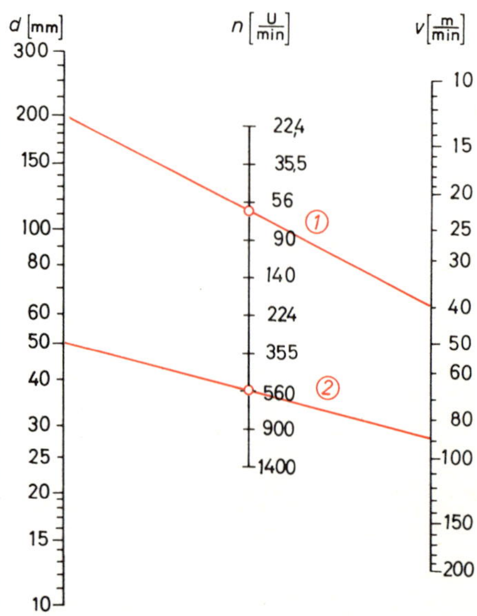

Funktionen von mehreren Veränderlichen

In Naturwissenschaft und Technik treten Zusammenhänge auf, bei denen eine Größe von drei und mehr unabhängig veränderlichen Größen abhängt.

$y = f\,(a, b, c \ldots)$

1. Die Größe des Volumen eines Prismas ist abhängig von seinen drei Seiten, ist also eine Funktion der drei Seiten. Die genaue Gesetzmäßigkeit gibt die Formel an.

Beispiele:

1. $V = f\,(l, b, h)$

$V = l \cdot b \cdot h$

2. Beim Hebelgesetz ist die Kraft F_1 eine Funktion von drei Größen, nämlich der Kraft F_2 und den beiden Hebelarmen l_1 und l_2.

3. Die Größe w ist eine Funktion der Größen x, y und z. (allgemeine Funktionsgleichung)

4. Der Preis eines Gutes ist eine Funktion vieler Faktoren.

2. $F_1 = f(F_2, l_1, l_2)$

$$F_1 = \frac{F_2 \cdot l_2}{l_1}$$

3. $w = f(x, y, z)$

$$w = 3x^2 + 2x + 3y^2 + 5z + 6$$

4. $P = f(p_1, p_2, p_3, p_4 \cdots p_n)$

Merke: Funktionsgleichungen mit mehr als zwei unabhängig veränderlichen Größen lassen sich graphisch auf einfache Weise nicht mehr darstellen.

1.1.4. Schreibweise von Funktionsgleichungen

Explizite und implizite Funktion

Die Schreibweise einer Funktionsgleichung hat gewöhnlich nebenstehende Form. Man nennt Funktionsgleichungen in dieser Form „explizite Funktionsgleichungen" (entwickelte Funktionsgleichungen). Die abhängig Veränderliche ist auf einer Seite der Gleichung isoliert.

$y = f(x)$
$y = 5x - 7$
} explizite Funktionsgleichung

Wird die Funktionsgleichung nicht nach einer veränderlichen Größe aufgelöst, so erhält man die „implizite Form" (unentwickelte Funktionsgleichung).

$f(x, y) = 0$
$y - 5x + 7 = 0$
} implizite Funktionsgleichung

Beispiel: Bilde die explizite Form nachstehender Funktionsgleichungen:

1. $3x^2 = 4(x - 2y)$

2. $2y^2 + 8x = 12y$

1. $3x^2 = 4(x - 2y)$

$$\frac{3}{4}x^2 = x - 2y$$

$$\underline{\underline{y = \frac{x}{2} - \frac{3}{8}x^2}}$$

2. $2y^2 + 8x = 12y$

$$y^2 - 6y + 4x = 0$$

$$\underline{\underline{y = 3 \pm \sqrt{9 - 4x}}}$$

Eine gegebene Funktionsgleichung wird gewöhnlich auch Stammfunktion genannt. Vertauscht man bei der Stammfunktion die Veränderlichen x und y und löst die neue Gleichung nach y auf, so erhält man die Umkehrfunktion (inverse Funktion) der Stammfunktion.

$y = x^2$ → Stammfunktion
$x = y^2$ Veränderliche vertauschen
$y = \pm\sqrt{x}$ → Umkehrfunktion

Allgemein:

$y = f(x)$ → Stammfunktion
$x = f(y)$ Veränderliche vertauschen
$y = g(x)$ → Umkehrfunktion

Aufgabe: Zu der Stammfunktion $y = \frac{1}{2}x^2$ sind zu suchen:

1. Die Umkehrfunktion
2. Die Schaubilder beider Funktionen

Lösung:

1. $y = \frac{1}{2}x^2$ → Stammfunktion

$x = \frac{1}{2}y^2$

$y = \pm\sqrt{2x}$ → Umkehrfunktion

2.

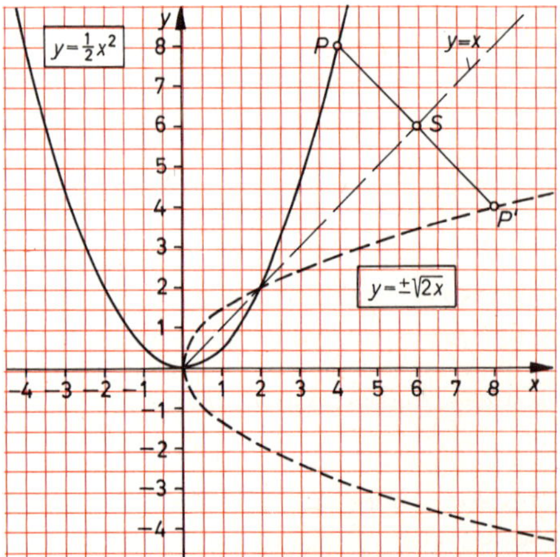

Erkenntnis:

Die Schaubilder zeigen, daß die Umkehrfunktion durch Spiegelung an der Geraden $y = x$ aus der Stammfunktion entsteht.

Beweis:

Jeder Punkt $P(x|y)$ wird durch Vertauschen der Koordinaten zu einem neuen Punkt $P'(y|x)$, z. B. $P(3|\frac{9}{2})$ und $P'(\frac{9}{2}|3)$.

Eigenschaften der Spiegelpunkte:

1. $\overline{PP'} \perp \; y = x$
2. $\overline{PS} = \overline{P'S}$

Beispiele:

1. $y = 2x + 4$ → Stammfunktion

$x = 2y + 4$

$y = \frac{x}{2} - 2$ → Umkehrfunktion

2. $y = 3x^3$ → Stammfunktion

$x = 3y^3$

$y = \sqrt[3]{\frac{x}{3}}$ → Umkehrfunktion

Merke:

Vertauscht man x und y einer Funktionsgleichung $y = f(x)$ und löst die neue Gleichung nach y auf, so erhält man die

Umkehrfunktion $y = g(x)$ (inverse Funktion). Das Bild der Funktion $y = g(x)$ entsteht aus dem Bild der Funktion $y = f(x)$ durch Spiegelung an der Geraden $y = x$.

3. $y = \frac{1}{\sqrt[3]{2x - 5}}$ → Stammfunktion

$x = \frac{1}{\sqrt[3]{2y - 5}}$

$y = \frac{1}{2x^3} + \frac{5}{2}$ → Umkehrfunktion

Funktionen in Polarkoordinatendarstellung

In vielen Fällen ergibt die Schreibweise einer Funktion in Polarkoordinaten ein anschaulicheres Bild als ihre Darstellung in kartesischen Koordinaten. Aus diesem Grund müssen die Funktionen der Form $y = f(x)$ in die Polarkoordinatendarstellung $r = f(\varphi)$ umgerechnet werden.

Funktion in kartesischen Koordinaten:
$y = f(x)$

Funktion in Polarkoordinaten:
$r = f(\varphi)$

Dabei gelten die Beziehungen:

$x = r \cdot \cos\varphi; \quad y = r \cdot \sin\varphi$

Beispiel:

Stelle die Funktion $y = 3x + 4$ in Polarkoordinatenschreibweise dar!

Lösung:

$$y = 3x + 4$$
$$r \cdot \sin\varphi = 3 \cdot r \cdot \cos\varphi + 4$$
$$r(\sin\varphi - 3\cos\varphi) = 4$$
$$r = \frac{4}{\sin\varphi - 3\cos\varphi}$$

Beispiel:

Die Funktion $y = \sqrt{2px}$ ist in Polarkoordinaten auszudrücken.

Lösung:

$y = \sqrt{2px}$

$y = r \cdot \sin\varphi; \quad x = r \cdot \cos\varphi$

$r \cdot \sin\varphi = \sqrt{2 \cdot p \cdot r \cdot \cos\varphi}$

$r^2 \cdot \sin^2\varphi = 2pr \cdot \cos\varphi$

$$r = \frac{2 \cdot p \cdot \cos\varphi}{\sin^2\varphi}$$

Aufgabe:

Stelle die Polarfunktion $r = \frac{1}{4}\varphi$ graphisch dar!

Lösung:

Wertetabelle

	P_1	P_2	P_3	P_4	P_5	P_6	P_7
$\varphi°$	0	45°	90°	180°	270°	360°	540°
$\widehat{\varphi}$	0	$\frac{\pi}{4}$	$\frac{\pi}{2}$	π	$\frac{3}{2}\pi$	2π	3π
r	0	$\frac{\pi}{16}$	$\frac{\pi}{8}$	$\frac{\pi}{4}$	$\frac{3}{8}\pi$	$\frac{\pi}{2}$	$\frac{3}{4}\pi$

Erkenntnis:

Der Leitstrahl r ist proportional dem Polarwinkel.

Läßt man φ um immer gleiche Werte zunehmen, so nimmt auch r um gleiche Strecken zu.

Die entstehende Kurve heißt archimedische Spirale.

$P_1 \left(0 \;\middle|\; 0° \right)$

$P_2 \left(\frac{\pi}{16} \;\middle|\; 45° \right)$

$P_3 \left(\frac{\pi}{8} \;\middle|\; 90° \right)$

$P_4 \left(\frac{\pi}{4} \;\middle|\; 180° \right)$

$P_5 \left(\frac{3}{8}\pi \;\middle|\; 270° \right)$

$P_6 \left(\frac{\pi}{2} \;\middle|\; 360° \right)$

$P_7 \left(\frac{3}{4}\pi \;\middle|\; 540° \right)$

Schaubild:

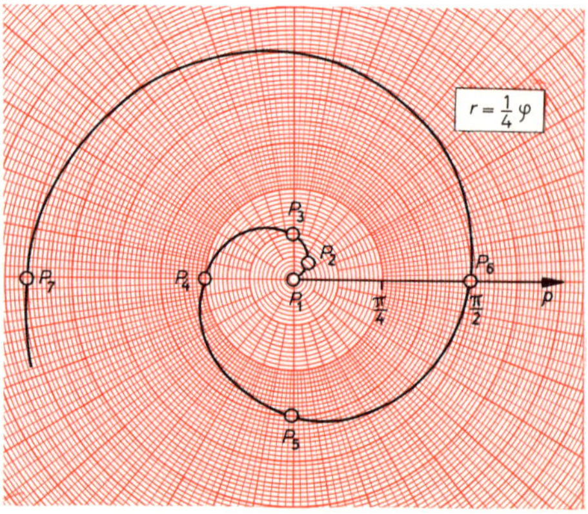

Funktionen in Parameterdarstellung

Bisher sind drei Formen bekannt, in denen man eine Funktion durch eine Gleichung darstellen kann:

1. explizite Schreibweise: $y = \pm \sqrt{a^2 - x^2}$
2. implizite Schreibweise: $x^2 + y^2 - a^2 = 0$
3. Polarkoordinatenschreibweise:

$$0 = r^2 \cos^2 \varphi + r^2 \sin^2 \varphi - a^2$$

$$r^2 = \frac{a^2}{\cos^2 \varphi + \sin^2 \varphi}$$

$$r^2 = \frac{a^2}{1}$$

$$r = a$$

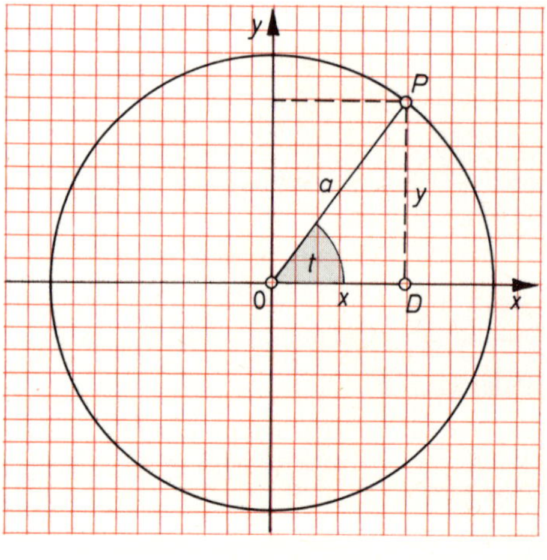

Drückt man die Koordinaten x und y eines Kurvenpunktes P als Funktion einer Hilfsveränderlichen t, die man Parameter nennt, aus, so erhält man eine weitere Darstellungsart für Funktionen, die Parameterdarstellung. Diese Darstellungsart ist oft zweckmäßig und vereinfacht die Rechnung.

Im vorliegenden Beispiel wurde als Hilfsveränderliche der Winkel t = Parameter gewählt.

Aus der Zeichnung ergeben sich nebenstehende Beziehungen.

$$\sin t = \frac{y}{a}; \quad \cos t = \frac{x}{a}$$

Für jede Veränderliche x und y ist dann eine besondere Gleichung vorhanden, welche die Abhängigkeit dieser Veränderlichen vom Parameter t angibt.

$$\left.\begin{aligned} y &= a \cdot \sin t \\ x &= a \cdot \cos t \end{aligned}\right\} \text{Parameterdarstellung}$$

Durch Zusammenfassen beider Funktionsgleichungen erhält man wieder die ursprüngliche Form.

$$\left.\begin{aligned} y^2 &= a^2 \cdot \sin^2 t \\ x^2 &= a^2 \cdot \cos^2 t \end{aligned}\right\} +$$

$$x^2 + y^2 = a^2 (\sin^2 t + \cos^2 t)$$

$$x^2 + y^2 - a^2 = 0$$

Beispiel:

Stelle die Funktion $\frac{x^2}{a^2} + \frac{y^2}{b^2} = 1$ in Parameterform dar bei einem Parameter $t = \frac{x^2}{a^2}$, und stelle durch die Probe die Richtigkeit fest!

Lösung:

$$\frac{x^2}{a^2} + \frac{y^2}{b^2} = 1$$

$$\frac{x^2}{a^2} = t; \quad \longrightarrow \underline{\underline{x = a\sqrt{t}}}$$

$$t + \frac{y^2}{b^2} = 1; \quad \longrightarrow \underline{\underline{y = b \cdot \sqrt{1 - t}}}$$

$$\left.\begin{aligned} x &= a\sqrt{t} \\ y &= b\sqrt{1-t} \end{aligned}\right\} \text{Parameterdarstellung}$$

Die Probe bestätigt die Richtigkeit der erhaltenen Parameterdarstellung.

Probe:

$$\frac{x^2}{a^2} + \frac{y^2}{b^2} = 1$$

$$\frac{a^2 t}{a^2} + \frac{b^2 (1 - t)}{b^2} = 1$$

$$t + 1 - t = 1$$

$$\underline{\underline{1 = 1}}$$

Beispiel:

Die Parameterdarstellung einer Funktion,

$$y = \frac{a t^2}{2}; \; x = \sqrt{2 a t},$$

ist umzuwandeln in die Form $y = f(x)$.

Lösung:

$$x = \sqrt{2at}; \quad y = \frac{at^2}{2}$$

$$t = \frac{x^2}{2a}; \longrightarrow t^2 = \frac{x^4}{4a^2}$$

$$y = \frac{at^2}{2}; \longrightarrow y = \frac{a}{2} \cdot \frac{x^4}{4a^2}$$

$$\underline{\underline{y = \frac{x^4}{8a}}}$$

1.1.5. Überblick über die Funktionsarten

Alle Funktionen kann man als komplexe Funktionen auffassen, wenn man zuläßt, daß z aus reellen und imaginären Gliedern besteht. Es ist dann (z) eine komplexe Veränderliche. Sie enthält wiederum zwei Veränderliche, und zwar (x) für den reellen Teil und (y) für den imaginären Teil.

$w = f(z) \longrightarrow$ komplexe Funktion

w ↓ **Komplex abhängig veränderliche Größe**

z ↘ **Komplex unabhängig veränderliche Größe**

Ist der reelle Teil $2x^2 + 3 = 0$, so spricht man von einer imaginären Funktion. Ist der imaginäre Teil $2y^4i = 0$, so spricht man von einer reellen Funktion.

Nur diese werden hier einer Betrachtung unterzogen. Hierbei kann man zwei große Gruppen unterscheiden.

Beispiel:

$$w = f(z); \longrightarrow f(z) = 2z + 3$$

$$w = 2z + 3; \longrightarrow z = x^2 + y^4i$$

$$w = 2(x^2 + y^4i) + 3$$

$$= 2x^2 + 2y^4i + 3$$

$$w = \underbrace{2x^2 + 3}_{\text{reeller Teil}} + \underbrace{2y^4i}_{\text{imaginärer Teil}}$$

$$2x^2 + 3 = 0; \longrightarrow \underbrace{w = 2y^4i}_{\text{imaginäre Funktion}}$$

$$2y^4i = 0; \longrightarrow \underbrace{w = 2x^2 + 3}_{\text{reelle Funktion}}$$

1. Algebraische Funktionen:

   In diesen Funktionen kommt die unabhängig Veränderliche nur in Zusammenhang mit den Rechenverfahren der Algebra: Addieren, Subtrahieren, Multiplizieren, Dividieren sowie Potenzieren und Radizieren mit konstanten Exponenten vor.

Sie werden eingeteilt in:

1.1 Rationale Funktionen

ganze Funktionen

gebrochene Funktionen

$$y = ax + b; \quad y = 4x^3 - 2x^2 + 8;$$

$$y = \frac{1}{x}; \; y = \frac{a + x^3}{x^2 - c};$$

Bei den rationalen Funktionen kommt die unabhängige Variable nicht als Radikand vor.

1.2 Irrationale Funktionen
Hierbei steht die Veränderliche unter der Wurzel bzw. hat einen gebrochenen Exponenten.

$$y = \sqrt{x}; \; y = \sqrt{a^2 - x}; \; y = \frac{1 + x^2}{\sqrt{x^2 - 1}}$$

$$y = a + x^{\frac{1}{3}}; \; y = (x^2 + x)^{\frac{1}{2}};$$

2. Transzendente Funktionen:

   Bei diesen Funktionen ist die unabhängig Veränderliche Potenz- oder Wurzelexponent, oder sie kommt als Argument der logarithmischen, trigonometrischen und ähnlicher Funktionen vor.

   (Argument = unabhängige Variable)

$$y = 4a^{2x}; \qquad y = \sqrt[2x+1]{x^2 - a^2}$$

$$y = \ln x; \qquad y = \log_2 (2x^2)$$

$$y = \operatorname{arc\,tan} x^2; \; y = \cosh x$$

$$y = \operatorname{ar\,coth} (2x^2 + 4); \; y = \sin (3x)$$

Übungen

1.1.1. Zahlenbegriff und Zahlensystem

1. Was versteht man unter den rationalen Zahlen?
2. Nenne einige irrationale Zahlen!
3. Unterscheide algebraisch und transzendent irrationale Zahlen!
4. Erkläre die reellen Zahlen!
5. Auf welche Weise kann man die reellen und imaginären Zahlen graphisch darstellen?
6. Wie entsteht eine imaginäre Zahl?
7. Erkläre die komplexen Zahlen!
8. Auf welche Weise kann man die komplexen Zahlen graphisch darstellen?
9. Als welchen Grenzfall kann man die reellen und imaginären Zahlen auffassen?
10. Wie kann man die Zahlen schematisch ordnen?

1.1.2. Koordinatensysteme

1. Welchem Zweck dienen Koordinatensysteme?
2. Auf welche Weise wird ein Punkt in der Ebene festgelegt?
3. Beschreibe das rechtwinklige ebene Koordinatensystem!
4. Erkläre die Begriffe: Koordinate, Ordinate, Abszisse, Quadrant!
5. Beschreibe das Polarkoordinatensystem!
6. Erkläre die Begriffe: Pol, Polarachse, Leitstrahl, Polarwinkel!

Was bedeuten folgende Kurzbezeichnungen:

7. $P_1\,(4\,|\,-7)$
8. $P_2\,(-0{,}6\,|\,90)$
9. $P_3\,(-3\,|\,\frac{1}{2})$
10. $P_4\,(8\,|\,20^\circ)$
11. $P_5\,(4\,|\,260^\circ)$
12. $P_6\,(2\,|\,720^\circ)$
13. Trage die Punkte der Aufgaben 7...9 in ein rechtwinkliges, die der Aufgaben 10...12 in ein Polarkoordinatensystem ein!

Rechne folgende kartesische Koordinaten in Polarkoordinaten um:

14. $P_1\,(3\,|\,7)$
15. $P_2\,(-4\,|\,-9)$
16. $P_3\,(12\,|\,-1)$
17. $P_4\,(-6\,|\,8)$
18. $P_5\,(6\,|\,0)$
19. $P_6\,(0\,|\,-6)$

Berechne die kartesischen Koordinaten zu folgenden Punkten in Polarkoordinatenangabe:

20. $P_1\,(3\,|\,30^\circ)$
21. $P_2\,(8\,|\,320^\circ)$
22. $P_3\,(4{,}5\,|\,180^\circ)$
23. $P_4\,(12\,|\,510^\circ)$
24. $P_5\,(5\,|\,210^\circ)$
25. $P_6\,(7\,|\,820^\circ)$
26. $P_7\left(5{,}2\,\middle|\,\frac{\pi}{4}\right)$
27. $P_8\,(6\,|\,3\pi)$
28. Wie lassen sich Punkte im Raum festlegen?

Trage folgende Punkte in ein rechtwinkliges, räumliches Koordinatensystem ein:

29. $P_1\ (2 \mid 1 \mid 8)$

30. $P_2\ (-5 \mid 3 \mid 7)$

31. $P_3\ (4 \mid 6 \mid -2)$

32. $P_4\ (-2 \mid -5 \mid 8)$

33. $P_5\ (9 \mid -4 \mid 1)$

34. $P_6\ (-3 \mid -6 \mid -4)$

1.1.3. Funktionsbegriff und Funktionsgleichung

1. Was versteht man unter einer empirischen Kurve?

2. Auf welche Weise kann man Abhängigkeitsverhältnisse darstellen?

3. Wie werden mathematisch gesetzmäßige Abhängigkeiten von verschiedenen Größen dargestellt?

4. Erkläre den Aufbau einer Funktionsgleichung!

5. Wie kann man eine Funktionsgleichung graphisch darstellen?

Stelle folgende Funktionsgleichungen graphisch dar:

6. $y = 3$

7. $y = 3x$

8. $y = x - 3$

9. $y = x$

10. $y = -2x$

11. $y = -x + 2$

12. $y = -x$

13. $y = x + 2$

14. $y = -x - 3$

15. $y = 2x + 1$

16. $y = -3x + 3$

17. $y = -2x - 1$

18. $y = \frac{1}{2} x + 2$

19. $y = -\frac{2}{3} x + \frac{5}{4}$

20. $y = x^2$

21. $y = 2x^2$

22. $y = 2x^2 - 2$

23. $y = x^2 + x + 1$

24. $y = \frac{1}{2}x^2$

25. $y = -2x^2 + 2$

26. $y = 2x^2 - 2x - 1$

27. $y = x^2 + 1$

28. $y = -3x^2 - 1$

29. $y = -3x^2 - 3x + 2$

30. Stelle beim Kreis die Abhängigkeit der Fläche vom Durchmesser graphisch dar!

31. Stelle beim Würfel die Abhängigkeit der Oberfläche von der Kantenlänge graphisch dar!

32. Ein Zylinder ist 15 cm hoch. Zeige graphisch, in welcher Weise das Volumen vom Durchmesser abhängt!

33. Ein Kegel ist 21 cm hoch. Zeige graphisch, in welcher Weise das Volumen vom Durchmesser abhängt!

34. Stelle bei der Kugel die Abhängigkeit der Oberfläche vom Durchmesser graphisch dar!

35. Eine Rakete hat eine Beschleunigung von $50\ \mathrm{m/s^2}$ ($\approx 5g$). Zeige durch ein Schaubild, in welcher Weise ihr zurückgelegter Weg von der Zeit abhängt!

36. Stelle beim Würfel die Abhängigkeit des Volumens von der Kantenlänge graphisch dar!

37. Stelle bei der Kugel die Abhängigkeit des Volumens vom Durchmesser graphisch dar!

38. Ein elektrisches Bügeleisen hat einen Widerstand von 50 Ohm. Zeige graphisch, in welcher Weise die Leistungsaufnahme des Bügeleisens von der Spannung abhängt $\left(P = \frac{U^2}{R}\right)$!

39. Herrscht an den Enden eines Widerstandes von R Ohm eine Spannung von U Volt, so wird in t Sekunden in dem Widerstand eine Wärmemenge Q von $Q = 0{,}001 \cdot \frac{U^2}{R} \cdot t$ kJ erzeugt. Stelle die Beziehungen zwischen Q, U und R graphisch dar!

40. Ein Tauchsieder hat einen Widerstand von 50 Ohm und wird eine Stunde vom Strom durchflossen. Zeige graphisch, in welcher Weise die erzeugte Wärmemenge Q von der Spannung U abhängt!

1.1.4. Schreibweise von Funktionen

1. Erkläre den Unterschied zwischen einer expliziten und einer impliziten Funktionsgleichung!

Bilde die explizite Form folgender Funktionsgleichungen:

2. $2y + 4x = 3$ **3.** $-x = 3 - y$ **4.** $x^2 - 3x - y + 2 = 0$

5. $\frac{x}{y} = 3$ **6.** $y + \frac{1}{3}x = 1$ **7.** $4 = \frac{2 + y}{x}$

8. $\frac{1 + y}{1 - y} = 4x^2$ **9.** $(2 - y)^2 = x^3 - 4$ **10.** $\sqrt{x^2 - y^2} = 4x + 2$

11. $\frac{1}{\sqrt{x^2 + y^2}} = x^2 - 1$ **12.** $4^y = 2x^3$ **13.** $a^{x + y} = b$

14. Auf welche Weise entsteht aus einer Stammfunktion die Umkehrfunktion?

Stelle von folgenden Funktionen die Stamm- und ihre Umkehrfunktion graphisch dar!

15. $y = 3x + 2$ **16.** $3x + 2y - 2 = 0$

17. $y = -2x - 1$ **18.** $y = x^2$

19. $y = 2x^2$ **20.** $y = -\frac{1}{3}x + 2$

21. $y = -\frac{1}{2}x^2$ **22.** $\frac{x}{y} = 2$

23. $\frac{x}{y} = -2x$ **24.** $3 = \frac{1 + x}{y}$

Berechne zu nachstehenden Funktionen die Umkehrfunktion:

25. $y = \frac{3}{4}x - 4$ **26.** $y = \frac{x^2}{2} + 2$ **27.** $y = \frac{3}{5}x^2 - x$

28. $y = x\sqrt{3}$ **29.** $y = 1 + \frac{1}{x^2}$ **30.** $y = (x^2 + 1)^2$

31. $y = \frac{x^2}{\sqrt{x}}$ **32.** $y = \frac{x^2 + 1}{x^2 - 1}$ **33.** $y = \sqrt[3]{x\sqrt{x}}$

34. Wie kann man eine Funktion mit rechtwinkligen Koordinaten in Polarkoordinatenschreibweise ausdrücken?

Schreibe folgende Funktionen in Polarkoordinatenform:

35. $y = 2x^3$ **36.** $y = \frac{1}{2}x - 2$ **37.** $y = 2x^2 + 1$

38. $y = \sqrt{x^3}$ **39.** $y = \sqrt{x^2 - 1}$ **40.** $y = \frac{1 + x}{1 - x}$

Zeichne die Bilder folgender Funktionen:

41. $r = \sin \varphi$

42. $r = 1 + \cos \varphi$

43. $r = \cos \varphi$

44. $r = \sqrt{\left(\frac{\pi}{3}\right)^2 - \varphi^2}$

45. $r = \sin (2\varphi)$

46. $r = \varphi$

47. $r^2 = \cos (2\varphi)$

48. $r = 1 + \sin \varphi$

49. $r = \sin (3\varphi)$

50. $r \cdot \cos\left(\frac{\pi}{3} - \varphi\right) = 5$

51. Was versteht man unter der Parameterdarstellung einer Funktion?

Stelle die folgenden Funktionen in Parameterform dar, bei dem jeweils angegebenen Parameter t.

52. $y = 4\sqrt{10} - 3x; \quad t = \sqrt{x}$

53. $2y^2 + x^2 = 8; \quad t = x^2$

54. $\frac{x^2}{a^2} - \frac{y^2}{b^2} = 1; \quad t = \frac{y^2}{b^2}$

55. $\sqrt{x^2 - y^2} = a^2; \quad t = \frac{x^2}{a^2}$

56. $y = \frac{\sqrt{1 + x^2}}{\sqrt{1 - x^2}}; \quad t = 1 + x^2$

57. $y = 8x^6 + 2x^3 + 10; \; t = x^3$

58. $y = \frac{e^x}{x}; \quad t = e^x$

59. $y = \frac{1}{e^x + 1}; \quad t = e^x$

60. $y = a^{x+1}; \quad t = x + 1$

61. $y = \frac{b^{x^2}}{b^{2(x-1)}}; \quad t = x - 1$

Führe die Parameterdarstellung der folgenden Funktionsgleichungen zurück auf die Form $y = f(x)$:

62. $x = \frac{1}{2}t^2 + 2; \; y = \frac{3}{4}t^2 + 1$

63. $x = \frac{1}{4}t - 2; \; y = \frac{1}{10}t^2$

64. $x = t^2; \quad y = t^3$

65. $x = \sqrt{t}; \quad y = t^2 - 2$

66. $x = \frac{t^2}{t - 1}; \quad y = \frac{t}{t^2 - 1}$

67. $x = \frac{2 + t^2}{1 + t^2}; \quad y = t - \frac{t}{1 + t^2}$

68. $x = t\sqrt{t}; \quad y = \frac{1}{\sqrt{t}}$

69. $x = \frac{1}{\sqrt{t - 1}}; \quad y = t^2 - 4$

70. $x = \frac{\sqrt{t + 1}}{\sqrt{t - 1}}; \quad y = t^2 - 1$

71. $x = \frac{t^2}{t^2 - 1}; \quad y = \frac{t^2 + 1}{\sqrt{t^2 - 1}}$

1.1.5. Überblick über die Funktionsarten

1. Was versteht man unter einer komplexen Funktion?

2. Nenne imaginäre und reelle Funktionen!

3. Wann ist eine Funktion reell?

4. Wie werden die reellen Funktionen eingeteilt?

5. Wann spricht man von algebraischen Funktionen?

6. Wie ist eine rationale Funktion charakterisiert?

7. Nenne ganze und gebrochene Funktionen!

8. Erkläre die irrationalen Funktionen!

9. Wann bezeichnet man eine Funktion als transzendent?

10. Gib eine schematische Übersicht über die Funktionen!

1.2. Algebraische Funktionen

1.2.1. Ganze rationale Funktionen

Eine ganze rationale Funktion läßt sich stets auf eine Form bringen, bei der die Konstanten (Koeffizienten) mit der Veränderlichen x durch Addition und Multiplikation verknüpft werden.
Der höchste Exponent der unabhängig Veränderlichen gibt den Grad der Funktion an.

Allgemein:

$y = f(x)$

Ganze rationale Funktion:

$$y = a_n x^n + a_{n-1} x^{n-1} + \ldots + a_3 x^3 + a_2 x^2 + a_1 x + a_0$$

Aufgabe: Kennzeichne die nachstehenden ganzen rationalen Funktionen, bestimme ihren Grad und ihre Koeffizienten:

1. $y = 0$
   $y = 3$

2. $y = 2x - 5$

3. $y = 3x^2 + 16x - 7$

4. $y = x^4 \cdot \sqrt{2} + \frac{x^3}{2} - 2x^2 + x\sqrt{3} - 1$

5. $y = \frac{2}{5} x^5 - x^2 + 10$

6. $y = x^{10}$

1. Funktion 0. Grades
$n = 0;\ a_0 \ldots a_n = 0 \vee a_0 \neq 0$

2. Funktion 1. Grades
(Lineare Funktion)
$n = 1;\ a_0 = -5;\ a_1 = 2$

3. Funktion 2. Grades
(Quadratische Funktion)
$n = 2;\ a_0 = -7;\ a_1 = 16;\ a_2 = 3$

4. Funktion 4. Grades
$n = 4;\ a_0 = -1;\ a_1 = \sqrt{3};$
$a_2 = -2;\ a_3 = \frac{1}{2};\ a_4 = \sqrt{2}$

5. Funktion 5. Grades
$n = 5;\ a_0 = 10;\ a_1 = 0;\ a_2 = -1;$
$a_3 = a_4 = 0;\ a_5 = \frac{2}{5}$

6. Funktion 10. Grades
$n = 10;\ a_0 \ldots a_9 = 0;\ a_{10} = 1$

Merke:

Die Zahl n gibt den Grad der Funktion an, wobei n stets eine positive ganze Zahl ist. Man nennt $a_0;\ a_1 \ldots a_{n-1};\ a_n$ die Koeffizienten, es sind *reelle* Konstanten. (Daher bedeutet das Auftreten *gebrochener* und *irrationaler* Koeffizienten keinen Widerspruch zur Definition der ganzen rationalen Funktion.)

Allgemeine Funktionsgleichung:

$$y = a_1 x + a_0$$

Aufgabe:

Zeichne eine Gerade, welche durch den Nullpunkt geht und mit der positiven Richtung der x-Achse den Winkel $\alpha = 67° 10'$ bildet!

(Der Winkel einer Geraden mit der positiven Richtung der x-Achse heißt „Steigungswinkel" dieser Geraden.)

Lösung:

$\alpha = 67° 10'$; ⟶ $\tan \alpha = 2{,}375$

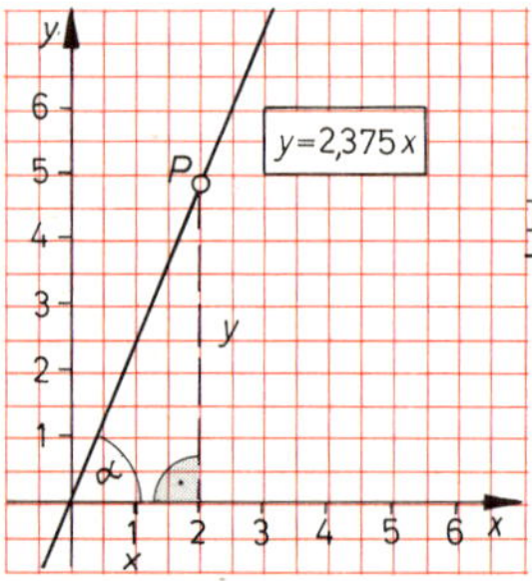

$$\text{I. } \tan \alpha = \frac{y}{x}$$
$$\text{II. } \tan \alpha = 2{,}375$$
$$\frac{y}{x} = 2{,}375$$
$$y = 2{,}375x$$

Hier ist:

$n_1 = 1$; $a_0 = 0$; $a_1 = 2{,}375$

Allgemein:

$$\text{I. } \tan \alpha = \frac{y}{x}$$
$$\text{II. } \tan \alpha = a_1$$
$$\frac{y}{x} = a_1$$
$$y = a_1 x$$

Erkenntnis:

Die Tangensfunktion des Steigungswinkels, die „Steigung", ist bei der linearen Funktion $y = a_1 x$ gleich dem Proportionalitätsfaktor a_1.

Aufgabe: Berechne die Steigungswinkel für folgende Geraden:

1. $y_1 = 3x$; ⟶ $a_1 = 3$
2. $y_2 = \frac{1}{2}x$; ⟶ $a_1 = \frac{1}{2}$

Lösung:

Steigung	Steigungswinkel
1. $\tan \alpha_1 = +3$; ⟶	$\alpha_1 = 71°34'$
2. $\tan \alpha_2 = +0{,}5$; ⟶	$\alpha_2 = 26°34'$

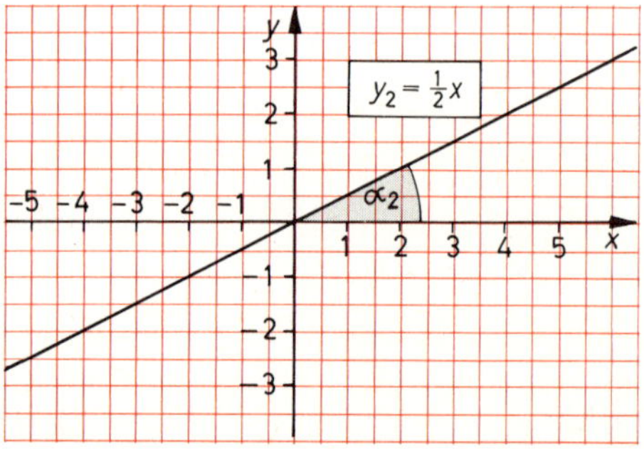

Erkenntnis:

Der Koeffizient a_1 ist jeweils positiv, die Winkel der Geraden y_1 und y_2 mit der positiven x-Achse sind kleiner als 90°. Die Geraden haben eine positive Steigung.

3. $y_3 = -x$; ⟶ $a_1 = -1$
4. $y_4 = -0{,}75x$; ⟶ $a_1 = -0{,}75$

3. $\tan \alpha_3 = -1$; ⟶ $\alpha_3 = 135°$

4. $\tan \alpha_4 = -0{,}75$; ⟶ $\alpha_4 = 143°8'$

Erkenntnis:

Der Koeffizient a_1 ist in beiden Fällen negativ, die Winkel der Geraden y_3 und y_4 mit der positiven x-Achse sind größer als 90°. Die Geraden haben eine negative Steigung.

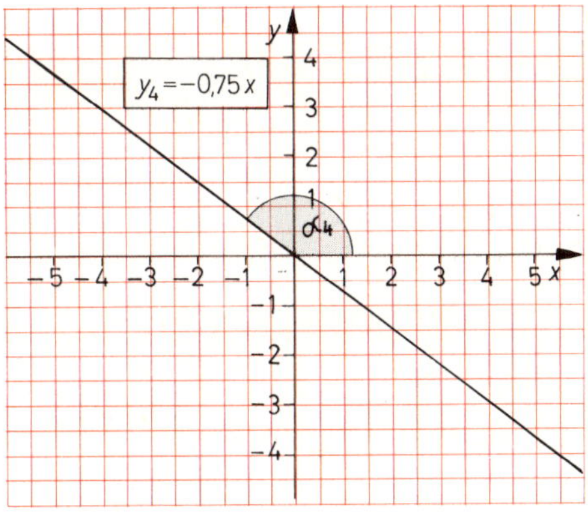

Aufgabe:

Zeige an der allgemeinen Gleichung $y = a_1x + a_0$, daß auch hier a_1 die Steigung der linearen Funktion ist.

Lösung:

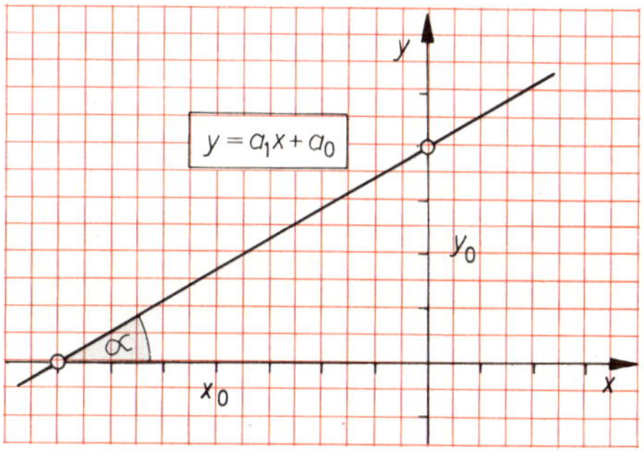

Der Abschnitt y_0 ergibt sich, wenn man in der Funktionsgleichung $y = a_1x + a_0$ für x den Wert 0 einsetzt. Der Abschnitt x_0 ergibt sich entsprechend für $y = 0$.

$$x = 0; \longrightarrow y_0 = a_0$$

$$y = 0; \longrightarrow x_0 = -\frac{a_0}{a_1}$$

Die Steigung tan α wird durch das Verhältnis $\frac{y_0}{x_0}$ der absoluten Werte von y_0 und x_0 geschrieben $|y_0|$ bzw. $|x_0|$ ausgedrückt. Der absolute Betrag von $-\frac{a_0}{a_1}$, ist $\frac{a_0}{a_1}$, ohne Vorzeichen.

$$\tan\alpha = \frac{|y_0|}{|x_0|} = \frac{a_0}{\frac{a_0}{a_1}} = \frac{a_0 \cdot a_1}{a_0} = a_1$$

Erkenntnis:

Bei allen Funktionen von der Form $y = a_1x + a_0$ ist die Steigung tan α gleich dem Proportionalitätsfaktor a_1.

Aufgabe: Zeichne folgende Funktionen, und entnimm den Funktionsgleichungen die Zahlenwerte für a_0:

1. $y = 2x + 4$

Abschnitt auf der y-Achse:

$y_0 = 4$

1.

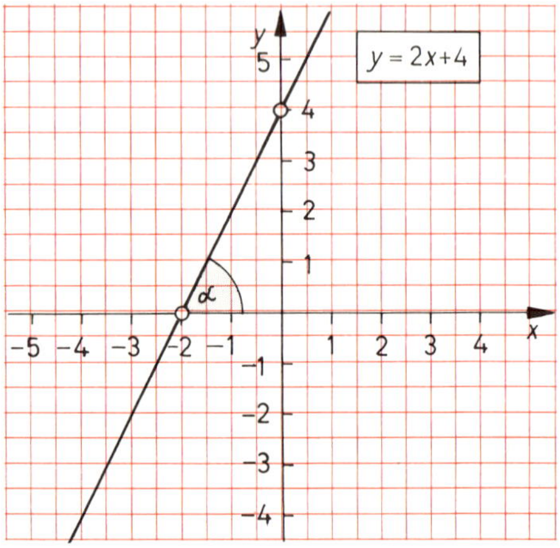

2. $y = \frac{2}{3}x - 2$

Abschnitt auf der y-Achse:

$y_0 = -2$

2.

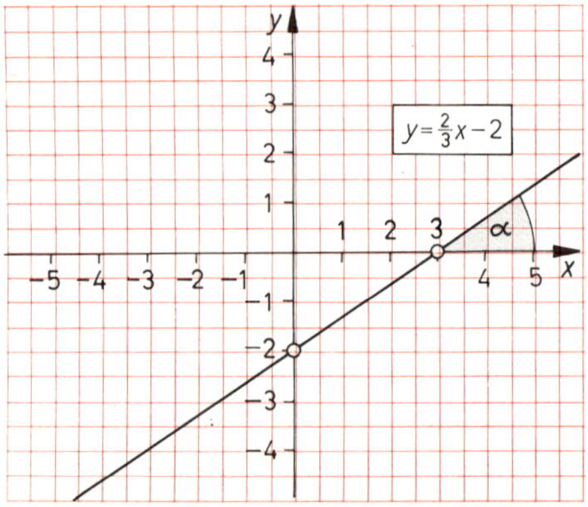

Erkenntnis:

In einer linearen Funktion gibt der Koeffizient a_0 den Schnittpunkt der Geraden mit der y-Achse an.

Beispiel:

Die Beziehung zwischen Celsius- und Fahrenheitgraden heißt $y = 1{,}8x + 32$, wobei x Celsiusgraden y Fahrenheitgrade entsprechen. Stelle die Beziehung graphisch ohne Aufstellung einer Wertetabelle dar!

Lösung:

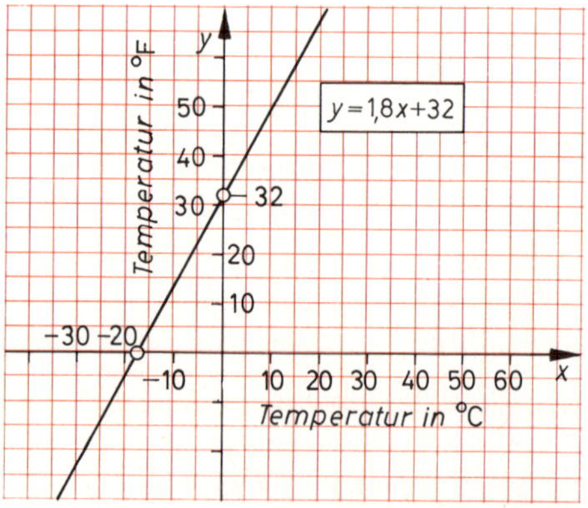

Allgemeine Funktionsgleichung:

$$y = a_2x^2 + a_1x + a_0$$

1. $y = x^2$ ist eine Parabel, die axialsymmetrisch zur y-Achse verläuft (Normalparabel). Ihr Scheitel ist der Nullpunkt des Koordinatensystems, ihre Achse ist die y-Achse.

$a_2 = 1; \quad a_1 = a_0 = 0$

1.

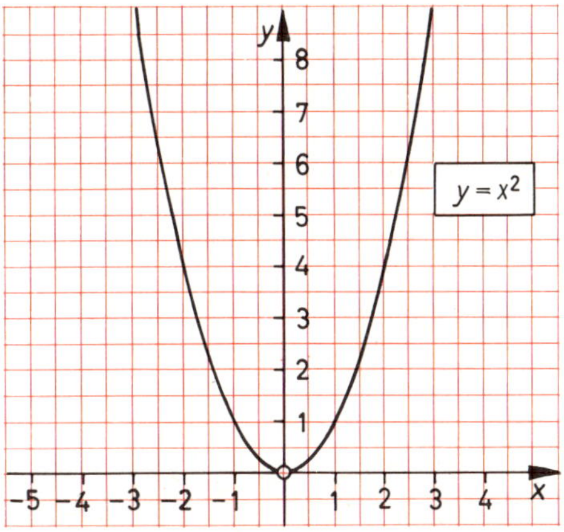

2. $y = x^2 \pm 2$ sind Parabeln, die der Parabel $y = x^2$ kongruent sind. Sie entstehen durch Verschiebung des Scheitels auf der y-Achse um $\pm$ 2 Einheiten ($a_0 = \pm 2$) nach oben bzw. unten.

$a_2 = 1; \quad a_1 = 0; \quad a_0 = \pm 2$

2.

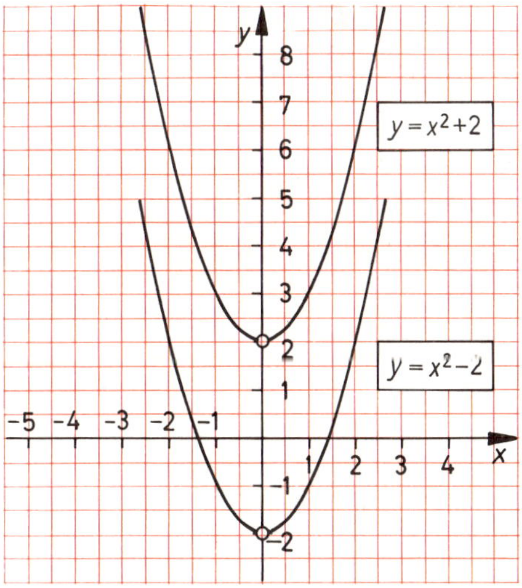

3. $y = 3x^2$ und $y = \frac{1}{3}x^2$ sind Parabeln, deren y-Wert durch den Faktor 3 bzw. $\frac{1}{3}$ gestreckt oder gestaucht wird.

$a_2 = 3$ bzw. $\frac{1}{3}$; $a_1 = a_0 = 0$

3.

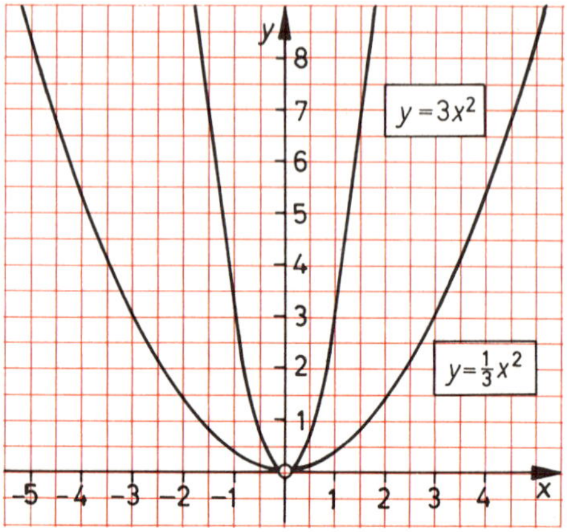

4. $y = (x \pm 3)^2$ sind Parabeln, deren Achse gegenüber der y-Achse um 3 Einheiten $(x \pm 3)$ nach links bzw. rechts verschoben ist.

$a_2 = 1$; $a_1 = \pm 6$; $a_0 = 9$

4.

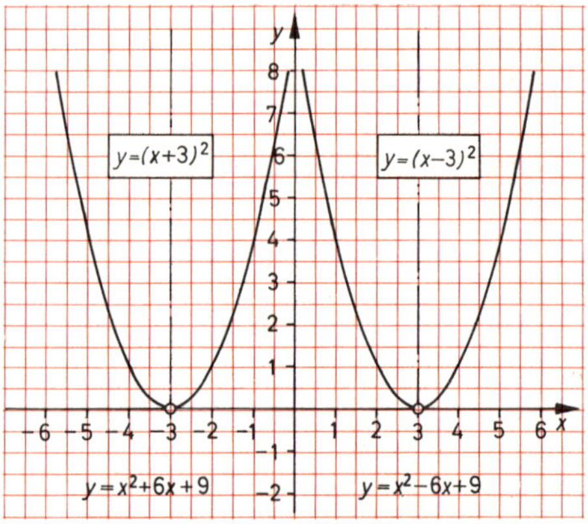

5. $y = \frac{1}{3}(x \pm 3)^2 + 2$ sind Parabeln, deren Scheitel S_1 und S_2 sowohl gegenüber der x-Achse (2 Einheiten → + 2) als auch gegenüber der y-Achse (3 Einheiten nach links bzw. rechts → $x \pm 3$) verschoben ist.

5.

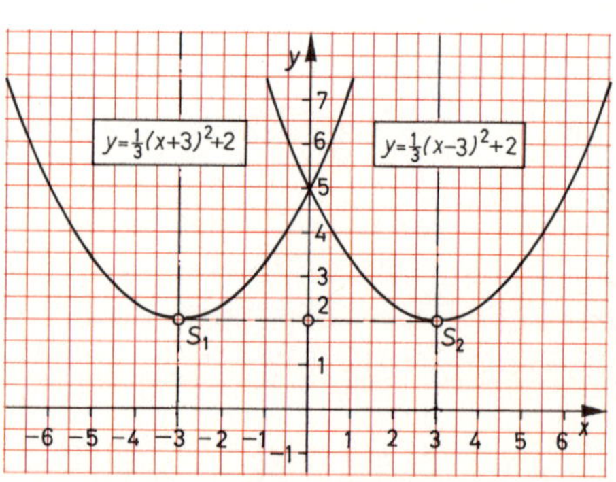

Beispiel:

Bestimme die Koeffizienten a_2, a_1 und a_0 in der Funktion $y = \frac{1}{3}(x \pm 3)^2 + 2$ durch Vergleich mit der allgemeinen Funktion $y = a_2x^2 + a_1x + a_0$!

Aus dem Koeffizientenvergleich folgt:

Lösung:

$$y = \frac{1}{3}(x \pm 3)^2 + 2$$

$$y = \frac{1}{3}(x^2 \pm 6x + 9) + 2$$

$$y = \frac{1}{3}x^2 \pm 2x + 5$$

$$\underline{\underline{a_2 = \frac{1}{3}; \quad a_1 = \pm 2; \quad a_0 = 5}}$$

Beispiel:

Bestimme die Koordinaten des Parabelscheitels S_2 der Funktion:

$$y = \frac{1}{3}(x - 3)^2 + 2!$$

Der Punkt S_2 hat also die Koordinaten $S_2\,(3 \mid 2)$.

Lösung:

Aus $y = \frac{1}{3}(x - 3)^2 + 2$ ergibt sich für:

$$x_{S_2} = \underline{\underline{+3}}$$

$$y_{S_2} = \frac{1}{3}(3 - 3)^2 + 2;$$

$$y_{S_2} = \underline{\underline{+2}}$$

Merke:

Das Bild der Funktion $y = a_2x^2 + a_1x + a_0$ ist eine Parabel, die durch Verschiebung und Streckung oder Stauchung der Normalparabel $y = x^2$ aus dieser entstanden ist.

Beispiel: Ermittle durch Umformung der Funktion $y = 3x^2 - 12x + 13$ die Scheitelkoordinaten der Parabel!

Die Umformung gelingt mit Hilfe der quadratischen Ergänzung $2^2 = 4$, die beim Einfügen in die Klammer mit dem Faktor 3 multipliziert werden muß.

$$y = 3x^2 - 12x + 13$$

$$y = 3(x^2 - 4x) + 3 \cdot 4 - 3 \cdot 4 + 13$$

$$y = 3(x^2 - 4x + 4) - 12 + 13$$

$$y = 3(x - 2)^2 + 1$$

$\underline{\underline{S\,(2 \mid 1)}}$ ⟶ Scheitelkoordinaten

Aufgabe:

Ermittle durch Umformung der Funktion $y = a_2x^2 + a_1x + a_0$ die Scheitelkoordinaten der allgemeinen Parabel.

Erkenntnis:

Der Scheitel der allgemeinen Parabel $y = a_2x^2 + a_1x + a_0$ hat die Koordinaten $x = -\frac{a_1}{2a_2}$ und $y = a_0 - \frac{a_1^2}{4a_2}$.

Lösung:

$$y = a_2x^2 + a_1x + a_0$$

$$y = a_2\left(x^2 + \frac{a_1}{a_2}x\right) + a_2\left(\frac{a_1}{2a_2}\right)^2 - a_2\left(\frac{a_1}{2a_2}\right)^2 + a_0$$

$$y = a_2\left(x^2 + \frac{a_1}{a_2}x + \frac{a_1^2}{4a_2^2}\right) - a_2\frac{a_1^2}{4a_2^2} + a_0$$

$$y = a_2\left(x + \frac{a_1}{2a_2}\right)^2 + \left(a_0 - a_2\frac{a_1^2}{4a_2^2}\right)$$

$$\underline{\underline{S\left(-\frac{a_1}{2a_2} \,\middle|\, a_0 - \frac{a_1^2}{4a_2}\right)}}$$

Aufgabe:

Die Bilder der Funktionen $y_1 = -x^2$, $y_2 = -\frac{1}{2}x^2$ und $y_3 = -2(x+3)^2 + 2$ sind zu zeichnen!

Lösung:

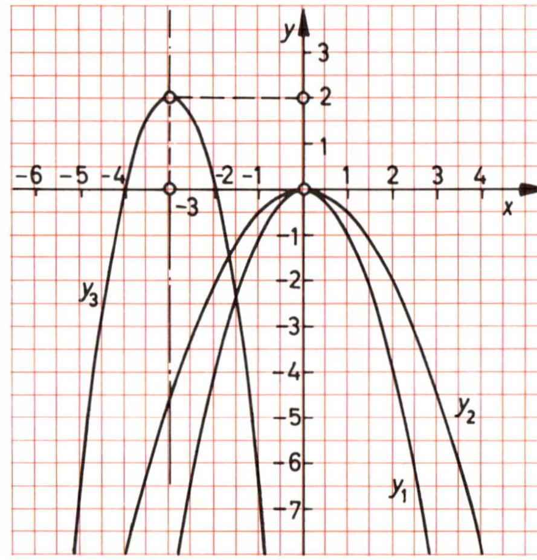

Erkenntnis:

Diese Parabeln sind nach unten geöffnet und können als die an der x-Achse gespiegelten Bilder der Funktionen

$y_1' = +x^2$, $y_2' = +\frac{1}{2}x^2$ und

$y_3' = +2(x+3)^2 + 2$ angesehen werden.

Beispiel:

Zeichne das Bild einer nach unten geöffneten Normalparabel, deren Scheitelpunkt die Koordinaten $x_s = +5$ und $y_s = +3$ hat, und stelle die Scheitelgleichung für diese Parabel auf.

Lösung:

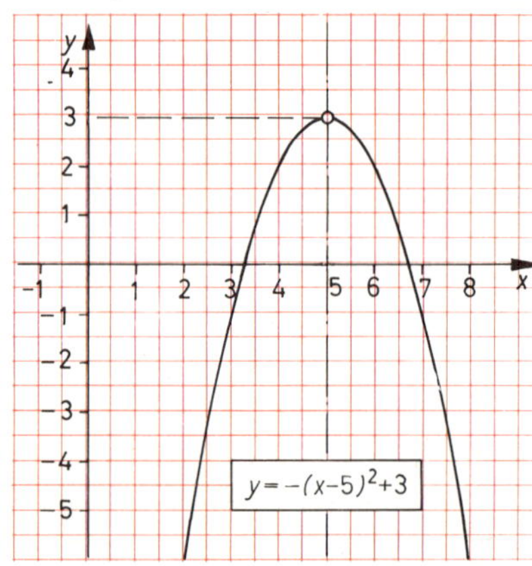

$y = -(x-5)^2 + 3$; ▶ Scheitelgleichung

Aufgabe: Löse die gemischtquadratische Gleichung $x^2 + \frac{1}{2}x - 3 = 0$

1. rechnerisch,

Lösung:

1. $x^2 + \frac{1}{2}x - 3 = 0$

$$x_{1,2} = -\frac{1}{4} \pm \sqrt{\frac{1}{16} + \frac{48}{16}}$$

$$x_{1,2} = -\frac{1}{4} \pm \frac{7}{4}$$

$$\underline{\underline{x_1 = +1{,}5}}; \quad \underline{\underline{x_2 = -2}}$$

2. durch Zerlegung in die Linearfaktoren,

3. graphisch durch Betrachtung der Funktionsgleichung

$$y = x^2 + \frac{1}{2}x - 3.$$

Erkenntnis:

Jede ganze rationale Funktion 2. Grades hat 2 „Nullstellen", d. h. zwei x-Werte, für welche der y-Wert den Wert 0 annimmt. Diese Nullstellen sind:

1. reell und verschieden, wenn die gemischt-quadratische Gleichung zwei reelle Wurzeln hat, d. h. wenn sie in zwei verschiedene Linearfaktoren zerlegbar ist. Die Parabel schneidet die x-Achse zweimal, die Diskriminante D (der unter der Wurzel stehende Radikand) ist größer als 0 ($D > 0$).

2. reell und einander gleich, wenn die gemischt-quadratische Gleichung eine Doppelwurzel hat, d. h. wenn sie in zwei gleiche Linearfaktoren zerlegbar ist. Die Parabel berührt die x-Achse ($D = 0$).

3. komplex, wenn die gemischt-quadratische Gleichung zwei komplexe Wurzeln hat, d. h. wenn sie nicht in Linearfaktoren zerlegbar ist. Die Parabel schneidet die x-Achse nicht ($D < 0$).

Merke:

Man erhält die Nullstellen einer Funktion, indem man $y = 0$ setzt und die entsprechenden Werte für x (Nullstellen) ausrechnet.

2. $(x - 1{,}5)\,(x + 2) = 0$

3.

x	$-2{,}5$	-1	0	$+1$	$+2$
y	$+2$	$-2{,}5$	-3	$-1{,}5$	$+2$

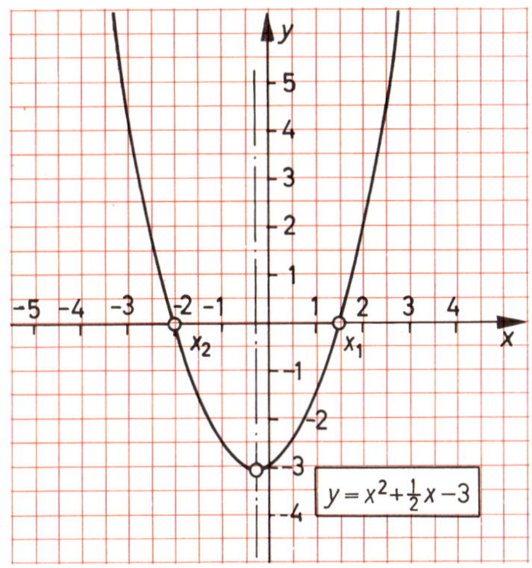

Allgemein:

$$x^2 + ax + b = 0$$

$$x_{1,2} = -\frac{a}{2} \pm \sqrt{\left(\frac{a}{2}\right)^2 - b}$$

$\left(\frac{a}{2}\right)^2 - b$; ⟶ Diskriminante „$D$"

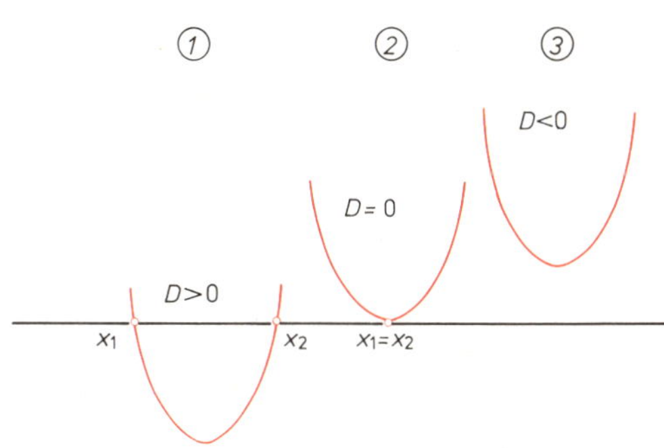

Allgemeine Funktionsgleichung:

$$y = a_3x^3 + a_2x^2 + a_1x + a_0$$

Die Funktion $y = x^3$ ist eine Parabel, die zentralsymmetrisch zum Nullpunkt des Koordinatensystems liegt. Dieser ist „Wendepunkt“ der Parabel, d. h. die Kurve geht von einer Rechtskrümmung in eine Linkskrümmung über.

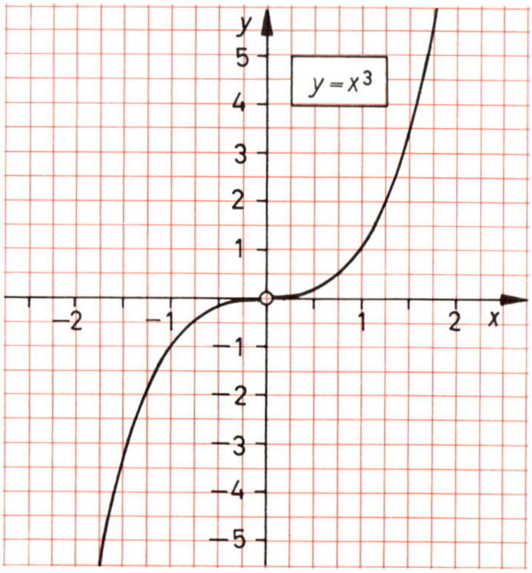

Auch bei dieser Parabel sind Verschiebungen, Streckungen oder Stauchungen durch Veränderung der Koeffizienten $a_3 \dots a_0$ möglich.

Beispiele:

1. $y = x^3 \pm 2$

2. $y = \frac{1}{3}x^3$

3. $y = (x \pm 4)^3$

4. $y = \frac{1}{3}(x \pm 4)^3 \pm 2$

Aufgabe:

Stelle die Funktion

$$y = 0{,}1x^3 - 0{,}2x^2 - 0{,}5x + 0{,}6$$

graphisch dar, und beurteile sie!

Lösung:

Wertetabelle:

x	−3	−2	−1	0	+1	+2	+3	+4
y	−2,4	0	+0,8	+0,6	0	−0,4	0	+1,8

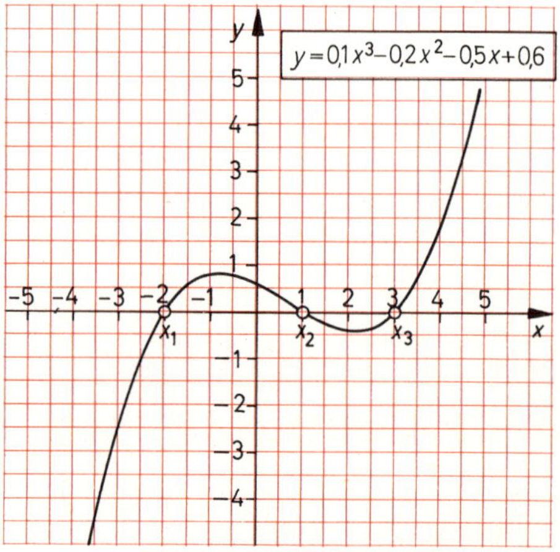

Erkenntnis:

Jede ganze rationale Funktion 3. Grades hat höchstens drei Nullstellen und immer einen Wendepunkt.

(Die rechnerische Bestimmung des Wendepunktes ist eine Aufgabe der Differentialrechnung.)

Aufgabe:

Der Rauminhalt V eines kegelförmigen Zeltes ist als Funktion der Höhe h unter der Voraussetzung zu entwickeln, daß die Mantellinie s gegeben ist.

Lösung:

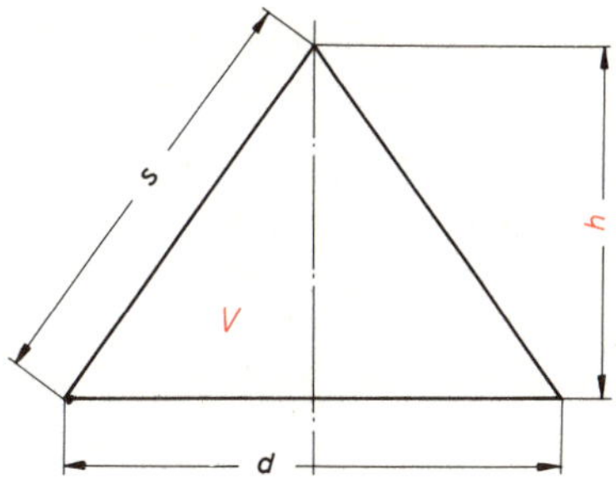

Der Zusammenhang $V = \frac{\pi}{3} s^2 h - \frac{\pi}{3} h^3$ entspricht mathematisch der Funktionsgleichung $y = a_1 x + a_3 x^3$. Dabei ist $a_1 = \frac{\pi}{3} s^2$ und $a_3 = -\frac{\pi}{3}$, die Koeffizienten a_2 und a_0 sind Null.

$$V = \frac{d^2 \cdot \pi \cdot h}{12}; \longrightarrow d^2 = 4\,(s^2 - h^2)$$

$$V = \frac{\pi \cdot h}{12} \cdot 4\,(s^2 - h^2)$$

$$V = \frac{h\pi}{3}\,(s^2 - h^2)$$

$$V = \frac{\pi}{3}\,(s^2 h - h^3);$$

$$V = f\,(h)$$

Die Größe h kann sich vernünftigerweise nur zwischen $h = 0$ und $h = s$ ändern. Nur in diesem Bereich ist die graphische Betrachtung der Funktion $V = f\,(h)$ sinnvoll.

Schaubild der Funktion $V = \frac{\pi}{3}\,(s^2 h - h^3)$ zwischen den Grenzen $h = 0$ und $h = s$.

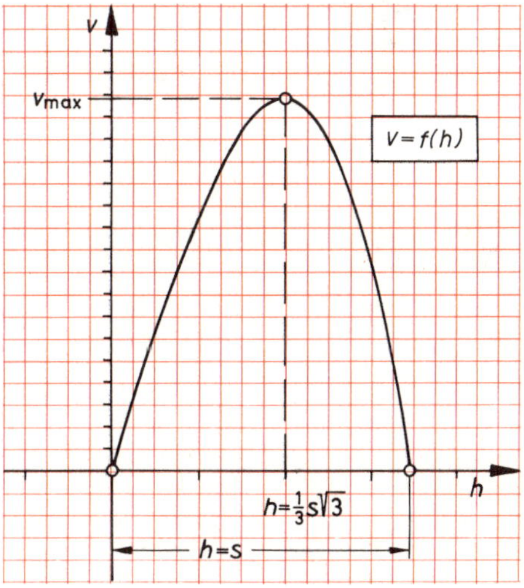

Erkenntnis:

Den größten Rauminhalt V_{max} findet man als Ordinate des Scheitelpunktes der Funktion $V = f\,(h)$.

Aufgabe:

Aus einem rechteckigen Blech mit den Abmessungen $l \cdot b$ sollen an den Ecken vier gleich große Quadrate mit der Seite x so herausgeschnitten werden, daß nach Aufbiegung der Seitenteile ein oben offenes Kästchen entsteht. Es ist der Rauminhalt V dieses Kästchens als Funktion der Seite x rechnerisch und graphisch darzustellen und zu untersuchen.

Erkenntnis:

x liegt zwischen 0 und $\frac{b}{2}$. Nur in diesem Bereich ist eine graphische Betrachtung sinnvoll.

V_{max} ist die Ordinate des Scheitelpunktes der Funktion $V = f(x)$.

Lösung:

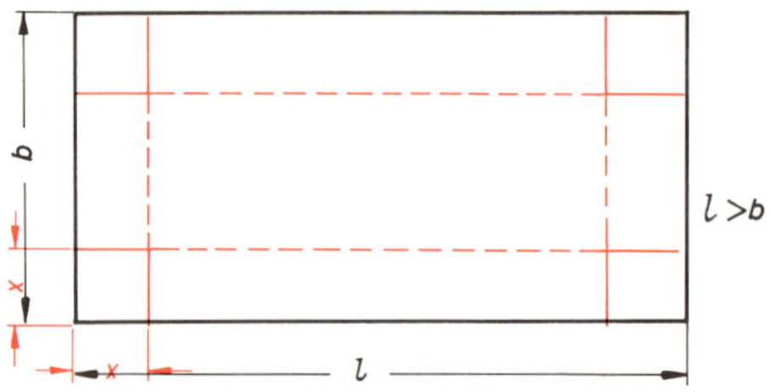

$V = A \cdot h$

$V = (l - 2x)(b - 2x) \cdot x$

$V = 4x^3 - (2l + 2b)x^2 + lbx$

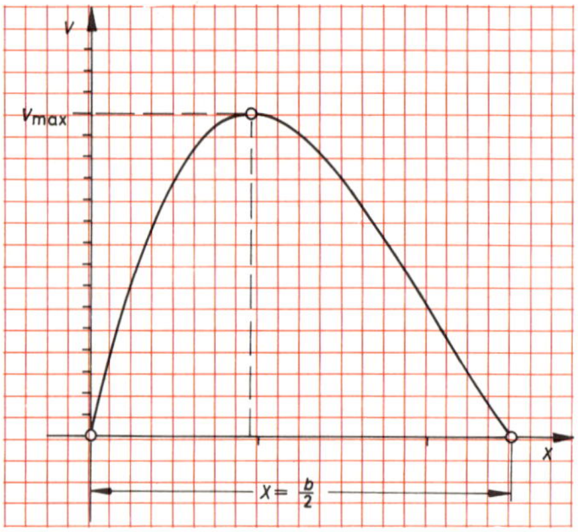

für $l > b$ ist $0 < x < \frac{b}{2}$

Funktionen 4. und höheren Grades

Ein Vergleich der Parabel $y = x^2$ mit den Parabeln $y = x^4$, $y = x^6$ usw. einerseits und der Parabel $y = x^3$ mit den Parabeln $y = x^5$, $y = x^7$ usw. andererseits zeigt:

1. Alle Parabeln mit gerader Hochzahl $(2n)$ sind axialsymmetrisch.

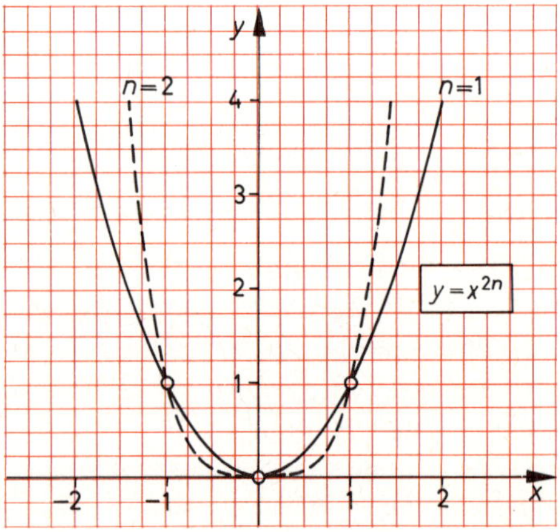

2. Alle Parabeln mit ungerader Hochzahl $(2n-1)$ sind zentralsymmetrisch.

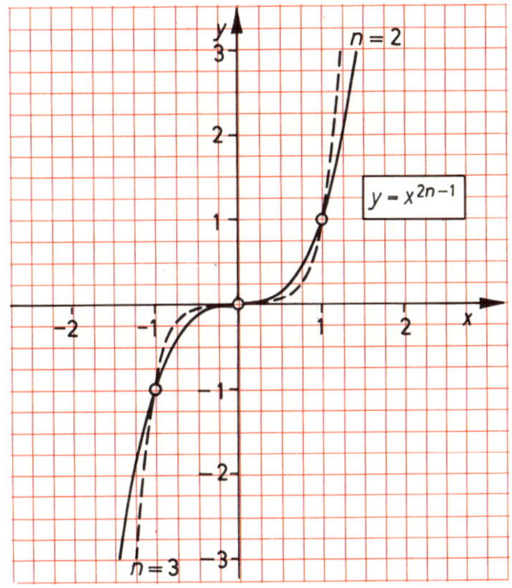

Merke:

Für $n = 1, 2, 3, 4 \ldots$ ist $y = x^{2n}$ axialsymmetrisch und $y = x^{2n-1}$ zentralsymmetrisch.

Aufgabe: Untersuche den Verlauf folgender Funktionen und verallgemeinere:

1. $y = \frac{1}{10}x^4$ und $y = -\frac{1}{10}x^4$

1.

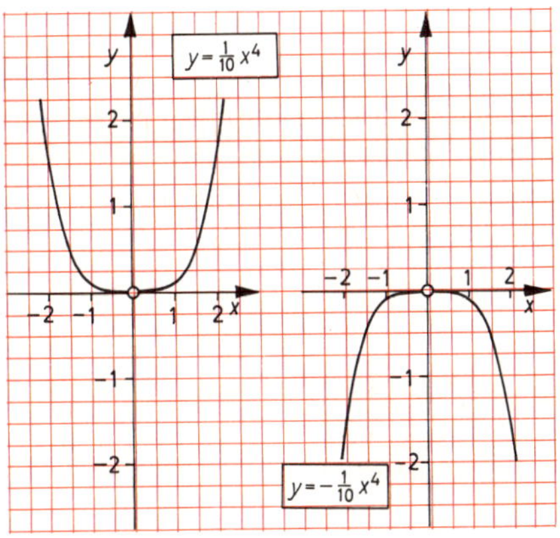

2. $y = \frac{1}{10}x^5$ und $y = -\frac{1}{10}x^5$

2.

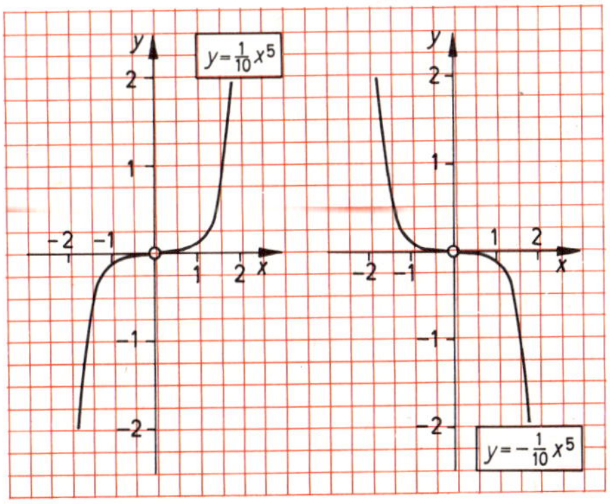

Erkenntnis:

1. Alle Parabeln der Form $y = ax^{2n}$ sind für $a > 0$ nach oben, für $a < 0$ nach unten geöffnet.
2. Alle Parabeln der Form $y = ax^{2n-1}$ durchlaufen für $a > 0$ den I. und III. Quadranten, für $a < 0$ den II. und IV. Quadranten.

Beispiel:

Die Gleichung

$x^4 - 2x^3 - 13x^2 + 14x + 24 = 0$

ist graphisch zu lösen!

Faßt man die Bestimmungsgleichung als Funktionsgleichung auf, so ergeben die Schnittpunkte dieser Kurve mit der x-Achse die Nullstellen, d. h. die reellen Wurzeln der Gleichung.

$$x_1 = -3$$
$$x_2 = -1$$
$$x_3 = 2$$
$$x_4 = 4$$

Zur schnelleren Charakterisierung von Funktionen werden in der Differentialrechnung noch besondere Methoden entwickelt werden.

Lösung:

x	−4	−3	−2	−1	0	+1	+2	+3	+4
y	+144	0	−24	0	+24	24	0	−24	0

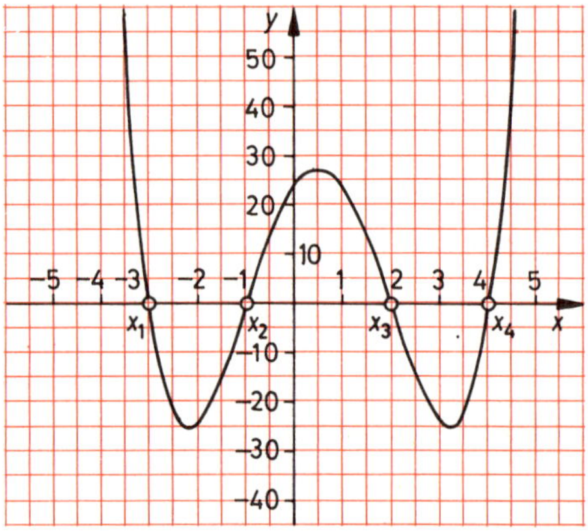

$y = x^4 - 2x^3 - 13x^2 + 14x + 24$

1.2.2. Gebrochene rationale Funktionen

Bildet man den Quotient der ganzen rationalen Funktionen $Z(x)$ und $N(x)$, so erhält man eine gebrochene rationale Funktion.

Allgemein:

$$Z(x) = a_n x^n + a_{n-1} \cdot x^{n-1} + \ldots + a_2 x^2 + a_1 x^1 + a_0$$

$$N(x) = b_m x^m + b_{m-1} \cdot x^{m-1} + \ldots + b_2 x^2 + b_1 x^1 + b_0$$

$$y = \frac{Z(x)}{N(x)} = \frac{a_n x^n + a_{n-1} x^{n-1} + \ldots + a_2 x^2 + a_1 x^1 + a_0}{b_m x^m + b_{m-1} x^{m-1} + \ldots + b_2 x^2 + b_1 x^1 + b_0}$$

Aufgabe:

Bringe die Funktion $y = 3x + \frac{5}{6x^2}$ auf die Form $y = \frac{Z(x)}{N(x)}$!

Die Funktion $y = \frac{18x^3 + 5}{6x^2}$ ist unecht gebrochen. Sie wurde aus einer ganzen rationalen Funktion $(3x)$ und einer echt gebrochenen rationalen Funktion $\frac{5}{6x^2}$ gebildet.

Lösung:

$$y = 3x + \frac{5}{6x^2}$$

$$y = 3x \cdot \frac{6x^2}{6x^2} + \frac{5}{6x^2}$$

$$y = \frac{18x^3}{6x^2} + \frac{5}{6x^2}$$

$$y = \frac{18x^3 + 5}{6x^2}$$

Merke:

Jede gebrochene Funktion kann also echt oder unecht gebrochen sein. Ist der Potenzgrad des Zählers (n) gleich oder höher als der des Nenners (m), so ist die Funktion unecht gebrochen.

Jede unecht gebrochene rationale Funktion ($n \geqq m$) läßt sich durch Division des Zählers durch den Nenner in eine ganze und eine echt gebrochene rationale Funktion ($n < m$) zerlegen.

unecht gebrochene Funktion:

$$y = \frac{x^2 - 4x + 3}{x - 2}; \longrightarrow n \geqq m$$

echt gebrochene Funktion:

$$y = \frac{x}{a - x^2}; \qquad \longrightarrow n < m$$

$$y = \frac{x^2 - 4x + 3}{x - 2}; \qquad \longrightarrow n > m$$

$$= x - 2 - \frac{1}{x - 2}; \longrightarrow n < m$$

Grundtypen:

1. Die Funktion $y = \frac{1}{x} = x^{-1}$ und ebenso die Funktionen $y = x^{-3}$, $y = x^{-5}$, ...$y = x^{-(2n-1)}$ verlaufen im I. und III. Quadranten. Sie haben nur Sinn, wenn der Nenner ungleich 0 ist. Für alle gegen 0 strebenden x-Werte strebt der entsprechende y-Wert gegen Unendlich.

1.

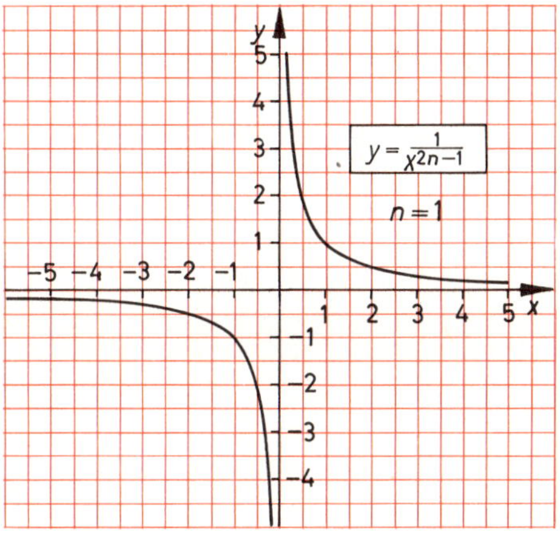

für $x \longrightarrow \pm 0$ strebt $y \longrightarrow \pm \infty$
für $x \longrightarrow \pm \infty$ strebt $y \longrightarrow \pm 0$

Merke:

Diese Nullstellen des Nenners, die nicht zugleich den Zähler verschwinden lassen, heißen Pole (Unendlichkeitsstellen).

Die Funktion $y = \frac{1}{x}$ hat einen Pol 1. Ordnung, die Funktion $y = \frac{1}{x^3}$ einen Pol 3. Ordnung usw.

Bei Polen ungerader Ordnung verlaufen die Kurvenzweige im I. und III. Quadranten (Pol mit Zeichenwechsel).

2. Die Funktion $y = \frac{1}{x^2} = x^{-2}$ und ebenso die Funktionen $y = x^{-4}$, $y = x^{-6}$, ...$y = x^{-2n}$ verlaufen im I. und II. Quadranten. Sie haben nur Sinn, wenn der Nenner ungleich 0 ist. Die Funktion $y = \frac{1}{x^2}$ hat einen Pol 2. Ordnung, die Funktion $y = \frac{1}{x^4}$ einen Pol 4. Ordnung usw.

2.

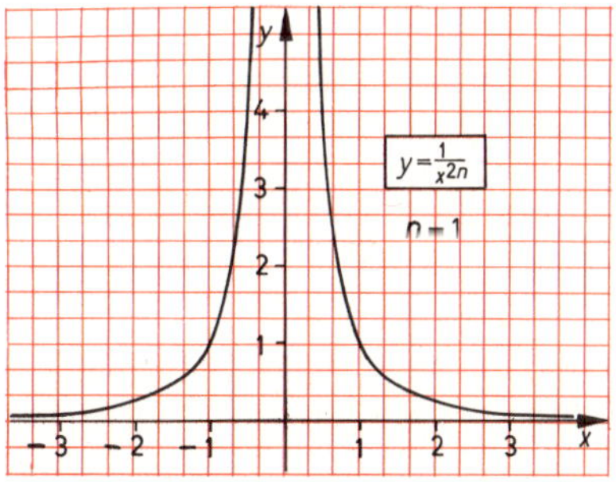

für $x \longrightarrow \pm 0$ strebt $y \longrightarrow + \infty$
für $x \longrightarrow \pm \infty$ strebt $y \longrightarrow + 0$

Bei Polen gerader Ordnung verlaufen die Kurvenzweige beiderseits in der gleichen Richtung (Pol ohne Zeichenwechsel).

Diese Grundtypen können durch Parallelverschiebung und (oder) Umkehrung des Vorzeichens variiert werden. So ergibt z.B.

1. Die Gleichung $y = \frac{1}{x - 3}$ eine Verschiebung der Funktion $y = \frac{1}{x}$ an die Stelle $x = 3$. Die Funktion $y = \frac{1}{x - 3}$ hat bei $x = +3$ einen Pol 1. Ordnung, da für $x = +3$ der Nenner Null wird und y gegen ∞ strebt.

1.

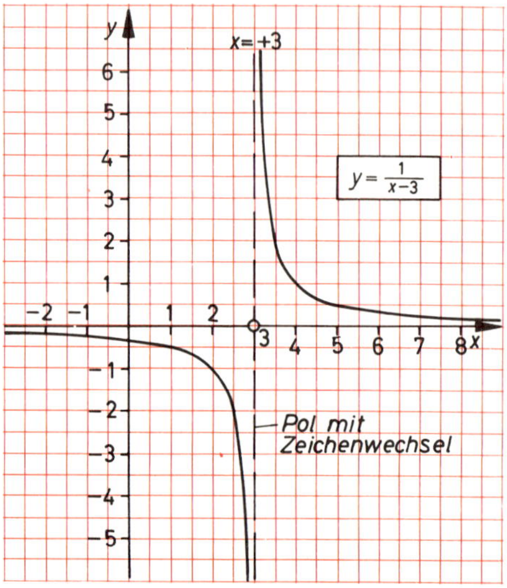

2. Die Gleichung $y = \frac{-1}{(x + 2)^2}$ eine Verschiebung der Funktion $y = \frac{1}{x^2}$ an die Stelle $x = -2$. Die Spiegelung an der x-Achse folgt aus der Multiplikation mit (-1).

   Die Funktion $y = \frac{-1}{(x + 2)^2}$ hat bei $x = -2$ einen Pol 2. Ordnung, da für $x = -2$ der Nenner Null wird und y gegen ∞ strebt.

2.

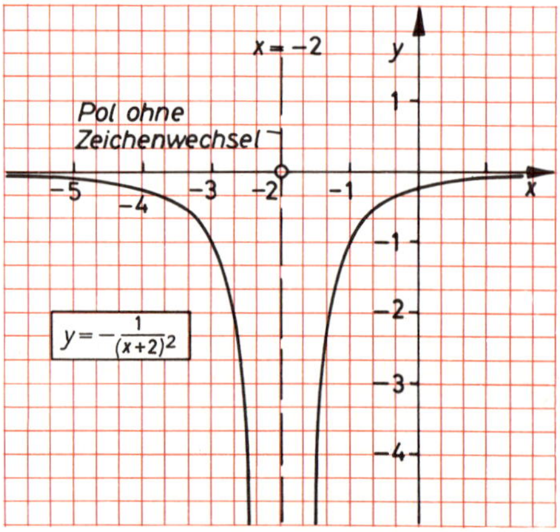

Läßt man in den vorstehenden gebrochenen Funktionen, in denen der Exponent des Zählers kleiner als der des Nenners ist $(n < m)$ x gegen $\pm\ \infty$ gehen, so strebt y gegen Null. Die Kurvenzweige nähern sich der x-Achse über alle Grenzen, man sagt auch: Die x-Achse ist Asymptote (= Näherungslinie = Grenzgerade = Sperrgerade).

Merke:

Pole (Unendlichkeitsstellen) sind Nullstellen des Nenners, die nicht zugleich den Zähler Null werden lassen. Sie können auf der x-Achse in positiver und negativer Richtung verschoben sein oder mit der y-Achse zusammenfallen. Pole ungerader Ordnung sind Pole *mit* Zeichenwechsel, Pole gerader Ordnung sind Pole *ohne* Zeichenwechsel. Pole sind vertikale Asymptoten.

Aufgabe:

Die Funktion $y = \frac{x - 2}{x - 1}$ ist wie folgt zu untersuchen:

1. Bei welchem x-Wert wird der Zähler gleich Null, bzw. y gleich Null?

2. Bei welchem x-Wert wird der Nenner gleich Null, bzw. y gleich Unendlich?

3. Wohin strebt y für $x = \pm \infty$?

   Das Ergebnis $y = \frac{\infty}{\infty}$ ist ein unbestimmter Ausdruck und für eine Aussage unbrauchbar.

   Man vermeidet das Auftreten der Form $\frac{\infty}{\infty}$, wenn man den Bruch durch x kürzt.

4. Wie groß ist y für $x = 0$?

Lösung:

$$y = \frac{x - 2}{x - 1} \mathrel{\hat{=}} \frac{Z(x)}{N(x)}$$

1. $Z(x) = 0; \longrightarrow x - 2 = 0;$

$$\underline{\underline{x = +2}}$$

$x = +2$ ist eine Nullstelle

2. $N(x) = 0; \longrightarrow x - 1 = 0;$

$$\underline{\underline{x = +1}}$$

$x = +1$ ist ein Pol

3. $y = \frac{x - 2}{x - 1}; \longrightarrow x = \pm \infty$

$$y = \frac{\pm \infty - 2}{\pm \infty - 1}$$

$$= \underline{\underline{\frac{\infty}{\infty}}}; \longrightarrow \text{unbestimmter Ausdruck}$$

$$y = \frac{x - 2}{x - 1}; \longrightarrow \text{kürzen durch } x$$

$$= \frac{1 - \frac{2}{x}}{1 - \frac{1}{x}}$$

$$= \frac{1 - \frac{2}{\infty}}{1 - \frac{1}{\infty}}$$

$$= \frac{1 - 0}{1 - 0}$$

$$= \underline{\underline{1}}; \longrightarrow y = 1 \text{ ist eine Asymptote}$$

4. $y = \frac{x - 2}{x - 1}; \longrightarrow x = 0$

$$y = \frac{0 - 2}{0 - 1}$$

$$= \underline{\underline{2}}$$

Im Punkte $P(0 \mid 2)$ schneidet die Kurve die y-Achse!

5. Zeichne die Funktion!

Erkenntnis:

1. Die Funktion $y = \frac{Z(x)}{N(x)}$ hat die Nullstelle $x = a$, wenn für den Wert $x = a$ der Zähler $Z(x) = 0$ und der Nenner $N(x) \neq 0$ wird. Die Kurve schneidet oder berührt dann die x-Achse in $P(a \mid 0)$.
2. In der Funktion $y = \frac{x-2}{x-1}$ ist $n = m$. Für $x \to \pm\infty$ erhält man als Asymptote eine Parallele zur x-Achse, die Gerade $y = 1$.
3. Einen Schnittpunkt der Kurve mit der y-Achse erhält man, wenn $x = 0$ wird.

Aufgabe:

Zerlege die unecht gebrochene Funktion $y = \frac{x^2-1}{x-2}$ in eine ganze und eine echt gebrochene Funktion, zeichne sie, und untersuche ihr Verhalten für den Fall $x \to \pm\infty$!

Erkenntnis:

Wenn $x \to \pm\infty$ strebt, geht der Wert des Bruches $y_2 = \frac{3}{x-2}$ gegen Null. Der Unterschied zwischen $y = \frac{x^2-1}{x-2}$ und $y_1 = x + 2$ wird mit wachsendem x immer kleiner, $y_1 = x + 2$ ist demnach eine Asymptote ($n > m$).

5.

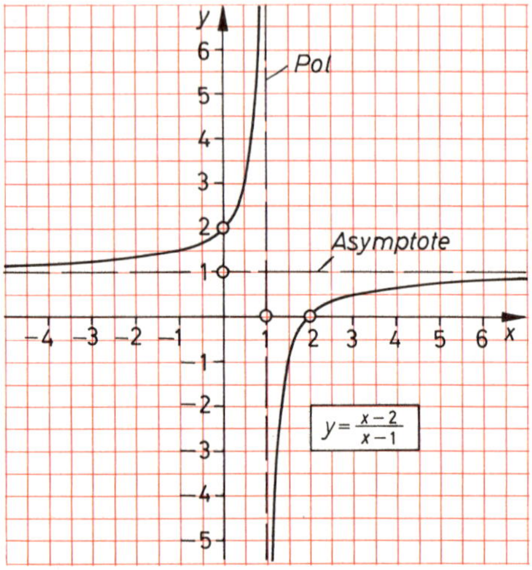

Lösung:

$$y = \frac{x^2-1}{x-2}$$

$$(x^2-1) : (x-2) = x + 2 + \frac{3}{x-2}$$

$$\begin{array}{l} x^2 - 2x \\ \hline \quad + 2x - 1 \\ \quad + 2x - 4 \\ \hline \qquad + 3 \text{ Rest} \end{array}$$

$$y = \underbrace{x + 2}_{y_1} + \underbrace{\frac{3}{x-2}}_{y_2}$$

$$y = y_1 + y_2$$

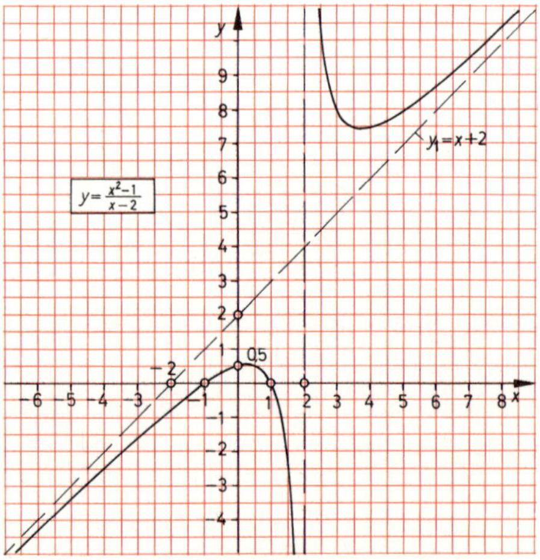

Aufgabe:

Zeichne die Funktion $y = \frac{x^4 - 1}{x}$, zerlege sie in eine ganze und eine echt gebrochene Funktion, und bestimme die Asymptote!

Lösung:

$$y = \frac{x^4 - 1}{x}$$

$$y = \underbrace{x^3}_{} - \underbrace{\frac{1}{x}}_{}$$

$$y = y_1 - y_2$$

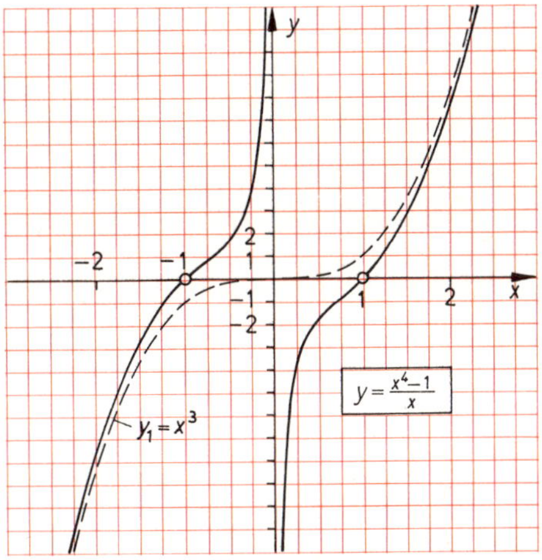

Erkenntnis:

Für $x \rightarrow \pm\infty$ strebt $y_2 = \frac{1}{x}$ gegen Null. Der Unterschied zwischen $y = \frac{x^4 - 1}{x}$ und $y_1 = x^3$ wird mit wachsendem x immer kleiner, $y_1 = x^3$ ist demnach eine Asymptote $(n > m)$.

Merke:

Asymptoten sind Geraden oder Kurven, die man als Tangenten von Funktionen im Unendlichen auffassen kann.

Aufgabe: Die Funktion $y = \frac{x^2 - 4}{x - 2}$ ist zu untersuchen. Bei welchem x-Wert werden Zähler und Nenner zugleich Null?

$$y = \frac{x^2 - 4}{x - 2}; \text{ für } x = 2; \rightarrow y = \frac{0}{0}$$

$$= \frac{(x - 2)(x + 2)}{(x - 2)}$$

Durch Faktorenzerlegung erkennt man, daß, wenn x gegen 2 strebt, y sich dem endlichen Grenzwert 4 nähert. Solange $x \neq 2$ ist, kann man mit $(x - 2)$ kürzen.

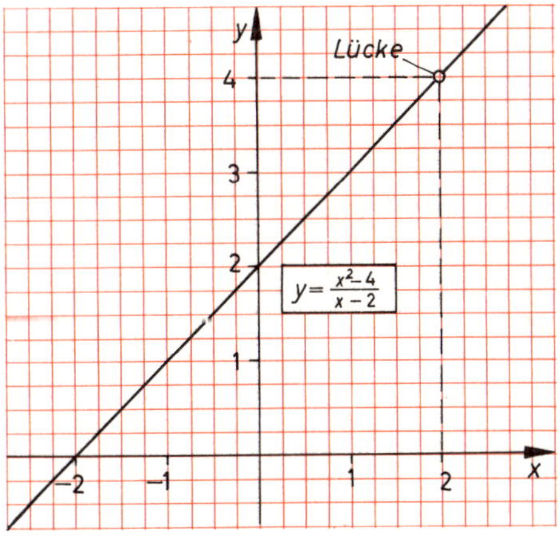

für $x \rightarrow 2$ strebt $y \rightarrow 4$

Erkenntnis:

Wird für einen x-Wert Zähler und Nenner gleichzeitig Null, so hat die Funktion an dieser Stelle eine Lücke!

Aufgabe:

Untersuche und zeichne die Funktion $y = \dfrac{x^2 + 3x}{x^3 + 3x^2 - 10x}$ durch Ermittlung der Pole, Nullstellen, Asymptoten und Lücken!

Lösung:

$$y = \frac{x^2 + 3x}{x^3 + 3x^2 - 10x}$$

$$= \frac{x\,(x + 3)}{x\,(x + 5)\,(x - 2)}$$

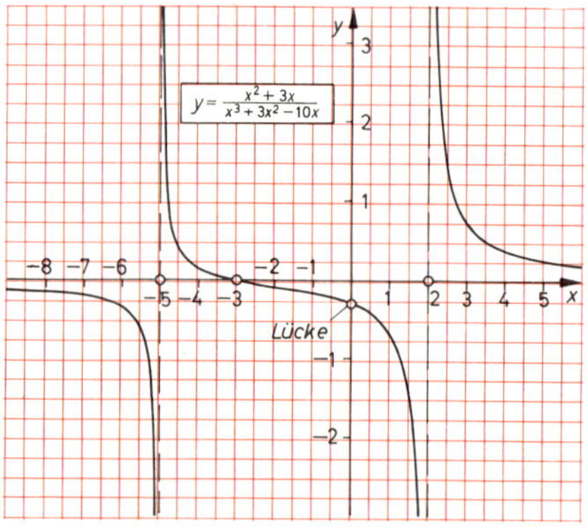

Erkenntnis:

1. *Nullstellen* einer gebrochenen rationalen Funktion sind die x-Werte, für die der Zähler $Z(x)$, aber nicht zugleich der Nenner $N(x)$ Null wird. Da bei $x_1 = 0$ aber zugleich $Z(x)$ und $N(x)$ gleich Null werden, ist nur $x_2 = -3$ eine Nullstelle.

1.
$$Z(x) = 0$$
$$x(x + 3) = 0$$
$$x_1 = 0; \quad \longrightarrow \text{ keine Nullstelle}$$
$$x + 3 = 0$$
$$x_2 = -3; \longrightarrow \text{ Nullstelle}$$

2. *Pole* heißen die Nullstellen des Nenners $N(x)$, die nicht zugleich den Zähler Null werden lassen. Die beiden Pole $x_4 = -5$ und $x_5 = 2$ sind Pole 3. Ordnung mit Zeichenwechsel.

2.
$$N(x) = 0$$
$$x\,(x + 5)\,(x - 2) = 0$$
$$x_3 = 0; \quad \longrightarrow \text{ kein Pol}$$
$$x + 5 = 0$$
$$x_4 = -5; \longrightarrow \text{ Pol}$$
$$x - 2 = 0$$
$$x_5 = 2; \quad \longrightarrow \text{ Pol}$$

3. Kürzt man die gegebene Funktion durch x^3 und läßt dann x über alle Grenzen wachsen, so erhält man die *Asymptote* (hier $y = 0$, d. h. die x-Achse).

3.
$$y = \frac{x^2 + 3x}{x^3 + 3x^2 - 10x}$$

$$y = \frac{\dfrac{x^2}{x^3} + \dfrac{3x}{x^3}}{\dfrac{x^3}{x^3} + \dfrac{3x^2}{x^3} - \dfrac{10x}{x^3}}$$

$$y = \frac{\dfrac{1}{x} + \dfrac{3}{x^2}}{1 + \dfrac{3}{x} - \dfrac{10}{x^2}}$$

für $x \longrightarrow \pm\infty$ strebt $y \longrightarrow 0$

$y = 0; \longrightarrow$ Asymptote

4. Für $x = 0$ wird sowohl $Z(x) = 0$ als auch $N(x) = 0$. Die Funktion $y = \frac{Z(x)}{N(x)}$ ist für $x = 0$ nicht erklärt, da sie den unbestimmten Ausdruck $\frac{0}{0}$ annimmt, sie hat eine *Lücke*.

4. $y = \frac{x(x+3)}{x(x^2+3x-10)}$

für $x \longrightarrow 0$ strebt $y \longrightarrow \frac{+3}{-10}$

$P\left(0 \mid -\frac{3}{10}\right) \longrightarrow$ Lücke

Zusammenfassung:

Bei der Untersuchung einer gebrochenen rationalen Funktion $y = \frac{Z(x)}{N(x)}$ sind neben den Hoch-, Tief- und Wendepunkten, die im Rahmen der Differentialrechnung näher erläutert werden, folgende Besonderheiten zu beachten:

1. Bestimmung der Nullstellen	$Z(x) = 0$ setzen
2. Bestimmung der Pole	$N(x) = 0$ setzen
3. Bestimmung der Lücken	$y = \frac{Z(x)}{N(x)} = \frac{0}{0}$
4. Bestimmung der Asymptoten	$x \longrightarrow \pm\infty$ gehen lassen
a) $n < m$	$y = 0;\ \longrightarrow x$-Achse = Asymptote
b) $n = m$	$y = a;\ \longrightarrow$ Asymptote $\parallel$ x-Achse
c) $n > m$	$y = y_1 + y_2;\ \longrightarrow y_1$ = Asymptote
5. Bestimmung der Schnittpunkte mit der y-Achse.	$x = 0$ setzen und y berechnen

1.2.3. Irrationale Funktionen

Aufgabe: Entwickle die Umkehrfunktion zu den Funktionsgleichungen $y = x^2$ und $y = x^3$, und zeichne Stamm- und Umkehrfunktion jeweils in ein Schaubild!

1. $y = \pm\sqrt{x}$ ist ein Beispiel des Grundtyps $y = \pm\sqrt[2n]{x}$. Die Funktion ist *mehrdeutig*, da zu einem x-Wert zwei oder mehrere y-Werte gehören. Sie hat mehrere Zweige und existiert nur für alle $x \geqq 0$.
In der modernen Literatur dürfen Funktionen nicht mehrdeutig sein, sie heißen dann Relationen. In diesem Buch wird der traditionelle Funktionsbegriff verwendet.

1. $\underbrace{y = x^2}_{\text{Stammfunktion}};\ \longrightarrow x = y^2;\ \longrightarrow \underbrace{y = \pm\sqrt{x}}_{\text{Umkehrfunktion}}$

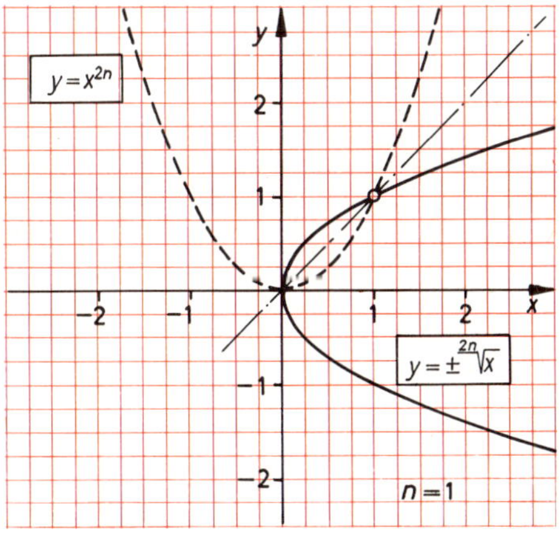

2. $y = \sqrt[3]{x}$ ist ein Beispiel des Grundtyps $y = \sqrt[(2n-1)]{x}$. Die Funktion ist *eindeutig*, da jedem x-Wert nur ein y-Wert zugeordnet ist. Sie existiert für *alle* x-Werte.

2. $\underbrace{y = x^3}_{\text{Stammfunktion}}; \rightarrow x = y^3; \rightarrow \underbrace{y = \sqrt[3]{x}}_{\text{Umkehrfunktion}}$

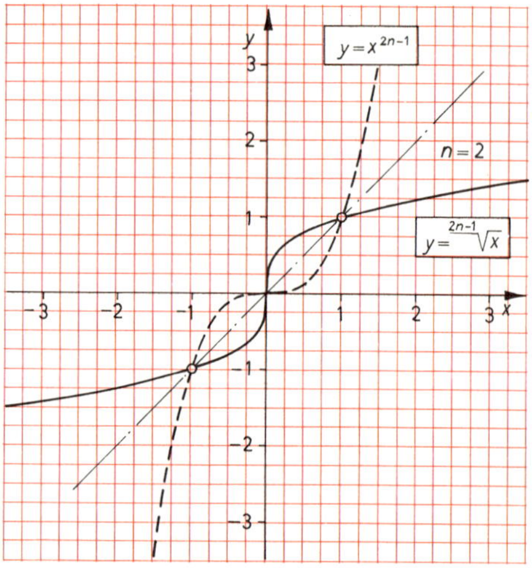

Erkenntnis:

Die Umkehrfunktionen von rationalen Funktionen 2. und höheren Grades sind algebraisch irrationale Funktionen.

Potenz- und Wurzelfunktion sind einander zugeordnete Funktionen.

Die Grundtypen können durch Parallelverschiebung und (oder) Umkehrung des Vorzeichens variiert werden.

Beispiele:

1. $y = \pm\sqrt{2 + x}$; $\quad x \geqq -2$
2. $y = \pm\sqrt{-1 - x}$; $\quad x \leqq -1$
3. $y = \pm\sqrt{1 - x^2}$; $\quad -1 \geqq x \geqq 1$

Aufgabe: Zeichne die beiden Funktionen $y_1 = +\sqrt{2 + x}$ sowie $y_2 = \pm\sqrt{-1 - x}$ und beurteile den Einfluß der Koeffizienten!

1. $y_1 = \pm\sqrt{2 + x}$

x	-3	-2	-1	0	$+1$	$+2$	$+3$
y	$\pm i$	0	± 1	$\pm\sqrt{2}$	$\pm\sqrt{3}$	± 2	$\pm\sqrt{5}$

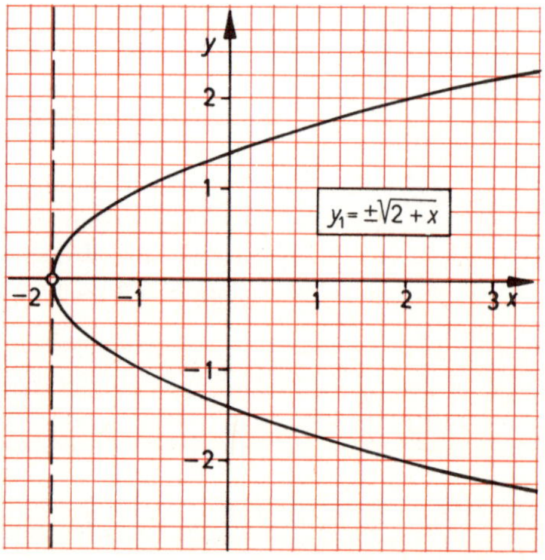

$y_1 = \pm\sqrt{2 + x}$ ist eine Parabel. Die Abszisse ist Symmetrieachse. Die Funktion existiert, d. h. sie hat reelle y-Werte für alle $x \geqq -2$.

2. $y_2 = \pm\sqrt{-1-x}$

x	-5	-4	-3	-2	-1	0	$+1$
y	± 2	$\pm\sqrt{3}$	$\pm\sqrt{2}$	± 1	0	$\pm i$	$\pm i\sqrt{2}$

$y_2 = \pm\sqrt{-1-x}$ ist eine Parabel gleicher Symmetrie, die nach links geöffnet ist. Sie existiert ausschließlich für alle $x \leqq -1$.

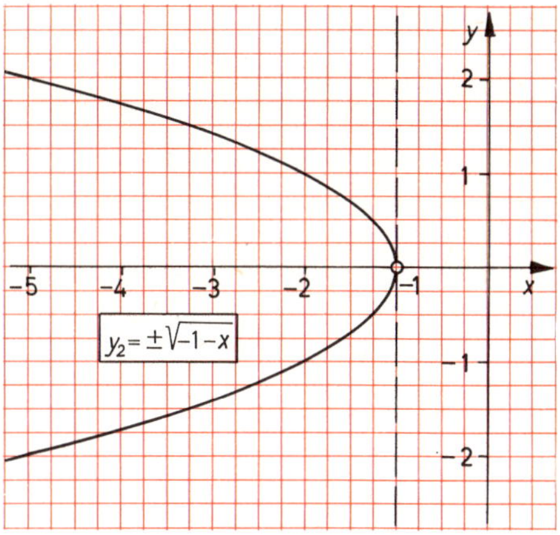

Erkenntnis:

Alle algebraisch irrationalen Funktionen vom Typ $y = \pm\sqrt{ax+b}$ sind nach rechts oder links geöffnete Parabeln, die symmetrisch zur x-Achse liegen.

Aufgabe:

Zeichne die Funktion $y = \pm\sqrt{1-x^2}$ und bilde ihre implizite Form!

Lösung:

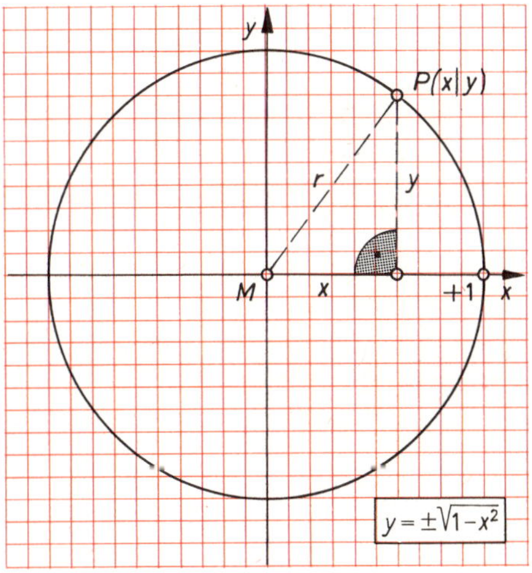

$y = \pm\sqrt{1-x^2}$; ⟶ explizite Form

$y^2 = 1 - x^2$

$1 = y^2 + x^2$; ⟶ implizite Form

Erkenntnis:

Die Funktion $y = \pm\sqrt{1-x^2}$ ist ein Kreis mit dem Radius $r = 1$.

Die implizite Funktionsgleichung eines Kreises mit dem Radius r, dessen Mittelpunkt mit dem Nullpunkt des Koordinatensystems zusammenfällt, heißt demnach:

$$x^2 + y^2 = r^2.$$

Geltungsbereich:

$$-1 \leqq x \leqq 1$$

Verschiebt man den Kreis so, daß sein Mittelpunkt die Koordinaten a und b erhält, so lautet die Funktion:

$$(x - a)^2 + (y - b)^2 = r^2.$$

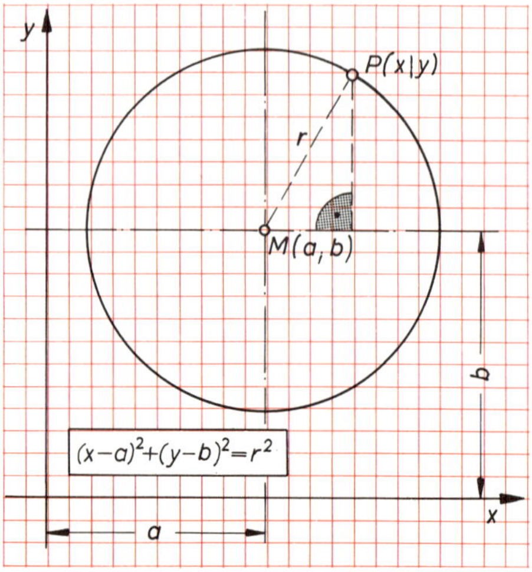

Aufgabe:

Entwickle aus der impliziten Funktionsgleichung $(x - a)^2 + (y - b)^2 = r^2$ die explizite Form dieser Funktion!

Lösung:

$$r^2 = (x - a)^2 + (y - b)^2$$

$$(y - b)^2 = r^2 - (x - a)^2$$

$$y - b = \pm \sqrt{r^2 - (x - a)^2}$$

$$\underline{\underline{y = + b \pm \sqrt{r^2 - (x - a)^2}}}$$

Erkenntnis:

Die Funktion hat nur reelle Werte, wenn $r \geqq (x - a)$ ist.

Die implizite Form der Kreisgleichung ergibt sich auch direkt aus dem Pythagoreischen Lehrsatz.

Beispiele:

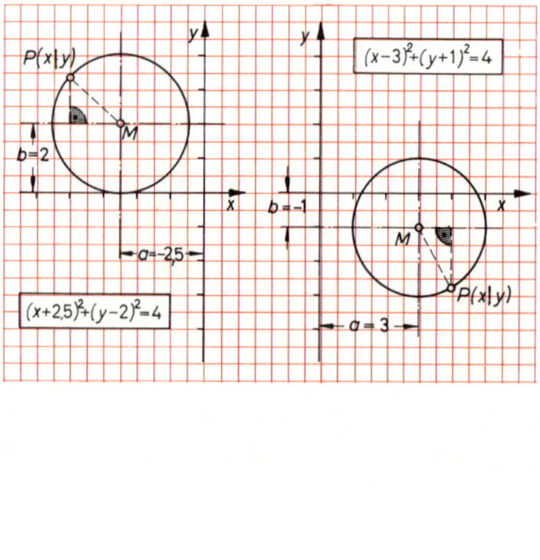

Aufgabe:

Zeichne die Funktion $y = \pm \frac{2}{3}\sqrt{9-x^2}$, und forme sie zu einer unentwickelten algebraischen Gleichung um!

Erkenntnis:

Die erhaltene Kurve heißt Ellipse. Das doppelte Vorzeichen zeigt, daß die durch die Funktion dargestellte Kurve symmetrisch zu beiden Achsen des Koordinatensystems liegt.

Allgemein:

explizit: $y = \pm \frac{b}{a}\sqrt{a^2 - x^2}$

implizit: $\frac{x^2}{a^2} + \frac{y^2}{b^2} = 1$

Die Größen a und b sind die Halbachsen der Ellipse.

Aufgabe:

Zeichne die Funktionen $y_1 = \pm\sqrt{x^2+1}$ sowie $y_2 = \pm\sqrt{x^2-1}$, und forme sie zu einer unentwickelten algebraischen Gleichung um!

1. $y_1 = \pm\sqrt{x^2+1}$

Lösung:

x	0	± 1	± 2	± 2,5	± 3	± 4
y	± 2	± 1,88	± 1,49	± 1,10	0	imaginär

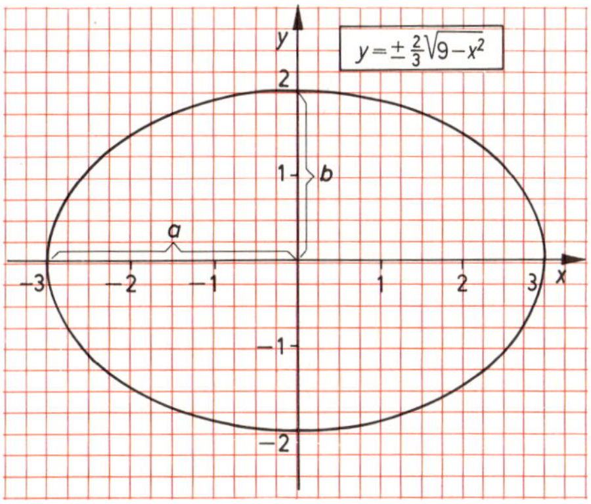

Umformung:

$y = \pm\frac{2}{3}\sqrt{9-x^2}$; → explizite Form

$y^2 = \frac{4}{9}(9-x^2)$

$\frac{y^2}{4} = 1 - \frac{x^2}{9}$

$1 = \frac{x^2}{9} + \frac{y^2}{4}$; → implizite Form

Lösung:

1.

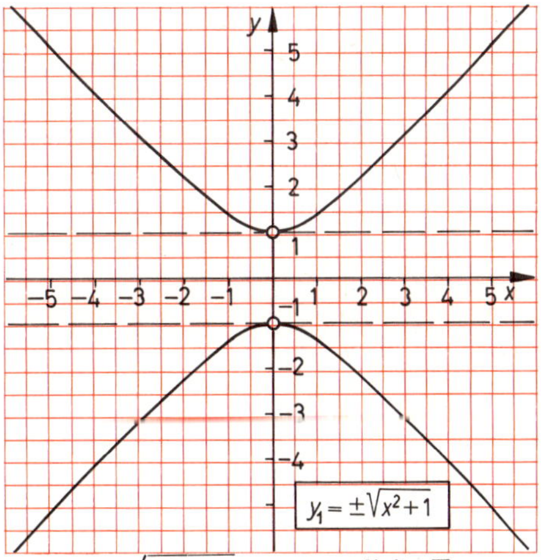

$y_1 = \pm\sqrt{x^2+1}$; → explizite Form

$y_1^2 = x^2 + 1$

$1 = y_1^2 - x^2$; → implizite Form

2. $y_2 = \pm\sqrt{x^2 - 1}$

Geltungsbereich:

$-1 \geqq x \geqq 1$

2.

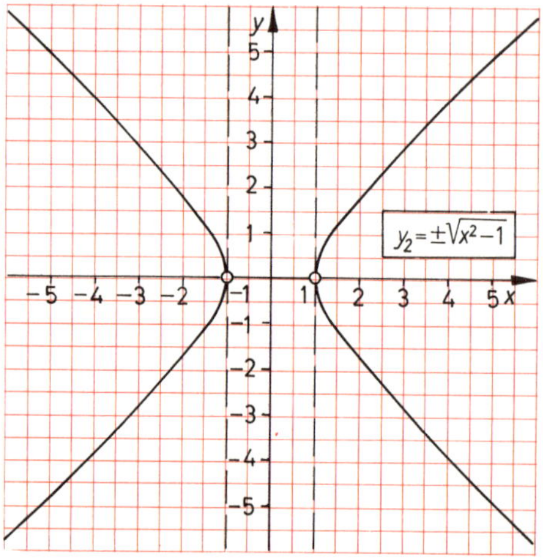

$y_2 = \pm\sqrt{x^2 - 1}$; ⟶ explizite Form

$y_2{}^2 = x^2 - 1$

$1 = x^2 - y_2{}^2$; ⟶ implizite Form

Erkenntnis:

Die Funktionen y_1 und y_2 sind gleichseitige Hyperbeln.

Beispiel:

Bilde die explizite Form der allgemeinen Gleichung der Hyperbel:

$$\frac{x^2}{a^2} - \frac{y^2}{b^2} = 1$$

Lösung:

$$\frac{x^2}{a^2} - \frac{y^2}{b^2} = 1$$

$$y^2 = \frac{x^2}{a^2} \cdot b^2 - 1 \cdot b^2$$

$$\underline{\underline{y = \pm\frac{b}{a} \cdot \sqrt{x^2 - a^2}}}$$

Aufgabe:

Zeichne die Funktion

$$y = \pm\sqrt{x^3} \text{ bzw. } y = \pm x\sqrt{x}$$

Lösung:

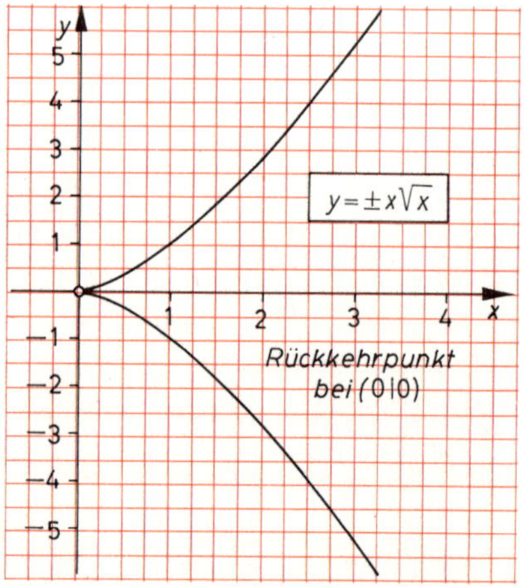

Erkenntnis:

Die Kurve ist eine semikubische Parabel (Neilsche Parabel). Sie besitzt einen sogenannten Rückkehrpunkt bei $(0|0)$.

Geltungsbereich:

$x \geqq 0$

Aufgabe:

Zeichne die Funktion

$$y = \pm \frac{1}{2}\sqrt{x^3 + 2x^2}$$

Erkenntnis:

Die Funktion hat zwei Zweige. Sie geht zweimal durch den Punkt $(0|0)$, den sogenannten Doppelpunkt.

Geltungsbereich:

$$x \geqq -2$$

Lösung:

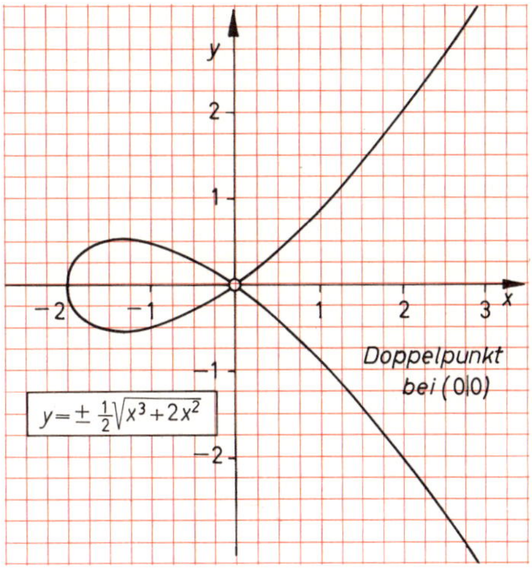

Aufgabe:

Zeichne die Funktion

$$y = \pm\sqrt{x^3 + 6x^2 + 9x} \text{ bzw.}$$

$$y = \pm (x+3)\sqrt{x}.$$

Erkenntnis:

Die Funktion hat in $P(-3|0)$ einen isolierten Punkt (Einsiedler). Man kann ihn sich als Schnittpunkt zweier imaginärer Kurvenzweige entstanden denken.

Geltungsbereich:

1. $x \geqq 0$
2. für $x = -3$

Lösung:

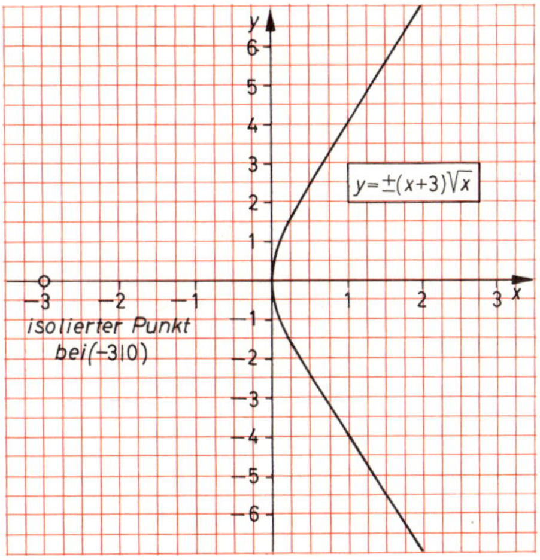

Merke:

1. Die y-Werte irrationaler Funktionen sind häufig nur für gewisse Bereiche der x-Werte reell, so daß bei irrationalen Funktionen stets der Geltungsbereich der Funktion bestimmt werden muß.
2. Hat eine irrationale Funktion mehrere Äste, so kann die Gesamtkurve mehrfach durch einzelne Punkte führen. Aus der Kombination von reellen und imaginären Tangenten ergeben sich dann Doppelpunkte, Einsiedler- und Rückkehrpunkte.

Beispiel:

Zeichne die Funktion $y = \pm\sqrt{\frac{1-x}{1+x}}$ und untersuche diese wie folgt:

1. Bestimme die Nullstellen!
   Die Funktion hat im Punkte $(1 \mid 0)$ eine Nullstelle.

2. Existieren Pole?
   An der Stelle $(-1 \mid \infty)$ hat die Funktion einen Pol.

3. Wo liegen Schnittpunkte mit der y-Achse?
   Die Kurve schneidet die y-Achse in den Punkten $(0 \mid 1)$ und $(0 \mid -1)$.

4. Untersuche ihr Verhalten für $x \lessgtr \pm 1$!

Lösung:

$$y = \pm\sqrt{\frac{1-x}{1+x}} \mathrel{\hat{=}} \pm\sqrt{\frac{Z(x)}{N(x)}}$$

Schaubild:

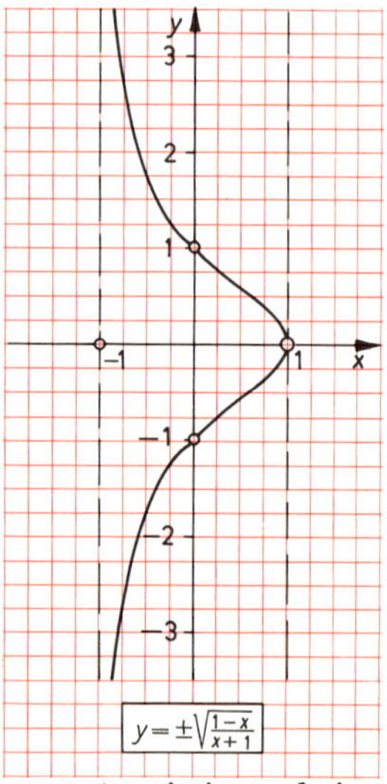

1. $Z(x) = 0$

$1 - x = 0$

$x = +1$

2. $N(x) = 0$

$1 + x = 0$

$x = -1$

3. $x = 0$

$y = \pm\sqrt{\frac{1}{1}}$

$y = \pm 1$

4. Für $-1 > x > +1$ existieren keine reellen Werte.

Beispiel:

Löse zeichnerisch das System quadratischer Gleichungen mit 2 Unbekannten:

$$\text{I. } x^2 + y^2 = 16$$

$$\text{II. } \frac{x^2}{36} + \frac{y^2}{4} = 1 .$$

Die beiden Bestimmungsgleichungen werden als Funktionsgleichungen aufgefaßt und graphisch dargestellt. Die Koordinaten der Schnittpunkte $S_1 \ldots S_4$ sind die Wurzeln des Systems.

Lösung:

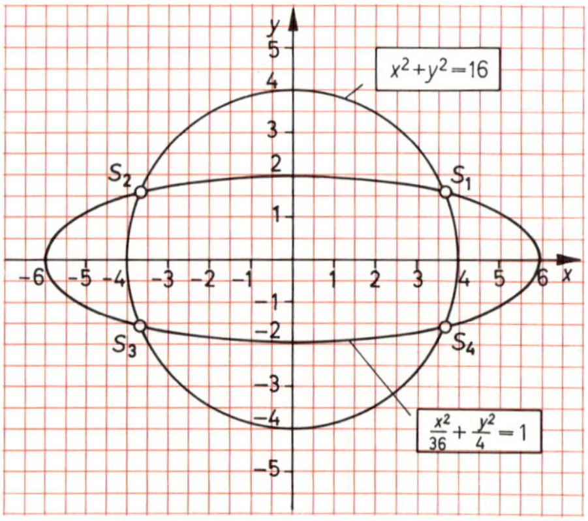

$x_1 = +3{,}68;$	$y_1 = +1{,}58$
$x_2 = -3{,}68;$	$y_2 = +1{,}58$
$x_3 = -3{,}68;$	$y_3 = -1{,}58$
$x_4 = +3{,}68;$	$y_4 = -1{,}58$

Übungen

1.2.1. Ganze rationale Funktionen

1. Warum heißt die Funktion $y = a_1x + a_0$ lineare Funktion?

2. Wo liegen alle Wertepaare, welche die Funktionsgleichung $y = 2x + 4$ erfüllen?

3. Wie heißt:
a) die Gleichung der x-Achse,
b) die Gleichung der y-Achse,
c) die Gleichung der Geraden mit der Steigung $\tan \alpha = c$, die durch den Nullpunkt geht,
d) die Gleichung der Geraden mit der Steigung $\tan \alpha = p$, welche die y-Achse im Abstand q vom Nullpunkt schneidet?

4. Was versteht man unter der Steigung einer Geraden?

Entwickle die explizite Funktionsgleichung aus:

5. $6y - 8 = 4x$ **6.** $7y - 3x = 2$ **7.** $4x - 2y = 0$

8. $x^3 - 3x - 9 - 3y = 0$ **9.** $x^4 - 24x^2 + 96 - 12y = 0$ **10.** $x^2 - 4x - y = 0$

11. $x^2 + 2y - 16 = 0$ **12.** $\frac{y}{x-1} = (x + 2)^2$ **13.** $\frac{6y}{(1 + x)^3} = 3 - x$

14. Stelle die Beziehung zwischen Celsius- und Réaumurgraden und diejenige zwischen Réaumur- und Fahrenheitgraden graphisch dar!

15. Die Gleichung für die gleichförmige Bewegung lautet:
$$s = v \cdot t,$$
worin t die veränderliche Zeit, s den veränderlichen Weg und v die konstante Geschwindigkeit bedeutet. Stelle die Gleichung bildlich dar!

Stelle die folgenden Funktionen bildlich dar, gib für jede Gerade die Steigung, den Steigungswinkel und den Abschnitt auf der y-Achse an:

16. $y = 2x - 3$ **17.** $2x - 3y - 6 = 0$

18. $x + y = 6$ **19.** $y = x + 4$

20. $y = \frac{1}{3}x + 1$ **21.** $y = -2x + 3$

22. $y = -2x - 3$ **23.** $x - 4y = 0$

24. $y = -\frac{3}{4}x - 7$ **25.** $\frac{y-3}{x} = 2$

26. Ein abgeschlossenes Gas hat bei $t = 0\,°\mathrm{C}$ den Druck $p = 1$ bar, der Proportionalitätsfaktor ist $\frac{1}{273}$. Stelle die lineare Funktionsgleichung $p = f(t)$ auf! (Welche Schwierigkeit ergibt sich hier bei der graphischen Darstellung?)

27. Bei einer Schraubenfeder ist die Verlängerung l eine Funktion der Kraft F und dieser proportional. Stelle die Federcharakteristik $l = f(F)$ graphisch dar, wenn die Federkonstante $c = 4\ \mathrm{N} \cdot \mathrm{cm}^{-1}$ beträgt.

28. Zeichne die Funktion $Z = \frac{p}{100} \cdot K$ für $p = 4;\ 6;\ 8$ und 10%!

29. Wie beeinflußt der Wert von a_2 die Lage der Parabel $y = a_2x^2$?

30. Was versteht man unter dem Scheitel einer Parabel 2. Grades? Wie heißt die Scheitelgleichung der Parabel $y = x^2 + px + q$?

Löse folgende gemischt-quadratischen Bestimmungsgleichungen zeichnerisch:

31. $x^2 + 2x - 8 = 0$ **32.** $x^2 - 4x + 4 = 0$

33. $x^2 - 2x - 3 = 0$ **34.** $x^2 - 4x + 20 = 0$

35. Wann hat die gemischt-quadratische Gleichung $x^2 + px + q = 0$
a) zwei reelle und verschiedene,
b) zwei reelle und zusammenfallende,
c) zwei komplexe und verschiedene Lösungen?

36. Wo schneidet die Funktion $y = \frac{1}{2}x^2 - \frac{7}{2}x + 5$ die x-Achse, und wie heißen die Koordinaten des Parabelscheitels?

Untersuche und zeichne folgende Funktionen:

37. $y = x^2 + x - 6$ **38.** $y = -\frac{1}{4}x^2 + \frac{1}{2}x + 2$

39. $y = 2x^2 + x + 4$ **40.** $y = \frac{1}{3}(x - 1)(x + 4)$

41. $y = -\frac{1}{2}(x - 2)(x + 3)$ **42.** $y = x^2 - 7$

43. $y = x(x - 4)$ **44.** $y = (x - 2)^2$ **45.** $y = \frac{1}{5}(x + 1)^2$

46. Ein parabolischer Brückenbogen hat die Spannweite 40 m und die Scheitelhöhe 6 m. Berechne die Ordinaten von Meter zu Meter!

47. Aus den Ecken eines quadratischen Bleches mit der Seite $l = 10$ cm sollen gleiche Quadrate ausgeschnitten und aus dem Reststück ein oben offener Kasten hergestellt werden. Wie groß müssen die Seiten der auszuschneidenden Quadrate gemacht werden, wenn ein möglichst großer Inhalt des Kastens erzielt werden soll? (Graphische Lösung).

Das gleiche Problem ist zu lösen für eine Blechplatte von:

48. 40 cm · 60 cm **49.** 100 cm · 150 cm

50. Aus 4 Stäben von der Länge $l = 10$ cm soll eine quadratische Pyramide gebildet werden; die Höhe sei h; der Rauminhalt V der Pyramide ist als Funktion der Höhe h auszudrücken und graphisch darzustellen. Zwischen welchen Werten kann sich h ändern?

Untersuche und zeichne folgende Funktionen:

51. $y = x^3 - \frac{1}{10}x^5$ **52.** $y = 9x^2 - x^4$

53. $y = \frac{1}{4}(x^4 - x^3 - 14x^2 + 2x + 24)$ **54.** $y = \frac{1}{5}(x + 2)(x + 5)(x - 4)(x - 3)$

55. $y = \frac{1}{10}(x^6 - 50)$

Charakterisiere die folgenden Funktionen höheren Grades, und gib an, welche Quadranten von ihnen durchlaufen werden:

56. $y = x^7$ **57.** $y = -\frac{1}{20}x^9$ **58.** $y = -\frac{1}{30}x^6$ **59.** $y = 0{,}01x^{10}$

Untersuche und zeichne die folgenden Funktionen, und ermittle die Nullstellen:

60. $y = \frac{1}{3}x^3 - 3x$ **61.** $y = 4 - \frac{1}{6}x^3$ **62.** $y = \frac{1}{10}x^3 + \frac{1}{3}x$

63. $y = \frac{1}{5}x^2 - \frac{1}{10}x^3$ **64.** $y = \frac{1}{2}x^3 - 4x^2 + 8x$ **65.** $y = x^2 - \frac{1}{10}x^4$

66. Löse die Gleichung $4x^3 - 7x^2 + 3x = 0$ zeichnerisch durch Bestimmung der Nullstellen!

67. Bestimme die Schnittpunkte der Parabel $y = x^2 - 4$ mit der Kurve der Umkehrfunktion (Zeichnung)!

68. Ein mit der Geschwindigkeit v unter dem Winkel α gegen den Horizont schief aufwärts abgeschossenes Projektil beschreibt (unter Vernachlässigung des Luftwiderstandes) eine Parabel; die Gleichung der Parabel lautet:

$$y = -\frac{g}{2v^2 \cdot \cos^2\alpha} \cdot x^2 + x \cdot \tan\alpha$$

Bestimme die Lage des Parabelscheitels und die Wurfweite!

69. Ein an zwei 20 m hohen Masten befestigtes Seil bildet annähernd die Form einer Parabel. Bestimme die Stelle des stärksten Durchhangs!

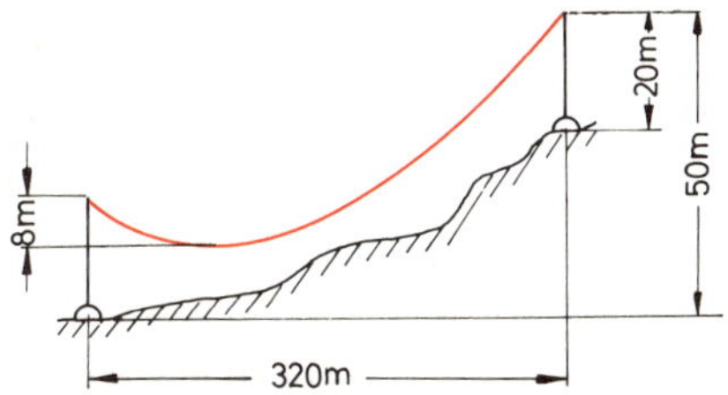

70. Die Funktion $y = 2x^4 - 2x^3 - 3x^2 - x - 2$ hat bei $x = 2$ und $x = -1$ Nullstellen. Sie ist in reelle Faktoren ersten und zweiten Grades zu zerlegen.

71. Bestimme die ganze Funktion 4. Grades, die für $x = \pm 1$ und $x = \pm 2$ den Funktionswert Null hat und für $x = 0$ den Wert 1 annimmt!

1.2.2. Gebrochene rationale Funktionen

1. Gib Beispiele an für echt und unecht gebrochene rationale Funktionen!

Wie sehen die Bilder der folgenden Funktionen aus:

2. $y = \frac{x+1}{x-3}$ **3.** $y = \frac{3x+2}{2x+3}$ **4.** $y = \frac{2x-3}{3x+2}$

5. $y = \frac{x+1}{x-1}$ **6.** $y = \frac{x-4}{2x-3}$ **7.** $y = \frac{x}{x-1}$

8. $y = \frac{x-2}{x}$ **9.** $y = \frac{ax+b}{cx+d}$ **10.** $y = \frac{1}{x-4}$

11. $y = \frac{x-3}{x+2}$ **12.** $y = \frac{x}{x^2+1}$ **13.** $y = x + \frac{1}{x}$

14. $y = x - \frac{1}{x^2}$ **15.** $y = x^2 + \frac{1}{x^2}$ **16.** $y = \frac{10}{x^2+1}$ **17.** $y = x^2 + \frac{1}{x}$

18. Erkläre die Begriffe Pol, Lücke und Asymptote!

19. Wie findet man die Asymptote einer unecht gebrochenen rationalen Funktion $(n > m)$?

20. Bei der physikalischen Untersuchung einer Gasmenge ist von 4 dm^3 und 1 bar ausgegangen worden. Zwischen den Variablen p (Druck) und V (Volumen) besteht der Zusammenhang $p \cdot V = 4$. Zeichne das Druck-Volumen-Diagramm dieser Funktion $p = f(V)$ bei konstant gehaltener Temperatur!

21. Die Kraft, mit der sich zwei Schiffe mit der Masse $m_1 = 1{,}02 \cdot 10^6$ kg und $m_2 = 2{,}04 \cdot 10^6$ kg anziehen, ist als Funktion des Abstandes r ihrer Schwerpunkte graphisch darzustellen. $\left(\text{Newtons Gravitationsgesetz:} \quad F = f \cdot \frac{m_1 \cdot m_2}{r^2}.\right)$

22. Für die Herstellung von Litermaßen aus Blech interessiert der funktionale Zusammenhang zwischen Radius r und Höhe h der herzustellenden Zylinder. Stelle die Funktionsgleichung auf, und zeichne das Diagramm!

23. Die Beleuchtungsstärke E einer Fläche ist umgekehrt proportional dem Quadrat der Entfernung x der Lichtquelle von der angestrahlten Fläche. Die Lichtstärke I der Lichtquelle wird dabei in Candela (cd) und x in Metern gemessen.
Stelle für eine Lampe von 50 cd die Abhängigkeit $E = \frac{I}{x^2}$ in einem Schaubild dar!

Bestimme Nullstellen und Pole bei folgenden Funktionen:

24. $y = \frac{3x - 6}{2x + 3}$ **25.** $y = \frac{x^2 - x - 6}{x^2 + x - 6}$

Bestimme die Lücken der Funktionen:

26. $y = \frac{x^2 - 1}{x + 1}$ **27.** $y = \frac{x^2 - 2x - 15}{x - 5}$

Verwandle in eine ganze und eine echt gebrochene rationale Funktion:

28. $y = \frac{x^2 - 6x + 5}{x - 3}$ **29.** $y = \frac{x^4 - 2x^3 + 4x^2 - 5x + 6}{x^2 - 5x + 7}$

Zerlege die nachstehenden Funktionen in eine ganze und eine echt gebrochene rationale Funktion. Bestimme Nullstellen, Pole, Lücken und Asymptoten (Zeichnung)!

30. $y = \frac{x^2 - 3x + 2}{x^2 + 2x - 3}$ **31.** $y = \frac{x^3 - 3x^2 - 4x + 12}{x^2 + 5x + 6}$

32. Zeichne die Kurve $y = \frac{x^4 - 6x^3 + 11x^2 - 6x}{x^3 - 6x^2 + 11x - 6}$ und bestimme die Lücken!

33. Bilde die gebrochene rationale Funktion, die bei $x = 1$ und $x = 2$ Nullstellen, bei $x = 5$ einen Pol zweiter Ordnung und bei $x = 3$ einen Pol erster Ordnung besitzt!

34. Eine unecht gebrochene rationale Funktion hat als Asymptote die Parabel $y = x^2$, einen einfachen Pol bei $x = 2$ und die Nullstelle $x = 1$. Wie heißt sie? Hat sie noch weitere Nullstellen?

Bestimme Pole, Nullstellen und Asymptoten von:

35. $y = \frac{(x - 2)(x + 4)(3x - 4)}{2(x + 2)(x - 1)}$ **36.** $y = \frac{(x + 1)(3x - 2)(2x + 3)}{(x - 3)(x + 1) \cdot a}$

37. $y = \frac{x^6 + x^5 - 4x^4 - 4x^3 + x - 1}{x^3 + x^2 - 4x - 4}$ **38.** $y = \frac{x^3 - 2}{x}$

Bestimme Nullstellen, Pole, Lücken und Asymptoten sowie die Schnittpunkte mit der y-Achse folgender Funktionen, und zeichne sie:

39. $y = \frac{x^2}{1 + x^2}$ **40.** $y = \frac{x^2 - 3x + 2}{x^2 - 6x + 9}$

41. $y = \dfrac{1}{1 + x^2}$

42. $y = \dfrac{(-5)(x-3)^2(x+2)^3(x-1)}{(x+1)^2(x-2)(1+x^2)\cdot x^2}$

43. $y = \dfrac{1 - x^2}{1 + x^2}$

44. $y = \dfrac{x^3 - 1}{x^2 + 1}$

45. $y = \dfrac{(1 - x)^2}{1 + x^2}$

46. $y = \dfrac{x^3 + x + 2}{4 - x^2}$

47. $y = \dfrac{(1 - x)^2}{(1 + x)^2}$

48. $y = \dfrac{(x + 1)^4 - 1}{(x + 1)^2}$

49. $y = \dfrac{x + 2}{1 - x^2}$

50. $y = \dfrac{x^2 - x^4}{(x^2 + 1)(x + 2)}$

51. $y = \dfrac{x + 2}{(1 - x)^2}$

52. $y = \dfrac{x^3 - x^2}{(x + 2)^2}$

53.

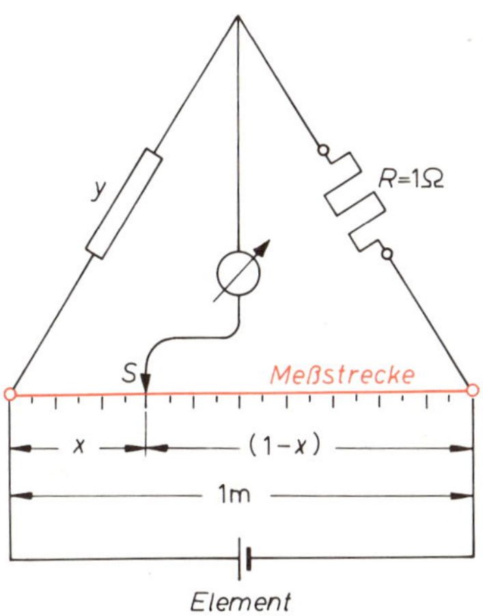

Bei der skizzierten Wheatstoneschen Brücke sind der unbekannte Widerstand y Ohm und der bekannte Widerstand $R = 1$ Ohm eingeschaltet. Der Schieber S ist auf dem Meßdraht (Meßstrecke = 1 m) so eingestellt, daß das Meßinstrument des Brückendrahtes keinen Strom anzeigt.

Stelle den Widerstand y als Funktion des Meßdrahtabschnittes x dar, wenn sich $y : 1 = x : (1 - x)$ verhält! Zeichne die Kurve für die Werte $x = 0$ bis $x = 1$!

1.2.3. Irrationale Funktionen

1. Warum steht bei der Funktion $y = \pm \sqrt[2]{x}$ das doppelte Vorzeichen $\pm$ und welche geometrische Bedeutung hat es?

2. Was wird aus y bei den Funktionen $y_1 = \pm \sqrt[2]{x}$ und $y_2 = \sqrt[3]{x}$, wenn man für x negative Zahlenwerte einsetzt?

Stelle die Umkehrfunktionen für die folgenden Funktionen auf und zeichne sie:

3. $y = x^3$

4. $y = x^4$

5. $y = x^{-2}$

6. $y = x^{-3}$

7. $y = \frac{1}{2}x^2 + 3$

8. $y = \frac{3}{4}x^3$

9. $y = x^2 - 1$

10. $y = +\sqrt{25 - x^2}$

11. $y = \pm\sqrt{x^3}$

12. $y = \pm\sqrt[4]{x^3}$

13. $y = x^{-\frac{2}{3}}$

14. $y = \frac{1}{2}x \pm \sqrt{\frac{1}{4}x^2 - 1}$

15. $y = \dfrac{1 - \sqrt{1 + 4x}}{1 + \sqrt{1 + 4x}}$

Zeichne die zu der unentwickelten Funktion gehörige Kurve:

16. a) $x^2 + y^2 = 9$; b) $x^2 - y^2 = 9$

17. $y^2 = 3{,}6x - 0{,}36x^2$

Zeichne die zu folgenden Funktionen gehörigen Kurven:

18. $y = x \pm \sqrt{x}$ **19.** $y = x^2 - 2\sqrt{x^2}$ **20.** $y = \frac{1}{10}\sqrt{x^3} - \sqrt{x}$

21. $y = x\sqrt{16 - x^2}$ **22.** $y = \frac{4}{x}\sqrt{2x - 1}$ **23.** $y = \frac{x + 2}{\sqrt{x}}$

24. $y^2 = 1 + x^3$ **25.** $y^2 = x^2 \cdot \frac{3 - x}{3 + x}$ **26.** $\sqrt[3]{x^2} + \sqrt[3]{y^2} = 4$

27. $y^2 = 2px$ **28.** $\frac{x^2}{4} + \frac{y^2}{25} = 1$ **29.** $\frac{x^2}{16} - \frac{y^2}{36} = 1$

Stelle die Gleichung des Kreises auf, und zeichne die Funktion, wenn die Mittelpunktskoordinaten a und b und der Durchmesser d folgende Zahlenwerte haben:

30. $a = 4$, $b = 3$, $d = 12$ **31.** $a = -3$, $b = 3$, $d = 8$ **32.** $a = -2$, $b = -3$, $d = 12$ **33.** $a = 2$, $b = -4$, $d = 8$

Bestimme Nullstellen, Pole, Lücken und Asymptoten sowie die Schnittpunkte mit der y-Achse folgender Funktionen, und stelle sie graphisch dar:

34. $2x^2 - 2y^2 = 16$ **35.** $y = \sqrt{-1 - x^2}$

36. $x^2 - y^2 = 9$ **37.** $y = \sqrt{x^2}$; $y = \sqrt{-x^2}$

38. $y = \pm\frac{3}{4}\sqrt{16 - x^2}$ **39.** $y = \sqrt{(x + 3)^2}$

40. $y = 2x^{\frac{2}{3}}$ **41.** $y = \sqrt{-(x - 2)^2}$

42. $y = \frac{x^2}{3 + \sqrt{x}}$ **43.** $y = \sqrt{3 + \frac{1}{2}x - \frac{1}{2}x^2}$

44. $y = 2x^3 + \frac{1}{\sqrt{1 - x^2}}$ **45.** $y - \sqrt{\frac{x}{1 + x^2}}$

46. $y = \sqrt[3]{5 + \sqrt{2 + 3x^4}}$ **47.** $y = \sqrt{\frac{x}{1 - x}}$

48. $y = \pm\sqrt{10x - x^2}$ **49.** $y = \sqrt{\frac{2x + 3}{x}}$

50. $y = 4 \pm \sqrt{2x + 10}$ **51.** $y^2 = \frac{12 - x^2}{2x}$

52. $y = \pm\sqrt{2x^2 + 10x + 4}$ **53.** $y = \frac{3x}{\sqrt{x^2 + 9}}$

54. $8y^2 = (x + 2)^3$ **55.** $y = \sqrt{\frac{x^3}{6 - x}}$

56. $y^2 = \frac{1}{4}x^4 - x^2$ **57.** $2y = x^2 \pm \sqrt{9 - x^2}$

58. $3y = \pm\sqrt{6x^3 - x^4}$ **59.** $y = \frac{x(1 - x^2)^{\frac{3}{2}}}{x - x^3}$

Löse die folgenden Bestimmungsgleichungen 2. Grades mit 2 Unbekannten graphisch:

60. I. $x^2 + y^2 = 89$; II. $x^2 - y^2 = 39$ **61.** I. $x^2 + y^2 = 25$; II. $x \cdot y = 12$ **62.** I. $x^2 + y^2 = 100$; II. $\frac{x^2}{128} + \frac{y^2}{72} = 1$

1.3. Transzendente Funktionen

Die bisher betrachteten Funktionen waren derartig beschaffen, daß sich die abhängige Variable y mit den einfachen Grundrechnungsarten (Addition, Subtraktion, Multiplikation, Division, Potenzierung und Radizierung) berechnen ließ. Bei den *transzendenten Funktionen* wird y durch logarithmische, trigonometrische oder andere Rechenverfahren bestimmt.

Diese lassen sich in unentwickelter (impliziter) Form nicht durch eine algebraische Gleichung darstellen.

$y = b^x$, $y = e^x$	Exponentialfunktionen
$y = \log_b x$, $y = \ln x$	Logarithmische Funktionen
$y = \sin x$, $y = \tan x$	Trigonometrische Funktionen
$y = \text{arc sin } x$, $y = \text{arc tan } x$	Zyklometrische Funktionen
$y = \sinh x$, $y = \tanh x$	Hyperbelfunktionen
$y = \text{ar sinh } x$, $y = \text{ar tanh } x$	Areafunktionen

1.3.1. Exponentialfunktionen

Aufgabe:

Die allgemeine Exponentialfunktion $y = b^x$ ist zu untersuchen und bildlich darzustellen für:

1. $b > 1$; → z. B. $b = 3$
2. $0 < b < 1$; → z. B. $b = \frac{1}{3}$
3. $b = 1$
4. $b = 0$
5. $b < 0$; → z. B. $b = -3$

Lösung:

1. $y = 3^x$

x	y
0	1
0,5	1,73
—0,5	0,577
1	3
—1	0,33
2	9
—2	0,11

2. $y = \left(\frac{1}{3}\right)^x$

x	y
0	1
0,5	0,577
—0,5	1,73
1	0,33
—1	3
2	0,11
—2	9

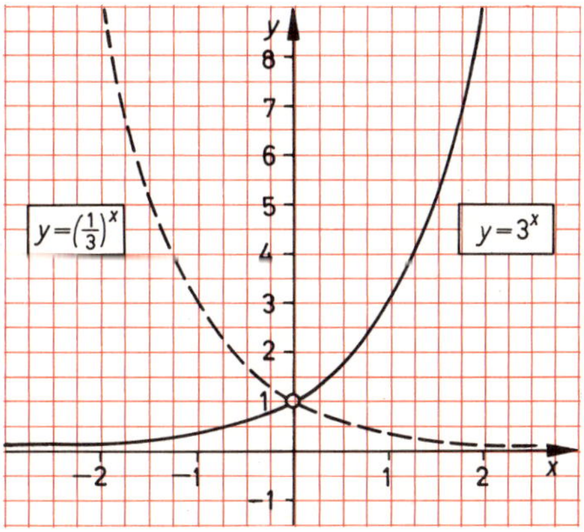

Erkenntnis:

Die Funktionen $y = 3^x$ und $y = \left(\frac{1}{3}\right)^x$ liegen symmetrisch zur x-Achse.

Das Bild dieser Funktion ist eine Parallele zur x-Achse im Abstand 1.

Die Funktion $y = 0^x$ läßt sich nicht darstellen.

Die Wertetafel zeigt:

a) Für gebrochene Exponenten mit geradem Nenner wird y imaginär.

b) Für gebrochene Exponenten mit ungeradem Nenner wird y reell und negativ.

c) Für ganze gerade Exponenten wird y positiv.

d) Für ganze ungerade Exponenten wird y negativ.

Die Funktion $y = (-3)^x$ läßt sich nicht graphisch darstellen.

3. $y = 1^x$; $\longrightarrow b = 1$

4. $y = 0^x$; $\longrightarrow b = 0$

für $x > 0$; $\longrightarrow y = 0$

für $x < 0$; $\longrightarrow y = \infty$

5. $y = (-3)^x$; $\longrightarrow b = -3$

x	0	$\frac{1}{2}$	$-\frac{1}{2}$	$\frac{1}{3}$	$-\frac{1}{3}$	1	-1	2	-2	3
y	1	$\sqrt{-3}$	$\frac{1}{\sqrt{-3}}$	$-1{,}44$	$-6{,}9$	-3	$-\frac{1}{3}$	9	$\frac{1}{9}$	-27

Merke:

1. Die Funktion $y = b^x$ läßt sich nur darstellen für:
   a) $b > 1$, b) $b = 1$, c) $0 < b < 1$
2. Für $b \leqq 0$ ist die Funktion $y = b^x$ nicht erklärt.
3. Während die Funktion $y = b^x$ für $b > 1$ die negative x-Achse zur Asymptote hat und zu immer größeren Werten anwächst, beginnt die Funktion für $b < 1$ mit über alle Grenzen großen Werten, nimmt immer mehr ab und nähert sich asymptotisch der x-Achse.
4. Die Funktion $y = b^x$ heißt für $b > 1$ „steigende", für $0 < b < 1$ „fallende" Exponentiallinie.

Beispiel:

Zeichne die Exponentialfunktion $y = e^x$!

Merke:

Ein Sonderfall der Exponentialfunktion $y = b^x$ ist die Verwendung der Basis $b = 2{,}71828\ldots$, die sich aus dem Ausdruck $\left(1 + \frac{1}{n}\right)^n$ ergibt, wenn man n über alle Grenzen wachsen läßt. (Der Grenzwert $2{,}71828\ldots$ wird nach Euler mit e bezeichnet und als Basis der natürlichen Logarithmen verwendet.)

Lösung:

$y = e^x$

x	0	0,5	$-0{,}5$	1	-1	2	-2
y	1	1,65	0,61	e	0,37	7,39	0,14

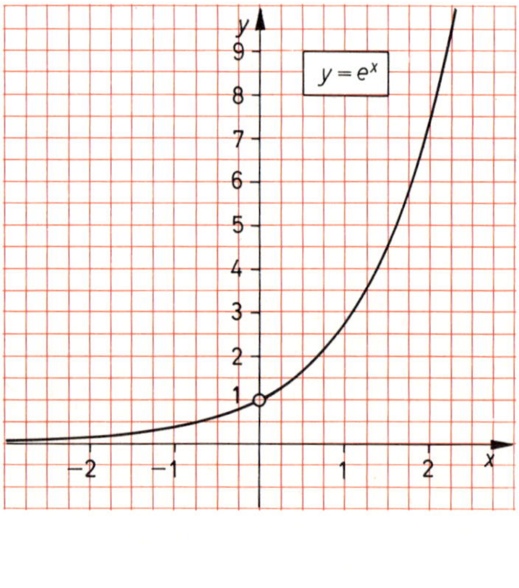

Beispiel:

Zeichne die Funktion $y = 2^x + 2^{-x}$!

Lösung:

$y = 2^x + 2^{-x}$

x	0	$\frac{1}{2}$	$-\frac{1}{2}$	1	-1	2	-2
y	2	2,12	2,12	2,5	2,5	4,25	4,25

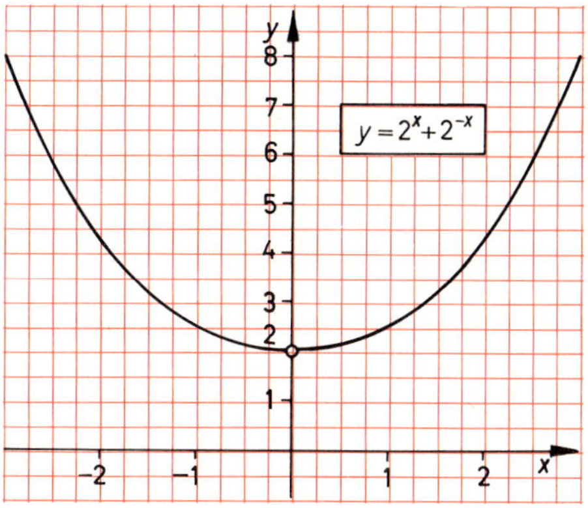

1.3.2. Logarithmische Funktionen

Aufgabe:

Zeichne die Funktion $y = 2^x$, entwickle die zugehörige Umkehrfunktion, und zeichne diese in das gleiche Schaubild. Wie liegen beide Funktionen zur Geraden $y = x$?

Lösung:

$y = 2^x$; ⟶ Stammfunktion

$x = 2^y$ Variable vertauschen

$y = \log_2 x$; ⟶ Umkehrfunktion

⟶ Stammfunktion

x	-3	-2	-1	0	$+1$	$+2$	$+3$	$y = \log_2 x$
$y = 2^x$	$\frac{1}{8}$	$\frac{1}{4}$	$\frac{1}{2}$	1	2	4	8	x

Umkehrfunktion ⟵

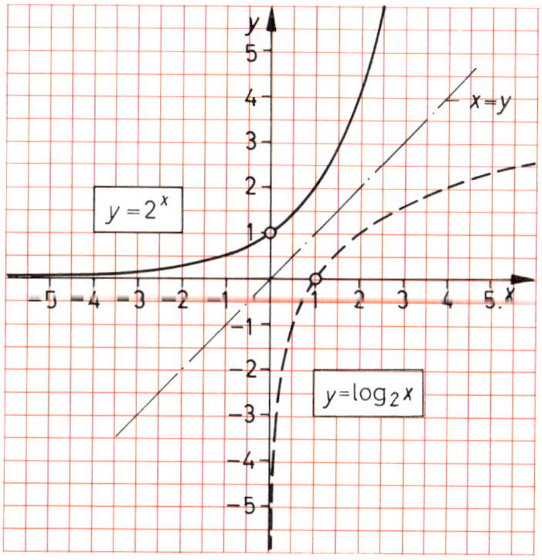

Erkenntnis:

Da jeder Punkt der Stammfunktion durch Vertauschen der Koordinaten zu einem Punkt der Umkehrfunktion wird, kann man die Umkehrfunktion mit derselben Wertetafel zeichnen. Beide Funktionen liegen symmetrisch zu der Geraden $y = x$.

Aufgabe:

Zeichne die Funktion $y = \left(\frac{1}{2}\right)^x$, entwickle deren Umkehrfunktion, und stelle beide mit der Geraden $y = x$ in einem Schaubild graphisch dar!

Lösung:

$y = \left(\frac{1}{2}\right)^x$; ⟶ Stammfunktion

$x = \left(\frac{1}{2}\right)^y$ Variable vertauschen

$y = \log_{\frac{1}{2}} x$; ⟶ Umkehrfunktion

⟶ Stammfunktion

x	-3	-2	-1	0	$+1$	$+2$	$+3$	$y = \log_{\frac{1}{2}} x$
$y = \left(\frac{1}{2}\right)^x$	8	4	2	1	$\frac{1}{2}$	$\frac{1}{4}$	$\frac{1}{8}$	x

Umkehrfunktion ⟵

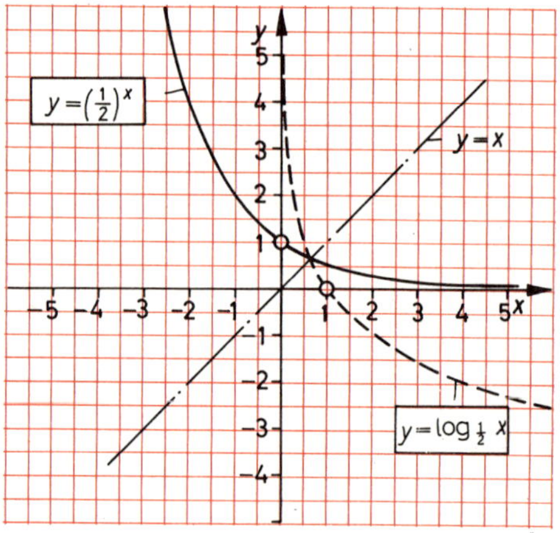

Merke:

Exponentialfunktion und logarithmische Funktion sind einander zugeordnete Funktionen (Umkehrfunktionen = inverse Funktionen).

Die logarithmische Kurve verläuft stets rechts der y-Achse, da es keine reellen Logarithmen für negative Werte von x gibt.

Aufgabe:

Bilde die Umkehrfunktion der allgemeinen Funktionsgleichung $y = b^x$, und gib die Bedingungen an, unter denen sie darstellbar ist!

Lösung:

$y = b^x$; ⟶ Stammfunktion

$x = b^y$ Variable vertauschen

$y = \log_b x$; ⟶ Umkehrfunktion

Die Funktion ist darstellbar, wenn:

1. $x > 0$
2. $0 < b < 1$
3. $b > 1$

} vergleiche Kapitel 1.3.1

Merke:

Ist in der allgemeinen logarithmischen Funktion $y = \log_b x$ die Basis b gleich $e = 2{,}71828\ldots$, so schreibt man nach einer internationalen Vereinbarung für $y = \log_e x$; ⟶ $y = \ln x$; ⟶ gelesen: „y = Logarithmus naturalis x".

$y = \log_b x$;

für $b = e = 2{,}71828\ldots$; ⟶ $y = \log_e x$
$= \ln x$

$$\log_e x = \ln x$$

Man nennt diese Logarithmen mit der Basis $e = 2{,}71828\ldots$ „natürliche Logarithmen". Sie werden in der höheren Mathematik fast ausschließlich gebraucht.

Ist die Basis $b = 10$, so spricht man von Briggsschen oder dekadischen Logarithmen und schreibt abgekürzt: $\log_{10} x = \lg x$.

für $b = 10$; $\longrightarrow y = \log_{10} x$
$= \lg x$

$$\log_{10} x = \lg x$$

Aufgabe:

Stelle den Zusammenhang zwischen Briggsschen Logarithmen mit der Basis 10 und den natürlichen Logarithmen mit der Basis $e = 2{,}71828\ldots$ dar!

Lösung:

$\ln N = x$; $\longrightarrow$ Umkehrfunktion bilden!

$N = e^x$; $\longrightarrow$ logarithmieren!

$\lg N = \lg e^x$;

$\lg N = x \cdot \lg e$; $\longrightarrow \lg e = \lg 2{,}7182\ldots$
$= 0{,}4343$

$\lg N = x \cdot 0{,}4343$; $\longrightarrow$ für x wieder einsetzen: $x = \ln N$

$$\lg N \approx 0{,}4343 \cdot \ln N$$

und

$$\ln N \approx \frac{1}{0{,}4343} \cdot \lg N \approx 2{,}3026 \cdot \lg N$$

Erkenntnis:

Der Briggssche Logarithmus einer Zahl entspricht dem 0,4343-fachen Wert des natürlichen Logarithmus. Der natürliche Logarithmus hat den 2,3026-fachen Wert des Briggsschen Logarithmus.

Beispiel:

Zeichne die logarithmische Funktion $y = \ln(x + 1)$!

Lösung:

x	-1	$-\frac{1}{2}$	0	1	2	3	4	5
y	$-\infty$	$-0{,}69$	0	0,69	1,09	1,38	1,61	1,79

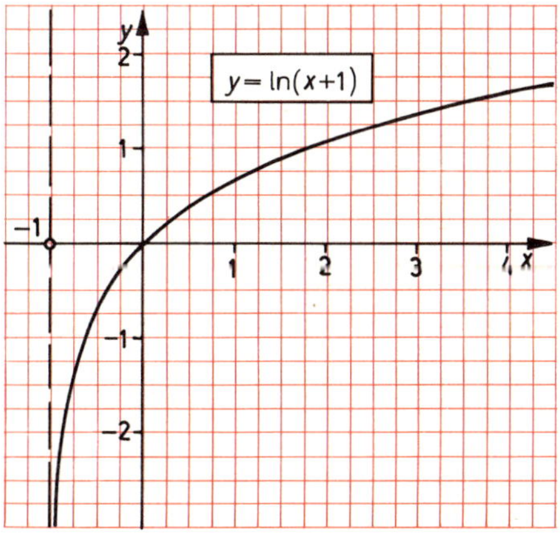

1.3.3. Trigonometrische Funktionen

Die trigonometrischen Funktionen sind definiert durch Verhältnisse am rechtwinkligen Dreieck als:

Sinus (sin) $\longrightarrow \sin\alpha = \dfrac{\text{Gegenkathete}}{\text{Hypotenuse}}$

Cosinus (cos) $\longrightarrow \cos\alpha = \dfrac{\text{Ankathete}}{\text{Hypotenuse}}$

Tangens (tan) $\longrightarrow \tan\alpha = \dfrac{\text{Gegenkathete}}{\text{Ankathete}}$

Cotangens (cot) $\longrightarrow \cot\alpha = \dfrac{\text{Ankathete}}{\text{Gegenkathete}}$

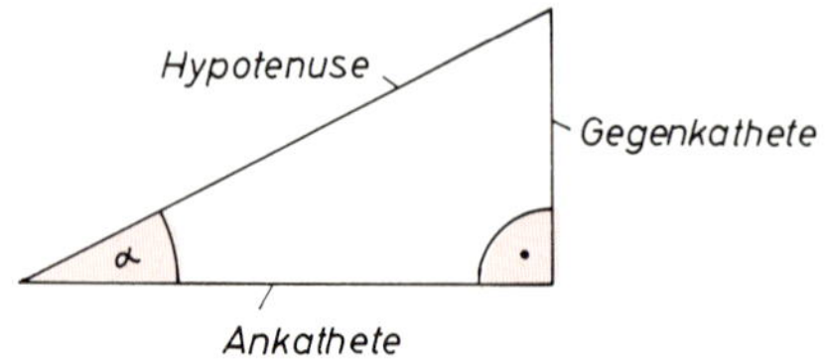

und können auch am Einheitskreis dargestellt werden.

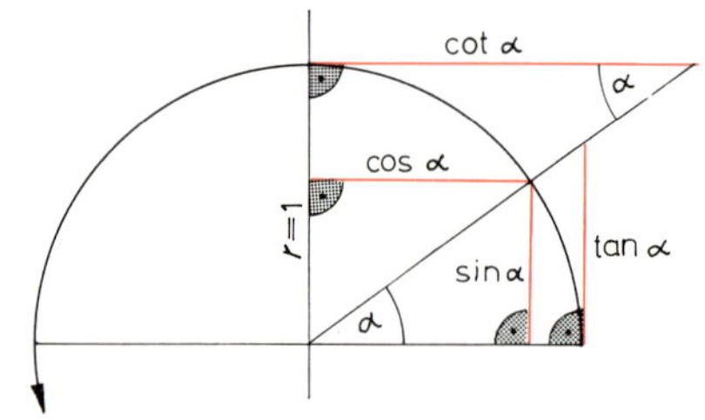

In der Mathematik und Technik werden Winkel meistens nicht im „Gradmaß α" gemessen, sondern im „Bogenmaß x". Unter dem Bogenmaß eines Winkels α versteht man die Länge des Bogens x (arcus x), der zwischen den Schenkeln eines Winkels im Einheitskreis liegt. Das Bogenmaß ist das Verhältnis $\frac{x}{r} = \frac{x}{1}$, also eine unbenannte (dimensionslose) Zahl.

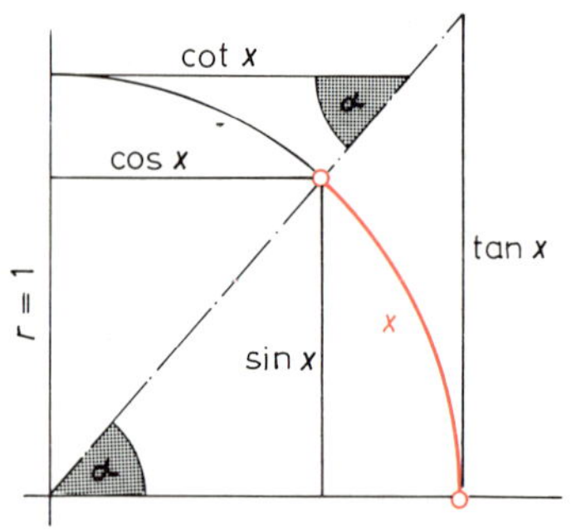

Aufgabe:

Entwickle die Beziehungen zwischen Gradmaß α und Bogenmaß x.

Lösung:

$$\alpha^\circ : 360^\circ = x : 2r\pi$$

für $r = 1$; $\longrightarrow x = \dfrac{2\pi\,\alpha^\circ}{360^\circ}$

$$x = \frac{\pi \cdot \alpha^\circ}{180}$$

$$x \approx \frac{\alpha^\circ}{57{,}3} \qquad \alpha^\circ \approx x \cdot 57{,}3$$

$$360^\circ \mathrel{\hat{=}} 2\pi$$

$$1^\circ \mathrel{\hat{=}} 0{,}017453$$

$$57^\circ 17' 45'' \mathrel{\hat{=}} 1$$

Erkenntnis:

Bogenmaß und Gradmaß können ineinander umgerechnet werden. Das Gradmaß α° entspricht dem 57,3-fachen Wert des Bogenmaßes arcus x.

Beispiel:

Berechne $x = \text{arc}\,\alpha°$ (arc = arcus = Bogen) für die Winkel $\alpha = 0°, 30°, 45°, 60°, 90°, 180°, 270°, 360°$, und stelle α- und x-Werte in einer Tabelle zusammen!

Lösung:

$\alpha = 30°; \quad x = ?$

$30° : 360° = x : 2\pi$

$x = \frac{2\pi \cdot 30°}{360°} = \frac{\pi}{6}$ usw.

$\alpha°$	0°	30°	45°	60°	90°	180°	270°	360°
x	0	$\frac{\pi}{6}$	$\frac{\pi}{4}$	$\frac{\pi}{3}$	$\frac{\pi}{2}$	π	$\frac{3}{2}\pi$	2π

Beispiel:

Berechne zu dem gegebenen Bogen $x = 2$ den zugehörigen Winkel α!

Lösung:

$x = \text{arc}\,\alpha° = 2; \quad \alpha° = ?$

$\alpha° : 360° = 2 : 2\pi$

$$\alpha° = \frac{360° \cdot 2}{2\pi}$$

$$\underline{\underline{\alpha° \approx 114{,}5916°}}$$

Aufgabe:

Zeichne die trigonometrischen Grundfunktionen:

1. $y = \sin x$
2. $y = \cos x$

und bestimme die Nullstellen!

Lösung:

1. $y = \sin x$

x	0	$\frac{\pi}{2}$	π	$\frac{3}{2}\pi$	2π	$\frac{5}{2}\pi$	3π
y	0	1	0	−1	0	1	0

Nullstellen bei: $x = 0, \pi, 2\pi, 3\pi \ldots$

2. $y = \cos x$

x	0	$\frac{\pi}{2}$	π	$\frac{3}{2}\pi$	2π	$\frac{5}{2}\pi$	3π
y	+1	0	−1	0	+1	0	−1

Nullstellen bei: $x = \frac{\pi}{2}, \frac{3}{2}\pi, \frac{5}{2}\pi, \frac{7}{2}\pi \ldots$

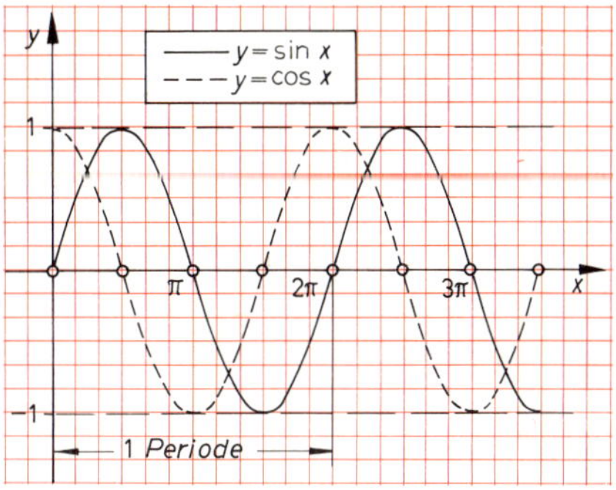

Erkenntnis:

Die Funktionen $y = \sin x$ und $y = \cos x$ haben über alle Grenzen viele Nullstellen, d. h. sie schneiden die x-Achse an unendlich vielen Stellen.

Merke:

Die Funktionen $y = \sin x$ und $y = \cos x$ sind als periodische Funktionen zur Beschreibung solcher Vorgänge wichtig, die sich nach Ablauf einer bestimmten Zeit (Periode) wiederholen. Vorgänge dieser Art sind z. B. Kreisbewegungen, Kurbeltriebbewegungen, Wechselstrom.

Aufgabe:

Zeichne die trigonometrischen Grundfunktionen

1. $y = \tan x$
2. $y = \cot x$

und bestimme Nullstellen und Pole!

1. $y = \tan x$

x	0	$\frac{\pi}{4}$	$\frac{\pi}{2}$	π	$\frac{3}{2}\pi$	2π	$\frac{5}{2}\pi$	3π
y	0	1	∞	0	∞	0	∞	0

Nullstellen bei: $x = 0, \pi, 2\pi, 3\pi, 4\pi \ldots$

Pole bei: $x = \frac{\pi}{2}, \frac{3}{2}\pi, \frac{5}{2}\pi, \frac{7}{2}\pi \ldots$

2. $y = \cot x$

x	0	$\frac{\pi}{4}$	$\frac{\pi}{2}$	π	$\frac{2}{3}\pi$	2π	$\frac{2}{5}\pi$	3π
y	∞	1	0	∞	0	∞	0	∞

Nullstellen bei: $x = \frac{\pi}{2}, \frac{3}{2}\pi, \frac{5}{2}\pi, \frac{7}{2}\pi \ldots$

Pole bei: $x = 0, \pi, 2\pi, 3\pi, 4\pi \ldots$

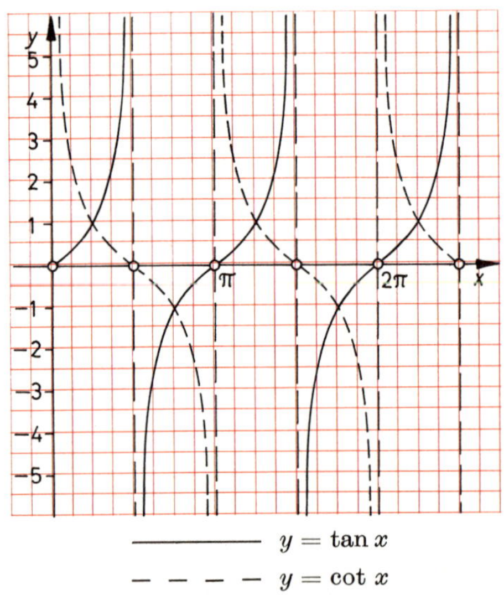

Erkenntnis:

Die Funktionen $y = \tan x$ und $y = \cot x$ haben unendlich viele Nullstellen und Pole.

Beispiel:

Zeichne die Funktionen $y = \sin x$ und $y = \sin(2x)$, und bilde daraus die Funktion $y = \sin x + \sin(2x)$ durch Superposition, d. h. zeichnerische Addition der Ordinaten von $y = \sin x$ und $y = \sin(2x)$ zur Ordinate von $y = \sin x + \sin(2x)$.

Lösung:

$y = \sin x$

x	0	$\frac{\pi}{2}$	π	$\frac{3}{2}\pi$	2π			
y	0	1	0	—1	0			

$y = \sin(2x)$

x	0	$\frac{\pi}{4}$	$\frac{\pi}{2}$	$\frac{3}{4}\pi$	π	$\frac{5}{4}\pi$	$\frac{3}{2}\pi$	$\frac{7}{4}\pi$	2π
y	0	1	0	—1	0	1	0	—1	0

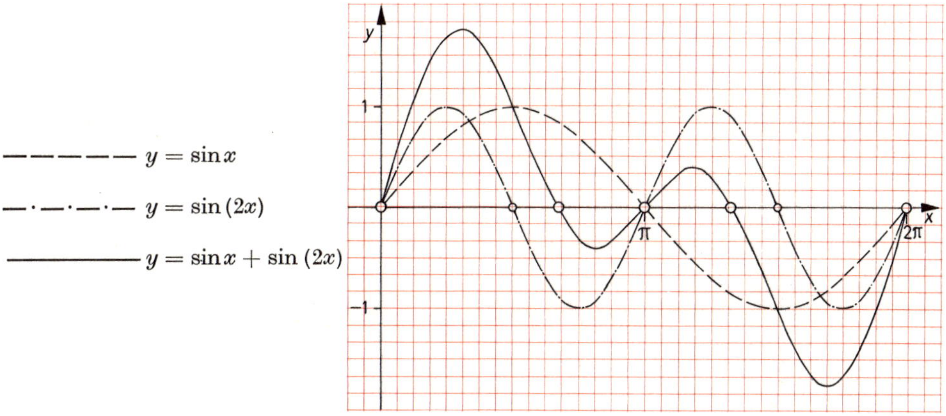

1.3.4. Zyklometrische Funktionen

Aufgabe: Entwickle die Funktion $y = \sin x$ und deren Umkehrfunktion! Zeichne beide Funktionen in ein gemeinsames Schaubild!

$y = \sin x$ ist definiert am Einheitskreis als das Lot y, das dem Bogen x zugeordnet ist.

$x = \sin y$ ist umgekehrt die Zuordnung des Bogens y zum Lot x.

$x = \sin y$ ist die Umkehrfunktion zu $y = \sin x$ in impliziter Form. In expliziter Form schreibt man sie: $y = \text{arc} \sin x$ (gelesen: y ist der Bogen, dessen Sinus gleich x ist).

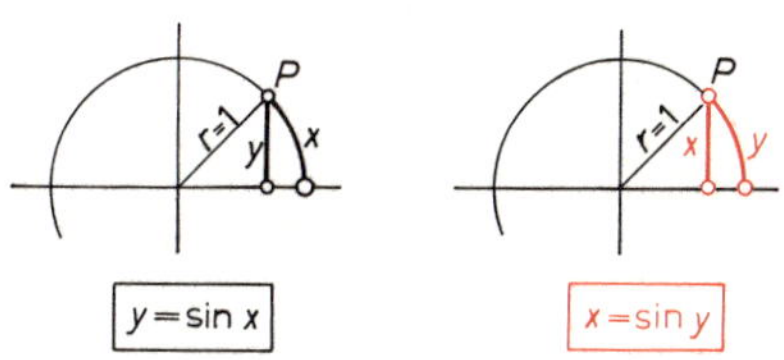

$y = \sin x$ →

x	0	$\frac{\pi}{2}$	π	$\frac{3}{2}\pi$	2π	y
y	0	1	0	−1	0	x

← $x = \sin y$

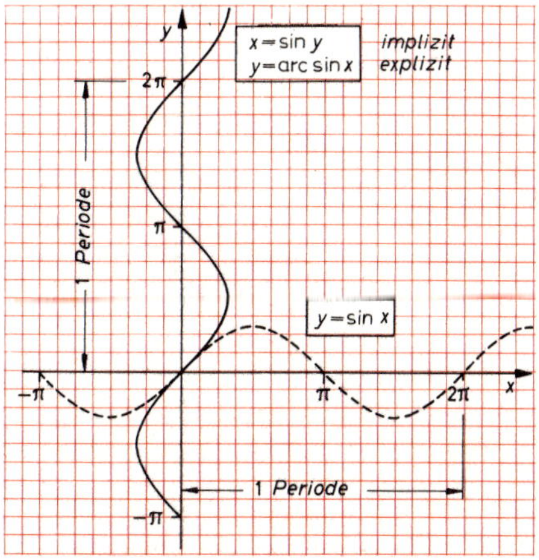

Erkenntnis:

Die Form der Funktionen $y = \sin x$ und $y = \text{arc} \sin x$ ist gleich.

Beide Funktionen liegen spiegelbildlich zueinander und haben die Gerade $y = x$ als Symmetrieachse.

Merke:

Die Umkehrfunktionen der trigonometrischen Funktionen heißen zyklometrische Funktionen oder Arcusfunktionen.

Entsprechendes gilt für die anderen zyklometrischen Funktionen. Sie ergeben sich jeweils durch Vertauschung von x- und y-Wert aus den trigonometrischen Grundfunktionen.
Umkehrfunktionen heben sich stets auf.

Übersicht:

Stammfunktion	Umkehrfunktion	
	implizit	explizit
$y = \sin x$	$x = \sin y$	$y = \text{arc} \sin x$
$y = \cos x$	$x = \cos y$	$y = \text{arc} \cos x$
$y = \tan x$	$x = \tan y$	$y = \text{arc} \tan x$
$y = \cot x$	$x = \cot y$	$y = \text{arc} \cot x$

$\sin(\text{arc} \sin x) = x$

$\text{arc} \sin(\sin x) = x$

usw.

Aufgabe:

Stelle die Arcusfunktionen am Einheitskreis dar!

Lösung:

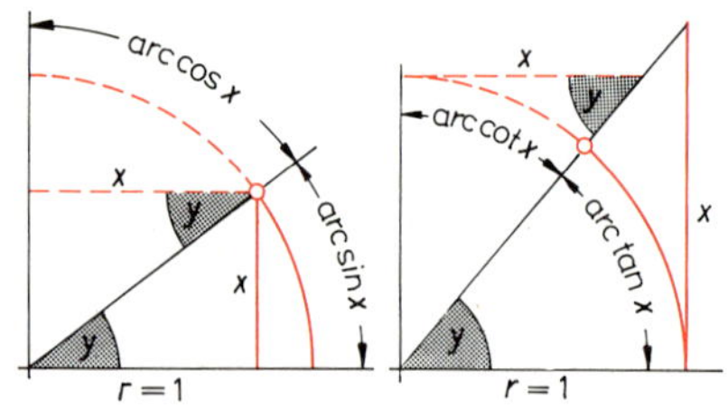

Beispiel: Beweise am Einheitskreis die Gleichung: $\text{arc} \sin x + \text{arc} \cos x = \frac{\pi}{2}$.

Im ⊿ MPB ist $x = \overline{CP}$ der Sinuswert, der zu dem Bogen $\widehat{BP}$ gehört.

Im ⊿ MPA ist $x = \overline{MD}$ der Kosinuswert, der zu dem Bogen $\widehat{AP}$ gehört.

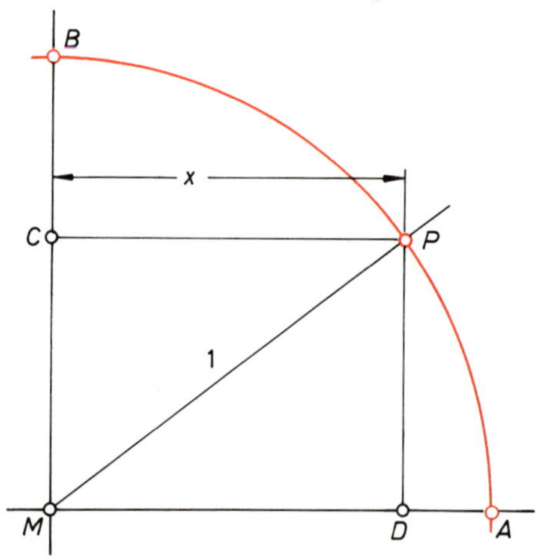

$x = \overline{MD} = \overline{CP}$

$\widehat{AP}$ und $\widehat{BP}$ ergänzen sich zu einem Viertelkreis, d. h. im Einheitskreis mit $r = 1$ zu $\frac{\pi}{2}$.

$$\left.\begin{aligned}\text{arc} \sin x &= \widehat{BP}\\ \text{arc} \cos x &= \widehat{AP}\end{aligned}\right\} \widehat{AP} + \widehat{BP} = \frac{\pi}{2}$$

$$\text{arc} \sin x + \text{arc} \cos x = \frac{\pi}{2}$$

Aufgabe:

Berechne x aus der Bestimmungsgleichung $x = \text{arc} \sin 0{,}5$, und stelle Untersuchungen über die mögliche Anzahl der Lösungen an!

Lösung:

$$x = \text{arc} \sin 0{,}5$$

$$\sin x = 0{,}5$$

$$x_1 = \frac{\pi}{6}; \longrightarrow \text{Hauptwert}$$

$$\left.\begin{aligned} x_2 &= \frac{5}{6}\pi \\ x_3 &= \frac{\pi}{6} + 2\pi \\ x_4 &= \frac{5}{6}\pi + 2\pi \\ x_{n_1} &= \frac{\pi}{6} \pm 2\pi \cdot n \\ x_{n_2} &= \frac{5}{6}\pi \pm 2\pi \cdot n \end{aligned}\right\} \text{Nebenwerte}$$

$$n = 1, 2, 3, 4, 5 \ldots$$

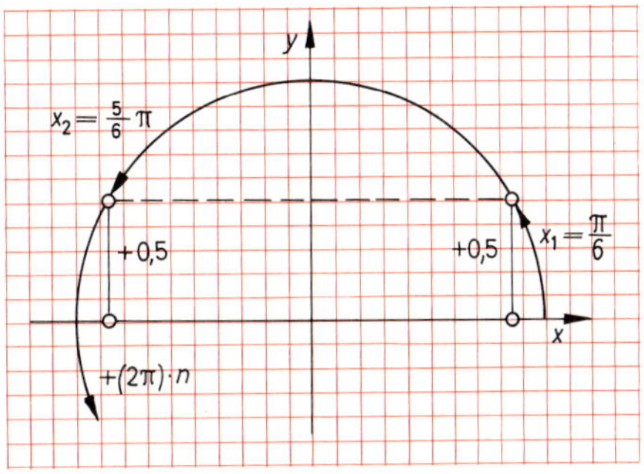

Erkenntnis:

Die Arcusfunktion ist mehrdeutig. Es gibt außer den Werten x_1 und x_2 noch über alle Grenzen viele x-Werte, die sich nur durch ein Vielfaches von 2π von x_1 und x_2 unterscheiden. x_1 nennt man Hauptwert, alle anderen Nebenwerte.

Merke:

Die zyklometrischen Funktionen sind vieldeutig, da die trigonometrischen Funktionen periodisch sind. Zu jedem x-Wert gehören unendlich viele y-Werte. Zur Vermeidung dieser Vieldeutigkeit hat man Hauptwerte eingeführt. Alle anderen möglichen Werte sind Nebenwerte.

Hauptwerte sind für die Funktion:

$$y = \text{arc} \sin x \longrightarrow -\frac{\pi}{2} \leqq y \leqq \frac{\pi}{2}$$

$$y = \text{arc} \cos x \longrightarrow 0 \leqq y \leqq \pi$$

$$y = \text{arc} \tan x \longrightarrow -\frac{\pi}{2} < y < \frac{\pi}{2}$$

$$y = \text{arc} \cot x \longrightarrow 0 < y < \pi$$

Beispiel:

Berechne x in Bogenmaß und α in Grad aus:

1. $x = \text{arc} \cos 0{,}79864$
2. $x = \text{arc} \tan 0{,}06700$
3. $x = \text{arc} \cot 3{,}17159$

Lösung:

Ohne Berücksichtigung der Nebenwerte ist:

1. $\cos x = 0{,}79864$
$\underline{\underline{x \approx 0{,}64577}} \longrightarrow \underline{\underline{\alpha \approx 37°}}$

2. $\tan x = 0{,}06700$
$\underline{\underline{x \approx 0{,}06690}} \longrightarrow \underline{\underline{\alpha \approx 3°50'}}$

3. $\cot x = 3{,}17159$
$\underline{\underline{x \approx 0{,}30543}} \longrightarrow \underline{\underline{\alpha \approx 17{,}5°}}$

1.3.5. Hyperbelfunktionen

Aufgabe:

Zeichne die Funktionen $y_1 = \frac{1}{2}e^{+x}$ und $y_2 = \frac{1}{2}e^{-x}$, und bilde aus beiden die zusammengesetzte Funktion $y_3 = \frac{1}{2}e^{+x} + \frac{1}{2}e^{-x} = \frac{1}{2}(e^{+x} + e^{-x})$.

Lösung:

$$\left.\begin{aligned} y_1 &= \frac{1}{2}\,e^{x} \\ y_2 &= \frac{1}{2}\,e^{-x} \end{aligned}\right\} y_3 = \frac{1}{2}\,(e^{x} + e^{-x})$$

x	—3	—2	—1	0	+1	+2	+3
$2y_1$	0,05	0,14	0,37	1	2,72	7,38	20,09
$2y_2$	20,09	7,38	2,72	1	0,37	0,14	0,05
y_3	10,07	3,76	1,54	1	1,54	3,76	10,07

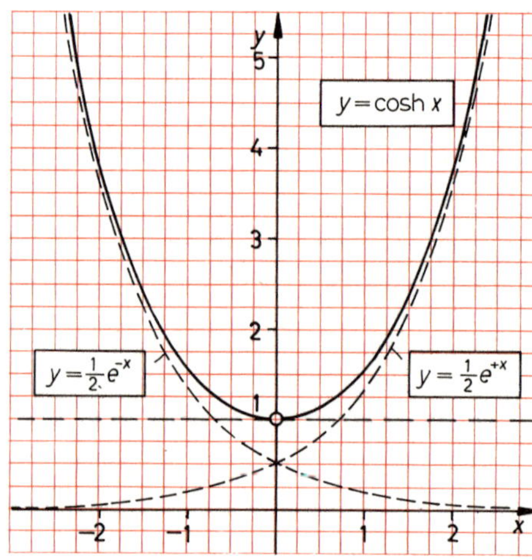

Merke:

Es ist üblich, die Funktionen $y = e^x$ und $y = e^{-x}$ zu neuen Funktionen zusammenzufassen. Diese sogenannten „Hyperbelfunktionen" kann man den trigonometrischen Funktionen gegenüberstellen. Die Funktion $y = \frac{1}{2}(e^x + e^{-x})$ schreibt man auch $y = \cosh x$ oder $y = \text{ch}\,x$ und liest „cosinus hyperbolicus" oder „Hyperbelkosinus". Das Bild der Funktion $y = \cosh x$ heißt auch „Kettenlinie", da eine aufgehängte Kette diese Form der Kurve annimmt.

Wie der Hyperbelkosinus lassen sich auch die den anderen trigonometrischen Funktionen entsprechenden Hyperbelfunktionen aufstellen.

Die Hyperbelfunktionen sind wie folgt definiert:

1. $y = \frac{1}{2}(e^x - e^{-x})$; ⟶ $\underline{\underline{y = \sinh x}}$; ⟶ Kurzform auch: $y = \text{sh}\,x$;
⟶ „Hyperbelsinus"

2. $y = \frac{1}{2}(e^x + e^{-x})$; ⟶ $\underline{\underline{y = \cosh x}}$; ⟶ Kurzform auch: $y = \text{ch}\,x$;
⟶ „Hyperbelkosinus" („Kettenlinie")

3. $y = \frac{e^x - e^{-x}}{e^x + e^{-x}}$; ⟶ $\underline{\underline{y = \tanh x}}$; ⟶ Kurzform auch: $y = \text{th}\,x$;
⟶ „Hyperbeltangens"

4. $y = \frac{e^x + e^{-x}}{e^x - e^{-x}}$; ⟶ $\underline{\underline{y = \coth x}}$; ⟶ Kurzform auch: $y = \text{cth}\,x$;
⟶ „Hyperbelkotangens"

Für die Beziehungen der Hyperbelfunktionen untereinander gelten ähnliche Gleichungen wie für die trigonometrischen Funktionen:

1. $\tanh x = \dfrac{\sinh x}{\cosh x}$

2. $\coth x = \dfrac{\cosh x}{\sinh x}$

3. $\tanh x = \dfrac{1}{\coth x}$

4. $\cosh^2 x - \sinh^2 x = 1$

5. $2 \cdot \cosh x \cdot \sinh x = \dfrac{e^{2x} - e^{-2x}}{2} = \sinh (2x)$

6. $\cosh^2 x + \sinh^2 x = \dfrac{e^{2x} + e^{-2x}}{2} = \cosh (2x)$

7. $\cosh x + \sinh x = e^x$

8. $\cosh x - \sinh x = e^{-x}$

Die Werte der Hyperbelfunktionen sind in Tabellen erfaßt.

Beispiel:

Stelle die Funktion $y = \sinh x$ im rechtwinkligen Koordinatensystem dar!

Wertetabelle:

$y = \sinh x$

x	0	$\pm\frac{1}{4}$	$\pm\frac{1}{2}$	$\pm\frac{3}{4}$	± 1	$\pm 1{,}5$	± 2
y	0	$\pm 0{,}253$	$\pm 0{,}521$	$\pm 0{,}822$	$\pm 1{,}175$	$\pm 2{,}129$	$\pm 3{,}627$

Lösung:

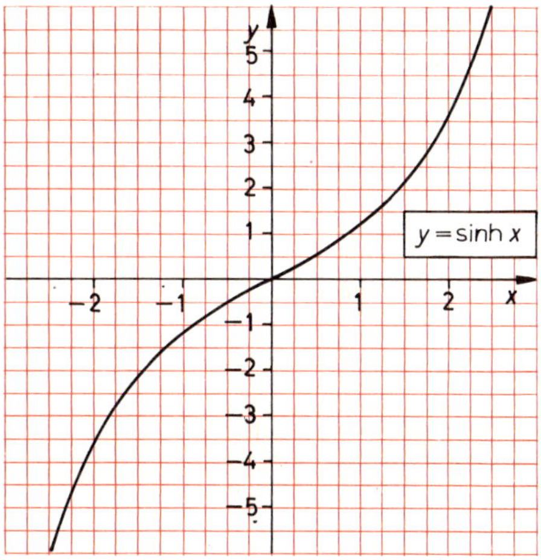

Beispiel:

Zeichne die Funktionen

1. $y = \tanh x$,
2. $y = \coth x$

in ein rechtwinkliges Koordinatensystem ein.

Wertetabellen:

1. $y = \tanh x$

x	0	$\pm\frac{1}{4}$	$\pm\frac{1}{2}$	$\pm\frac{3}{4}$	± 1	$\pm 1{,}5$	± 2
y	0	$\pm 0{,}245$	$\pm 0{,}462$	$\pm 0{,}635$	$\pm 0\ 762$	$\pm 0{,}905$	$\pm 0{,}964$

2. $y = \coth x$

x	0	$\pm\frac{1}{4}$	$\pm\frac{1}{2}$	$\pm\frac{3}{4}$	± 1	$\pm 1{,}5$	± 2
y	$\pm\infty$	$\pm 4{,}1$	$\pm 2{,}16$	$\pm 1{,}57$	$\pm 1{,}31$	$\pm 1{,}105$	$\pm 1{,}04$

Lösung:

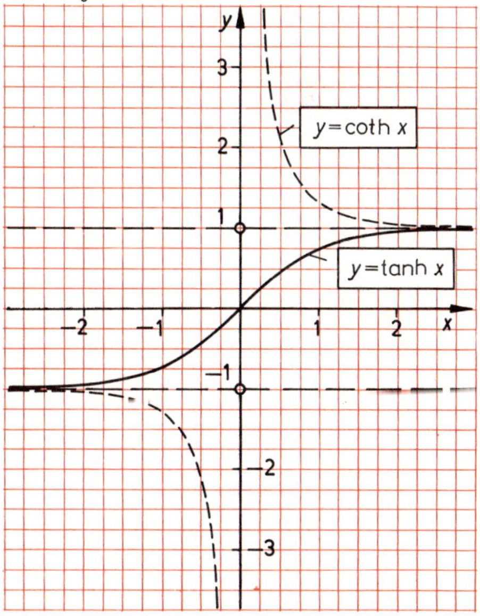

Beispiel:

Beweise die Beziehung:

$$\cosh^2 x - \sinh^2 x = 1$$

Lösung:

$$\cosh x = \frac{1}{2}(e^x + e^{-x});$$

$$\sinh x = \frac{1}{2}(e^x - e^{-x})$$

$$\left.\begin{aligned}\cosh^2 x &= \frac{1}{4}(e^{2x} + 2e^{+x}\cdot e^{-x} + e^{-2x})\\ \sinh^2 x &= \frac{1}{4}(e^{2x} - 2e^{+x}\cdot e^{-x} + e^{-2x})\end{aligned}\right\} -$$

$$\cosh^2 x - \sinh^2 x = \frac{1}{4}\cdot 4e^{+x}\cdot e^{-x} = e^{x-x} = \underline{\underline{1}}$$

1.3.6. Areafunktionen

Aufgabe:

Entwickle die Umkehrfunktion zu $y = \cosh x$ und zeichne sie!

Um die Umkehrfunktion in expliziter Form zu erhalten, löst man sie nach e^y auf. e^y ergibt sich aus der gemischt-quadratischen Gleichung.

Aus der Gleichung für e^y wird y durch Logarithmieren berechnet (Exponentialgleichung! Vergleiche Teil 1, Kap. 19). Wegen der Basis e wählt man zum Logarithmieren den natürlichen Logarithmus.

Die Umkehrfunktion heißt auch $y = \text{ar}\cosh x$ (lies: Area cosinus x, von lat. area = Fläche), weil sie mit dem Flächeninhalt eines Hyperbelsektors zusammenhängt.

Erkenntnis:

Die Funktion $y = \text{ar}\cosh x$ existiert für alle $x \geqq 1$ und ist zweideutig, d. h. jedem x-Wert lassen sich zwei y-Werte zuordnen. Die Kurve entsteht durch Spiegelung der Funktion $y = \cosh x$ an der Geraden $y = x$.

Merke:

Die Werte der Areafunktionen lassen sich aus den Tafeln der Hyperbelfunktionen durch Vertauschen der abhängig und unabhängig Veränderlichen ablesen.

Lösung:

$y = \cosh x$

$= \frac{1}{2}(e^x + e^{-x});$ → Stammfunktion

$x = \cosh y$

$= \frac{1}{2}(e^y + e^{-y});$ → Variable vertauscht

$2x = e^y + e^{-y};$ → $\cdot\, e^y$

$2x \cdot e^y = e^{2y} + 1$

$0 = e^{2y} - 2x\cdot e^y + 1$ → ; $\underline{e^y = z}$

$0 = z^2 - 2xz + 1$

$z = x \pm \sqrt{x^2 - 1};$ → $z = e^y$

$e^y = x \pm \sqrt{x^2 - 1}$

$$y = \ln\left(x \pm \sqrt{x^2-1}\right)$$
$$y = \text{ar}\cosh x$$
→ Umkehrfunktion

x	+1	+2	+3	+5	+10	+100
y	0	±1,3	±1,8	±2,3	±3	±5,3

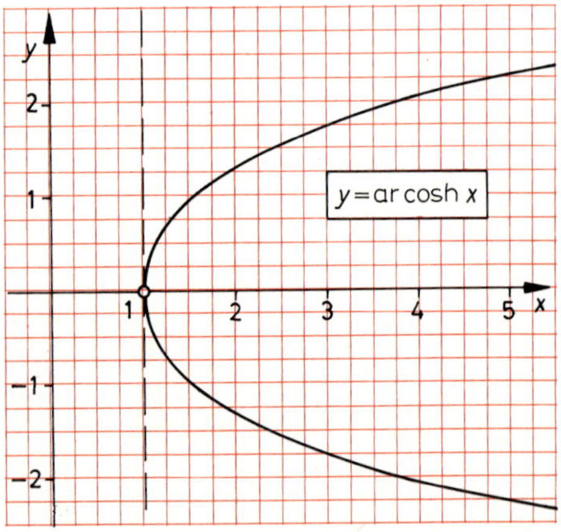

Aufgabe:

Entwickle die Funktion $y = \text{ar sinh}\, x$ aus der Stammfunktion $y = \sinh x$ und zeichne sie!

Lösung:

$$y = \sinh x; \quad \longrightarrow x = \sinh y$$

$$y = \frac{1}{2}(e^x - e^{-x}); \longrightarrow x = \frac{1}{2}(e^y - e^{-y})$$

$$2x = e^y - e^{-y} \,\|\, \cdot e^y$$

$$2x\,e^y = e^{2y} - 1$$

$$0 = e^{2y} - 2xe^y - 1$$

$$e^y = x \pm \sqrt{x^2 + 1}$$

$$y = \ln(x \pm \sqrt{x^2 + 1})$$

$$y = \text{ar sinh}\, x$$

x	0	± 0,52	± 0,82	± 1,18	± 3,6	± 10	± 27,3
y	0	± 0,5	± 0,75	± 1	± 2	± 3	± 4

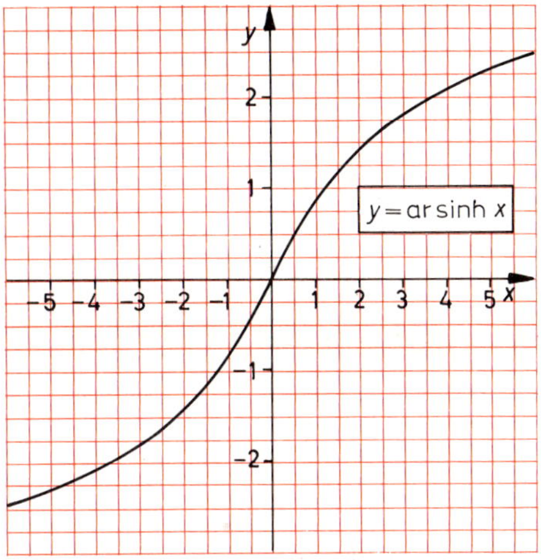

Erkenntnis:

Das Schaubild läßt erkennen, daß die Funktion $y = \text{ar sinh}\, x$ die an der Geraden $y = x$ gespiegelte Kurve $y = \sinh x$ darstellt (siehe Seite 77).

Aufgabe:

Bilde die Umkehrfunktionen zu:

1. $y = \tanh x$
2. $y = \coth x$

und zeichne sie in ein rechtwinkliges Koordinatensystem!
Bestimme ihren Geltungsbereich!

Lösung:

1. $y = \tanh x$

$$= \frac{e^x - e^{-x}}{e^x + e^{-x}}; \longrightarrow \text{Stammfunktion}$$

$$x = \tanh y; \longrightarrow \text{Variable vertauscht}$$

$$x = \frac{e^y - e^{-y}}{e^y + e^{-y}}; \longrightarrow \text{mit } e^y \text{ erweitern}$$

$$x = \frac{e^{2y} - 1}{e^{2y} + 1}; \longrightarrow \text{nach } e^{2y} \text{ umstellen}$$

$$e^{2y} = \frac{1 + x}{1 - x}$$

$$2y = \ln\frac{1 + x}{1 - x}$$

$$y = \frac{1}{2}\ln\frac{1 + x}{1 - x} \longrightarrow \text{Umkehrfunktion}$$

$$y = \text{ar tanh}\, x$$

Erkenntnis:

Die Aufgaben zeigen, daß die Bilder der Areafunktionen durch Spiegelung der Hyperbelfunktionen an der Geraden $y = x$ entstehen.

Die Funktion $y = \text{ar tanh}\, x$ existiert für

$$-1 \leqq x \leqq +1,$$

während die Funktion $y = \text{ar coth}\, x$ für

$$-1 \geqq x \geqq +1$$

reelle Werte ergibt.

2. $y = \coth x$

$= \dfrac{e^x + e^{-x}}{e^x - e^{-x}}$; → Stammfunktion

$x = \coth y$; → Variable vertauscht

$x = \dfrac{e^y + e^{-y}}{e^y - e^{-y}}$; → erweitern mit e^y

$x = \dfrac{e^{2y} + 1}{e^{2y} - 1}$; → umstellen nach e^{2y}

$$e^{2y} = \frac{x+1}{x-1}$$

$$2y = \ln\frac{x+1}{x-1}$$

$$y = \frac{1}{2}\ln\frac{x+1}{x-1}$$

$$y = \text{ar coth}\, x$$

→ Umkehrfunktion

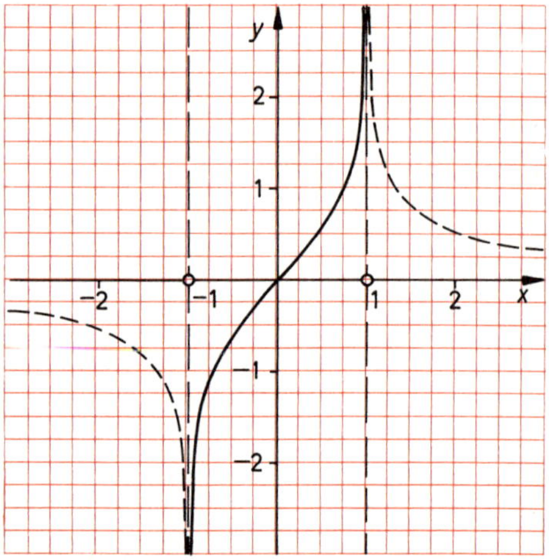

——— $y = \text{ar tanh}\, x$

— — — $y = \text{ar coth}\, x$

Übungen

1.3.1. Exponentialfunktionen

Stelle folgende Funktionen graphisch dar:

1. $y = 3^x$ **2.** $y = \left(\frac{3}{2}\right)^x$ **3.** $y = \left(\frac{1}{5}\right)^x$

4. $y = 0{,}99^x$ **5.** $y = 2^{-x}$ **6.** $y = 2^x - 2^{-x}$

7. $y = e^{\frac{2}{x}}$ **8.** $y = e^{-x^2}$ **9.** $y = e^{-\frac{1}{x^2}}$

10. $y = e^{2\sqrt{x}}$ **11.** $y = 5^{3x}$ **12.** $y = 8^{2x^2+3}$

13. $y = \dfrac{x^3}{3^x}$ **14.** $y = x^x$ **15.** $y = \dfrac{2^x}{e^x}$

16. Welchen Einfluß hat der Wert der Basis b auf den Verlauf der Funktion $y = b^x$?

Löse folgende Exponentialgleichungen graphisch:

17. $3^x = 9x$

18. $x \cdot e^x = \frac{1}{x - 1}$

19. $e^{\frac{1}{x}} = \sqrt{x + 2}$

20. $2^x = x^2$

1.3.2. Logarithmische Funktionen

Bilde die Umkehrfunktionen folgender Funktionen, und zeichne Stamm- und Umkehrfunktion in ein Schaubild:

1. $y = x^2 \cdot e^x$

2. $y = x^3 + 3^x$

3. $y = x \cdot 2^x$

4. $y = \frac{1 - x}{e^x}$

Beweise für $b > 1$ die Gleichungen

5. $\log_b 0 = -\infty$

6. $\log_b 1 = 0$

7. $\log_b b = 1$

8. $\log_b \infty = \infty$

9. Warum hat der Logarithmus einer negativen Zahl keinen reellen Wert?

10. Bestimme Pole und Nullstellen für $y = \ln x$!

11. Zeichne mit Hilfe der Logarithmentafel $y = \log_{10} x$!

Zeichne die Funktionen:

12. $y = \ln(1 + x)$

13. $y = \ln(1 + x^2)$

14. $y = \ln(16 - x^2)$

15. $y = \ln \frac{10 + x}{10 - x}$

16. $y = x \ln x$

17. $y = x^2 \ln x$

18. $y = \frac{\ln x}{x}$

19. $y = \ln(1 + x^3)$

20. $y = \log_4 (x + 1)$

21. $y = \log_x x$

22. $y = e^{\ln x}$

23. $y = \ln \frac{x - 1}{x + 1}$

24. $y = \log_{\frac{1}{2}} x^2$

25. $y = \sqrt{\ln x}$

Löse die nachstehenden Gleichungen graphisch:

26. $\lg x = \ln x$

27. $\log_2 x = \log_x 2$

28. $e^x = \ln x$

29. $1 + x = \ln(1 + x)$

1.3.3. Trigonometrische Funktionen

1. Zeige am Einheitskreis, daß:

a) jede Sehne $\overline{AB} = 2 \cdot \sin \frac{x}{2}$,

b) die Bogenhöhe $h = 1 - \cos \frac{x}{2}$ ist,

c) jeder Kreisabschnitt $= \frac{1}{2} r^2 (\text{arc}\, x - \sin x)$ Flächeneinheiten hat!

Zeichne die Kurven:

2. $y = 2 \cdot \sin x$ **3.** $y = 0{,}5 \cdot \sin x$ **4.** $y = 2 \sin\left(x - \frac{\pi}{4}\right)$

5. Beschreibe die Kurven $y = \frac{3}{5} \sin\left(x + \frac{\pi}{3}\right)$ und $y = 10 \sin(3x - \pi)$!

6. Zeichne $y_1 = \sin\left(\frac{2}{3}\pi x\right)$ und $y_2 = \sin(2\pi x)$, sowie die Superposition $y = y_1 + y_2$!

7. Zeichne und erkläre die Funktionen der beiden Sinuswellen $y_1 = 4 \sin\left(\frac{x}{2} - \frac{\pi}{3}\right)$ und $y_2 = 2 \sin(2x - \pi)$, sowie deren Superposition $y = y_1 + y_2$!

Diskutiere die folgenden Kurven:

8. $y = 2 \cdot \sin(3x)$ **9.** $y = \sqrt{\sin^2 x - 3}$

10. $y = \sin^2 x$ **11.** $y = \frac{\cos(2x)}{\cos x}$

12. $y = \sqrt{\sin x}$ **13.** $y = x \cdot \sin x$

14. $y = \sin \sqrt{x}$ **15.** $y = \ln \sin x$

16. $y = \sqrt{\sin^2 x - 1}$ **17.** $y = \frac{\tan(2x)}{\tan x}$

18. $y = \frac{\sin x}{x}$ **19.** $y = \frac{1}{\cos x}$

20. $y = x \sin \frac{2}{x}$ **21.** $y = e^x \sin x$

Löse die Gleichungen graphisch:

22. $\sin x = x^2$ **23.** $\sqrt{9 - x^2} = \tan x$

24. $\cos(2x) = e^x$ **25.** $\cot x = \frac{1}{4}\sqrt{1 - x^2}$

1.3.4. Zyklometrische Funktionen

Berechne x aus folgenden Bestimmungsgleichungen:

1. $\text{arc} \sin x = \frac{\pi}{2}$ **2.** $\text{arc} \sin x = -\frac{\pi}{3}$ **3.** $\text{arc} \sin x = 2\pi$

4. $\text{arc} \cos x = 0$ **5.** $\text{arc} \cos x = 1{,}5\pi$ **6.** $\text{arc} \tan x = \frac{1}{3}\pi$

7. $\text{arc} \cot x = 0{,}5\pi$ **8.** $\text{arc} \tan x = -1$ **9.** $\text{arc} \cot x = 1$

Beweise an der Zeichnung die Behauptungen:

10. $\cos x = \sin\left(x + \frac{\pi}{2}\right)$ **11.** $\text{arc} \tan x + \text{arc} \cot x = \frac{\pi}{2}$

12. Erkläre die Begriffe „Hauptwert" und „Nebenwert"!

Zeichne nachstehende Funktionen:

13. $y = \text{arc} \tan x$ **14.** $y = \text{arc} \cot x$

15. $y = \text{arc} \tan \frac{1}{x}$ **16.** $y = \text{arc} \cot \frac{1}{x}$

17. $y = \text{arc} \cos x$ **18.** $y = \text{arc} \sin(\sin x)$

19. $y = \text{arc} \cos(\cos x)$ **20.** $y = \text{arc} \tan(\tan x)$

1.3.5. Hyperbelfunktionen

Berechne die Werte für x in folgenden Gleichungen:

1. $x = \sinh 4{,}2$
2. $x = \sinh 0{,}5$
3. $x = \sinh(-4)$
4. $x = \cosh 6$
5. $x = \cosh 1$
6. $x = \cosh(-3)$
7. $x = \tanh 5$
8. $x = \tanh 0$
9. $x = \tanh(-2)$
10. $x = \coth 0$
11. $x = \coth 3$
12. $x = \coth(-5)$

Beweise die Beziehungen:

13. $2 \cosh x \cdot \sinh x = \sinh(2x)$
14. $\cosh^2 x + \sinh^2 x = \cosh(2x)$
15. $\cosh x + \sinh x = e^x$
16. $\cosh x - \sinh x = e^{-x}$
17. $1 - \tanh^2 x = \frac{1}{\cosh^2 x}$
18. $\tanh(2x) = \frac{2 \tanh x}{1 + \tanh^2 x}$

Zeichne die Funktionen:

19. $y = \sinh \frac{1}{x}$
20. $y = \cosh(x^2 - 1)$
21. $y = \tanh(2x)$
22. $y = \coth \frac{1}{x^2 - 1}$

1.3.6. Areafunktionen

1. Wie lassen sich die Werte der Areafunktionen aus den Werten der Hyperbelfunktionen errechnen?

Berechne x aus den Gleichungen:

2. $x = \operatorname{ar} \sinh 3$
3. $x = \operatorname{ar} \sinh(-4)$
4. $x = \operatorname{ar} \cosh 1$
5. $x = \operatorname{ar} \cosh 0$
6. $x = \operatorname{ar} \cosh 6$
7. $x = \operatorname{ar} \tanh 0$
8. $x = \operatorname{ar} \tanh 1$
9. $x = \operatorname{ar} \tanh(-1)$
10. $x = \operatorname{ar} \tanh(-2)$
11. $x = \operatorname{ar} \coth 1$
12. $x = \operatorname{ar} \coth(-4)$
13. $x = \operatorname{ar} \coth 6$

Zeichne die Funktionen:

14. $y = \operatorname{ar} \sinh(\sin x)$
15. $y = \operatorname{ar} \cosh \frac{1}{x}$
16. $y = \operatorname{ar} \cosh(\sin x)$
17. $y = \operatorname{ar} \tanh \frac{1}{x^2}$
18. $y = \operatorname{ar} \tanh(\cot x)$
19. $y = \operatorname{ar} \cot \frac{1}{x^2 - 1}$

2. DIFFERENTIALRECHNUNG

Fast alle Vorgänge in Natur und Technik lassen sich durch Funktionen arithmetisch darstellen. Um sie auch graphisch (geometrisch) darzustellen, wurden bisher eine Anzahl von Punkten rechnerisch ermittelt und diese dann durch eine Linie zu einer Kurve verbunden. Diese Kurven erlauben es, genaue Angaben über den naturwissenschaftlichen oder technischen Vorgang in einem gewählten Intervall zu machen. Für den Physiker oder Ingenieur ist die Änderung eines Vorganges (Verlauf der Kurve) von besonderer Wichtigkeit. Er möchte nicht nur wissen, an welcher Stelle sich z.B. eine abgeschossene Rakete zu einer bestimmten Zeit befindet, sondern auch ob sie noch steigt oder schon fällt, wie groß ihre Geschwindigkeit in jedem Moment ist und ob ihre Beschleunigung zu- oder abnimmt. Die elementaren mathematischen Methoden sind viel zu ungenau und zeitraubend und zum Teil auch unbrauchbar, um diese Fragen zu beantworten. Mit Hilfe der Differentialrechnung lassen sich solche funktionalen Änderungen zahlenmäßig leicht erfassen.

Die Differentialrechnung wurde von Leibniz (1646...1716) und Newton (1642...1727) fast gleichzeitig entwickelt. Das Gebiet der Mathematik ist dadurch sehr vergrößert worden. Die modernen Ergebnisse der Naturwissenschaft und Technik wären ohne die Differentialrechnung nicht möglich gewesen. Die Differentialrechnung ist ein Teil der Infinitesimalrechnung (infinitum = unendlich) oder Analysis (analysis = Zerlegung). Ein anderer Teil ist die Integralrechnung. Beide Teile stehen in inversem Verhältnis zueinander, die eine Rechnung ist die Umkehrung der anderen.

2.1. Grundbegriffe

Alle Funktionen, die in der Differential- und Integralrechnung behandelt werden, müssen *stetig* sein. Eine Funktion ist stetig, wenn die ihr zugehörende Kurve lückenlos ist und keine Sprünge aufweist. Mathematisch ausgedrückt bedeutet Stetigkeit, daß einer unendlich kleinen Änderung der unabhängigen Veränderlichen (x) auch eine unendlich kleine Änderung der abhängigen Veränderlichen (y) entspricht. Die Funktion $y = \tan x$ z. B. ist nicht stetig an der Stelle $x = \frac{\pi}{2}$, wo sie von $+\infty$ nach $-\infty$ springt. Ebenso hat die Funktion $y = \frac{x^2 - 4}{x - 2}$ an der Stelle $x = 2$ eine Lücke. Stellen, an denen die Funktion nicht stetig ist, müssen aus der Betrachtung ausgeschlossen werden. Es kann auch sein, daß eine Funktion nur in einem bestimmten Intervall stetig ist, auch dann gilt die Betrachtung nur für dieses Intervall.

Stetige Funktion:

z. B. $y = x^4 - 2x^3 - 13x^2 + 14x + 24$

Unstetige Funktion:

z. B. $y = \frac{x^2 + 3x}{x^3 + 3x^2 - 10x}$

$\left[\text{Lücke bei P}\left(0 \,\middle|\, -\frac{3}{10}\right)\right]$

2.1.1. Grenzwerte

Aufgabe:

Welchem Wert nähern sich die nachstehenden Zahlenfolgen?

1. $\frac{1}{2}, \frac{1}{3}, \frac{1}{4}, \frac{1}{5}, \frac{1}{6} \cdots \frac{1}{n}$

2. $\frac{1}{1}, \frac{1}{0{,}1}, \frac{1}{0{,}01}, \frac{1}{0{,}001} \cdots \frac{1}{\frac{1}{10^n}}$ $n: 0, 1, 2, \ldots$

Lösung:

1. Die Zahlenfolge nähert sich dem Wert 0.

2. Diese Folge strebt dem Wert ∞ zu.

Merke:

Nähern sich eine Anzahl von Größen, z. B. $x_1, x_2, x_3, \ldots, x_n$, immer mehr einer konstanten Größe K, ist K also die Grenze (limes), der die Zahlenfolge mit wachsendem n zustrebt, so nennt man diese Größe K den Grenzwert der Zahlenfolge.

Die verkürzte mathematische Schreibweise für diesen Sachverhalt heißt:

$$\lim_{n \to \infty} x_n = K$$

gelesen: „limes x_n für n gegen ∞ ist K"

Es bedeutet:

„lim" $\longrightarrow$ limes = Grenzwert

$n \longrightarrow \infty$ n nähert sich immer mehr dem Werte ∞.

Beispiel:

Stelle den Grenzwert der obigen Zahlenfolgen in Kurzschreibweise dar!

1. $\frac{1}{2}, \frac{1}{3}, \frac{1}{4}, \frac{1}{5}, \frac{1}{6} \cdots \frac{1}{n}$

2. $\frac{1}{1}, \frac{1}{0{,}1}, \frac{1}{0{,}01}, \frac{1}{0{,}001} \cdots \frac{1}{\frac{1}{10^n}}$ $n: 0, 1, 2, \ldots$

Lösung:

1. $\lim_{n \to \infty} \frac{1}{n} = 0$

2. $\lim_{x \to 0} \frac{1}{x} = \infty$

Beispiel:

Welchen Summengrenzwert hat nebenstehende unendliche, geometrische Reihe?

Lösung:

$$\frac{1}{2} + \frac{1}{2^2} + \frac{1}{2^3} + \frac{1}{2^4} + \cdots + \frac{1}{2^n} = ?$$

$$S = \frac{a}{1-q}; \longrightarrow \text{geometrische Reihe}$$

Es ist $a = \frac{1}{2}$ und $q = \frac{1}{2}$.

$$= \frac{\frac{1}{2}}{1-\frac{1}{2}}$$

$$= \underline{\underline{1}}$$

Die Grenzwertschreibweise dafür ist:

$$\lim_{n \to \infty} \left(\frac{1}{2} + \frac{1}{2^2} + \frac{1}{2^3} + \cdots + \frac{1}{2^n}\right) = 1$$

Beispiel: Es soll der Grenzwert eines periodischen Dezimalbruches berechnet werden.

Der Dezimalbruch kann in eine unendliche geometrische Reihe verwandelt werden.

$$0{,}\overline{6}\cdots = \lim_{n \to \infty} \left(\frac{6}{10} + \frac{6}{100} + \frac{6}{1000} + \cdots + \frac{6}{10^n}\right)$$

Es ist $a = \frac{6}{10}$ und $q = \frac{1}{10}$.

$$S = \frac{a}{1-q} = \frac{\frac{6}{10}}{1-\frac{1}{10}} = \underline{\underline{\frac{2}{3}}}$$

Aufgabe:

Berechne den y-Wert für $x = 3$ der Funktion $y = \frac{x^2 - x - 6}{x - 3}$!

Lösung:

$$y = \frac{x^2 - x - 6}{x - 3}; \;\to x = 3$$
$$= \frac{3^2 - 3 - 6}{3 - 3}$$
$$= \underline{\underline{\frac{0}{0}}}; \;\to \text{unbestimmter Ausdruck}$$

Erkenntnis:

Die Funktion $y = \frac{x^2 - x - 6}{x - 3}$ ergibt für $x = 3$ einen unbestimmten Ausdruck. Sie hat an dieser Stelle eine Lücke.

Aufgabe:

Bestimme den Grenzwert der vorstehenden Funktion für $x \to 3$.

Lösung:

$$\lim_{x \to 3} \frac{x^2 - x - 6}{x - 3} = \lim_{x \to 3} \frac{(x+2)\cdot(x-3)}{x - 3} = \lim_{x \to 3} (x + 2) = \underline{\underline{5}}$$

Erkenntnis:

Der Grenzwert dieses Bruches erscheint in der Form $\frac{0}{0}$. Wird jedoch der Bruch vorher vereinfacht, so kann der Grenzwert berechnet werden.

Aufgabe:

Bestimme den Grenzwert der Funktion $y = \frac{x + 2}{2x - 1}$ für $x \to \infty$!

Lösung:

$$y = \frac{x + 2}{2x - 1}; \;\to x = \infty$$
$$= \frac{\infty + 2}{2\infty - 1}$$
$$= \underline{\underline{\frac{\infty}{\infty}}}; \;\to \text{unbestimmter Ausdruck}$$

$$\lim_{x \to \infty} \frac{x + 2}{2x - 1} = \lim_{x \to \infty} \frac{1 + \frac{2}{x}}{2 - \frac{1}{x}} = \frac{1 + 0}{2 - 0} = \underline{\underline{\frac{1}{2}}}$$

Erkenntnis:

Nach Kürzen des Bruches durch x ergibt sich der Grenzwert $\frac{1}{2}$.

Setzt man vor dem Kürzen den Wert $x = \infty$ ein so entsteht ein unbestimmter Ausdruck.

Aufgabe:

Berechne $\lim\limits_{x \to 1} \left(\frac{6}{1 - x} - \frac{5 + 7x}{1 - x^2} \right)$!

Welcher Wert ergibt sich, wenn man $x = 1$ setzt?

Lösung:

$$y_{x=1} = \frac{6}{1 - 1} - \frac{5 + 7 \cdot 1}{1 - 1^2}$$

$$= \underline{\underline{\infty - \infty}}; \to \text{unbestimmter Ausdruck}$$

Der Bruch läßt sich auf den Hauptnenner $1 - x^2$ bringen und dann durch $1 - x$ kürzen.

$$\lim_{x \to 1} \left(\frac{6}{1-x} - \frac{5+7x}{1-x^2} \right) = \lim_{x \to 1} \frac{6+6x-5-7x}{1-x^2}$$

$$= \lim_{x \to 1} \frac{1-x}{1-x^2}$$

$$= \lim_{x \to 1} \frac{1}{1+x}$$

$$= \underline{\underline{\frac{1}{2}}}$$

Merke:

Viele Funktionen ergeben für bestimmte x-Werte Ausdrücke, die keinen Sinn erkennen lassen, sogenannte „unbestimmte Formen".

Unbestimmte Formen:

$\frac{0}{0}$; 0^0; $0 \cdot \infty$; ∞^0

$\frac{\infty}{\infty}$; 1^∞; $\infty - \infty$

So kann es vorkommen, daß für einen Wert $x = a$ die Funktion $f(a)$ nicht existiert, d. h. ein unbestimmter Ausdruck entsteht.

$$\lim_{x \to a} f(x) = b; \to f(x) = \frac{x^2 - a^2}{a - x}$$

$$y = \frac{x^2 - a^2}{a - x}$$

$$y_{x=a} = \frac{a^2 - a^2}{a - a}$$

$$= \frac{0}{0}; \to \text{unbestimmter Ausdruck}$$

Nähert sich jedoch x immer mehr dem Wert a, ohne ihn je zu erreichen, so nähert sich die Funktion $f(x)$ einem festen Grenzwert b.

$$\lim_{x \to a} \frac{x^2 - a^2}{a - x} = \lim_{x \to a} \frac{(x + a)(x - a)}{-(x - a)}$$

$$= \lim_{x \to a} \frac{x + a}{-1}$$

$$= \underline{\underline{-2a}}; \to \text{Grenzwert } b$$

Beispiel:

Ermittle den Grenzwert für $x = a$ der Funktion $y = \frac{x^n - a^n}{x - a}$!

Lösung:

$$y_{x=a} = \frac{a^n - a^n}{a - a}$$

$$= \frac{0}{0}; \to \text{unbestimmter Ausdruck}$$

Auch dieser Grenzwert führt zu der unbestimmten Form $\frac{0}{0}$. Dividiert man aber aus und läßt dann $x \to a$ gehen, so nähert sich jeder der n Summanden dem Wert a^{n-1}.

$$(x^n - a^n) : (x - a) = x^{n-1} + a x^{n-2} + a^2 x^{n-3} + \dots + a^{n-1}$$

$$\text{für } x \to a = a^{n-1} + a^{n-1} + a^{n-1} + \dots + a^{n-1}$$

$$\lim_{x \to a} \frac{x^n - a^n}{x - a} = \underline{\underline{n \cdot a^{n-1}}}$$

Beispiel:

Welchen Grenzwert hat $\frac{\sin x}{x}$ für $x \to 0$, wenn x der zu $\sin x$ gehörige Bogen des Einheitskreises ist?

Lösung:

$$y_{x=0} = \frac{\sin 0}{0}$$

$$= \frac{0}{0}; \to \text{unbestimmter Ausdruck}$$

Am Einheitskreis kann man auf Grund nebenstehender Zeichnung sagen, die Fläche des Kreisausschnittes OBD ist größer als die Fläche des Dreiecks OAD und kleiner als die Fläche des Dreiecks OBC. Für den Ausschnitt gilt die Formel:

$A = \frac{b \cdot r}{2}$; für $b = x$ und $r = 1$; $\to A = \frac{1}{2}x$

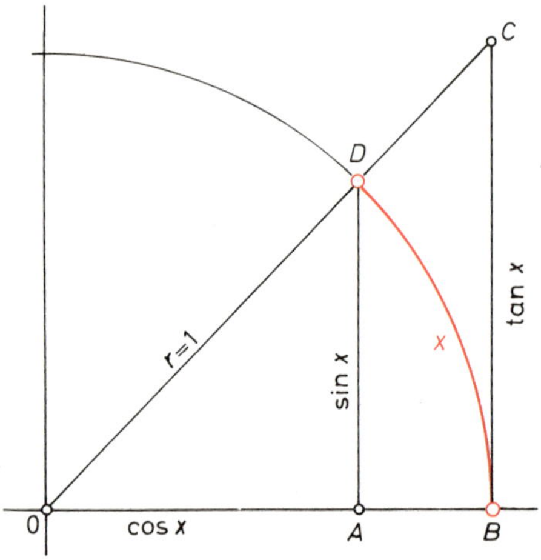

$$\Delta\, OAD < \text{Ausschnitt } OBD < \Delta\, OBC$$

$$\frac{1}{2}\sin x \cdot \cos x < \frac{1}{2}x < \frac{1}{2}\tan x$$

Zur Vereinfachung kürzt man durch $\frac{1}{2} \cdot \sin x$. Durch Vertauschen von Zähler und Nenner erhält man die Ausgangsform $\frac{\sin x}{x}$. Läßt man nun $x \to 0$ gehen, so nähert sich $\cos x$ und damit auch $\frac{1}{\cos x}$ dem Wert 1. Folglich muß auch $\frac{\sin x}{x}$ den Wert 1 erreichen.

$$\cos x < \frac{x}{\sin x} < \frac{1}{\cos x}$$

$$\frac{1}{\cos x} > \frac{\sin x}{x} > \cos x$$

$$\lim_{x \to 0} \frac{\sin x}{x} = \underline{\underline{1}}$$

Beispiel:

Berechne $\lim_{x \to 0} [x \cdot \cot(4x)]$!

Lösung:

$$y_{x=0} = 0 \cdot \cot(4 \cdot 0)$$

$$= 0 \cdot \infty; \to \text{unbestimmter Ausdruck}$$

Der Ausdruck $x \cdot \cot(4x)$ wird durch Umwandeln und Erweitern in zwei Brüche zerlegt.

$$x \cdot \cot(4x) = x \cdot \frac{\cos(4x)}{\sin(4x)}; \to \text{erweitern mit 4}$$

$$= \frac{4x}{\sin(4x)} \cdot \frac{\cos(4x)}{4}$$

Beim Grenzübergang wird $\frac{4x}{\sin(4x)} = 1$, weil $\lim_{x \to 0} \frac{x}{\sin x} = 1$ ist (siehe voriges Beispiel) und der Bruch $\frac{\cos(4x)}{4} = \frac{1}{4}$, da $\cos 0 = 1$.

$$\lim_{x \to 0} \underbrace{\frac{4x}{\sin(4x)}}_{1} \cdot \underbrace{\frac{\cos(4x)}{4}}_{\frac{1}{4}} = \underline{\underline{\frac{1}{4}}}$$

Manche Grenzwerte sind besonders bekannt und spielen in der Technik eine große **Rolle.**

Die Zahl π ergibt sich als Grenzwert der nebenstehenden Reihe (Leibniz-Reihe).

$$\lim_{n \to \infty} \frac{x}{1} - \frac{x^3}{3} + \frac{x^5}{5} - \frac{x^7}{7} + - \dots + - \frac{x^{2n-1}}{2n-1} = \arctan 1 \text{ für } |x| \leqq 1$$

für $|x| = 1$ gilt

$$\arctan 1 = \frac{\pi}{4} = 1 - \frac{1}{3} + \frac{1}{5} - \frac{1}{7} + - \dots + - \frac{1}{2n-1}$$

$$\underline{\underline{\pi = 4 \cdot \arctan 1}}$$

Die Basis e des natürlichen Logarithmus, auch Eulersche Zahl genannt, kann durch nebenstehende Grenzwertschreibweise erklärt werden.

$$\lim_{n \to \infty} \left(1 + \frac{1}{n}\right)^n = 2{,}71828\dots$$

$$\underline{\underline{= e}}$$

Jeder Kreis mit dem Durchmesser d und dem Umfang U hat ein umbeschriebenes n-Eck mit dem Umfang U_n und ein einbeschriebenes n-Eck mit dem Umfang u_n.

Mit zunehmender Eckenzahl nähern sich die Umfänge beider Vielecke immer mehr dem Kreisumfang.

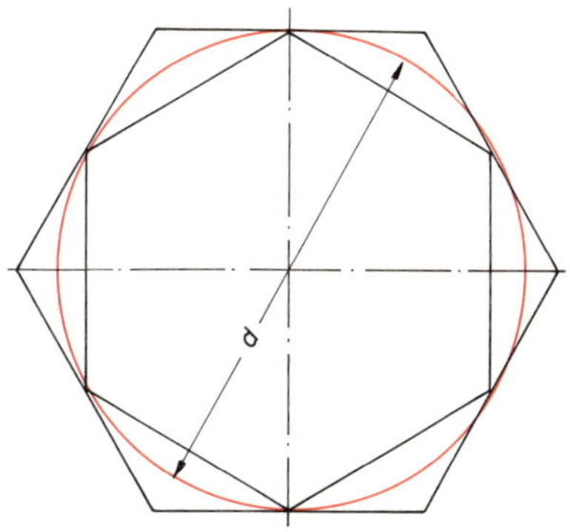

$$u_n < U < U_n$$

$$\lim_{n \to \infty} u_n = U = \lim_{n \to \infty} U_n$$

2.1.2. Steigung

Auf Eisenbahnstrecken sieht man oft Steigungsangaben, die dem Führer des Zuges die Steigung der Bahnlinie angeben. Die Angabe 1:400 bedeutet, daß die Strecke nach 400 m waagerechter Entfernung 1 m höher ist. Die Steigung 1:400 stellt aber auch zugleich den Tangens des Steigungswinkels α dar.

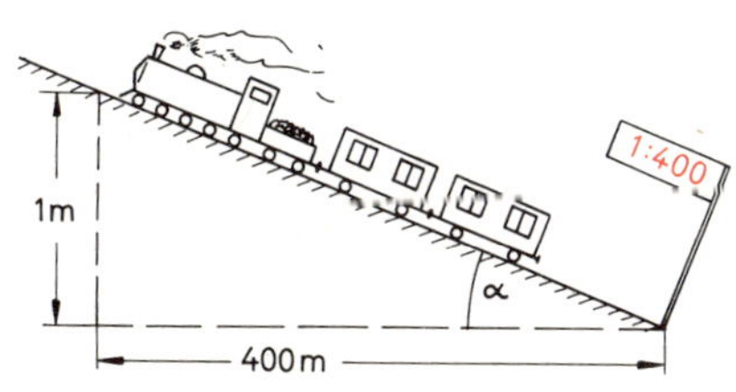

$$\tan \alpha = \frac{1}{400}$$

$$= 1:400$$

Aufgabe:

Berechne die Steigung der Geraden $y = 0{,}5x + 1$!

Lösung:

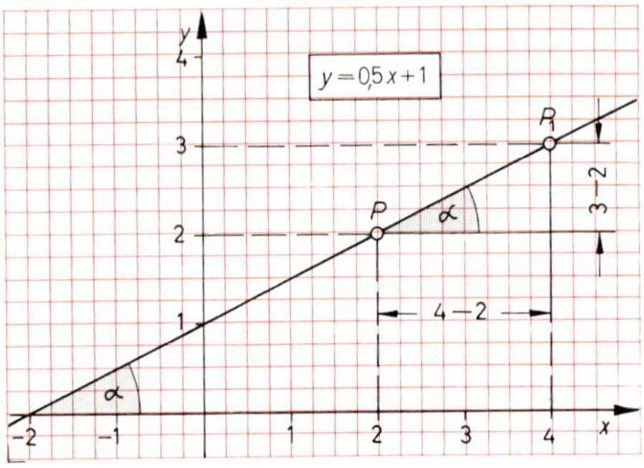

Für die Berechnung der Steigung genügen 2 Punkte.

Der Tangens des Steigungswinkels ist 1:2 oder 0,5.

$$\tan \alpha = \frac{3 - 2}{4 - 2} = \frac{1}{2} = \underline{\underline{0{,}5}}$$

Aufgabe:

Berechne die Steigung der Geraden $y = ax + b$ in allgemeiner Form!

Lösung:

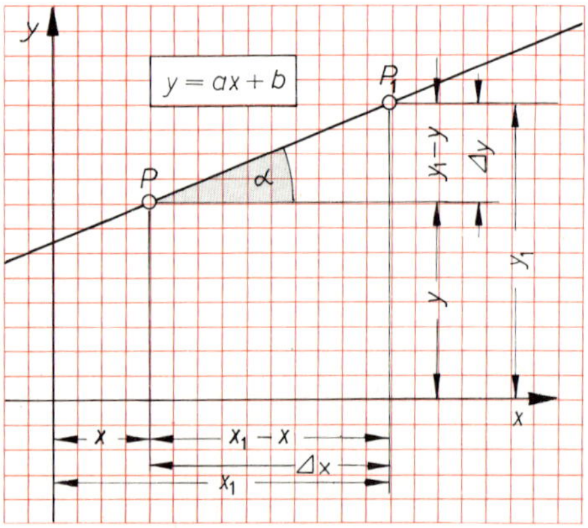

Unter Benutzung zweier beliebiger Punkte $P\,(x \mid y)$ und $P_1\,(x_1 \mid y_1)$ ist auch hier die Steigung das Verhältnis der Gegenkathete zur Ankathete.

$$\tan \alpha = \frac{y_1 - y}{x_1 - x} = \frac{\Delta y}{\Delta x}$$

Steigung einer Geraden

Aufgabe:

Vergleiche die Steigung einer Geraden mit der einer beliebigen Kurve!

Erkenntnis:

Bei einer Geraden ist die Steigung definiert und überall konstant $\left(\frac{\Delta y}{\Delta x} = K\right)$.

Für eine beliebige gekrümmte Kurve ist die Steigung noch nicht definiert, denn man kann erkennen, daß eine Übertragung des Steigungsbegriffes von Geraden auf gekrümmte beliebige Kurven nicht möglich ist. Zwei beliebige Sehnen haben im allgemeinen verschiedene Steigungen $\left(\frac{\Delta y_1}{\Delta x_1} \neq \frac{\Delta y_2}{\Delta x_2}\right)$. Die Steigung der Sehnen kann man als die mittlere Steigung der Kurve zwischen zwei Punkten bezeichnen.

Merke:

Will man nicht nur die mittlere Steigung zwischen zwei Punkten einer beliebigen Kurve berechnen, sondern jedem einzelnen Kurvenpunkt eine Steigung zuordnen, so muß der Steigungsbegriff neu definiert werden.

Die Grundaufgabe der Differentialrechnung lautet:

Wie groß ist die Steigung an einem beliebigen Kurvenpunkt einer vorgegebenen Funktion?

Lösung:

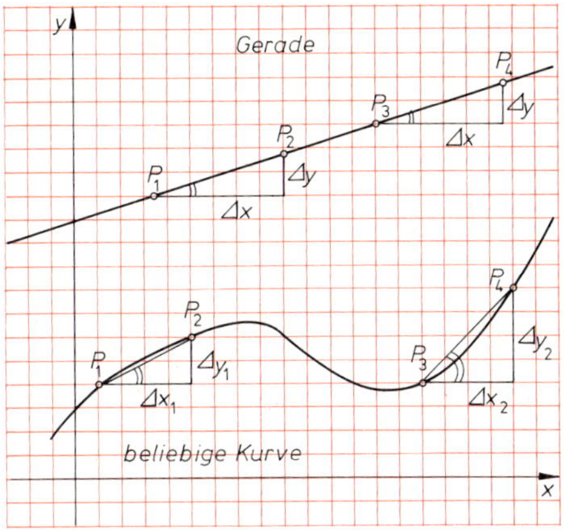

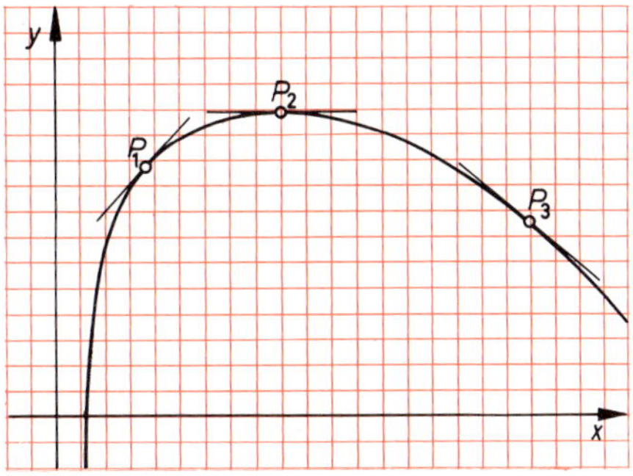

2.1.3. Differenzenquotient

Aufgabe:

Berechne die Steigung der Sekante ($\tan \sigma$) durch die Punkte $P\,(x \mid y)$ und $P_1\,(x_1 \mid y_1)$ der Funktion $y = f\,(x)$.

Lösung:

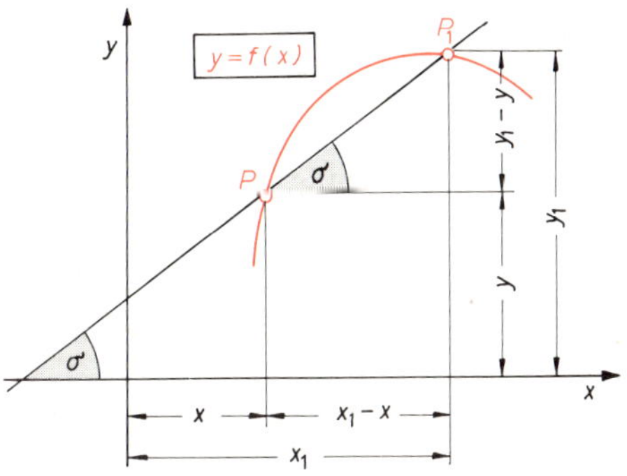

Merke:

Man bezeichnet die Differenz $y_1 - y$ mit Δy (Delta y) und die Differenz $x_1 - x$ mit Δx. Es ist dann:

$$\tan \sigma = \frac{y_1 - y}{x_1 - x}$$

$$= \frac{\Delta y}{\Delta x}; \longrightarrow \text{Differenzenquotient}$$

Mit Hilfe des Differenzenquotienten kann man also die mittlere Steigung (auch Sekantensteigung oder Intervallsteigung) angeben.

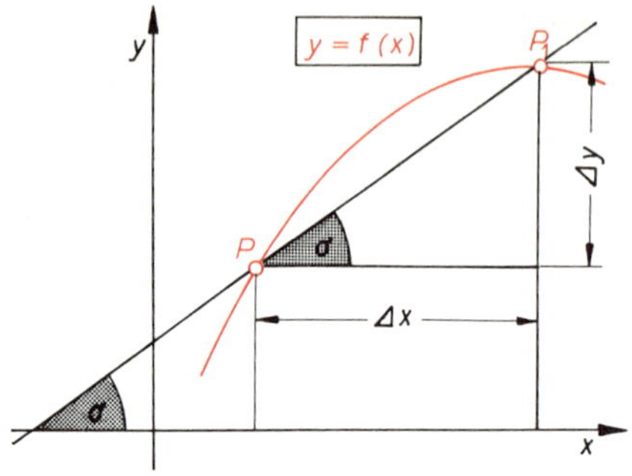

$$\tan \sigma = \frac{y_1 - y}{x_1 - x}; \longrightarrow \text{Differenzenquotient}$$

Aufgabe:

Bestimme von der Funktion $y = f(x)$ die Sekantensteigung (Differenzenquotient) durch die Punkte P und P_1.

Lösung:

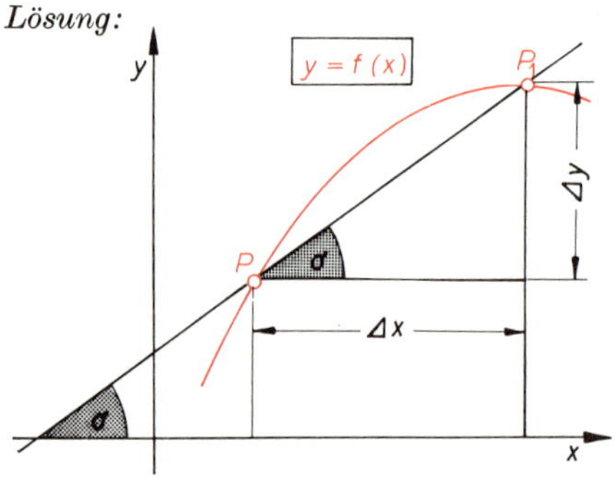

Hat die Funktion im Punkt P den Wert $y = f(x)$, so nimmt ihr Wert im Punkt P_1 um Δy bzw. Δx zu. Nach Division durch Δx und Umstellung erhält man die gesuchte Sekantensteigung (Differenzenquotient) $\frac{\Delta y}{\Delta x}$ der Funktion f an der Stelle x.

$$y = f(x)$$

$$y + \Delta y = f(x + \Delta x)$$

$$\Delta y = f(x + \Delta x) - y$$

$$\Delta y = f(x + \Delta x) - f(x)$$

$$\boxed{\frac{\Delta y}{\Delta x} = \frac{f(x + \Delta x) - f(x)}{\Delta x}}$$

2.1.4. Differentialquotient

Aufgabe:

Berechne die Steigung ($\tan \tau$) im Punkt $P\ (x \mid y)$ an die Kurve der Funktion $y = f(x)$!

Man berechnet zunächst die Steigung der Sekante ($\tan \sigma$) durch die Punkte $P\ (x \mid f(x))$ und $P_1\ (x + \Delta x \mid f(x) + \Delta y)$ und erhält den Differenzenquotienten der Funktion an der Stelle x.

Lösung:

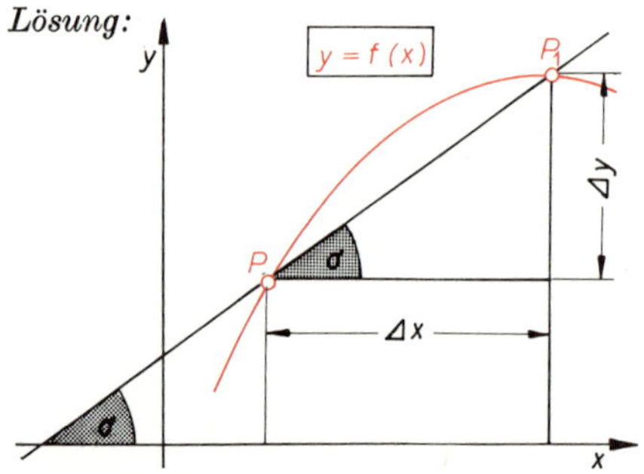

$$\tan \sigma = \frac{\Delta y}{\Delta x}$$

$$= \frac{f(x + \Delta x) - f(x)}{\Delta x}; \ \Delta x \neq 0$$

Rückt man nun den Punkt P_1 immer näher an den Punkt P heran, so nähert sich die Sekantensteigung immer mehr der Tangentensteigung. Dabei wird die Strecke Δx immer kleiner. Ist die Funktion im betrachteten Intervall definiert, und existiert der Grenzwert für $\Delta x \to 0$, so nennt man den Grenzwert *Anstieg* ($\tan \tau$) der gegebenen Kurve an der Stelle x. Die Gerade durch P mit dem Anstieg $\tan \tau$ heißt die Tangente an die Kurve im Punkt P.

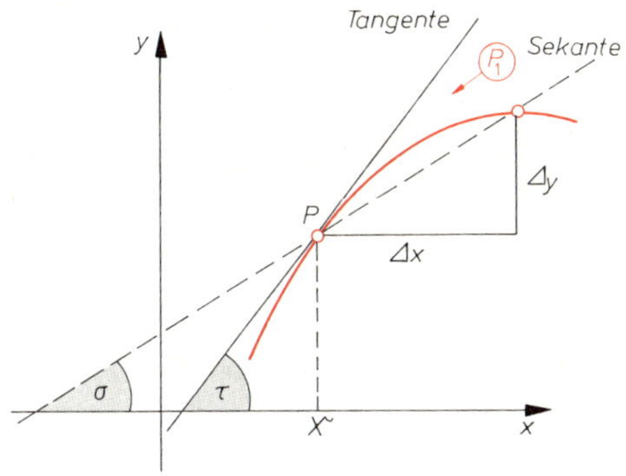

$$\tan \sigma = \frac{\Delta y}{\Delta x} = \frac{f(x + \Delta x) - f(x)}{\Delta x}$$

$$\lim_{\Delta x \to 0} \frac{f(x + \Delta x) - f(x)}{\Delta x} = \tan \tau$$

Der an der Stelle x existierende Grenzwert wird auch Ableitung der Funktion an der Stelle x oder Differentialquotient genannt und mit $f'(x)$, y' oder $\frac{dy}{dx}$ bezeichnet.

Differentialquotient

$$\boxed{\lim_{\Delta x \to 0} \frac{f(x + \Delta x) - f(x)}{\Delta x} = f'(x)}$$

$$f'(x) = y' = \frac{dy}{dx} = \frac{df(x)}{dx}$$

Das Ausrechnen des Differentialquotienten aus dem Differenzenquotienten nennt man auch *Differenzieren* oder *Ableiten* der Funktion $y = f(x)$.

Beispiel:

Berechne mit Hilfe des Differenzenquotienten $\frac{\Delta y}{\Delta x}$ den Differentialquotienten $\frac{dy}{dx}$ der Funktion $y = x^2$ für einen beliebigen Punkt $P(x \mid y)$.

Lösung:

$$y = x^2$$

$$\frac{dy}{dx} = \frac{d(x^2)}{dx} = y' = ?$$

Der Differentialquotient wird mit Hilfe des Differenzenquotienten berechnet.

$$\frac{dy}{dx} = y' = \lim_{\Delta x \to 0} \frac{f(x + \Delta x) - f(x)}{\Delta x}$$

Durch Einsetzen der gegebenen Funktion $f(x) = x^2$ und Umformen des Bruches erhält man den einfachen Wert $2x + \Delta x$.

$$y' = \lim_{\Delta x \to 0} \frac{(x + \Delta x)^2 - x^2}{\Delta x}$$

$$= \lim_{\Delta x \to 0} \frac{x^2 + 2x\Delta x + \Delta x^2 - x^2}{\Delta x}$$

$$= \lim_{\Delta x \to 0} \frac{\Delta x(2x + \Delta x)}{\Delta x}$$

An dieser Stelle kann ohne Schwierigkeit der Grenzübergang ($\Delta x \to 0$) erfolgen.

$$= \lim_{\Delta x \to 0} (2x + \Delta x)$$

$$= \underline{\underline{2x}}$$

Man erhält als Ergebnis den Wert $y' = 2x$. Die Ableitung (y') von $y = x^2$ ist also $2x$.

$$\boxed{y = x^2; \to y' = 2x}$$

Beispiel:

Welchen Steigungswinkel τ hat die Funktion $y = x^2$ an den Stellen:

1. $x_1 = 2$
2. $x_2 = 0$
3. $x_3 = -1$

Lösung:

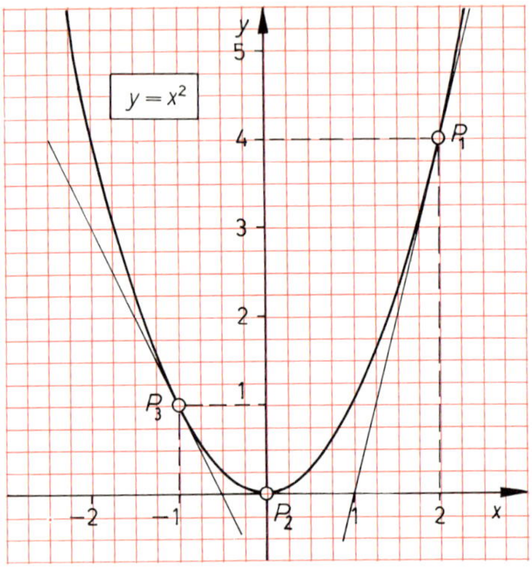

Die Steigung an einer beliebigen Stelle x ist gleich der Ableitung $f'(x)$ der Funktion $f(x)$.

$y = x^2; \longrightarrow y' = \tan\tau = 2x$

1. Für den Punkt $x_1 = 2$ ist $\tan\tau$ $(y') = 4$. Dieser Wert entspricht etwa einem Winkel von 76°, den die Tangente an diesem Punkt der Kurve mit der positiven Richtung der x-Achse bildet.
2. Für $x_2 = 0$ wird die Steigung und damit auch der Winkel $\tau = 0$; die Tangente verläuft horizontal.
3. Für $x_3 = -1$ wird die Steigung negativ und damit der Winkel τ größer als 90°. Aus der Beziehung $-\tan\tau = \tan(180° - \tau)$ folgt $\tau_3 \approx 116{,}5°$.

1. $x_1 = 2; \longrightarrow y'_1 = \tan\tau_1 = 2 \cdot 2 = \underline{\underline{4}}$, $\quad \tau_1 \approx \underline{\underline{76°}}$

2. $x_2 = 0; \longrightarrow y'_2 = \tan\tau_2 = 2 \cdot 0 = \underline{\underline{0}}$, $\quad \tau_2 = \underline{\underline{0°}}$

3. $x_3 = -1; \longrightarrow y'_3 = \tan\tau_3 = 2 \cdot (-1) = \underline{\underline{-2}}$, $\quad \tau_3 \approx 180° - 63{,}5° \approx \underline{\underline{116{,}5°}}$

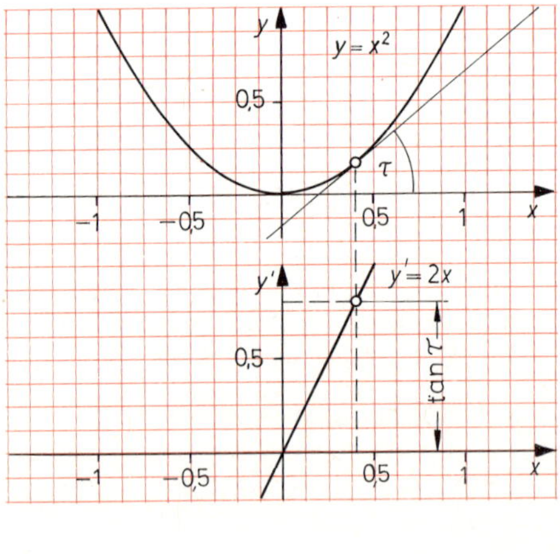

Merke:

Die abgeleitete Funktion $y' = f'(x)$ stellt stets die Steigung der Tangente für alle Punkte x der gegebenen Funktion $y = f(x)$ dar. Überträgt man alle Punkte der abgeleiteten Funktion $y' = f'(x)$ in ein Koordinatensystem mit den Achsen x und y, so erhält man das Bild dieser Ableitungsfunktion.

Übungen

2.1. Grundbegriffe

1. Wer hat die Differentialrechnung entwickelt?

2. In welche Teile gliedert sich die Infinitesimalrechnung?

3. Wann ist eine Funktion stetig?

4. Erkläre an einem Beispiel, was man unter dem Begriff des Grenzwertes versteht!

5. Welcher Grenzwert ist die Zahl e?

Bestimme folgende Grenzwerte:

6. $\lim\limits_{x \to 1} \frac{x^2 - 1}{x - 1}$

7. $\lim\limits_{x \to 0} (2 \sin x \cdot \cos x)$

8. $\lim\limits_{x \to 1} \frac{5x^2 - 5}{x - 1}$

9. $\lim\limits_{x \to 0} (\cos x + 2 \tan x)$

10. $\lim\limits_{x \to -3} \frac{(x + 3)^2}{x + 3}$

11. $\lim\limits_{x \to 0} \frac{\sin (2x)}{x}$

12. $\lim\limits_{x \to 3} \frac{x^2 - 2x - 3}{x - 3}$

13. $\lim\limits_{x \to 0} \frac{\sin x \cdot \cos x}{x}$

14. $\lim\limits_{x \to 1} \frac{6x^2 + 9x - 15}{x - 1}$

15. $\lim\limits_{x \to 0} \frac{\sin^2 x}{x}$

16. $\lim\limits_{x \to 3} \frac{x^6 - 3^6}{x - 3}$

17. $\lim\limits_{x \to 0} \frac{\cos x}{x}$

18. $\lim\limits_{x \to 2} \frac{x^4 - 16}{x - 2}$

19. $\lim\limits_{x \to 0} \frac{\cos^2 x}{x}$

20. $\lim\limits_{x \to 0} (\cos x + \sin x)$

21. $\lim\limits_{x \to 0} \frac{\tan x}{x}$

22. $\lim\limits_{x \to 0} (2 \cos x + 2 \sin x)$

23. $\lim\limits_{x \to 0} \frac{\cot x}{x}$

24. $\lim\limits_{x \to 0} \left(2 \cos x + \frac{\sin x}{x}\right)$

25. $\lim\limits_{x \to 0} \frac{\tan^2 x}{x}$

26. $\lim\limits_{x \to \infty} \left(x \cdot \sin \frac{3}{x}\right)$

27. $\lim\limits_{x \to \infty} \left(\sqrt{x^2 - 2x} - x\right)$

28. $\lim\limits_{x \to \infty} \left(\sqrt{4 + x} - \sqrt{x}\right)$

29. $\lim\limits_{x \to \infty} \frac{\sqrt{1 + x^2}}{1 + x}$

30. Was versteht man unter der Steigung einer Geraden?

31. Wie lautet die Grundaufgabe der Differentialrechnung?

32. Erkläre, was man unter dem Differenzenquotienten versteht!.

33. Welche gedankliche Überlegung führt vom Differenzenquotient zum Differentialquotient?

34. Welche Schreibweise gebraucht man für den Differentialquotient?

2.2. Differentiation algebraischer Funktionen

Es werden nachfolgend verschiedene immer wiederkehrende Funktionstypen differenziert. Die dabei entstehenden Differentiationsformeln sind die Grundlagen für eine formelmäßige Behandlung ähnlicher Aufgaben.

2.2.1. Potenzregel

Aufgabe: Berechne mit Hilfe des Differenzenquotienten $\frac{\Delta y}{\Delta x}$ den Differentialquotienten $\frac{dy}{dx}$ der Potenzfunktion $y = x^n$; n ist natürliche Zahl, für einen beliebigen Punkt $P\,(x|y)$!

$$y = x^n; \longrightarrow y' = ?$$

Für $\Delta x \longrightarrow 0$ würde der Ausdruck in die unbestimmte Form $\frac{0}{0}$ übergehen. Daher muß versucht werden, den Grenzwert zu bestimmen. Zunächst wird der Nenner durch Hinzufügen von $+x$ und $-x$ verändert, danach wird $x + \Delta x = z$ gesetzt und der Bruch durch Division $(z^n - x^n):(z - x)$ aufgelöst.

$$y' = \lim_{\Delta x \to 0} \frac{f(x + \Delta x) - f(x)}{\Delta x}$$

$$y' = \lim_{\Delta x \to 0} \frac{(x + \Delta x)^n - x^n}{\Delta x}$$

$$y' = \lim_{\Delta x \to 0} \frac{(x + \Delta x)^n - x^n}{(x + \Delta x) - x}$$

$$y' = \lim_{z \to x} \frac{z^n - x^n}{z - x}$$

$$y' = \lim_{z \to x} [z^{n-1} + x \cdot z^{n-2} + x^2 \cdot z^{n-3} + x^3 \cdot z^{n-4} + \cdots + x^{n-2} \cdot z + x^{n-1}]$$

Geht dann $z \longrightarrow x$, so wird jedes Glied in der [ ] die Form x^{n-1} annehmen, und da im ganzen n solche Glieder vorhanden sind, ergibt sich $y' = n \cdot x^{n-1}$.

$$\underline{\underline{y' = n \cdot x^{n-1}}}$$

Aufgabe: Beweise, daß der Grenzwert $\lim\limits_{z \to x} \frac{z^n - x^n}{z - x} = n \cdot x^{n-1}$ auch

1. für gebrochene Zahlen $n = \frac{p}{q}$ und
2. für negative Zahlen $n = (-m)$ gilt!

$$\textbf{1.}\quad n = \frac{p}{q}; \qquad z^{\frac{1}{q}} = r_1; \qquad x^{\frac{1}{q}} = r_2$$

Zur Bestimmung des Grenzwerts wird der Bruch $\frac{z^{\frac{p}{q}} - x^{\frac{p}{q}}}{z - x}$ vereinfacht.

$$\lim_{z \to x} \frac{z^n - x^n}{z - x} = \lim_{z \to x} \frac{z^{\frac{p}{q}} - x^{\frac{p}{q}}}{z - x}$$

$$= \lim_{r_1 \to r_2} \frac{r_1^p - r_2^p}{r_1^q - r_2^q}$$

Durch die Einführung der beiden neuen Größen $r_1 = z^{\frac{1}{q}}$ und $r_2 = x^{\frac{1}{q}}$ und durch Erweitern des Bruches mit $(r_1 - r_2)$ wird

$$= \lim_{r_1 \to r_2} \frac{\frac{r_1^p - r_2^p}{r_1 - r_2}}{\frac{r_1^q - r_2^q}{r_1 - r_2}}$$

der Bruch so umgeformt, daß auf Zähler und Nenner die vorherige Grenzformel angewendet werden kann.

$$\lim_{z \to x} \frac{z^n - x^n}{z - x} = \frac{\lim\limits_{r_1 \to r_2} \frac{r_1^p - r_2^p}{r_1 - r_2}}{\lim\limits_{r_1 \to r_2} \frac{r_1^q - r_2^q}{r_1 - r_2}}$$

$$= \frac{p \cdot r_2^{p-1}}{q \cdot r_2^{q-1}}$$

Setzt man für r_2 wieder $x^{\frac{1}{q}}$ ein, so ergibt sich für y' der Wert $y' = \frac{p}{q} \cdot x^{\frac{p}{q}-1}$

$$= \frac{p}{q} \cdot r_2^{p-q}; \longrightarrow r_2 = x^{\frac{1}{q}}$$

$$= \frac{p}{q} \cdot \left(x^{\frac{1}{q}}\right)^{p-q}$$

$$= \frac{p}{q} \cdot x^{\frac{p}{q}-1}$$

Erkenntnis:

Die Ableitung für $y = x^n \longrightarrow y' = n \cdot x^{n-1}$ gilt auch für gebrochene Exponenten n.

Ist bei der Funktion $y = x^n$ der Exponent n eine negative Zahl ($n = -m$), so kann der Bruch $\frac{z^{-m} - x^{-m}}{z - x}$ weiterentwickelt werden.

2. $n \longrightarrow$ negativ; $n = (-m)$

$$\lim_{z \to x} \frac{z^n - x^n}{z - x} = \lim_{z \to x} \frac{z^{-m} - x^{-m}}{z - x}$$

$$\frac{z^{-m} - x^{-m}}{z - x} = \frac{\frac{1}{z^m} - \frac{1}{x^m}}{z - x}$$

Die beiden Zählerbrüche werden zusammengefaßt und der Doppelbruch beseitigt.

$$= \frac{\frac{x^m - z^m}{x^m z^m}}{z - x}$$

$$= -\frac{z^m - x^m}{x^m z^m (z - x)}$$

$$= -\frac{1}{x^m z^m} \cdot \frac{z^m - x^m}{z - x}$$

Die Zerlegung in ein Produkt zweier Brüche erlaubt wieder die Anwendung des Grenzübergangs $\lim\limits_{z \to x} \frac{z^n - x^n}{z - x}$ auf den zweiten Bruch.

$$\lim_{z \to x} \left[-\frac{1}{x^m z^m} \cdot \frac{z^m - x^m}{z - x}\right] = -\frac{1}{x^{2m}} \cdot m \cdot x^{m-1}$$

$$= -m \cdot x^{m-1-2m}$$

$$= (-m) \cdot x^{(-m)-1}$$

Erkenntnis:

Die Vereinfachung zeigt, daß die Ableitung $y' = n \cdot x^{n-1}$ auch für negative Exponenten gilt.

Merke:

$y = x^n; \longrightarrow y' = n \cdot x^{n-1}$

$\longrightarrow$ Die Potenzregel gilt für alle rationalen Werte von n.

Beispiele:

Gib bei den folgenden Funktionen n an, und differenziere nach der abgeleiteten Potenzregel!

Lösung:

$y = x^n; \longrightarrow y' = \frac{dy}{dx} = n \cdot x^{n-1}$

1. $y = x^9$

   $n = 9; \longrightarrow y' = 9x^{9-1} = \underline{\underline{9x^8}}$

2. $y = x^{2a}$

   $n = 2a; \longrightarrow y' = \underline{\underline{2ax^{2a-1}}}$

3. $y = x^{3r+1}$

   $n = 3r + 1; \longrightarrow y' = \underline{\underline{(3r+1)\,x^{3r}}}$

4. $y = \frac{1}{x} = x^{-1}$

   $n = -1; \longrightarrow y' = (-1) \cdot x^{-1-1} = \underline{\underline{-\frac{1}{x^2}}}$

5. $y = \frac{1}{x^5} = x^{-5}$

   $n = -5; \longrightarrow y' = -5x^{-6} = \underline{\underline{-\frac{5}{x^6}}}$

6. $y = \sqrt{x} = x^{\frac{1}{2}}$

   $n = \frac{1}{2}; \longrightarrow y' = \frac{1}{2}\,x^{\frac{1}{2}-1} = \frac{x^{-\frac{1}{2}}}{2} = \frac{1}{2\sqrt{x}} = \underline{\underline{\frac{\sqrt{x}}{2x}}}$

7. $y = \sqrt[3]{x} = x^{\frac{1}{3}}$

   $n = \frac{1}{3}; \longrightarrow y' = \frac{1}{3}\,x^{-\frac{2}{3}} = \frac{1}{3 \cdot \sqrt[3]{x^2}} = \underline{\underline{\frac{\sqrt[3]{x}}{3x}}}$

8. $y = \sqrt[3]{x^7}$
$= x^{\frac{7}{3}}$

8. $n = \frac{7}{3};$ $\longrightarrow$ $y' = \frac{7}{3}\, x^{\frac{4}{3}}$
$= \frac{7}{3}\sqrt[3]{x^4}$
$= \frac{7}{3}\, x\sqrt[3]{x}$

9. $y = x^{\frac{5}{6}}$

9. $n = \frac{5}{6};$ $\longrightarrow$ $y' = \frac{5}{6}\, x^{-\frac{1}{6}}$
$= \frac{5}{6\sqrt[6]{x}}$
$= \frac{5\sqrt[6]{x^5}}{6x}$

10. $y = \frac{1}{\sqrt{x}}$
$= x^{-\frac{1}{2}}$

10. $n = -\frac{1}{2};$ $\longrightarrow$ $y' = -\frac{1}{2}\, x^{-\frac{3}{2}}$
$= -\frac{1}{2\sqrt{x^3}}$
$= -\frac{\sqrt{x}}{2x^2}$

11. $y = \frac{1}{\sqrt[3]{x^2}}$
$= x^{-\frac{2}{3}}$

11. $n = -\frac{2}{3};$ $\longrightarrow$ $y' = -\frac{2}{3}\, x^{-\frac{5}{3}}$
$= -\frac{2}{3\sqrt[3]{x^5}}$
$= -\frac{2\sqrt[3]{x}}{3x^2}$

12. $y = \frac{1}{\sqrt[5]{x^7}}$
$= x^{-\frac{7}{5}}$

12. $n = -\frac{7}{5};$ $\longrightarrow$ $y' = -\frac{7}{5}\, x^{-\frac{12}{5}}$
$= -\frac{7}{5\sqrt[5]{x^{12}}}$
$= -\frac{7\sqrt[5]{x^3}}{5x^3}$

13. $y = x^0$

13. $n = 0;$ $\longrightarrow$ $y' = 0 \cdot x^{0-1}$
$= 0$

Beispiel:

Berechne die Steigung der Tangenten der Funktion $y = x^{\frac{1}{3}}$ für die Punkte $x_1 = 0$, $x_2 = 1$, $x_3 = 2$.

Lösung:

$$y = x^{\frac{1}{3}}$$

$$y' = \frac{dy}{dx} = \tan \tau = \frac{1}{3 \cdot \sqrt[3]{x^2}}$$

$$= \frac{\sqrt[3]{x}}{3x}$$

Der Differentialquotient $\frac{dy}{dx}$ gibt den Tangenswert des Winkels an, den eine Tangente mit der positiven Richtung der x-Achse bildet.

Die Abszissen x_1, x_2 und x_3 der Tangentialpunkte werden in den Ausdruck für y' eingesetzt und die Winkel zu den jeweils errechneten Tangenswerten aus Tabellen ermittelt.

$$x_1 = 0; \longrightarrow \tan \tau_1 = \frac{1}{0}$$

$$= \infty$$

$$\tau_1 = 90°$$

$$x_2 = 1; \longrightarrow \tan \tau_2 = \frac{1}{3}$$

$$\tau_2 \approx 18{,}4°$$

$$x_3 = 2; \longrightarrow \tan \tau_3 = \frac{\sqrt[3]{2}}{3 \cdot 2}$$

$$\approx 0{,}21$$

$$\tau_3 \approx 11{,}85°$$

Beispiel: Bestimme die Koordinaten des Berührungspunktes, den die Tangente unter $\tau = 135°$ mit der Hyperbel $y = \frac{1}{x}$ hat!

$$y = \frac{1}{x} = x^{-1}$$

Aus der Gleichung für $y' = \tan \tau$ und der Angabe für $\tan 135°$ errechnet man die beiden x-Werte. Die zugehörigen Ordinaten ergeben sich aus der Funktionsgleichung $y = \frac{1}{x}$.

$$y' = \frac{dy}{dx} = \tan \tau = -x^{-2}$$

$$\tau = 135°; \longrightarrow \tan 135° = -1$$

$$\left.\begin{array}{ll} \text{I.} & \tan \tau = -x^{-2} \\ \text{II.} & \tan \tau = -1 \end{array}\right\} \text{gleichsetzen}$$

$$-x^{-2} = -1$$

$$\frac{1}{x^2} = +1$$

$$x_{1,2} = \pm 1$$

$$y_{1,2} = \pm 1$$

Da die Funktion zwei Zweige hat, besitzt sie auch zwei Punkte, an die man je eine Tangente unter den oben gestellten Bedingungen zeichnen kann.

$$P_1\,(+1 \mid +1);\ P_2\,(-1 \mid -1)$$

2.2.2. Konstantenregel

Aufgabe:

Berechne mit Hilfe des Differenzenquotienten $\frac{\Delta y}{\Delta x}$ den Differentialquotienten $\frac{dy}{dx}$ der Funktionen:

1. $y = ax$
2. $y = ax^2$

für einen beliebigen Punkt $P(x \mid y)$. Beachte dabei den konstanten Faktor a.

Lösung:

1. $y = ax$

$$y' = \lim_{\Delta x \to 0} \frac{f(x + \Delta x) - f(x)}{\Delta x}$$

$$y' = \lim_{\Delta x \to 0} \frac{a(x + \Delta x) - ax}{\Delta x}$$

$$y' = \lim_{\Delta x \to 0} \frac{ax + a \cdot \Delta x - ax}{\Delta x}$$

$$\underline{\underline{y' = a}}$$

2. $y = ax^2$

$$y' = \lim_{\Delta x \to 0} \frac{a(x + \Delta x)^2 - ax^2}{\Delta x}$$

$$y' = \lim_{\Delta x \to 0} \frac{ax^2 + a 2x \Delta x a \Delta x^2 - ax^2}{\Delta x}$$

$$\underline{\underline{y' = a \cdot 2x}}$$

Erkenntnis:

Ein konstanter Faktor bleibt bei der Differentiation erhalten.

Aufgabe:

1. Differenziere die Funktion $y = c$!
2. Zeichne die Funktion $y = c$, entnimm der Zeichnung die Steigung der Kurve für einen beliebigen Kurvenpunkt, und deute den Wert ihres Differentialquotienten geometrisch!

Die Funktion $y = c$ läßt sich durch Multiplikation mit $1 = x^0$ auf die Form $c \cdot x^m$ bringen und somit wie die vorstehenden Beispiele differenzieren.

Lösung:

1. $y = c$

$y = c \cdot 1; \longrightarrow 1 = x^0$

$y = c \cdot x^0$

$y' = c \cdot 0 \cdot x^{0-1}$

$\underline{\underline{y' = 0}}$

2. $y' = 0; \longrightarrow \tan \tau = 0$

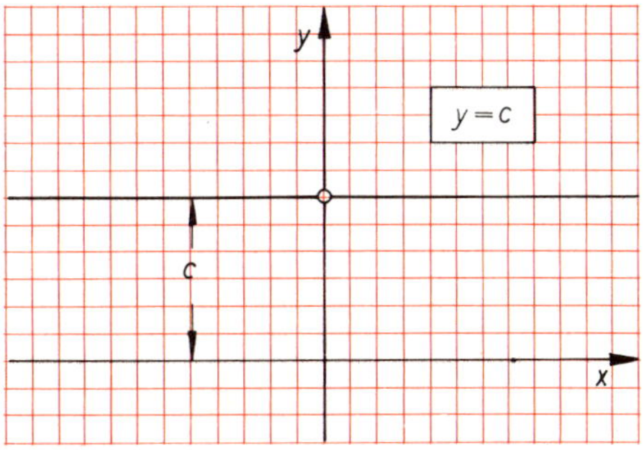

Erkenntnis:

Das Bild der Funktion $y = c$ ist eine Gerade, die im Abstand c parallel zur x-Achse verläuft; ihre Steigung ist *überall* Null.

Der Differentialquotient einer Konstanten ist also Null.

Merke:

Ein konstanter Faktor der Funktion geht auch auf den Differentialquotienten über (Konstantenregel).

$$y = a \cdot x^n; \longrightarrow y' = a \cdot n \cdot x^{n-1}$$

$$y = a; \longrightarrow y' = 0$$

Beispiele:

Differenziere die folgenden Funktionen, und beachte dabei die *Konstantenregel.*

Lösung:

$y = a \cdot f(x); \longrightarrow y' = a \cdot f'(x)$

1. $y = 5x^3$

   $n = 3; \longrightarrow y' = 5 \cdot 3x^{3-1} = \underline{\underline{15x^2}}$

2. $y = 10x^4$

   $n = 4; \longrightarrow y' = 10 \cdot 4 \cdot x^{4-1} = \underline{\underline{40x^3}}$

3. $y = ax^7$

   $n = 7; \longrightarrow y' = \underline{\underline{7ax^6}}$

4. $y = mx^n$

   $y' = \underline{\underline{m \cdot n \cdot x^{n-1}}}$

5. $y = 8\sqrt{x} = 8x^{\frac{1}{2}}$

   $n = \frac{1}{2}; \longrightarrow y' = 8 \cdot \frac{1}{2} \cdot x^{\frac{1}{2}-1} = 4x^{-\frac{1}{2}} = \frac{4}{\sqrt{x}} = \underline{\underline{\frac{4\sqrt{x}}{x}}}$

6. $y = \frac{120}{\sqrt[12]{x^5}} = 120x^{-\frac{5}{12}}$

   $n = -\frac{5}{12}; \longrightarrow y' = 120 \cdot \left(-\frac{5}{12}\right) \cdot x^{-\frac{5}{12}-1} = -50x^{-\frac{17}{12}} = -\frac{50}{\sqrt[12]{x^{17}}} = \underline{\underline{-\frac{50\sqrt[12]{x^7}}{x^2}}}$

7. $y = 14acx^4$

   $n = 4; \longrightarrow y' = \underline{\underline{56acx^3}}$

8. $y = 7 = 7 \cdot x^0$

   $n = 0; \longrightarrow y' = 7 \cdot 0 \cdot x^{0-1} = \underline{\underline{0}}$

2.2.3. Summenregel

Aufgabe:

Bilde die 1. Ableitung der Funktion

$$y = 3x^5 + 5x^2!$$

Um eine allgemeingültige Lösung zu finden, setzt man $3x^5 = u$ und $5x^2 = v$. In der Funktion $y = u + v$ sind dann u und v Funktionen von x. Wächst x um Δx, so werden u um Δu und v um Δv zunehmen; die Zunahme $\Delta u + \Delta v = \Delta y$, d. h. sie entspricht der Zunahme der abhängigen Variablen y.

Aus dieser Überlegung ergibt sich die Beziehung $\frac{\Delta y}{\Delta x} = \frac{\Delta u + \Delta v}{\Delta x}$.

Erkenntnis:

Die Differentiation einer Summe führt auf eine Einzeldifferentiation der einzelnen Summanden.

Lösung:

$$y = 3x^5 + 5x^2$$

$$3x^5 = u; \quad 5x^2 = v$$

$$y = u + v$$

$$y = u(x) + v(x)$$

$$y' = \lim_{\Delta x \to 0} \frac{f(x + \Delta x) - f(x)}{\Delta x}$$

$$y' = \lim_{\Delta x \to 0} \frac{[(u + \Delta u) + (v + \Delta v)] - [u + v]}{\Delta x}$$

$$y' = \lim_{\Delta x \to 0} \frac{u + \Delta u + v + \Delta v - u - v}{\Delta x}$$

$$y' = \lim_{\Delta x \to 0} \frac{\Delta u + \Delta v}{\Delta x}$$

$$y' = \lim_{\Delta x \to 0} \left[\frac{\Delta u}{\Delta x} + \frac{\Delta v}{\Delta x}\right]$$

$$y' = \lim_{\Delta x \to 0} \frac{\Delta u}{\Delta x} + \lim_{\Delta x \to 0} \frac{\Delta v}{\Delta x}$$

$$y' = \frac{du}{dx} + \frac{dv}{dx}$$

$$y' = u' + v'$$

$$\underline{\underline{y' = 15x^4 + 10x}}$$

Merke:

Der Differentialquotient einer algebraischen Summe ist gleich der Summe der Differentialquotienten der einzelnen Summanden (Summenregel).

$$y = f_1(x) \pm f_2(x) \pm f_3(x) \pm \ldots; \longrightarrow y' = f_1'(x) \pm f_2'(x) \pm f_3'(x) \pm \ldots$$

Beispiele:

Differenziere nachstehende Funktionen!

1. $y = x^2 + x^3$
2. $y = x^2 - x + 7$
3. $y = -x^2 + 5x - 6$
4. $y = -\frac{x^4}{4} + \frac{x^3}{3} - \frac{1}{2}$
5. $y = a_2x^2 + a_1x + a_0$
6. $y = ax^3 + bx^2 + cx + d$

Lösung:

1. $y' = \underline{\underline{2x + 3x^2}}$
2. $y' = \underline{\underline{2x - 1}}$
3. $y' = \underline{\underline{-2x + 5}}$
4. $y' = \underline{\underline{-x^3 + x^2}}$
5. $y' = \underline{\underline{2a_2x + a_1}}$
6. $y' = \underline{\underline{3ax^2 + 2bx + c}}$

2.2.4. Produktenregel

Aufgabe:

Berechne für die Funktion $y = x^3 \cdot x^4$ die erste Ableitung

1. nach der Zusammenfassung $x^3 \cdot x^4 = x^7$,

Lösung:

1. $y = x^3 \cdot x^4$
$= x^7$
$y' = \underline{\underline{7x^6}}$

2. in der Form $y = u \cdot v$!
(Viele Funktionen lassen sich nicht auf die Form $y = a \cdot x^n$ zurückführen.)

Der Differentialquotient wird mit Hilfe des Differenzenquotienten berechnet.

Durch Einsetzen von $f(x) = u \cdot v$ und $f(x + \Delta x) = (u + \Delta u) \cdot (v + \Delta v)$ sowie Umformen des Bruches erhält man den Ausdruck in der Klammer [ ].

Beim Grenzübergang ($\Delta x \rightarrow 0$) streben Δu und Δv gegen Null. Die Verhältnisse $\frac{\Delta v}{\Delta x}$ und $\frac{\Delta u}{\Delta x}$ nehmen dabei die Form der ersten Ableitung (v' und u') an, während das letzte Glied gegen Null strebt, weil der Faktor Δu gegen Null strebt.

2. allgemeine Lösung:

$$y = u \cdot v$$

$$y' = \lim_{\Delta x \rightarrow 0} \frac{f(x + \Delta x) - f(x)}{\Delta x}$$

$$y' = \lim_{\Delta x \rightarrow 0} \frac{(u + \Delta u) \cdot (v + \Delta v) - u \cdot v}{\Delta x}$$

$$y' = \lim_{\Delta x \rightarrow 0} \frac{u \cdot v + u \cdot \Delta v + v \cdot \Delta u + \Delta u \cdot \Delta v - u \cdot v}{\Delta x}$$

$$y' = \lim_{\Delta x \rightarrow 0} \left[u \cdot \frac{\Delta v}{\Delta x} + v \cdot \frac{\Delta u}{\Delta x} + \Delta u \cdot \frac{\Delta v}{\Delta x}\right]$$

$$y' = u \cdot \frac{dv}{dx} + v \cdot \frac{du}{dx}$$

$$y' = \underline{\underline{u \cdot v' + v \cdot u'}}$$

Bildet man für die Funktion $y = x^3 \cdot x^4$ die erste Ableitung nach der Produktenregel, so werden die Ausdrücke für u, v, u' und v' in den allgemeinen Ausdruck $y' = u \cdot v' + v \cdot u'$ eingesetzt.

Lösung für $y = x^3 \cdot x^4$:

$y = x^3 \cdot x^4$
$= u \cdot v$
$u = x^3; \rightarrow u' = 3x^2$
$v = x^4; \rightarrow v' = 4x^3$
$y' = u \cdot v' + v \cdot u'$
$y' = x^3 \cdot 4x^3 + x^4 \cdot 3x^2$
$y' = 4x^6 + 3x^6$
$y' = \underline{\underline{7x^6}}$

Die Ergebnisse aus Aufgabe 1 und 2 stimmen überein.

Merke:

Der Differentialquotient eines Produktes ($u \cdot v$) ist gleich dem ersten Faktor (u) mal dem Differentialquotienten des zweiten Faktors (v') plus dem zweiten Faktor (v) mal dem Differentialquotienten des ersten Faktors (u') (Produktenregel).

$$y = u \cdot v; \rightarrow y' = u \cdot v' + v \cdot u'$$

Eine andere übliche Schreibweise der Produktenregel erhält man durch Ausklammern von $u \cdot v$.

$$y = u \cdot v; \rightarrow y' = u \cdot v \left[\frac{u'}{u} + \frac{v'}{v}\right]$$

Anschauliche Ableitung:

Vergrößert man die Seiten u und v eines Rechtecks um Δu und Δv, so vergrößert sich der Flächeninhalt des Rechtecks y um Δy.

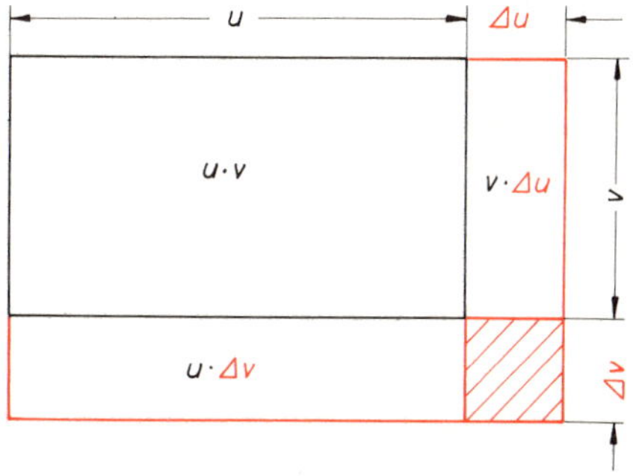

Die Zunahme Δy besteht aus den Flächenstücken $u \cdot \Delta v$, $v \cdot \Delta u$ und $\Delta u \cdot \Delta v$.

$$\Delta y = u \cdot \Delta v + v \cdot \Delta u + \Delta u \cdot \Delta v; \longrightarrow : \Delta x$$

Läßt man die Zunahme Δu und Δv über alle Grenzen klein werden, so wird das Rechteck $\Delta u \cdot \Delta v$ so klein, daß es gegen die Rechtecke $u \cdot \Delta v$ und $v \cdot \Delta u$ vernachlässigt werden kann (unendlich kleine Größe 2. Ordnung).

$$\frac{\Delta y}{\Delta x} = u \cdot \frac{\Delta v}{\Delta x} + v \cdot \frac{\Delta u}{\Delta x} + \underbrace{\frac{\Delta u \cdot \Delta v}{\Delta x}}_{\approx 0}$$

$$y' = \lim_{\Delta x \to 0} \frac{\Delta y}{\Delta x} = \underline{\underline{u \cdot v' + v \cdot u'}}$$

Beispiele:

Differenziere nachstehende Funktionen unter Verwendung der Produktenregel!

Lösung:

$$y' = u \cdot v' + v \cdot u'$$

1. $y = x^2 \cdot (x + 3)$

1. $u = x^2; \longrightarrow u' = 2x$

$v = (x + 3); \longrightarrow v' = 1$

$y' = x^2 \cdot 1 + (x + 3) \cdot 2x$

$y' = x^2 + 2x^2 + 6x$

$y' = \underline{\underline{3x^2 + 6x}}$

2. $y = (x^2 + a) \cdot (x^2 - a)$

2. $u = x^2 + a; \longrightarrow u' = 2x$

$v = x^2 - a; \longrightarrow v' = 2x$

$y' = (x^2 + a) \cdot 2x + (x^2 - a) \cdot 2x$

$y' = 2x^3 + 2ax + 2x^3 - 2ax$

$y' = \underline{\underline{4x^3}}$

3. $y = x^a \cdot x^b$

3. $u = x^a; \longrightarrow u' = a \cdot x^{a-1}$

$v = x^b; \longrightarrow v' = b \cdot x^{b-1}$

$y' = x^a \cdot b \cdot x^{b-1} + x^b \cdot a \cdot x^{a-1}$

$y' = b \cdot x^{a+b-1} + a \cdot x^{a+b-1}$

$y' = \underline{\underline{(a + b)\, x^{a+b-1}}}$

4. $y = (x^3 + x^4) \cdot \sqrt[3]{x}$

4. $u = x^3 + x^4; \longrightarrow u' = 3x^2 + 4x^3$

$v = \sqrt[3]{x}; \longrightarrow v' = \frac{1}{3} \cdot x^{-\frac{2}{3}}$

$y' = (x^3 + x^4) \cdot \frac{1}{3}x^{-\frac{2}{3}} + x^{\frac{1}{3}} \cdot (3x^2 + 4x^3)$

$y' = \frac{1}{3}x^{\frac{7}{3}} + \frac{1}{3}x^{\frac{10}{3}} + 3x^{\frac{7}{3}} + 4x^{\frac{10}{3}}$

$y' = \frac{10}{3}x^{\frac{7}{3}} + \frac{13}{3}x^{\frac{10}{3}}$

$y' = x^{\frac{7}{3}}\left(\frac{10}{3} + \frac{13}{3}x\right)$

$y' = x^2 \cdot \sqrt[3]{x} \cdot \left(\frac{10}{3} + \frac{13}{3}x\right)$

Aufgabe:

Berechne für die Funktion $y = x^3 \cdot x^4 \cdot x^5$ die erste Ableitung

1. nach der Zusammenfassung, $y = x^3 \cdot x^4 \cdot x^5 = x^{12}$
2. nach der Produktenregel!

Setzt man $x^3 \cdot x^4 = u$ und $x^5 = v$ so, gilt die Produktenregel.

Bei der Bildung von u' setzt man entsprechend $x^3 \cdot x^4 = r \cdot s$ und differenziert wieder nach der Produktenregel. Zusammengefaßt erhält man dasselbe Ergebnis wie nach **1**.

Lösung:

1. $y = x^{12}$

$y' = 12x^{11}$

2. $y = \underbrace{x^3 \cdot x^4}_{} \cdot x^5$

$y = u \cdot v$

$u = r \cdot s$

$v = x^5; \longrightarrow v' = 5x^4$

$u = x^3 \cdot x^4$

$r = x^3; \longrightarrow r' = 3x^2$

$s = x^4; \longrightarrow s' = 4x^3$

$y' = u \cdot v' + v \cdot u'$

$y' = u \cdot v' + v \cdot [r \cdot s' + s \cdot r']$

$y' = x^3 \cdot x^4 \cdot 5x^4 + x^5 \cdot [x^3 \cdot 4x^3 + x^4 \cdot 3x^2]$

$y' = 5x^{11} + 4x^{11} + 3x^{11}$

$y' = 12x^{11}$

Erkenntnis:

Die Produktenregel läßt sich auch bei Produkten, die aus mehr als zwei Faktoren bestehen, entsprechend anwenden.

Der Aufbau der ersten Ableitung eines Produktes, das aus drei Faktoren besteht, entspricht dem der ersten Ableitung eines Produktes aus zwei Faktoren usw.

Allgemein:

$y = u \cdot v \cdot w$

$y' = u \cdot v \cdot w' + w\,[u \cdot v' + v \cdot u']$

$y' = u \cdot v \cdot w' + w \cdot u \cdot v' + w \cdot v \cdot u'$

Merke:

$$y = u \cdot v \cdot w; \longrightarrow \begin{cases} y' = u' \cdot v \cdot w + u \cdot v' \cdot w + u \cdot v \cdot w' \\ y' = u \cdot v \cdot w\left[\frac{u'}{u} + \frac{v'}{v} + \frac{w'}{w}\right] \end{cases}$$

Beispiel:

Berechne die 1. Ableitung y' für folgende Funktionen mit Hilfe der Produktenregel:

1. $y = (x^2 + a) \cdot (x^3 - b) \cdot (c + x)$

2. $y = (1 + x) \cdot (2 - 3x) \cdot \sqrt{x}$

Lösung:

$y = u \cdot v \cdot w$

1. $u = x^2 + a; \longrightarrow u' = 2x$

$v = x^3 - b; \longrightarrow v' = 3x^2$

$w = c + x; \longrightarrow w' = 1$

$y' = u' \cdot v \cdot w + u \cdot v' \cdot w + u \cdot v \cdot w'$

$$y' = 2x(x^3 - b)(c + x) + (x^2 + a) \cdot 3x^2 \cdot (c + x) + (x^2 + a)(x^3 - b) \cdot 1$$
$$= 6x^5 + 5cx^4 + 4ax^3 + 3x^2(ac - b) - 2bcx - ab$$

2. $u = 1 + x; \longrightarrow u' = 1$

$v = 2 - 3x; \longrightarrow v' = -3$

$w = \sqrt{x}; \longrightarrow w' = \frac{1}{2\sqrt{x}} = \frac{\sqrt{x}}{2x}$

$y' = u' \cdot v \cdot w + u \cdot v' \cdot w + u \cdot v \cdot w'$

$$y' = 1 \cdot (2 - 3x) \cdot \sqrt{x} + (1 + x) \cdot (-3) \cdot \sqrt{x} + (1 + x)(2 - 3x) \cdot \frac{\sqrt{x}}{2x}$$
$$= \sqrt{x}\left(\frac{1}{x} - \frac{3}{2} - \frac{15}{2}x\right)$$

Beispiel:

Bilde für $y = (x + x^2) \cdot \sqrt{x}$ die erste Ableitung nach der zweiten Form der Produktenregel.

Lösung:

$y = (x + x^2) \cdot \sqrt{x}$

$y = u \cdot v$

$u = (x + x^2); \longrightarrow u' = 1 + 2x$

$v = \sqrt{x}; \longrightarrow v' = \frac{\sqrt{x}}{2x}$

$y' - u \cdot v \left[\frac{u'}{u} + \frac{v'}{v}\right]$

$y' = (x + x^2)\sqrt{x} \cdot \left[\frac{1 + 2x}{x + x^2} + \frac{\sqrt{x}}{2x \cdot \sqrt{x}}\right]$

$$y' = \sqrt{x}\left(\frac{3}{2} + \frac{5}{2}x\right)$$

Beispiel:

Berechne entsprechend die erste Ableitung für die Funktion:

$y = (x^2 - 1)\ (x^2 - x + 1)\ (x + 1).$

Lösung:

$y\ = (x^2 - 1) \cdot (x^2 - x + 1)\ (x + 1)$

$y' = (x^2-1) \cdot (x^2-x+1) \cdot (x+1) \cdot \left[\frac{2x}{x^2-1} + \right.$
$\left. + \frac{2x-1}{x^2-x+1} + \frac{1}{x+1}\right]$
$= 5x^4 - 3x^2 + 2x$

Die Differentiation über die Summenformel führt meist schneller zu einem einfachen Ergebnis. Man wird sie also wenn möglich bevorzugen.

$y\ = (x^2 - 1) \cdot (x^2 - x + 1)\ (x + 1)$

$y\ = x^5 - x^3 + x^2 - 1$

$y' = 5x^4 - 3x^2 + 2x$

2.2.5. Quotientenregel

Aufgabe:

Berechne für die Funktion $y = \frac{x^7}{x^4}$ die erste Ableitung

1. nach der Zusammenfassung $y = \frac{x^7}{x^4} = x^3$,
2. in der Form $y = \frac{u}{v}$, da sich viele Funktionen nicht in der Form $y = a \cdot x^n$ ausdrücken lassen!

Lösung:

1. $y\ = \frac{x^7}{x^4}$

$= x^3$

$y' = 3x^2$

2. allgemeine Lösung:

$y\ = \frac{u}{v}$

Der Differentialquotient wird mit Hilfe des Differenzenquotienten berechnet.

$$y' = \lim_{\Delta x \to 0} \frac{f(x + \Delta x) - f(x)}{\Delta x}$$

Durch Einsetzen von $f(x) = \frac{u}{v}$, $f(x + \Delta x) = \frac{u + \Delta u}{v + \Delta v}$ und Vereinigung der beiden Zählerbrüche gelingt eine Vereinfachung.

$$y' = \lim_{\Delta x \to 0} \frac{\frac{u + \Delta u}{v + \Delta v} - \frac{u}{v}}{\Delta x}$$

$$y' = \lim_{\Delta x \to 0} \frac{\frac{v(u + \Delta u)}{v(v + \Delta v)} - \frac{u(v + \Delta v)}{v(v + \Delta v)}}{\Delta x}$$

$$y' = \lim_{\Delta x \to 0} \frac{u \cdot v + v \cdot \Delta u - u \cdot v - u \cdot \Delta v}{\Delta x \cdot v \cdot (v + \Delta v)}$$

Zähler und Nenner werden durch Δx dividiert. Beim Grenzübergang ($\Delta x \to 0$) streben Δu und Δv gegen Null. Die Verhältnisse $\frac{\Delta u}{\Delta x}$ und $\frac{\Delta v}{\Delta x}$ nehmen dabei die Form der ersten Ableitung (u' und v') an, während im Nenner das Produkt $v \cdot \Delta v$ gegen Null strebt, weil Δv gegen Null strebt.

$$y' = \lim_{\Delta x \to 0} \frac{v \cdot \Delta u - u \cdot \Delta v}{\Delta x \cdot v \cdot (v + \Delta v)}$$

$$y' = \lim_{\Delta x \to 0} \frac{v \cdot \frac{\Delta u}{\Delta x} - u \cdot \frac{\Delta v}{\Delta x}}{v^2 + v \cdot \Delta v}$$

$$y' = \frac{v \cdot u' - u \cdot v'}{v^2}$$

In dem gegebenen Beispiel werden die Werte für u, v, u' und v' in die gefundene Quotientenregel eingesetzt.

(Das Beispiel dient der Veranschaulichung, die Quotientenregel ist hier zu umständlich.)

Lösung für $y = \frac{x^7}{x^4}$

$$y = \frac{x^7}{x^4}$$

$$= \frac{u}{v}$$

$$u = x^7; \longrightarrow u' = 7x^6$$

$$v = x^4; \longrightarrow v' = 4x^3$$

$$y' = \frac{v \cdot u' - u \cdot v'}{v^2}$$

$$= \frac{x^4 \cdot 7x^6 - x^7 \cdot 4x^3}{x^8}$$

$$= \frac{3x^{10}}{x^8}$$

$$= \underline{\underline{3x^2}}$$

Merke:

Die erste Ableitung eines Bruches $\left(\frac{u}{v}\right)$ ist gleich: Nenner (v) mal Differentialquotient des Zählers (u') minus Zähler (u) mal Differentialquotient des Nenners (v'), das Ganze geteilt durch das Quadrat des Nenners (v^2) (Quotientenregel).

$$y = \frac{u}{v}; \longrightarrow y' = \frac{v \cdot u' - u \cdot v'}{v^2}$$

Beispiele:

Differenziere nachstehende Funktionen unter Verwendung der Quotientenregel:

1. $y = \frac{1}{1-x}$

2. $y = \frac{1}{x^3 + 3x - 2}$

3. $y = \frac{1}{f(x)}$

Lösung:

$$y' = \frac{v \cdot u' - u \cdot v'}{v^2}$$

1. $u = 1; \longrightarrow u' = 0$

$v = 1 - x; \longrightarrow v' = -1$

$$y' = \frac{(1-x) \cdot 0 - 1 \cdot (-1)}{(1-x)^2}$$

$$= \underline{\underline{\frac{1}{(1-x)^2}}}$$

2. $u = 1; \longrightarrow u' = 0$

$v = x^3 + 3x - 2; \longrightarrow v' = 3x^2 + 3$

$$y' = \frac{(x^3 + 3x - 2) \cdot 0 - 1 \cdot (3x^2 + 3)}{(x^3 + 3x - 2)^2}$$

$$= \underline{\underline{\frac{-(3x^2 + 3)}{(x^3 + 3x - 2)^2}}}$$

3. $u = 1; \longrightarrow u' = 0$

$v = f(x); \longrightarrow v' = f'(x)$

$$y' = \frac{f(x) \cdot 0 - 1 \cdot f'(x)}{[f(x)]^2}$$

$$= \underline{\underline{\frac{-f'(x)}{[f(x)]^2}}}$$

4. $y = \dfrac{x^3}{(4 - x^2)}$

4. $u = x^3; \quad \rightarrow u' = 3x^2$

$v = (4 - x^2); \rightarrow v' = -2x$

$$y' = \frac{(4 - x^2) \cdot 3x^2 - x^3(-2x)}{(4 - x^2)^2} = \underline{\underline{\frac{12x^2 - x^4}{(4 - x^2)^2}}}$$

5. $y = \dfrac{1 + x}{1 - x}$

5. $u = 1 + x; \rightarrow u' = 1$

$v = 1 - x; \rightarrow v' = -1$

$$y' = \frac{(1 - x)(+1) - (1 + x)(-1)}{(1 - x)^2} = \underline{\underline{\frac{2}{(1 - x)^2}}}$$

6. $y = \dfrac{1 - \sqrt{x}}{1 + \sqrt{x}}$

6. $u = 1 - \sqrt{x}; \rightarrow u' = \dfrac{-\sqrt{x}}{2x}$

$v = 1 + \sqrt{x}; \rightarrow v' = \dfrac{\sqrt{x}}{2x}$

$$y' = \frac{\left(1 + \sqrt{x}\right) \cdot \left(-\frac{\sqrt{x}}{2x}\right) - \left(1 - \sqrt{x}\right) \cdot \frac{\sqrt{x}}{2x}}{\left(1 + \sqrt{x}\right)^2}$$

$$= \frac{-\sqrt{x}}{x\left(1 + \sqrt{x}\right)^2}$$

$$= \underline{\underline{-\frac{\sqrt{x}\left(\sqrt{x} - 1\right)^2}{x(x - 1)^2}}}$$

7. $y = \dfrac{\sqrt[3]{x}}{1 - x}$

7. $u = \sqrt[3]{x}; \quad \rightarrow u' = \dfrac{\sqrt[3]{x}}{3x}$

$v = 1 - x; \rightarrow v' = -1$

$$y' = \frac{(1 - x) \cdot \frac{\sqrt[3]{x}}{3x} - \sqrt[3]{x} \cdot (-1)}{(1 - x)^2}$$

$$= \underline{\underline{\frac{\sqrt[3]{x}\,(2x + 1)}{3x(1 - x)^2}}}$$

8. $y = \dfrac{x^5 + 1}{x + 1}$

oder

$y = (x^5 + 1):(x + 1)$
$\quad = x^4 - x^3 + x^2 - x + 1$

Das Ergebnis der Differentiation der zweiten Form der Funktion bestätigt die Richtigkeit der ersten Lösung und damit auch die Richtigkeit der Quotientenregel.

8. $u = x^5 + 1; \rightarrow u' = 5x^4$

$v = x + 1; \quad \rightarrow v' = 1$

$$y' = \frac{(x + 1) \cdot 5x^4 - (x^5 + 1) \cdot (+1)}{(x + 1)^2}$$

$$y' = \frac{4x^5 + 5x^4 - 1}{x^2 + 2x + 1}$$

$$y' = \underline{\underline{4x^3 - 3x^2 + 2x - 1}}$$

2.2.6. Kettenregel

Setzt man in einer Funktion z. B. $y = (a + x^3)^4$ eine neue Veränderliche ein, z. B. $(a + x^3) = z$, dann ist y eine Funktion von z. Der Wert z ist seinerseits eine Funktion von x, d. h. y ist über z mittelbar eine Funktion von x.

In einem solchen Falle sagt man: y ist eine „mittelbare Funktion" oder y ist die „Funktion einer Funktion".

$y = (a + x^3)^4; \longrightarrow (a + x^3) = z$

$y = z^4$

Allgemein:

$y = f\,[\varphi\,(x)]; \longrightarrow \varphi\,(x) = z$

$y = f\,[z]$

Beispiele:

Bilde durch Einsetzen neuer Veränderlicher mittelbare Funktionen:

1. $y = (3x + x^2)^5$
2. $y = (a + bx)^n$
3. $y = \sqrt[5]{1 + x^3}$
4. $y = \sqrt[3]{(a - x^5)^2}$
5. $y = \dfrac{1}{(x - x^2 + x^3)^4}$
6. $y = \dfrac{\alpha}{\sqrt[5]{(r - sx^2)^4}}$

Lösung:

äußere Funktion:	*innere Funktion:*
1. $y = z^5;$	$z = (3x + x^2)$
2. $y = u^n;$	$u = (a + bx)$
3. $y = u^{\frac{1}{5}};$	$u = (1 + x^3)$
4. $y = z^{\frac{2}{3}};$	$z = (a - x^5)$
5. $y = m^{-4};$	$m = (x - x^2 + x^3)$
6. $y = \alpha \cdot z^{-\frac{4}{5}};$	$z = (r - sx^2)$

Aufgabe:

Berechne die erste Ableitung der Funktion $y = (x^2 - 1)^2$

1. mit Hilfe der Summenregel,
2. nach Bildung einer mittelbaren Funktion!

Lösung:

1. $y = (x^2 - 1)^2$

$= x^4 - 2x^2 + 1$

$y' = \dfrac{dy}{dx} = \underline{\underline{4x^3 - 4x}}$

Durch die Substitution $(x^2 - 1) = z$ wird die mittelbare Funktion $y = z^2$ gebildet.

$y = z^2$ ist nach z differenzierbar, weil $y = f\,(z)$.

Durch Differentiation von $z = x^2 - 1$ erhält man $\dfrac{dz}{dx}$. Da $\dfrac{dy}{dx} = y'$ gesucht wird, muß dz eliminiert werden.

Dies geschieht durch Bildung des Produkts $\dfrac{dy}{dz} \cdot \dfrac{dz}{dx}$.

2. $y = (x^2 - 1)^2$

$y = z^2; \longrightarrow z = x^2 - 1$

$\dfrac{dy}{dz} = 2z$

$= 2 \cdot (x^2 - 1)$

$z = x^2 - 1$

$\dfrac{dz}{dx} = 2x$

$\dfrac{dy}{dz} \cdot \dfrac{dz}{dx} = 2z \cdot 2 \cdot x$

$\dfrac{dy}{dx} = y' = 2\,(x^2 - 1) \cdot 2x$

$y' = \underline{\underline{4x^3 - 4x}}$

Die Schreibarbeit beim Differenzieren mit der Kettenregel läßt sich durch Einführung der Begriffe „innere Ableitung“ und „äußere Ableitung“ wesentlich vermindern.

$$y = (x^2 - 1)^2; \longrightarrow x^2 - 1 = z$$

$$y = z^2$$

$$\frac{dy}{dz} = 2z; \longrightarrow \text{äußere Ableitung (ä. A.)}$$

$$= \underline{2 \cdot (x^2 - 1)}$$

$$z = (x^2 - 1)$$

$$\frac{dz}{dx} = \underline{2x}; \longrightarrow \text{innere Ableitung (i. A.)}$$

Der Wert y' ergibt sich dann als Produkt der inneren und äußeren Ableitung. Das Ergebnis läßt sich nach dieser Regel sofort, ohne Zwischenrechnung, ermitteln.

$$y' = \underbrace{2x}_{\text{innere Ableitung}} \cdot \underbrace{2(x^2 - 1)}_{\text{äußere Ableitung}}$$

$$y' = \underline{\underline{4x^3 - 4x}}$$

Erkenntnis:

Eine mittelbare Funktion $y = f[\varphi(x)]$ wird differenziert, indem man die innere Funktion $\varphi(x) = z$ setzt und die Gleichung $y = f(z)$ differenziert (äußere Ableitung). Das Ergebnis ist dann noch mit dem Differentialquotienten der inneren Funktion $\varphi'(x)$ (innere Ableitung) zu multiplizieren.

allgemeine Entwicklung:

$$y = f[\varphi(x)]$$

$$\varphi(x) = z; \quad \longrightarrow y = f[z]$$

$$\frac{dy}{dz} = f'[z]; \longrightarrow \text{äußere Ableitung}$$

$$z = \varphi(x)$$

$$\frac{dz}{dx} = \varphi'(x); \longrightarrow \text{innere Ableitung}$$

$$\underline{\underline{\frac{dy}{dz} \cdot \frac{dz}{dx} = y' = f'[z] \cdot \varphi'(x)}}$$

Merke:

Der Differentialquotient einer mittelbaren Funktion ist gleich dem Produkt der Differentialquotienten der einzelnen Funktionen (Kettenregel).

$$y = f[\varphi(x)] \longrightarrow \varphi(x) = z \longrightarrow y' = \underbrace{f'[z]}_{\text{äußere Ableitung}} \cdot \underbrace{\varphi'(x)}_{\text{innere Ableitung}}$$

Aufgabe:

Bilde die erste Ableitung der Funktion

$$y = \sqrt[3]{(x^5 + 1)^2}$$

1. durch Einführung *einer* neuen Veränderlichen z,

Lösung:

$$\mathbf{1.}\quad y = \sqrt[3]{(x^5 + 1)^2}$$

$$= (x^5 + 1)^{\frac{2}{3}}$$

$$(x^5 + 1) = z; \longrightarrow \frac{dz}{dx} = 5x^4$$

$$z^{\frac{2}{3}} = y; \quad \longrightarrow \frac{dy}{dz} = \frac{2}{3} \cdot z^{-\frac{1}{3}}$$

$$= \frac{2}{3 \cdot \sqrt[3]{z}}$$

$$z = x^5 + 1; \quad \longrightarrow \frac{dy}{dz} = \frac{2}{3\sqrt[3]{x^5 + 1}}$$

$$\frac{dy}{dz} \cdot \frac{dz}{dx} = y' = \underline{\underline{\frac{10x^4}{3 \cdot \sqrt[3]{x^5 + 1}}}}$$

2. mit Hilfe der Regel:

y' = innere Ableitung · äußere Ableitung,

2. $y' =$ i. A. · ä. A.

$$y' = 5x^4 \cdot \frac{2}{3}(x^5+1)^{\frac{2}{3}-1}$$

$$y' = \frac{10x^4}{3\cdot\sqrt[3]{x^5+1}}$$

3. durch Einführung von *zwei* neuen Veränderlichen z und t!

3. $y = \sqrt[3]{(x^5+1)^2}$

$$= [(x^5+1)^2]^{\frac{1}{3}}$$

$$(x^5+1) = z; \longrightarrow \frac{dz}{dx} = 5x^4$$

$$z^2 = t; \longrightarrow \frac{dt}{dz} = 2\cdot z$$

$$= 2\cdot(x^5+1)$$

$$t^{\frac{1}{3}} = y; \longrightarrow \frac{dy}{dt} = \frac{1}{3}\cdot t^{-\frac{2}{3}}$$

$$= \frac{1}{3\cdot\sqrt[3]{t^2}}$$

$$= \frac{1}{3\cdot\sqrt[3]{z^4}}$$

$$= \frac{1}{3\cdot\sqrt[3]{(x^5+1)^4}}$$

Es ist oft erforderlich, mehr als eine Veränderliche einzuführen. Durch die Substitution $z = x^5 + 1$ und $t = z^2$ wird die Funktion einer Funktion gebildet.

$y = f(t)$ wird nach t, $t = f(z)$ wird nach z und $z = f(x)$ wird nach x differenziert.

Das Produkt aus $\frac{dy}{dt}$, $\frac{dt}{dz}$ und $\frac{dz}{dx}$ (Kette) ergibt die gesuchte Ableitung $y' = \frac{dy}{dx}$.

$$\frac{dy}{dt}\cdot\frac{dt}{dz}\cdot\frac{dz}{dx} = \frac{2\cdot(x^5+1)\cdot 5x^4}{3\cdot\sqrt[3]{(x^5+1)^4}}$$

$$\frac{dy}{dx} = y' = \frac{10x^4}{3\cdot\sqrt[3]{x^5+1}}$$

Die Übereinstimmung der Ergebnisse der Aufgaben beweist die Richtigkeit der Überlegung.

Erkenntnis:

Genügt die Einführung einer einzigen Veränderlichen z nicht, so ist unter Einführung neuer Veränderlichen das Verfahren wiederholt anzuwenden. Der Differentialquotient ist dann das Produkt der Differentialquotienten aller Funktionen.

Diese Kette läßt sich beliebig verlängern. Das Bildungsgesetz heißt „Kettenregel".

Merke:

$$y = F\left\{f[\varphi(x)]\right\} \begin{cases} \longrightarrow \varphi(x) = z; \longrightarrow y = F\{f[z]\} \\ \longrightarrow f[z] = t; \longrightarrow y = F\{t\} \end{cases} \longrightarrow y' = F'\{t\}\cdot f'[z]\cdot\varphi'(x)$$

„Kettenregel" $\longrightarrow y' = \frac{dy}{dx} = \frac{dy}{da}\cdot\frac{da}{db}\cdot\ldots\cdot\frac{dw}{dz}\cdot\frac{dz}{dx}$

Beispiele:

Differenziere nachstehende Funktionen unter Benutzung der Kettenregel!

1. $y = (ax + b)^n$

Die Aufgabe wird nach den beiden entwickelten Methoden gelöst, und zwar

a) nach der Kettenregel:

$$\frac{dy}{dx} = \frac{dy}{dz} \cdot \frac{dz}{dx},$$

b) nach der Regel:

$$y' = \begin{pmatrix}\text{innere}\\ \text{Ableitung}\end{pmatrix} \cdot \begin{pmatrix}\text{äußere}\\ \text{Ableitung}\end{pmatrix}$$

Lösung:

1. $ax + b = z; \longrightarrow \frac{dz}{dx} = a$

$z^n = y; \longrightarrow \frac{dy}{dz} = n \cdot z^{n-1}$

$= n\,(ax + b)^{n-1}$

$$\frac{dz}{dx} \cdot \frac{dy}{dz} = y' = \underline{\underline{a \cdot n\,(ax + b)^{n-1}}}$$

oder:

$y \quad = (ax + b)^n$

$y' \quad = (\text{i. A.}) \cdot (\text{ä. A.})$

i. A. $= a$; ä. A. $= n\,(ax + b)^{n-1}$

$$y' \quad = \underline{\underline{a \cdot n\,(ax + b)^{n-1}}}$$

2. $y = \frac{1}{(ax + b)^n}$

$= (ax + b)^{-n}$

2. $ax + b = z; \longrightarrow \frac{dz}{dx} = a$

$z^{-n} = y; \longrightarrow \frac{dy}{dz} = -n \cdot z^{-n-1}$

$= -n\,(ax + b)^{-n-1}$

$$\frac{dz}{dx} \cdot \frac{dy}{dz} = y' = \underline{\underline{\frac{-a \cdot n}{(ax + b)^{n+1}}}}$$

3. $y = \sqrt[n]{ax + b}$

$= (ax + b)^{\frac{1}{n}}$

3. $ax + b = z; \longrightarrow \frac{dz}{dx} = a$

$z^{\frac{1}{n}} = y; \longrightarrow \frac{dy}{dz} = \frac{1}{n} \cdot z^{\frac{1}{n}-1}$

$= \frac{1}{n}\,(ax + b)^{\frac{1-n}{n}}$

$$\frac{dz}{dx} \cdot \frac{dy}{dz} = y' = \underline{\underline{\frac{a}{n} \cdot \sqrt[n]{(ax + b)^{1-n}}}}$$

4. $y = \frac{1}{\sqrt[n]{ax + b}}$

$= (ax + b)^{-\frac{1}{n}}$

4. $ax + b = z; \longrightarrow \frac{dz}{dx} = a$

$z^{-\frac{1}{n}} = y; \longrightarrow \frac{dy}{dz} = -\frac{1}{n}\,z^{-\frac{1}{n}-1}$

$= -\frac{1}{n}\,z^{-\left(\frac{1+n}{n}\right)}$

$= \frac{-1}{n \cdot \sqrt[n]{(ax + b)^{1+n}}}$

$$\frac{dz}{dx} \cdot \frac{dy}{dz} = y' = \underline{\underline{\frac{-a}{n \cdot \sqrt[n]{(ax + b)^{1+n}}}}}$$

5. $y = \sqrt{x^3 + x^2 + 2}$

$= (x^3 + x^2 + 2)^{\frac{1}{2}}$

6. $y = x^3 \cdot \sqrt{x^2 + 1}$

$= u \cdot v$

Neben der Produktenregel ist auf den Faktor $\sqrt{x^2 + 1}$ die Kettenregel anzuwenden, da dieser selbst wieder die Funktion einer Funktion ist.

7. $y = \frac{x^4}{\sqrt{1 - x^2}}$

$= \frac{u}{v}$

Bei der Anwendung der Quotientenregel ist zu beachten, daß der Nenner $N(x) = \sqrt{1 - x^2} = v$ als mittelbare Funktion aufzufassen ist.

5. $x^3 + x^2 + 2 = z; \longrightarrow \frac{dz}{dx} = 3x^2 + 2x$

$z^{\frac{1}{2}} = y; \longrightarrow \frac{dy}{dz} = \frac{1}{2 \cdot \sqrt{z}}$

$= \frac{1}{2 \cdot \sqrt{x^3 + x^2 + 2}}$

$$\frac{dz}{dx} \cdot \frac{dy}{dz} = y' = \underline{\underline{\frac{3x^2 + 2x}{2 \cdot \sqrt{x^3 + x^2 + 2}}}}$$

6. $u = x^3; \longrightarrow u' = 3x^2$

$v = (x^2 + 1)^{\frac{1}{2}}; \longrightarrow v' = ?$

$x^2 + 1 = z; \longrightarrow \frac{dz}{dx} = 2x$

$z^{\frac{1}{2}} = v; \longrightarrow \frac{dv}{dz} = \frac{1}{2 \cdot \sqrt{z}}$

$= \frac{1}{2 \cdot \sqrt{x^2 + 1}}$

$$\frac{dz}{dx} \cdot \frac{dv}{dz} = v' = \frac{2x}{2 \cdot \sqrt{x^2 + 1}}$$

$$= \frac{x}{\sqrt{x^2 + 1}}$$

$y' = u \cdot v' + v \cdot u'$

$$y' = x^3 \cdot \frac{x}{\sqrt{x^2 + 1}} + \sqrt{x^2 + 1} \cdot 3x^2$$

$$y' = \underline{\underline{\frac{4x^4 + 3x^2}{\sqrt{x^2 + 1}}}}$$

7. $u = x^4; \longrightarrow u' = 4x^3$

$v = (1 - x^2)^{\frac{1}{2}}; \longrightarrow v' = ?$

$1 - x^2 = z; \longrightarrow \frac{dz}{dx} = -2x$

$z^{\frac{1}{2}} = v; \longrightarrow \frac{dv}{dz} = \frac{1}{2 \cdot \sqrt{z}}$

$= \frac{1}{2 \cdot \sqrt{1 - x^2}}$

$$\frac{dz}{dx} \cdot \frac{dv}{dz} = v' = \frac{-2x}{2 \cdot \sqrt{1 - x^2}}$$

$$= \frac{-x}{\sqrt{1 - x^2}}$$

$$y' = \frac{v \cdot u' - u \cdot v'}{v^2}$$

$$y' = \frac{\sqrt{1 - x^2} \cdot 4x^3 - x^4 \cdot \frac{-x}{\sqrt{1 - x^2}}}{1 - x^2}$$

$$y' = \underline{\underline{\frac{4x^3 - 3x^5}{\sqrt{(1 - x^2)^3}}}}$$

Übungen

2.2.1. Potenzregel

$$y = x^n; \longrightarrow y' = n \cdot x^{n-1}$$

Bilde die erste Ableitung nachstehender Funktionen:

1. $y = x^3$ **2.** $y = x^7$ **3.** $y = x^{15}$

4. $y = x^a$ **5.** $y = x^{3a}$ **6.** $y = x^{a+1}$

7. $y = x^{7u+2}$ **8.** $y = x^{4b-1}$ **9.** $y = x^{(a-1)^2}$

10. $y = x^{(1+a)(1-a)}$ **11.** $y = x^{a^2+4}$ **12.** $y = x^{(1+b)^2}$

13. $y = \frac{1}{x^3}$ **14.** $y = \frac{1}{x^{3b}}$ **15.** $y = x^{-7}$

16. $y = \frac{1}{x^a}$ **17.** $y = \frac{1}{x^{a-1}}$ **18.** $y = \frac{1}{x^{-b^2-1}}$

19. $y = \sqrt{x^7}$ **20.** $y = \sqrt[4]{x^3}$ **21.** $y = \sqrt[3]{x^2}$

22. $y = \sqrt[a+1]{x^3}$ **23.** $y = \sqrt[b-4]{x^5}$ **24.** $y = \sqrt[r^2-1]{x^{(r+1)^2}}$

25. $y = \sqrt[-a]{x^2}$ **26.** $y = \sqrt[3a]{x^6}$ **27.** $y = x^{\frac{4}{5}n+2}$

28. $y = \frac{1}{\sqrt[3]{x^2}}$ **29.** $y = \frac{1}{\sqrt[5]{x^3}}$ **30.** $y = \frac{1}{\sqrt[7]{x^5}}$

31. $y = \frac{1}{\sqrt[10]{x^{27}}}$ **32.** $y = \frac{1}{\sqrt[1,8]{x}}$ **33.** $y = \frac{1}{\sqrt[\pi]{x}}$

34. $y = \frac{1}{\sqrt[e]{x}}$ **35.** $y = \frac{1}{\sqrt[3,2]{x^2}}$ **36.** $y = \frac{1}{\sqrt[1-a]{x^{a-1}}}$

37. $y = \frac{\sqrt{x}}{\sqrt[3]{x^2}}$ **38.** $y = \frac{\sqrt{x^5}}{\sqrt[5]{x^2}}$ **39.** $y = \frac{\sqrt[n]{x}}{\sqrt[m]{x}}$

40. $y = \frac{\sqrt[7]{\sqrt[3]{x}}}{\sqrt[5]{\sqrt[3]{x}}}$ **41.** $y = \frac{x^{-\frac{2}{5}}}{\sqrt[15]{x^{11}}}$ **42.** $y = \frac{\sqrt[5]{x^6}}{\sqrt[3]{x^2}}$

43. $y = \frac{x}{\sqrt{x^3}}$ **44.** $y = \frac{x^{5+2a}}{\sqrt[6+2a]{x^{a+3}}}$ **45.** $y = \sqrt[a]{\frac{x^{a+4}}{x^{2a-3}}}$

46. $y = x^3 \cdot \sqrt{x}$ **47.** $y = x^3 \cdot \sqrt[4]{x^3}$ **48.** $y = x^7 \cdot \sqrt{x^3}$

49. $y = x^2 \cdot \sqrt{x\sqrt{x}}$ **50.** $y = x^3 \cdot \sqrt{x\sqrt{x^3}}$ **51.** $y = x^5 \cdot \sqrt[3]{x^2 \cdot \sqrt{x}}$

52. $y = x\sqrt[4]{x \cdot \sqrt[15]{x}}$ **53.** $y = \frac{\sqrt[3]{x^2}}{x\sqrt{x}}$ **54.** $y = \frac{x^3 \cdot \sqrt[4]{x}}{\sqrt[6]{x^5}}$

55. $y = \sqrt{x} \cdot \sqrt[3]{x} \cdot \sqrt[4]{x^3}$ **56.** $y = x^4 \cdot \sqrt[3]{x^2} \cdot \sqrt{\sqrt{x}}$ **57.** $y = \sqrt[4]{x^3} \cdot x^{\frac{7}{5}} \cdot \sqrt[3]{\sqrt{x}}$

Berechne für die Punkte $x_1 = 0{,}5$, $x_2 = -1$, $x_3 = 1$ und $x_4 = 2$, die Steigung der Tangenten an die Funktionen:

58. $y = x^2$ **59.** $y = x^3$ **60.** $y = x^4$

61. $y = \sqrt{x}$ **62.** $y = \sqrt[3]{x^2}$ **63.** $y = \sqrt[5]{x^3}$

Ermittle die Koordinaten des Berührungspunktes, den die Tangente unter $\alpha_1 = 30°$, $\alpha_2 = 45°$, $\alpha_3 = 85°$ und $\alpha_4 = 120°$ mit nachstehenden Funktionen hat:

64. $y = x^2$ **65.** $y = x^3$ **66.** $y = \sqrt{x}$

67. $y = \sqrt[3]{x}$ **68.** $y = x^{-2}$ **69.** $y = x^{-3}$

2.2.2. Konstantenregel

$$y = a \cdot x^n; \longrightarrow y' = a \cdot n \cdot x^{n-1}$$

Bilde die erste Ableitung der folgenden Funktionen:

1. $y = 9$ **2.** $y = F$ **3.** $y = \pm b$

4. $y = a_1 \cdot x$ **5.** $y = a_2 \cdot x^2$ **6.** $y = a_3 x^3$

7. $y = m \cdot x^n$ **8.** $y = 3x^2$ **9.** $y = 4x^7$

10. $y = 19x^2$ **11.** $y = 3{,}2x^{1,5}$ **12.** $y = x^2 \cdot \sqrt{3}$

13. $y = x^3 \cdot \sqrt{7}$ **14.** $y = 3x \cdot \sqrt{3}$ **15.** $y = \frac{x^2}{\sqrt{2}}$

16. $y = \frac{2}{x}$ **17.** $y = \frac{3}{x^2}$ **18.** $y = \frac{21}{x^3}$

19. $y = \frac{-3{,}5}{x^7}$ **20.** $y = \frac{a^2}{x}$ **21.** $y = 4 \cdot x^a \cdot x^b$

22. $y = \frac{3}{5} \cdot \sqrt[3]{x^5}$ **23.** $y = \frac{4}{7} \cdot \sqrt[8]{x^7}$ **24.** $y = \frac{4}{5x^3}$

25. $y = \frac{3a}{16x}$ **26.** $y = \frac{-10a^2}{21 \cdot \sqrt[7]{x}}$ **27.** $y = \frac{c}{2 \cdot \sqrt[3]{x^2}}$

28. $y = 3 \cdot x^{-\frac{2}{3}}$ **29.** $y = \frac{1}{\sqrt{2 \cdot x}}$ **30.** $y = b^2 \cdot x^{-\frac{3}{4}}$

31. $y = \frac{a}{x^4 \cdot \sqrt{x}}$ **32.** $y = \frac{b^2}{x^3 \cdot \sqrt[3]{x^2}}$ **33.** $y = -\frac{5}{6x \cdot \sqrt[6]{x^5}}$

34. $y = -\frac{x^2 (a-b)^3}{\sqrt{(a-b)^4 \cdot x^7}}$ **35.** $y = \frac{\sqrt[3]{x^2 (a^2-b^2)}}{\sqrt[3]{x^5 (a+b)}}$ **36.** $y = \frac{b \cdot x^4 \cdot \sqrt[3]{b \cdot x^2}}{\sqrt{(bx)^5}}$

2.2.3. Summenregel

$$y = f_1(x) \pm f_2(x) \pm \ldots; \longrightarrow y' = f'_1(x) \pm f'_2(x) \pm \ldots$$

Differenziere nachstehende Funktionen mit Hilfe der Summenregel:

1. $y = x^2 + x^4$

2. $y = x^3 - x + 7$

3. $y = -x^3 + 12x - 6$

4. $y = 7x^4 - 3$

5. $y = x^2 - 1$

6. $y = 5x^2 - 3$

7. $y = ax^4 + 21b$

8. $y = a^3x^7 - a^5$

9. $y = a + 2bx$

10. $y = \frac{5}{8}x^{-2} + 4$

11. $y = -\frac{4}{\sqrt[7]{x^3}} + 11$

12. $y = \frac{7}{6} \cdot \sqrt[6]{\frac{x}{m^2}} + \sqrt{b}$

13. $y = (x^2 + 1)(x^2 - 1)$

14. $y = (x^3 + a)(x^3 - a)$

15. $y = (x + 3)(2x - 4)$

16. $y = (x^7 + 2b)(x^7 - 2b)$

17. $y = (x + 1)(x - 3)^2$

18. $y = (x^2 + 5)(x - 1)^3$

19. $y = (x^2 - 4)(x^3 + 2x - 5)$

20. $y = x^2 + px + q$

21. $y = a_3x^3 + a_2x^2 + a_1x + a_0$

22. $y = x^4 + x^3 + x^2 + x + 1$

23. $y = 5x^7 + 12x^3 - 10x^2 + 6x + 4$

24. $y = x^2 - 2x + 10$

25. $y = mx^4 + \frac{x^2}{4} + 3x$

26. $y = \frac{1}{x^2} + \frac{2}{x^3} - \frac{3}{x^4} + \frac{4}{x^5}$

27. $y = 5x^{-3} - 9x^{-2} + 7x^{-1}$

28. $y = \frac{7}{8}x^{\frac{7}{8}} - \frac{3}{5}x^{\frac{10}{3}} + \frac{4}{13}x^{\frac{13}{8}}$

29. $y = \frac{5}{x^3} + 3 \cdot \sqrt[3]{x^2} + 5x^7$

30. $y = \sqrt[4]{\sqrt[12]{x}} - \sqrt[3]{\sqrt[16]{x}} + \sqrt[2]{\sqrt[24]{x}}$

31. $y = \frac{a}{\sqrt[3]{x}} + b\sqrt{x} - c$

32. $y = 5x^{\frac{13}{5}} + 6x^{-\frac{1}{3}} - 16x^{-\frac{3}{8}}$

33. $y = \frac{4 \cdot \sqrt[3]{x^7}}{3 \cdot \sqrt[7]{x^3}} - \frac{1}{8 \cdot \sqrt[6]{x^5}} + 12x^{\frac{13}{7}}$

34. $y = x^4 \cdot \log 3 - x^2 \cdot \ln 15$

35. $y = b \cdot \sqrt[7]{x^3} - \frac{a \cdot \log e}{\sqrt[4]{x^3}}$

2.2.4. Produktenregel

$$y = u \cdot v; \quad \longrightarrow y' = u \cdot v' + v \cdot u'$$
$$y = u \cdot v \cdot w; \longrightarrow y' = u' \cdot v \cdot w + u \cdot v' \cdot w + u \cdot v \cdot w'$$

1. Leite über die Produktenregel für 2 Faktoren eine Produktenregel für Produkte mit 4 (5, 6) Faktoren ab!

Differenziere nachstehende Funktionen unter Verwendung der Produktenregel:

2. $y = x^5 \cdot x^6$

3. $y = (3x^2 + 4)(2x^3 - 1)$

4. $y = (x^4 + 1)(x^4 - 1)$

5. $y = x^2 \cdot x^4 \cdot x^6$

6. $y = (a + x)(a - x)(a^2 - x^2)$

7. $y = \sqrt[2]{x} \cdot \sqrt[3]{x} \cdot \sqrt[4]{x}$

8. $y = (x^4 + a)(4x^3 + b)$

9. $y = (ax + b)(b - ax)$

10. $y = (x^2 + x - 2)^2$

11. $y = (a + x)^4$

12. $y = (x + x^2)^3$

13. $y = (x^2 - 4)(x^2 - 4)$

14. $y = (x + b)^2$

15. $y = (x^2 + x^3)\,x$

16. $y = \left(\sqrt{x} + \sqrt[3]{x}\right)\left(\sqrt{x} - \sqrt[3]{x}\right)$

17. $y = (m + nx)\left(m - n\sqrt[3]{x^2}\right)$

18. $y = \left(\sqrt{x} + a\right)(x^2 + 2ax)$

19. $y = (5x^3 - 2x^2 + x)\sqrt{x^3}$

20. $y = (x + 7)^3$

21. $y = x^{\frac{7}{3}} \cdot x^{\frac{5}{2}} \cdot x^{\frac{3}{4}}$

22. $y = (3x + 2x^2 + 1)^2$

23. $y = (2x - 3x^4 + 5)^3$

24. $y = (4x^2 - x - 10)^2$

25. $y = (ax^2 + bx + c)^3$

26. $y = (x^2 + px + q)(x^2 - px - q)$

27. $y = (3 + x)(2 + 2x)(1 - x)$

28. $y = (1 + 2x)(1 + 3x)(1 + 4x)$

29. $y = (x + 2)(x^2 + x - 3)(x^3 - 5x^2 + 2x)$

30. $y = (x + 1) \cdot (x^2 + 2) \cdot (x^3 + 3) \cdot (x^4 + 4)$

31. $y = \left(x^2 + \sqrt{x}\right)\left(x + \sqrt[3]{x}\right)\left(x^3 + x\right)$

2.2.5. Quotientenregel

$$y = \frac{u}{v}; \longrightarrow y' = \frac{u' \cdot v - v' \cdot u}{v^2}$$

Bilde die erste Ableitung nachstehender Funktionen:

1. $y = \dfrac{1}{a + b\,x}$ **2.** $y = \dfrac{1}{1 + x}$ **3.** $y = \dfrac{2\,x^3}{a^2 - x^2}$

4. $y = \dfrac{1 - x^3}{1 + x^3}$ **5.** $y = \dfrac{1 - x}{1 + x}$ **6.** $y = \dfrac{1 - x^4}{1 + x^4}$

7. $y = \dfrac{3x^3 + 2}{x^2 + 1}$ **8.** $y = \dfrac{x^7 - 3x^2}{a - bx}$ **9.** $y = \dfrac{2x^2 - 1}{x^2 - 2}$

10. $y = \dfrac{x^5 + 4x^3 - 1}{x^5 - 4x^3 + 1}$ **11.** $y = \dfrac{x^2 - 2x + 4}{x^2 + 2x - 4}$ **12.** $y = \dfrac{3 - 2x^2 + x^3}{3 + 2x^2 - x^3}$

13. $y = \dfrac{1}{1 + \sqrt[4]{x}}$ **14.** $y = \dfrac{1 + \sqrt{x}}{1 - \sqrt{x}}$ **15.** $y = \dfrac{\sqrt[3]{x}}{1 + x}$

16. $y = \dfrac{1 - 3x^3}{1 + 3x^3}$ **17.** $y = \dfrac{1 + x^4}{1 - x^4}$ **18.** $y = \dfrac{1 + x}{1 - x^2}$

19. $y = \dfrac{x^3 - a^3}{x^2 + a^2}$ **20.** $y = \dfrac{x^3 - 7}{x - 5}$ **21.** $y = \dfrac{3x^2 + 1}{1 - x^2}$

22. $y = \dfrac{\alpha x + \beta}{\gamma x + \delta}$ **23.** $y = \dfrac{7x + 9}{11x + 5}$ **24.** $y = \dfrac{a + x}{b + x}$

25. $y = \dfrac{x^6 - x^3}{x^2 - x}$ **26.** $y = \dfrac{x^5 - 1}{x - 1}$ **27.** $y = \dfrac{x^4 - 1}{x - 1}$

28. $y = \dfrac{a + \sqrt{x}}{a - \sqrt{x}}$ **29.** $y = \dfrac{6 + \sqrt{x}}{5\,x - 1}$ **30.** $y = \dfrac{x^3}{9 + x} + \dfrac{9}{x - 1}$

31. $y = \dfrac{x^{\frac{1}{3}} + 2x}{x^3 + x}$ **32.** $y = \dfrac{(x^2 + 3x)^3}{\sqrt{x}}$ **33.** $y = \dfrac{\sqrt{x} + \sqrt[3]{x}}{\sqrt[4]{x} - \sqrt[5]{x}}$

34. $y = \dfrac{a^2 - x^2}{\sqrt{x} \cdot (x - a)}$ **35.** $y = \dfrac{1 + x + x^2}{\sqrt{x} - \sqrt[3]{x}}$ **36.** $y = \dfrac{ax + \sqrt{ax}}{\sqrt{x}}$

37. $y = \dfrac{(x + 3)^2 \cdot \sqrt{x^3}}{\sqrt[3]{x}}$ **38.** $y = \dfrac{x^a - x^{\frac{1}{a}}}{1 + \sqrt[a]{x^{3a}}}$ **39.** $y = \dfrac{x^2 - x^{\frac{1}{2}} + x^{-\frac{1}{2}}}{\sqrt{x} - \sqrt[3]{x}}$

2.2.6. Kettenregel

$$y = f\,[\varphi(x)] = f\,[z]; \longrightarrow y' = f'[z] \cdot \varphi'(x)$$

Bilde die erste Ableitung unter Verwendung der Kettenregel!

1. $y = (x^2 - 10)^2$ **2.** $y = (5 - 3x)^4$ **3.** $y = (3 + 5x^3)^4$

4. $y = (3x + 6x^2 - 9)^4$ **5.** $y = (x^5 - x^2 - 2)^3$ **6.** $y = \left(x - \frac{1}{x}\right)^2$

7. $y = (ax^4 + bx^3 - cx^2)^5$ **8.** $y = \left(x^2 + \frac{1}{x}\right)^3$ **9.** $y = \left(x^5 - \frac{1}{x^2}\right)^4$

10. $y = \left(\sqrt[3]{x^2} - 4\right)^5$ **11.** $y = \left(\sqrt[3]{x} \pm x\right)^3$ **12.** $y = \left(\sqrt{x} + 2\right)^2$

13. $y = \sqrt[n]{(\alpha x + \beta)^{n-1}}$ **14.** $y = \sqrt[3]{(x^2 + a^2)^2}$ **15.** $y = \sqrt{x^3 - x^2}$

16. $y = \frac{b}{a}\sqrt{a^2 - x^2}$ **17.** $y = \frac{b}{a}\sqrt{x^2 - a^2}$ **18.** $y = \sqrt{2px}$

19. $y = \sqrt{a_3x^3 + a_2x^2 + a_1x + a_0}$ **20.** $y = \sqrt[3]{x^5 - x^4 + x^3}$ **21.** $y = \sqrt{x^3 + x^2 - 1}$

22. $y = \frac{1}{\left(\sqrt{x} - 3\right)^2}$ **23.** $y = \frac{1}{ax + b}$ **24.** $y = \frac{1}{(2 + 3x^2)^3}$

25. $y = (x + 4) \cdot \sqrt{x - 4}$ **26.** $y = x^2\sqrt{x + 1}$ **27.** $y = x^2 \cdot \sqrt{1 - x}$

28. $y = \frac{1}{x}\sqrt{1 + x^2}$ **29.** $y = \frac{1}{x} \cdot \sqrt{1 - x^2}$ **30.** $y = 2x^3\sqrt{x - 10}$

31. $y = \frac{1}{(a - bx)^n}$ **32.** $y = \frac{x^2}{\sqrt{a + bx}}$ **33.** $y = \sqrt{\frac{\alpha + \beta x}{\alpha - \beta x}}$

34. $y = \left(\frac{4 - 3x}{4 + 3x}\right)^2$ **35.** $y = \frac{x^3}{\sqrt{(1 + x^2)^5}}$ **36.** $y = \left(\frac{x}{1 + x}\right)^n$

37. $y = \left(\frac{x^2 + a^2}{x^2 - a^2}\right)^3$ **38.** $y = \frac{x}{(1 + x)^3}$ **30.** $y = \frac{x}{\sqrt{a^2 - x^2}}$

40. $y = \sqrt{\frac{x + 1}{x - 1}}$ **41.** $y = \sqrt{\frac{x^2 + a^2}{x^2 - a^2}}$ **42.** $y = \frac{x + \sqrt{x + 1}}{x - \sqrt{x - 1}}$

43. $y = \left(x^2 - \sqrt{x^2 - 1}\right)^2$ **44.** $y = \sqrt{\frac{x^2}{x^2 - a^2}}$ **45.** $y = \sqrt[3]{\left(\frac{a - x}{a^2 + x^2}\right)^2}$

2.3. Differentiation transzendenter Funktionen

2.3.1. Differentiation von logarithmischen Funktionen

Die Ableitung der logarithmischen Funktion kann über den Differenzenquotienten gefunden werden, indem man Δx gegen 0 gehen läßt.

$$y = \log_b x; \longrightarrow y' = ?$$

$$y' = \lim_{\Delta x \to 0} \frac{f(x + \Delta x) - f(x)}{\Delta x}$$

$$y' = \lim_{\Delta x \to 0} \frac{\log_b (x + \Delta x) - \log_b x}{\Delta x}$$

Für den Zuwachs Δx setzt man aus Zweckmäßigkeitsgründen den n-ten Teil von x ein: $\Delta x = \frac{x}{n}$.

$$y' = \lim_{n \to \infty} \frac{\log_b \left(x + \frac{x}{n}\right) - \log_b x}{\frac{x}{n}}$$

Dann muß beim Grenzprozeß $n \longrightarrow \infty$ gehen, damit $\Delta x \longrightarrow 0$ geht. Außerdem schreibt man auf Grund der Logarithmengesetze für

$$\log u - \log v = \log \left(\frac{u}{v}\right) \text{ und}$$
$$n \cdot \log b = \log b^n.$$

$$y' = \lim_{n \to \infty} \frac{\log_b \frac{\left(x + \frac{x}{n}\right)}{x}}{\frac{x}{n}}$$

$$y' = \lim_{n \to \infty} \frac{n \log_b \left(1 + \frac{1}{n}\right)}{x}$$

Führt man nun den Grenzprozeß durch, so wird $\lim\limits_{n \to \infty} \left(1 + \frac{1}{n}\right)^n = 2{,}718\ldots = e$ (vergl. S. 89).

$$y' = \lim_{n \to \infty} \frac{\log_b \left(1 + \frac{1}{n}\right)^n}{x}$$

Eine günstigere Schreibweise, die eine Benutzung der üblichen Logarithmentabellen zuläßt, erhält man durch Einsetzen der Beziehung:

$$\log_b N = y; \longrightarrow b^y = N$$
$$\ln b^y = \ln N$$
$$y \cdot \ln b = \ln N$$
$$y = \frac{\ln N}{\ln b}$$

$$\boxed{\log_b N = \frac{\ln N}{\ln b}}$$

$$y' = \frac{\log_b e}{x}; \longrightarrow \log_b N = \frac{\ln N}{\ln b}$$

für $N = e$; $\longrightarrow \log_b e = \frac{\ln e}{\ln b} = \frac{1}{\ln b}$

$$y' = \frac{1}{x \cdot \ln b}$$

Merke:

$$\boxed{y = \log_b x; \longrightarrow y' = \frac{1}{x \cdot \ln b} \text{ oder } y' = \frac{\log_b e}{x}}$$

Aufgabe:

Berechne die erste Ableitung der Funktion $y = \ln x$!

Lösung:

$y = \ln x$
$\quad = \log_e x$

$y = \log_b x; \longrightarrow y' = \frac{\log_b e}{x}$

Da die Basis in diesem Falle gleich e ist, ergibt sich die Lösung durch Einsetzen von e für b.

$b = e; \longrightarrow y' = \frac{\log_e e}{x}$

$\log_e e = 1$

$y' = \underline{\underline{\frac{1}{x}}}$

Merke:

$$y = \ln x; \longrightarrow y' = \frac{1}{x}$$

Beispiele:

Differenziere nachstehende Funktionen:

1. $y = \log_b x^2$

$x^2 = z; \longrightarrow y = \log_b z$

Unter Anwendung der Rechengesetze kann man auch rechnen:

$y = \log_b x^2 \quad = 2 \cdot \log_b x$

$y' = 2 \cdot \frac{1}{x \cdot \ln b} = \underline{\underline{\frac{2}{x \cdot \ln b}}}$

2. $y = \log_a (u \cdot v)$

$u \cdot v = z; \longrightarrow y = \log_a z$

3. $y = \frac{1}{2} \cdot \log_c \sqrt{x}$

$\sqrt{x} = z; \longrightarrow y = \frac{1}{2} \cdot \log_c z$

4. $y = \ln a$

Lösungen:

1. $z = x^2; \longrightarrow \frac{dz}{dx} = 2x$

$y = \log_b z; \longrightarrow \frac{dy}{dz} = \frac{1}{z \cdot \ln b}$

$= \frac{1}{x^2 \cdot \ln b}$

$y' = \frac{dy}{dz} \cdot \frac{dz}{dx} = 2x \cdot \frac{1}{x^2 \cdot \ln b}$

$= \underline{\underline{\frac{2}{x \cdot \ln b}}}$

2. $z = u \cdot v; \longrightarrow \frac{dz}{d(u \cdot v)} = u' \cdot v + u \cdot v'$

$y = \log_a z; \longrightarrow \frac{dy}{dz} = \frac{1}{z \cdot \ln a}$

$= \frac{1}{u \cdot v \cdot \ln a}$

$y' = \underline{\underline{\frac{u' \cdot v + u \cdot v'}{u \cdot v \cdot \ln a}}}$

3. $z = \sqrt{x}; \longrightarrow \frac{dz}{dx} = \frac{\sqrt{x}}{2x}$

$y = \frac{1}{2} \log_c z; \longrightarrow \frac{dy}{dz} = \frac{1}{2 \cdot z \cdot \ln c}$

$= \frac{1}{2\sqrt{x} \cdot \ln c}$

$y' = \frac{dz}{dx} \cdot \frac{dy}{dz} = \underline{\underline{\frac{1}{4x \cdot \ln c}}}$

4. $y = \ln a; \longrightarrow \underline{\underline{y' = 0}}; \longrightarrow$ Konstantenregel

5. $y = \ln(ax)$

$ax = z; \longrightarrow y = \ln z$

5. $z = ax; \longrightarrow \frac{dz}{dx} = a$

$y = \ln z; \longrightarrow \frac{dy}{dz} = \frac{1}{z} = \frac{1}{ax}$

$y' = \frac{dz}{dx} \cdot \frac{dy}{dz} = a \cdot \frac{1}{ax} = \underline{\underline{\frac{1}{x}}}$

Ein anderer Lösungsweg ergibt sich bei vorheriger Umwandlung der Funktion mit Hilfe der Logarithmengesetze.

$$\ln(ax) = \ln a + \ln x$$

$y = \ln a + \ln x; \longrightarrow y' = 0 + \underline{\underline{\frac{1}{x}}}$

Beide Ergebnisse sind gleich.

6. $y = \ln \frac{1}{x}$

$\ln \frac{1}{x} = \ln 1 - \ln x$

6. $y = \ln 1 - \ln x$

$y' = 0 - \frac{1}{x}$

$y' = \underline{\underline{-\frac{1}{x}}}$

7. $y = \ln \sqrt{x}$

$\ln \sqrt{x} = \ln x^{\frac{1}{2}} = \frac{1}{2} \cdot \ln x$

7. $y = \frac{1}{2} \cdot \ln x$

$y' = \frac{1}{2} \cdot \frac{1}{x}$

$y' = \underline{\underline{\frac{1}{2x}}}$

8. $y = \ln(a + bx)$

$a + bx = z; \longrightarrow y = \ln z$

8. $z = a + bx; \longrightarrow \frac{dz}{dx} = b$

$y = \ln z; \longrightarrow \frac{dy}{dz} = \frac{1}{z} = \frac{1}{a + bx}$

$y' = \frac{dz}{dx} \cdot \frac{dy}{dz} = \underline{\underline{\frac{b}{a + bx}}}$

9. $y = \ln(1 + x^2)$

$1 + x^2 = z; \longrightarrow y = \ln z$

9. $z = 1 + x^2; \longrightarrow \frac{dz}{dx} = 2x$

$y = \ln z; \longrightarrow \frac{dy}{dz} = \frac{1}{z} = \frac{1}{1 + x^2}$

$y' = \frac{dz}{dx} \cdot \frac{dy}{dz} = \underline{\underline{\frac{2x}{1 + x^2}}}$

10. $y = \ln x^n$

$\ln x^n = n \cdot \ln x$

10. $y = n \cdot \ln x$

$y' = n \cdot \dfrac{1}{x}$

11. $y = \ln \dfrac{a + bx}{a - bx}$

$= \ln (a + bx) - \ln (a - bx)$

11. $y = \ln (a + bx) - \ln (a - bx)$

$y' = \dfrac{1}{a + bx} \cdot b - \dfrac{1}{a - bx} \cdot (-b)$

$= \dfrac{b\,(a - bx) + b\,(a + bx)}{a^2 - b^2x^2}$

$= \dfrac{2ab}{a^2 - b^2x^2}$

12. $y = x^3 \cdot \ln (3x)$

$= u \cdot v$

12. $u = x^3; \longrightarrow u' = 3x^2$

$v = \ln (3x); \longrightarrow v' = \dfrac{1}{x}$

$y' = u \cdot v' + v \cdot u'$

$= x^3 \cdot \dfrac{1}{x} + \ln (3x) \cdot 3x^2$

$= x^2\,[1 + 3 \cdot \ln (3x)]$

13. $y = (ax + b)^4 \cdot \ln (7x^2)$

$= u \cdot v$

Zur Lösung müssen die Produktenregel und die Kettenregel herangezogen werden.

13. $u = (ax + b)^4; \longrightarrow u' = 4a\,(ax + b)^3$

$v = \ln (7x^2); \longrightarrow v' = \dfrac{1}{7x^2} \cdot 14\,x$

$= \dfrac{2}{x}$

$y' = u' \cdot v + u \cdot v'$

$= 4a\,(ax+b)^3 \cdot \ln (7x^2) + (ax+b)^4 \cdot \dfrac{2}{x}$

14. $y = \dfrac{\ln x}{x}$

$= \dfrac{u}{v}$

14. $u = \ln x; \longrightarrow u' = \dfrac{1}{x}$

$v = x; \longrightarrow v' = 1$

$y' = \dfrac{u' \cdot v - v' \cdot u}{v^2}$

$= \dfrac{\frac{1}{x} \cdot x - 1 \cdot \ln x}{x^2}$

$= \dfrac{1 - \ln x}{x^2}$

15. $y = \dfrac{\ln(x^3)}{x^n}$

$= \dfrac{u}{v}$

Zur Lösung werden die Kettenregel und die Quotientenregel herangezogen.

x^{n-1} kann ausgeklammert werden; kürzt man den Bruch durch x^{n-1}, so läßt sich wegen $x^{2n-(n-1)} = x^{n+1}$ der ganze Ausdruck weiter vereinfachen.

15. $u = \ln x^3; \longrightarrow u' = \dfrac{1}{x^3} \cdot 3x^2$

$= \dfrac{3}{x}$

$v = x^n; \longrightarrow v' = n \cdot x^{n-1}$

$$y' = \frac{\frac{3}{x} \cdot x^n - n x^{n-1} \cdot \ln x^3}{x^{2n}}$$

$$= \frac{3x^{n-1} - n x^{n-1} \cdot \ln x^3}{x^{2n}}$$

$$= \frac{x^{n-1}(3 - n \ln x^3)}{x^{2n}}$$

$$= \underline{\underline{\frac{3 - \ln x^{3n}}{x^{n+1}}}}$$

16. $y = \ln\left(x + \sqrt{1 + x^2}\right)$

$x + \sqrt{1 + x^2} = z; \longrightarrow y = \ln z$

Nach Bildung des Hauptnenners $\sqrt{1+x^2}$ im Zähler kann der Bruch durch $x + \sqrt{1+x^2}$ gekürzt werden.

16. $z = x + \sqrt{1+x^2}; \longrightarrow \dfrac{dz}{dx} = 1 + \dfrac{2x}{2\sqrt{1+x^2}}$

$y = \ln z; \longrightarrow \dfrac{dy}{dz} = \dfrac{1}{z}$

$= \dfrac{1}{x + \sqrt{1+x^2}}$

$$\frac{dz}{dx} \cdot \frac{dy}{dz} = y' = \frac{1 + \frac{2x}{2\sqrt{1+x^2}}}{x + \sqrt{1+x^2}}$$

$$= \frac{\frac{\sqrt{1+x^2}}{\sqrt{1+x^2}} + \frac{x}{\sqrt{1+x^2}}}{x + \sqrt{1+x^2}}$$

$$= \frac{\sqrt{1+x^2} + x}{\sqrt{1+x^2}\left(x + \sqrt{1+x^2}\right)}$$

$$= \frac{1}{\sqrt{1+x^2}}$$

$$= \underline{\underline{\frac{\sqrt{1+x^2}}{1+x^2}}}$$

2.3.2. Differentiation von Exponentialfunktionen

Aufgabe:

Berechne die erste Ableitung für die Funktion $y = b^x$!

Man findet die erste Ableitung durch die Bildung eines Differentialquotienten $\frac{dx}{dy}$, dessen Kehrwert dann die gesuchte Größe darstellt.

Dazu stellt man die Funktion $y = b^x$ nach x um, damit die schon bekannte Ableitung für die logarithmischen Funktionen $y = \log_b x; \longrightarrow y' = \frac{1}{x \cdot \ln b}$ verwendet werden kann.

Lösung:

$$y = \log_b x; \longrightarrow \frac{dy}{dx} = \frac{1}{x \cdot \ln b}$$

$$y = b^x; \longrightarrow x = \log_b y$$

$$x = \log_b y; \longrightarrow \frac{dx}{dy} = \frac{1}{y \cdot \ln b}$$

Kehrwert bilden:

$$\frac{dy}{dx} = y \cdot \ln b; \longrightarrow y = b^x$$

$$\frac{dy}{dx} = y' = \underline{\underline{b^x \cdot \ln b}}$$

Merke:

$$\boxed{y = b^x; \longrightarrow y' = b^x \cdot \ln b}$$

Aufgabe:

Differenziere die Exponentialfunktion $y = e^x$!

Die Lösung folgt unmittelbar aus der vorherigen Aufgabe, wenn man $b = e$ setzt. Dann wird aus $\ln b; \longrightarrow \ln e = 1$.

Lösung:

$$y = b^x; \longrightarrow y' = b^x \cdot \ln b$$

$$b = e$$

$$y = e^x; \longrightarrow y' = e^x \cdot \ln e$$

$$\ln e = 1$$

$$y' = e^x \cdot 1$$

$$= \underline{\underline{e^x}}$$

Merke:

$$\boxed{y = e^x; \longrightarrow y' = e^x}$$

Beispiele:

Differenziere nachstehende Funktionen:

1. $y = e^{ax}$

   $ax = z; \longrightarrow y = e^z$

Lösungen:

1. $z = ax; \longrightarrow \frac{dz}{dx} = a$

$$y = e^z; \longrightarrow \frac{dy}{dz} = e^z$$

$$= e^{ax}$$

$$\frac{dz}{dx} \cdot \frac{dy}{dz} = y' = \underline{\underline{a \cdot e^{ax}}}$$

2. $y = e^{-x}$

$\hat{=} e^{ax}; \longrightarrow a = -1$

3. $y = e^{ax^2+b}$

$ax^2+b = z; \longrightarrow y = e^z$

4. $y = e^{x^3+x^2+x+1}$

$x^3 + x^2 + x + 1 = z; \longrightarrow y = e^z$

$$y' = \frac{dy}{dz} \cdot \frac{dz}{dx}$$

5. $y = x^2 \cdot e^x$

$= u \cdot v$

6. $y = \frac{e^x}{x^2}$

$= \frac{u}{v}$

7. $y = \ln e^x$

$e^x = z; \longrightarrow y = \ln z$

Aus $y = \ln e^x = x \longrightarrow y' = 1$

8. $y = e^{\frac{1}{2x}}$

$\frac{1}{2x} = z; \; y = e^z$

2. $y' = -e^{-x}$

3. $z = ax^2 + b; \longrightarrow \frac{dz}{dx} = 2ax$

$y = e^z; \longrightarrow \frac{dy}{dz} = e^z$

$= e^{ax^2+b}$

$\frac{dz}{dx} \cdot \frac{dy}{dz} = y' = 2ax \cdot e^{ax^2+b}$

4. $z = x^3+x^2+x+1; \longrightarrow \frac{dz}{dx} = 3x^2+2x+1$

$y = e^z; \longrightarrow \frac{dy}{dz} = e^z$

$= e^{x^3+x^2+x+1}$

$y' = (3x^2 + 2x + 1) \cdot e^{x^3+x^2+x+1}$

5. $u = x^2; \longrightarrow u' = 2x$

$v = e^x; \longrightarrow v' = e^x$

$y' = u \cdot v' + v \cdot u'$

$= x^2 \cdot e^x + 2x \cdot e^x$

$= x \cdot e^x (2 + x)$

6. $u = e^x; \longrightarrow u' = e^x$

$v = x^2; \longrightarrow v' = 2x$

$y' = \frac{u' \cdot v - u \cdot v'}{v^2}$

$= \frac{e^x \cdot x^2 - e^x \cdot 2x}{x^4}$

$= \frac{e^x (x-2)}{x^3}$

7. $z = e^x; \longrightarrow \frac{dz}{dx} = e^x$

$y = \ln z; \longrightarrow \frac{dy}{dz} = \frac{1}{z}$

$= \frac{1}{e^x}$

$\frac{dz}{dx} \cdot \frac{dy}{dz} = y' = e^x \cdot \frac{1}{e^x}$

$= 1$

8. $z = \frac{1}{2x}; \; \frac{dz}{dx} = -\frac{1}{2x^2}$

$y = e^z; \; \frac{dy}{dz} = e^z$

$= e^{\frac{1}{2x}}$

$\frac{dz}{dx} \cdot \frac{dy}{dz} = y' = -\frac{e^{\frac{1}{2x}}}{2x^2}$

9. $y = b^{ax+c}$

$ax + c = z; \longrightarrow y = b^z$

9. $z = ax + c; \longrightarrow \dfrac{dz}{dx} = a$

$y = b^z; \longrightarrow \dfrac{dy}{dz} = b^z \cdot \ln b$

$= b^{ax+c} \cdot \ln b$

$$\frac{dz}{dx} \cdot \frac{dy}{dz} = y' = \underline{\underline{a \cdot b^{ax+c} \cdot \ln b}}$$

10. $y = \dfrac{1}{b^{ax}}$

$= b^{-ax}$

$-ax = z; \longrightarrow y = b^z$

10. $z = -ax; \longrightarrow \dfrac{dz}{dx} = -a$

$y = b^z; \longrightarrow \dfrac{dy}{dz} = b^z \cdot \ln b$

$= b^{-ax} \cdot \ln b$

$$\frac{dz}{dx} \cdot \frac{dy}{dz} = y' = \underline{\underline{\frac{-a \cdot \ln b}{b^{ax}}}}$$

11. $y = b^{\sqrt{x}}$

$\sqrt{x} = z; \longrightarrow y = b^z$

11. $z = \sqrt{x}; \longrightarrow \dfrac{dz}{dx} = \dfrac{\sqrt{x}}{2x}$

$y = b^z; \longrightarrow \dfrac{dy}{dz} = b^z \cdot \ln b$

$= b^{\sqrt{x}} \cdot \ln b$

$$\frac{dz}{dx} \cdot \frac{dy}{dz} = y' = \underline{\underline{\frac{\sqrt{x} \cdot b^{\sqrt{x}} \cdot \ln b}{2x}}}$$

12. $y = b^x \cdot x^b$

$= u \cdot v$

12. $u = b^x; \longrightarrow u' = b^x \cdot \ln b$

$v = x^b; \longrightarrow v' = b \cdot x^{b-1}$

$y' = u' \cdot v + u \cdot v'$

$= b^x \cdot \ln b \cdot x^b + b^x \cdot b \cdot x^{b-1}$

$$= \underline{\underline{b^x \cdot x^b \left(\ln b + \frac{b}{x}\right)}}$$

Aufgabe:

Es ist die erste Ableitung der Funktion $y = x^x$ zu bilden, indem man die Gleichung auf beiden Seiten logarithmiert, nach y umstellt und die erhaltene Gleichung mit Hilfe der Ketten- und Produktenregel differenziert. Für y wird der Wert x^x aus der gegebenen Funktionsgleichung eingesetzt.

Merke:

Man wendet diese sogenannte „Logarithmische Differentiation“ vorzugsweise bei solchen Exponentialfunktionen an, bei denen die Veränderliche x in der Basis und im Exponent auftritt.

Die logarithmische Funktion läßt sich auch nach den Regeln für die Differentiation impliziter Funktionen differenzieren (siehe S. 154).

Lösung:

$y = x^x; \longrightarrow$ logarithmieren

$\ln y = x \cdot \ln x$

$y = e^{x \cdot \ln x}; \longrightarrow x \cdot \ln x = z$

$y = e^z$

$\dfrac{dy}{dz} = e^z; \longrightarrow e^z = y = x^x$

$\dfrac{dy}{dz} = x^x$

$z = x \cdot \ln x; \longrightarrow z = u \cdot v$

$\dfrac{dz}{dx} = u \cdot v' + u' \cdot v$

$= x \cdot \dfrac{1}{x} + \ln x \cdot 1$

$= 1 + \ln x$

$$\frac{dy}{dz} \cdot \frac{dz}{dx} = x^x(1 + \ln x)$$

$$y = x^x; \longrightarrow y' = x^x\,(1 + \ln x)$$

Beispiel:

Differenziere die Funktion

$$y = \sqrt[x]{x} = x^{\frac{1}{x}}$$

Die Lösung erfolgt analog dem vorstehenden Beispiel durch logarithmische Differentiation.

Lösung:

$$y = x^{\frac{1}{x}}; \quad \longrightarrow \text{ logarithmieren}$$

$$\ln y = \frac{1}{x} \cdot \ln x$$

$$y = e^{\frac{1}{x} \cdot \ln x}; \quad \longrightarrow \frac{1}{x} \cdot \ln x = z$$

$$= e^z$$

$$\frac{dy}{dz} = e^z; \quad \longrightarrow e^z = y = x^{\frac{1}{x}}$$

$$= \sqrt[x]{x}$$

$$z = \frac{1}{x} \cdot \ln x; \quad \longrightarrow z = u \cdot v$$

$$u = \frac{1}{x}; \quad \longrightarrow u' = -\frac{1}{x^2}$$

$$v = \ln x; \quad \longrightarrow v' = \frac{1}{x}$$

$$\frac{dz}{dx} = \frac{1}{x} \cdot \frac{1}{x} + \left(-\frac{1}{x^2}\right) \cdot \ln x$$

$$= \frac{1 - \ln x}{x^2}$$

$$\frac{dy}{dz} \cdot \frac{dz}{dx} = y' = \sqrt[x]{x} \cdot \frac{1 - \ln x}{x^2}$$

2.3.3. Differentiation von trigonometrischen Funktionen

Auch die trigonometrischen Funktionen gestatten die Bildung des Differentialquotienten über die Entwicklung des Differenzenquotienten, und zwar

$$\frac{\Delta y}{\Delta x} = \frac{\sin(x + \Delta x) - \sin x}{\Delta x}$$

Δy läßt sich mit der Summenformel umformen, weil man für

$$\sin \alpha - \sin \beta = 2 \cos \frac{\alpha + \beta}{2} \cdot \sin \frac{\alpha - \beta}{2},$$

hier $\alpha = (x + \Delta x)$ und $\beta = x$ setzen kann.

Beim Grenzprozeß nimmt der zweite Faktor den Wert 1 an.

(siehe S. 88 $\lim\limits_{x \to 0} \frac{\sin x}{x} = 1$).

$$y = \sin x; \quad \longrightarrow y' = ?$$

$$y' = \lim_{\Delta x \to 0} \frac{f(x + \Delta x) - f(x)}{\Delta x}$$

$$y' = \lim_{\Delta x \to 0} \frac{\sin(x + \Delta x) - \sin x}{\Delta x}$$

$$y' = \lim_{\Delta x \to 0} \frac{2 \cos \frac{(x + \Delta x) + x}{2} \cdot \sin \frac{(x + \Delta x) - x}{2}}{\Delta x}$$

$$y' = \lim_{\Delta x \to 0} \frac{2 \cos \frac{2x + \Delta x}{2} \cdot \sin \left(\frac{\Delta x}{2}\right)}{\Delta x}$$

$$y' = \lim_{\Delta x \to 0} \cos \frac{2x + \Delta x}{2} \cdot \frac{\sin\left(\frac{\Delta x}{2}\right)}{\frac{\Delta x}{2}}$$

$$y' = \lim_{\Delta x \to 0} \cos\left(x + \frac{\Delta x}{2}\right) \cdot \underbrace{\frac{\sin\left(\frac{\Delta x}{2}\right)}{\frac{\Delta x}{2}}}_{1}$$

$$y' = \cos(x + 0) \cdot 1$$

$$y' = \cos x$$

Anschauliche Ableitung aus den Beziehungen am Einheitskreis.

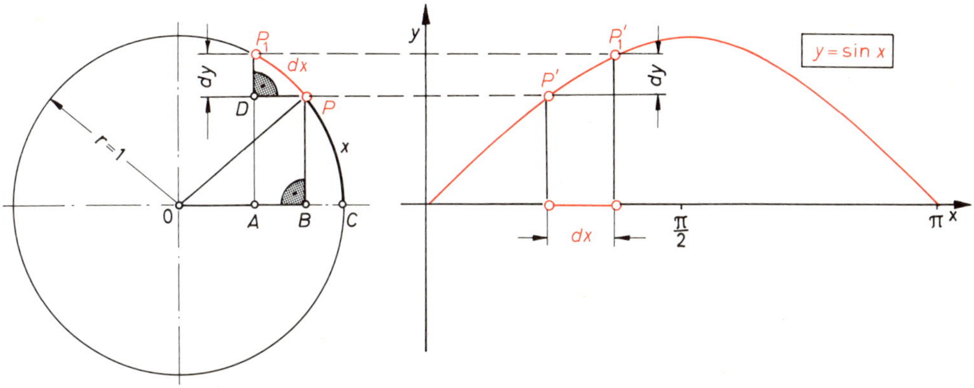

$x = \overset{\frown}{CP}$ ist die Maßzahl des Bogens, $\overline{BP}$ ist der zu x gehörende Sinuswert. Ändert sich x um $dx = \overset{\frown}{PP_1}$, wobei man beim Grenzprozeß auch $\overset{\frown}{PP_1} = \overline{PP_1}$ annehmen kann, so ändert sich $y = \overline{BP}$ um das Differential $dy = \overline{DP_1}$.

$$y = \sin x$$
$$y = \overline{BP}; \qquad x = \overset{\frown}{CP}$$
$$dy = \overline{DP_1}; \quad dx = \overline{PP_1}$$

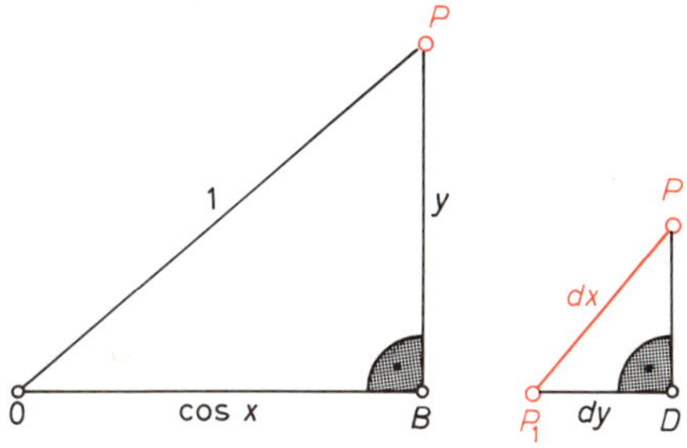

Aus den ähnlichen Dreiecken OBP und P_1DP erhält man *die* Proportion, die unmittelbar zur ersten Ableitung $y' = \cos x$ führt.

$$\frac{\overline{DP_1}}{\overline{PP_1}} = \frac{\overline{BO}}{\overline{PO}} \quad \textit{oder} \quad \frac{dy}{dx} = \frac{\cos x}{1}$$
$$y' = \underline{\underline{\cos x}}$$

Merke:

$$y = \sin x; \longrightarrow y' = \cos x$$

Aufgabe:

Bilde die erste Ableitung der Funktion $y = \cos x$!

Man setzt $\cos x = \sin\left(\frac{\pi}{2} - x\right)$ und differenziert unter Berücksichtigung der Kettenregel.

Es ist $\cos\left(\frac{\pi}{2} - x\right) = \sin x$.

Lösung:

$$y = \cos x$$
$$\cos x = \sin\left(\frac{\pi}{2} - x\right); \longrightarrow \frac{\pi}{2} - x = z$$
$$y = \sin z; \quad \longrightarrow \frac{dy}{dz} = \cos z$$
$$= \cos\left(\frac{\pi}{2} - x\right)$$
$$z = \frac{\pi}{2} - x; \longrightarrow \frac{dz}{dx} = -1$$
$$\frac{dz}{dx} \cdot \frac{dy}{dz} = y' = -1 \cdot \cos\left(\frac{\pi}{2} - x\right)$$
$$y' = \underline{\underline{-\sin x}}$$

Merke:

$$y = \cos x; \longrightarrow y' = -\sin x$$

Aufgabe:

Bilde die erste Ableitung der Funktion $y = \tan x$ und verwende dabei die Ableitungen für $y = \sin x$ und $y = \cos x$!

Aus $y = \tan x$ ergibt sich $y = \frac{\sin x}{\cos x}$, d. h. eine Funktionsgleichung, die nach der Quotientenregel differenziert werden kann.

Der Zähler der ersten Ableitung läßt sich auf Grund der goniometrischen Beziehung $\sin^2 x + \cos^2 x = 1$ vereinfachen.

Lösung:

$$y = \tan x$$

$$= \frac{\sin x}{\cos x}; \longrightarrow y = \frac{u}{v}$$

$$y' = \frac{u' \cdot v - v' \cdot u}{v^2}$$

$$y' = \frac{\cos x \cos x - (-\sin x) \sin x}{\cos^2 x}$$

$$y' = \frac{\cos^2 x + \sin^2 x}{\cos^2 x}$$

$$y' = \frac{1}{\cos^2 x}$$

$$= 1 + \tan^2 x$$

Merke:

$$y = \tan x; \longrightarrow y' = \frac{1}{\cos^2 x} = 1 + \tan^2 x$$

Aufgabe:

Bilde die erste Ableitung der Funktion $y = \cot x$ nach der Quotientenregel!

Aus $y = \cot x$ bzw. $y = \frac{\cos x}{\sin x}$ ergibt sich eine Funktionsgleichung, die nach der Quotientenregel differenzierbar ist. Klammert man (-1) im Zähler aus, so läßt sich für $\sin^2 x + \cos^2 x = 1$ schreiben.

Lösung:

$$y = \cot x$$

$$= \frac{\cos x}{\sin x}; \longrightarrow y = \frac{u}{v}$$

$$y' = \frac{(-\sin x) \cdot \sin x - \cos x \cos x}{\sin^2 x}$$

$$y' = \frac{-\sin^2 x - \cos^2 x}{\sin^2 x}$$

$$y' = \frac{-(\sin^2 x + \cos^2 x)}{\sin^2 x}$$

$$y' = -\frac{1}{\sin^2 x}$$

$$= -(1 + \cot^2 x)$$

Merke:

$$y = \cot x; \longrightarrow y' = -\frac{1}{\sin^2 x} = -(1 + \cot^2 x)$$

Beispiele:

Differenziere die folgenden trigonometrischen Funktionen:

1. $y = \sin(2x)$

   $2x = z; \longrightarrow y = \sin z$

2. $y = n \cdot \sin \frac{x}{n}$

   $\frac{x}{n} = z; \longrightarrow y = n \cdot \sin z$

3. $y = \sin^2 x$

   $\sin x = z; \longrightarrow y = z^2$

   [$\sin(2\alpha) = 2 \sin \alpha \cdot \cos \alpha$; vergl. Anhang.]

4. $y = \ln(\sin x)$

   $\sin x = z; \longrightarrow y = \ln z$

5. $y = \frac{\sin x}{x}$

   $= \frac{u}{v}$

6. $y = \sin \sqrt{x^2 + 1}$

   $\sqrt{x^2 + 1} = z; \longrightarrow y = \sin z$

Lösungen:

1. $z = 2x; \longrightarrow \frac{dz}{dx} = 2$

   $y = \sin z; \longrightarrow \frac{dy}{dz} = \cos z$

   $= \cos(2x)$

   $\frac{dz}{dx} \cdot \frac{dy}{dz} = y' = \underline{\underline{2 \cdot \cos(2x)}}$

2. $z = \frac{x}{n}; \longrightarrow \frac{dz}{dx} = \frac{1}{n}$

   $y = n \cdot \sin z; \longrightarrow \frac{dy}{dz} = n \cdot \cos z$

   $= n \cdot \cos \frac{x}{n}$

   $\frac{dz}{dx} \cdot \frac{dy}{dz} = y' = \underline{\underline{\cos \frac{x}{n}}}$

3. $z = \sin x; \longrightarrow \frac{dz}{dx} = \cos x$

   $y = z^2; \longrightarrow \frac{dy}{dz} = 2z$

   $= 2 \cdot \sin x$

   $\frac{dz}{dx} \cdot \frac{dy}{dz} = y' = 2 \cdot \cos x \cdot \sin x$

   $= \underline{\underline{\sin(2x)}}$

4. $z = \sin x; \longrightarrow \frac{dz}{dx} = \cos x$

   $y = \ln z; \longrightarrow \frac{dy}{dz} = \frac{1}{z}$

   $= \frac{1}{\sin x}$

   $\frac{dz}{dx} \cdot \frac{dy}{dz} = y' = \frac{\cos x}{\sin x}$

   $= \underline{\underline{\cot x}}$

5. $u = \sin x; \longrightarrow u' = \cos x$

   $v = x; \longrightarrow v' = 1$

   $y' = \frac{v \cdot u' - v' \cdot u}{v^2}$

   $= \underline{\underline{\frac{x \cdot \cos x - \sin x}{x^2}}}$

6. $z = \sqrt{x^2 + 1}; \longrightarrow \frac{dz}{dx} = \frac{x}{\sqrt{x^2 + 1}}$

   $y = \sin z; \longrightarrow \frac{dy}{dz} = \cos z$

   $= \cos \sqrt{x^2 + 1}$

   $\frac{dz}{dx} \cdot \frac{dy}{dz} = y' = \underline{\underline{\frac{x \cdot \cos \sqrt{x^2 + 1}}{\sqrt{x^2 + 1}}}}$

7. $y = \sqrt{\cos x}$

$\cos x = z; \quad \longrightarrow y = \sqrt{z}$

7. $z = \cos x; \quad \longrightarrow \frac{dz}{dx} = -\sin x$

$y = \sqrt{z}; \quad \longrightarrow \frac{dy}{dz} = \frac{\sqrt{z}}{2z}$

$= \frac{\sqrt{\cos x}}{2 \cdot \cos x}$

$\frac{dz}{dx} \cdot \frac{dy}{dz} = y' = -\sin x \cdot \frac{\sqrt{\cos x}}{2 \cdot \cos x}$

$= -\frac{1}{2} \tan x \cdot \sqrt{\cos x}$

8. $y = x \cdot \cos x$

$= u \cdot v$

8. $u = x; \quad \longrightarrow u' = 1$

$v = \cos x; \quad \longrightarrow v' = -\sin x$

$y' = u' \cdot v + u \cdot v'$

$= \cos x - x \cdot \sin x$

9. $y = e^{ax} \cdot \sin(bx)$

$= u \cdot v$

9. $u = e^{ax}; \quad \longrightarrow u' = a \cdot e^{ax}$

$v = \sin(bx); \quad \longrightarrow v' = b \cdot \cos(bx)$

$y' = e^{ax} \cdot b \cos(bx) + a e^{ax} \cdot \sin(bx)$

$y' = e^{ax} [a \sin(bx) + b \cos(bx)]$

10. $y = \cos^3 x$

$\cos x = z; \quad \longrightarrow y = z^3$

10. $z = \cos x; \quad \longrightarrow \frac{dz}{dx} = -\sin x$

$y = z^3; \quad \longrightarrow \frac{dy}{dz} = 3z^2$

$= 3 \cdot \cos^2 x$

$\frac{dz}{dx} \cdot \frac{dy}{dz} = y' = -3\cos^2 x \cdot \sin x$

11. $y = \tan x - \cot x$

Die Aufgabe wird nach der Summenregel differenziert. Die Ergebnisse der Differentiation der Summanden wurden bereits ermittelt.

11. $y' = \frac{1}{\cos^2 x} - \left(-\frac{1}{\sin^2 x}\right)$

$= \frac{\sin^2 x + \cos^2 x}{\sin^2 x \cdot \cos^2 x}$

$= \frac{1}{\sin^2 x \cdot \cos^2 x}$

12. $y = \ln(\tan x)$

$\tan x = z; \quad \longrightarrow y = \ln z$

Für $\tan x$ wird in der ersten Ableitung $\frac{\sin x}{\cos x}$ eingesetzt. Durch Erweitern mit 2 läßt sich der Nenner nach der goniometrischen Summenformel $\sin(2\alpha) = 2 \sin \alpha \cdot \cos \alpha$ umformen.

12. $z = \tan x; \quad \longrightarrow \frac{dz}{dx} = \frac{1}{\cos^2 x}$

$y = \ln z; \quad \longrightarrow \frac{dy}{dz} = \frac{1}{z}$

$= \frac{1}{\tan x}$

$\frac{dz}{dx} \cdot \frac{dy}{dz} = y' = \frac{1}{\cos^2 x} \cdot \frac{1}{\tan x}$

$= \frac{2 \cdot \cos x}{2 \sin x \cdot \cos^2 x}$

$= \frac{2}{2 \sin x \cdot \cos x}$

$= \frac{2}{\sin(2x)}$

13. $y = \tan(\ln x)$

$\ln x = z; \longrightarrow y = \tan z$

13. $z = \ln x; \longrightarrow \dfrac{dz}{dx} = \dfrac{1}{x}$

$y = \tan z; \longrightarrow \dfrac{dy}{dz} = \dfrac{1}{\cos^2 z}$

$= \dfrac{1}{\cos^2(\ln x)}$

$$\frac{dz}{dx} \cdot \frac{dy}{dz} = y' = \underline{\underline{\frac{1}{x \cdot \cos^2(\ln x)}}}$$

14. $y = \ln \dfrac{1 + \tan x}{1 - \tan x}$

$\dfrac{1 + \tan x}{1 - \tan x} = z; \longrightarrow y = \ln z$

$= \dfrac{u}{v}$

Bei der Lösung wird zuerst das Argument der Logarithmusfunktion $\dfrac{1 + \tan x}{1 - \tan x}$ mit Hilfe der Quotientenregel differenziert. Durch Einsetzen von $\dfrac{\sin x}{\cos x}$ für $\tan x$ läßt sich der Ausdruck für $\dfrac{dz}{dx}$ wesentlich vereinfachen.

Nach Bildung von $\dfrac{dy}{dz}$ und Ersetzen von $\tan x$ durch $\dfrac{\sin x}{\cos x}$ kann die Kettenregel angewendet werden.

$$y' = \frac{dy}{dz} \cdot \frac{dz}{dx}$$

Das Ergebnis läßt sich noch vereinfachen, da

$$\cos^2 x - \sin^2 x = \cos(2x).$$

Die Aufgabe kann auch gelöst werden, indem man vor der Differentiation die Logarithmengesetze anwendet:

14. $u = 1 + \tan x; \longrightarrow u' = \dfrac{1}{\cos^2 x}$

$v = 1 - \tan x; \longrightarrow v' = -\dfrac{1}{\cos^2 x}$

$$\frac{dz}{dx} = \frac{u' \cdot v - u \cdot v'}{v^2}$$

$$= \frac{\dfrac{1 - \tan x}{\cos^2 x} + \dfrac{1 + \tan x}{\cos^2 x}}{(1 - \tan x)^2}$$

$$= \frac{\dfrac{1 - \tan x}{\cos^2 x} + \dfrac{1 + \tan x}{\cos^2 x}}{\dfrac{(\cos x - \sin x)^2}{\cos^2 x}}$$

$$\frac{dz}{dx} = \frac{2}{(\cos x - \sin x)^2}$$

$y = \ln z; \longrightarrow \dfrac{dy}{dz} = \dfrac{1}{z}$

$= \dfrac{1 - \tan x}{1 + \tan x}$

$\dfrac{dy}{dz} = \dfrac{\cos x - \sin x}{\cos x + \sin x}$

$$y' = \frac{\cos x - \sin x}{\cos x + \sin x} \cdot \frac{2}{(\cos x - \sin x)^2}$$

$$= \frac{2}{\cos^2 x - \sin^2 x}$$

$$= \underline{\underline{\frac{2}{\cos(2x)}}}$$

$$\ln \frac{1 + \tan x}{1 - \tan x} = \ln(1 + \tan x) - \ln(1 - \tan x)$$

15. $y = \cot \sqrt{\cot x}$

$\cot x = u; \longrightarrow y = \cot \sqrt{u}$

$\sqrt{u} = z; \longrightarrow y = \cot z$

Das Beispiel kann mit Hilfe der Kettenregel gelöst werden, und zwar ist:

$$y' = \frac{du}{dx} \cdot \frac{dz}{du} \cdot \frac{dy}{dz}$$

15. $u = \cot x; \longrightarrow \frac{du}{dx} = \frac{-1}{\sin^2 x}$

$z = \sqrt{u}; \longrightarrow \frac{dz}{du} = \frac{\sqrt{u}}{2u} = \frac{\sqrt{\cot x}}{2 \cot x}$

$y = \cot z; \longrightarrow \frac{dy}{dz} = \frac{-1}{\sin^2 z} = \frac{-1}{\sin^2 \sqrt{u}} = \frac{-1}{\sin^2 \sqrt{\cot x}}$

$$y' = \frac{-1}{\sin^2 x} \cdot \frac{\sqrt{\cot x}}{2 \cdot \cot x} \cdot \frac{-1}{\sin^2 \sqrt{\cot x}}$$

$$= \frac{\sqrt{\cot x} \cdot \sin x}{\sin^2 x \cdot 2 \cos x \cdot \sin^2 \sqrt{\cot x}}$$

$$= \frac{\sqrt{\cot x}}{\sin (2x) \cdot \sin^2 \sqrt{\cot x}}$$

16. $y = \sin [\ln (e^{\sin x})]$

$\sin x = z; \longrightarrow y = \sin [\ln (e^z)]$

$e^z = u; \longrightarrow y = \sin (\ln u)$

$\ln u = v; \longrightarrow y = \sin v$

Das Beispiel wird mit einer vierfachen „Kette“ gelöst, nämlich:

$$y' = \frac{dz}{dx} \cdot \frac{du}{dz} \cdot \frac{dv}{du} \cdot \frac{dy}{dv}$$

16. $z = \sin x; \longrightarrow \frac{dz}{dx} = \cos x$

$u = e^z; \longrightarrow \frac{du}{dz} = e^z = e^{\sin x}$

$v = \ln u; \longrightarrow \frac{dv}{du} = \frac{1}{u} = \frac{1}{e^z} = \frac{1}{e^{\sin x}}$

$y = \sin v; \longrightarrow \frac{dy}{dv} = \cos v = \cos (\ln u) = \cos [\ln (e^z)] = \cos [\ln (e^{\sin x})]$

$$y' = \cos x \cdot e^{\sin x} \cdot \frac{1}{e^{\sin x}} \cdot \cos [\ln (e^{\sin x})]$$

$$= \cos x \cdot \cos [\ln (e^{\sin x})]$$

2.3.4. Differentiation von zyklometrischen Funktionen

Aufgabe:

Bilde die ersten Ableitungen folgender zyklometrischer Funktionen durch Differentiation ihrer impliziten Form:

1. $y = \arcsin x$; für $-1 \leqq x \leqq 1$
2. $y = \arccos x$; für $-1 \leqq x \leqq 1$
3. $y = \arctan x$
4. $y = \operatorname{arccot} x$

Lösungsweg:

Aus den Beziehungen am Einheitskreis werden die impliziten Formen der Funktionen gebildet:

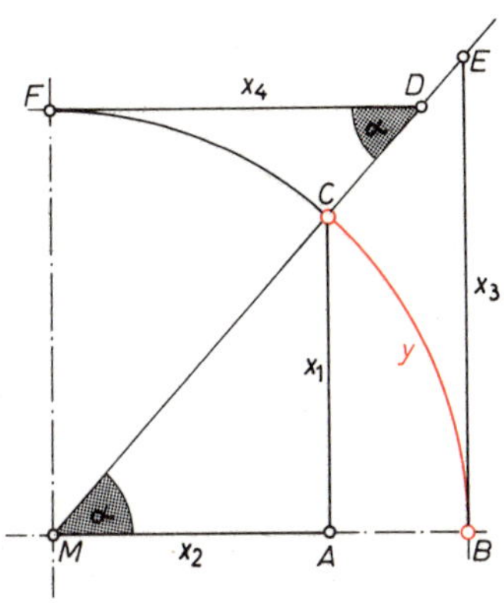

$\overline{AC} = \sin y$	$\overline{BE} = \tan y$
$\overline{MA} = \cos y$	$\overline{FD} = \cot y$

Weiterer Rechnungsgang:

a) Die implizite Form der Funktion wird nach y differenziert.

b) Die erste Ableitung wird so umgeformt, daß die implizite Form der Funktion wieder durch x ersetzt werden kann.

Lösung:

1. $y = \arcsin x$; ⟶ explizite Form

$x = \sin y$; ⟶ implizite Form

$$\frac{dx}{dy} = \cos y$$

$$= \sqrt{1 - \sin^2 y}$$

$\sin y = x$; ⟶ $\sin^2 y = x^2$

$$\frac{dx}{dy} = \sqrt{1 - x^2}$$

$$\frac{dy}{dx} = y' = \frac{1}{\sqrt{1 - x^2}}; \text{ für } -1 \leqq x \leqq 1$$

2. $y = \arccos x$; ⟶ explizite Form

$x = \cos y$; ⟶ implizite Form

$$\frac{dx}{dy} = -\sin y$$

$$= -\sqrt{1 - \cos^2 y}$$

$\cos y = x$; ⟶ $\cos^2 y = x^2$

$$\frac{dx}{dy} = -\sqrt{1 - x^2}$$

$$\frac{dy}{dx} = y' = \frac{-1}{\sqrt{1 - x^2}}; \text{ für } -1 \leqq x \leqq 1$$

3. $y = \arctan x$; ⟶ explizite Form

$x = \tan y$; ⟶ implizite Form

$$\frac{dx}{dy} = \frac{1}{\cos^2 y}$$

$$= 1 + \tan^2 y$$

$\tan y = x$; ⟶ $\tan^2 y = x^2$

$$\frac{dx}{dy} = 1 + x^2$$

$$\frac{dy}{dx} = y' = \frac{1}{1 + x^2}$$

c) Von dem Differentialquotienten $\frac{dx}{dy}$ wird der Kehrwert $\frac{dy}{dx} = y'$ gebildet.

Dieses Prinzip wird auf alle vier Aufgaben angewendet.

4. $y = \operatorname{arccot} x; \longrightarrow$ explizite Form

$x = \cot y; \longrightarrow$ implizite Form

$$\frac{dx}{dy} = \frac{-1}{\sin^2 y}$$

$$= -(1 + \cot^2 y)$$

$$\cot y = x; \longrightarrow \cot^2 y = x^2$$

$$\frac{dx}{dy} = -(1 + x^2)$$

$$\frac{dy}{dx} = y' = \frac{-1}{1 + x^2}$$

Merke:

$$y = \arcsin x; \longrightarrow y' = \frac{1}{\sqrt{1 - x^2}}; \longrightarrow -1 \leqq x \leqq 1$$

$$y = \arctan x; \longrightarrow y' = -\frac{1}{\sqrt{1 - x^2}}; \longrightarrow -1 \leqq x \leqq 1$$

$$y = \arctan x; \longrightarrow y' = \frac{1}{1 + x^2}$$

$$y = \operatorname{arccot} x; \longrightarrow y' = \frac{-1}{1 + x^2}$$

Beispiele:

1. $y = \arcsin (ax + b)$

$ax + b = z; \longrightarrow y = \arcsin z$

2. $y = \arccos \frac{1}{x}$

$\frac{1}{x} = z; \longrightarrow y = \arccos z$

Lösungen:

1. $z = ax + b; \longrightarrow \frac{dz}{dx} = a$

$$y = \arcsin z; \longrightarrow \frac{dy}{dz} = \frac{1}{\sqrt{1 - z^2}}$$

$$= \frac{1}{\sqrt{1 - (ax + b)^2}}$$

$$\frac{dz}{dx} \cdot \frac{dy}{dz} = y' = \frac{a}{\sqrt{1 - (ax + b)^2}}$$

2. $z = \frac{1}{x}; \longrightarrow \frac{dz}{dx} = -\frac{1}{x^2}$

$$y = \arccos z; \longrightarrow \frac{dy}{dz} = -\frac{1}{\sqrt{1 - z^2}}$$

$$= -\frac{1}{\sqrt{1 - \left(\frac{1}{x}\right)^2}}$$

$$= -\frac{1}{\frac{1}{x}\sqrt{x^2 - 1}}$$

$$\frac{dz}{dx} \cdot \frac{dy}{dz} = y' = -\frac{1}{x^2} \cdot \frac{-1}{\frac{1}{x}\sqrt{x^2 - 1}}$$

$$= \frac{1}{x\sqrt{x^2 - 1}}$$

3. $y = \arctan \sqrt{x}$

$\sqrt{x} = z; \longrightarrow y = \arctan z$

3. $z = \sqrt{x}; \longrightarrow \frac{dz}{dx} = \frac{\sqrt{x}}{2x}$

$y = \arctan z; \longrightarrow \frac{dy}{dz} = \frac{1}{1+z^2}$

$= \frac{1}{1+x}$

$$\frac{dz}{dx}\cdot\frac{dy}{dz} = y' = \frac{\sqrt{x}}{2x(1+x)}$$

4. $y = \operatorname{arccot}(1-x)$

$1 - x = z; \longrightarrow y = \operatorname{arccot} z$

4. $z = 1 - x; \longrightarrow \frac{dz}{dx} = -1$

$y = \operatorname{arccot} z; \longrightarrow \frac{dy}{dz} = -\frac{1}{1+z^2}$

$= \frac{-1}{1+(1-x)^2}$

$$\frac{dz}{dx}\cdot\frac{dy}{dz} = y' = -1\cdot\frac{-1}{1+(1-x)^2}$$

$$= \frac{1}{x^2-2x+2}$$

5. $y = \arcsin^2 x$

$\arcsin x = z; \longrightarrow y = z^2$

5. $z = \arcsin x; \longrightarrow \frac{dz}{dx} = \frac{1}{\sqrt{1-x^2}}$

$y = z^2; \longrightarrow \frac{dy}{dz} = 2z$

$= 2\cdot\arcsin x$

$$\frac{dz}{dx}\cdot\frac{dy}{dz} = y' = \frac{2\cdot\arcsin x}{\sqrt{1-x^2}}$$

6. $y = \arctan \frac{1+x}{1-x}$

$\frac{1+x}{1-x} = z; \longrightarrow y = \arctan z$

$= \frac{u}{v}$

6. $u = 1 + x; \longrightarrow u' = 1$

$v = 1 - x; \longrightarrow v' = -1$

$$\frac{dz}{dx} = \frac{u'\cdot v - u\cdot v'}{v^2}$$

$$= \frac{(1-x)\cdot 1 - (1+x)\cdot -1}{(1-x)^2}$$

$$= \frac{2}{(1-x)^2}$$

$y = \arctan z; \longrightarrow \frac{dy}{dz} = \frac{1}{1+z^2}$

$$= \frac{1}{1+\left(\frac{1+x}{1-x}\right)^2}$$

$$= \frac{(1-x)^2}{(1-x)^2+(1+x)^2}$$

$$= \frac{(1-x)^2}{2(1+x^2)}$$

$$\frac{dz}{dx}\cdot\frac{dy}{dz} = y' = \frac{2}{(1-x)^2}\cdot\frac{(1-x)^2}{2(1+x^2)}$$

$$= \frac{1}{1+x^2}$$

7. $y = \arcsin \frac{x^2 - 1}{x^2 + 1}$

$\frac{x^2 - 1}{x^2 + 1} = z; \longrightarrow y = \arcsin z$

$= \frac{u}{v}$

Die Wurzel $\sqrt{1 - \left(\frac{x^2 - 1}{x^2 + 1}\right)^2}$ läßt sich wie folgt vereinfachen:

1. Nenner beseitigen:

$\frac{1}{x^2 + 1}\sqrt{(x^2 + 1)^2 - (x^2 - 1)^2}$

2. Wurzel berechnen:

$\frac{1}{x^2 + 1}\sqrt{4x^2} = \frac{2\,|x|}{x^2 + 1}$

wegen $\sqrt{x^2} = |x|$ und $\frac{x}{|x|} = sgn\,x$

für $x \neq 0$

7. $u = x^2 - 1; \longrightarrow u' = 2x$

$v = x^2 + 1; \longrightarrow v' = 2x$

$$\frac{dz}{dx} = \frac{u' \cdot v - u \cdot v'}{v^2}$$

$$= \frac{2x \cdot (x^2 + 1) - (x^2 - 1) \cdot 2x}{(x^2 + 1)^2}$$

$$= \frac{4x}{(x^2 + 1)^2}$$

$$y = \arcsin z; \longrightarrow \frac{dy}{dz} = \frac{1}{\sqrt{1 - z^2}}$$

$$= \frac{1}{\sqrt{1 - \left(\frac{x^2 - 1}{x^2 + 1}\right)^2}}$$

$$= \frac{x^2 + 1}{2x}$$

$$\frac{dz}{dx} \cdot \frac{dy}{dz} = y' = \frac{4x}{(x^2 + 1)^2} \cdot \frac{x^2 + 1}{2\,|x|}$$

$$= \underline{\underline{\frac{2\,sgn\,x}{x^2 + 1}}} \qquad (x \neq 0)$$

8. $y = \sqrt{\ln(\arcsin x)}$

$\arcsin x = z; \longrightarrow y = \sqrt{\ln z}$

$\ln z = u; \longrightarrow y = \sqrt{u}$

$y' = \frac{dz}{dx} \cdot \frac{du}{dz} \cdot \frac{dy}{du}$

8. $z = \arcsin x; \longrightarrow \frac{dz}{dx} = \underline{\frac{1}{\sqrt{1 - x^2}}}$

$$u = \ln z; \longrightarrow \frac{du}{dz} = \frac{1}{z}$$

$$= \underline{\frac{1}{\arcsin x}}$$

$$y = \sqrt{u}; \longrightarrow \frac{dy}{du} = \frac{\sqrt{u}}{2u}$$

$$= \frac{\sqrt{\ln z}}{2 \cdot \ln z}$$

$$= \underline{\frac{\sqrt{\ln(\arcsin x)}}{2 \cdot \ln(\arcsin x)}}$$

$$y' = \frac{1}{\sqrt{1 - x^2}} \cdot \frac{1}{\arcsin x} \cdot \frac{\sqrt{\ln(\arcsin x)}}{2 \cdot \ln(\arcsin x)}$$

$$= \underline{\underline{\frac{\sqrt{\ln(\arcsin x)}}{2 \arcsin x \cdot \sqrt{1 - x^2} \cdot \ln(\arcsin x)}}}$$

2.3.5. Differentiation von Hyperbelfunktionen

Aufgabe:

Bilde die ersten Ableitungen der Funktionen:

1. $y = \sinh x$ oder $y = \text{sh}\, x$ $= \frac{1}{2}(e^x - e^{-x})$
2. $y = \cosh x$ oder $y = \text{ch}\, x$ $= \frac{1}{2}(e^x + e^{-x})$
3. $y = \tanh x$ oder $y = \text{th}\, x$ $= \frac{e^x - e^{-x}}{e^x + e^{-x}}$
4. $y = \coth x$ oder $y = \text{cth}\, x$ $= \frac{e^x + e^{-x}}{e^x - e^{-x}}$

Lösungsweg:

Die ersten Ableitungen werden durch Differentiation der Definitionsformeln gebildet.

Die Zähler lassen sich wie folgt vereinfachen:

$$\cosh^2 x - \sinh^2 x = \frac{1}{4}(e^x + e^{-x})^2 - \frac{1}{4}(e^x - e^{-x})^2$$
$$= \frac{1}{4}[e^{2x} + 2 + e^{-2x} - e^{2x} + 2 - e^{-2x}]$$
$$= 1$$
$$\sinh^2 x - \cosh^2 x = -(\cosh^2 x - \sinh^2 x) = -1$$

Erkenntnis:

Die Ableitungen der Hyperbelfunktionen haben große Ähnlichkeit mit denen für die gewöhnlichen trigonometrischen Funktionen.

Lösung:

1. $y = \sinh x$

$= \frac{1}{2}(e^x - e^{-x})$

$y' = \frac{1}{2}(u' - v')$; ⟶ Summenregel

$u = e^x$; ⟶ $u' = e^x$

$v = e^{-x}$; ⟶ $v' = -1 \cdot e^{-x}$

$y' = \frac{1}{2}(e^x + e^{-x})$

$= \underline{\underline{\cosh x}}$

2. $y = \cosh x$

$= \frac{1}{2}(e^x + e^{-x})$

$y' = \frac{1}{2}(u' + v')$; ⟶ Summenregel

$y' = \frac{1}{2}(e^x - e^{-x})$

$= \underline{\underline{\sinh x}}$

3. $y = \tanh x$

$= \frac{\sinh x}{\cosh x}$; ⟶ $y = \frac{u}{v}$

$u = \sinh x$; ⟶ $u' = \cosh x$

$v = \cosh x$; ⟶ $v' = \sinh x$

$y' = \frac{v \cdot u' - u \cdot v'}{v^2}$

$y' = \frac{\cosh x \cdot \cosh x - \sinh x \cdot \sinh x}{\cosh^2 x}$

$y' = \frac{\cosh^2 x - \sinh^2 x}{\cosh^2 x}$

$y' = \underline{\underline{\frac{1}{\cosh^2 x}}}$

$= \underline{\underline{1 - \tanh^2 x}}$

4. $y = \coth x$

$= \frac{\cosh x}{\sinh x}$, ⟶ $y = \frac{u}{v}$

$y' = \frac{\sinh x \cdot \sinh x - \cosh x \cdot \cosh x}{\sinh^2 x}$

$y' = \underline{\underline{-\frac{1}{\sinh^2 x}}}$

$= \underline{\underline{1 - \coth^2 x}}$

Merke:

$$y = \sinh x; \longrightarrow y' = \cosh x$$

$$y = \cosh x; \longrightarrow y' = \sinh x$$

$$y = \tanh x; \longrightarrow y' = 1 - \tanh^2 x = \frac{1}{\cosh^2 x}$$

$$y = \coth x; \longrightarrow y' = 1 - \coth^2 x = -\frac{1}{\sinh^2 x}$$

Beispiele:

1. $y = \cosh(3x^2)$

$3x^2 = z; \longrightarrow y = \cosh z$

Lösungen:

1. $z = 3x^2; \quad \longrightarrow \frac{dz}{dx} = 6x$

$y = \cosh z; \quad \longrightarrow \frac{dy}{dx} = \sinh z$

$= \sinh(3x^2)$

$$\frac{dz}{dx} \cdot \frac{dy}{dz} = y' = \underline{\underline{6x \cdot \sinh(3x^2)}}$$

2. $y = \tanh \sqrt{x}$

$\sqrt{x} = z; \longrightarrow y = \tanh z$

2. $z = \sqrt{x}; \quad \longrightarrow \frac{dz}{dx} = \frac{\sqrt{x}}{2x}$

$y = \tanh z; \longrightarrow \frac{dy}{dz} = \frac{1}{\cosh^2 z}$

$= \frac{1}{\cosh^2 \sqrt{x}}$

$$\frac{dz}{dx} \cdot \frac{dy}{dz} = y' = \underline{\underline{\frac{\sqrt{x}}{2x \cdot \cosh^2 \sqrt{x}}}}$$

3. $y = x^2 \cdot \sinh x^2$

$= u \cdot v$

3. $u = x^2; \quad \longrightarrow u' = 2x$

$v = \sinh x^2; \longrightarrow v' = 2x \cdot \cosh x^2$

$y' = u' \cdot v + u \cdot v'$

$= 2x \cdot \sinh x^2 + x^2 \cdot 2x \cdot \cosh x^2$

$= \underline{\underline{2x(\sinh x^2 + x^2 \cdot \cosh x^2)}}$

4. $y = \coth(1 - x^2)$

$1 - x^2 = z; \longrightarrow y = \coth z$

4. $z = 1 - x^2; \longrightarrow \frac{dz}{dx} = -2x$

$y = \coth z; \quad \longrightarrow \frac{dy}{dz} = -\frac{1}{\sinh^2 z}$

$= -\frac{1}{\sinh^2(1 - x^2)}$

$$\frac{dz}{dx} \cdot \frac{dy}{dz} = y' = \underline{\underline{\frac{2x}{\sinh^2(1 - x^2)}}}$$

5. $y = \sinh x \cdot \cosh x$

$= u \cdot v$

5. $u = \sinh x; \longrightarrow u' = \cosh x$

$v = \cosh x; \longrightarrow v' = \sinh x$

$y' = u' \cdot v + u \cdot v'$

$= \cosh x \cdot \cosh x + \sinh x \cdot \sinh x$

$$= \underline{\underline{\cosh^2 x + \sinh^2 x}}$$

2.3.6. Differentiation von Areafunktionen

Aufgabe:

Bilde die ersten Ableitungen nachstehender Areafunktionen:

1. $y = \operatorname{ar} \sinh x$

$= \ln\left(x + \sqrt{x^2 + 1}\right)$

$x + \sqrt{x^2 + 1} = z; \longrightarrow y = \ln z$

Die Differentiation erfolgt unter Berücksichtigung der Kettenregel. Der Bruch wird durch Kürzen mit $\left(\sqrt{x^2 + 1} + x\right)$ vereinfacht.

2. $y = \operatorname{ar} \cosh x$

$= \ln\left(x \pm \sqrt{x^2 - 1}\right)$

$x \pm \sqrt{x^2 - 1} = z; \longrightarrow y = \ln z$

Eine reelle Ableitung setzt voraus, daß der absolute Betrag von $x \geqq 1$ ist.

Lösung:

1. $z = x + \sqrt{x^2 + 1}; \longrightarrow \frac{dz}{dx} = 1 + \frac{2x}{2 \cdot \sqrt{x^2 + 1}}$

$y = \ln z; \qquad \longrightarrow \frac{dy}{dz} = \frac{1}{z}$

$$= \frac{1}{x + \sqrt{x^2 + 1}}$$

$$\frac{dz}{dx} \cdot \frac{dy}{dz} = y' = \frac{1 + \frac{2x}{2\sqrt{x^2 + 1}}}{x + \sqrt{x^2 + 1}}$$

$$y' = \frac{\frac{\sqrt{x^2 + 1}}{\sqrt{x^2 + 1}} + \frac{x}{\sqrt{x^2 + 1}}}{\sqrt{x^2 + 1} + x}$$

$$y' = \frac{\frac{\sqrt{x^2 + 1} + x}{\sqrt{x^2 + 1}}}{\sqrt{x^2 + 1} + x}$$

$$y' = \underline{\underline{\frac{1}{\sqrt{x^2 + 1}}}}$$

2. $z = x \pm \sqrt{x^2 - 1}; \longrightarrow \frac{dz}{dx} = 1 \pm \frac{2x}{2 \cdot \sqrt{x^2 - 1}}$

$y = \ln z; \qquad \longrightarrow \frac{dy}{dz} = \frac{1}{z}$

$$= \frac{1}{x \pm \sqrt{x^2 - 1}}$$

$$\frac{dz}{dx} \cdot \frac{dy}{dz} = y' = \frac{1 \pm \frac{2x}{2 \cdot \sqrt{x^2 - 1}}}{x + \sqrt{x^2 - 1}}$$

$$y' = \frac{\frac{\sqrt{x^2 - 1} \pm x}{\sqrt{x^2 - 1}}}{x \pm \sqrt{x^2 - 1}}$$

$$y' = \pm \underline{\underline{\frac{1}{\sqrt{x^2 - 1}}}}; \text{ für } x \geqq 1$$

3. $y = \operatorname{ar\,tanh} x$

$= \frac{1}{2} \ln \frac{1+x}{1-x}$

Eine reelle Ableitung ist nur möglich für:

$$-1 \leqq x \leqq 1$$

3. $y = \frac{1}{2} [\ln(1+x) - \ln(1-x)]$

$y' = \frac{1}{2}\left[\frac{1}{1+x} - \frac{-1}{1-x}\right]$

$y' = \frac{1}{2}\left[\frac{(1-x)+(1+x)}{(1+x)(1-x)}\right]$

$y' = \frac{1}{2} \cdot \frac{2}{1-x^2}$

$y' = \underline{\underline{\frac{1}{1-x^2}}}$; für $-1 \leqq x \leqq 1$

4. $y = \operatorname{ar\,coth} x$

$= \frac{1}{2} \ln \frac{x+1}{x-1}$

Eine reelle Ableitung ist möglich für:

$$-1 \geqq x \geqq 1$$

4. $y = \frac{1}{2} [\ln(x+1) - \ln(x-1)]$

$y' = \frac{1}{2}\left[\frac{1}{x+1} - \frac{1}{x-1}\right]$

$y' = \frac{1}{2}\left[\frac{(x-1)-(x+1)}{(x+1)(x-1)}\right]$

$y' = \frac{-1}{x^2-1}$

$y' = \underline{\underline{\frac{1}{1-x^2}}}$; für $-1 \geqq x \geqq 1$

Merke:

$y = \operatorname{ar\,sinh}\ x; \longrightarrow y' = \frac{1}{\sqrt{x^2+1}}$

$y = \operatorname{ar\,cosh}\ x; \longrightarrow y' = \pm \frac{1}{\sqrt{x^2-1}}$; für $x \geqq 1$

$y = \operatorname{ar\,tanh}\ x; \longrightarrow y' = \frac{1}{1-x^2}$; für $-1 \leqq x \leqq 1$

$y = \operatorname{ar\,coth}\ x; \longrightarrow y' = \frac{1}{1-x^2}$; für $-1 \geqq x \geqq 1$

Beispiele:

Bilde die erste Ableitung folgender Areafunktionen:

1. $y = \operatorname{ar\,sinh} \frac{x^2}{a}$

$\frac{x^2}{a} = z; \longrightarrow y = \operatorname{ar\,sinh} z$

Lösungen:

1. $z = \frac{x^2}{a}; \longrightarrow \frac{dz}{dx} = \frac{2x}{a}$

$y = \operatorname{ar\,sinh} z; \longrightarrow \frac{dy}{dz} = \frac{1}{\sqrt{z^2+1}}$

$= \frac{1}{\sqrt{\frac{x^4}{a^2}+1}}$

$= \frac{a}{\sqrt{x^4+a^2}}$

$\frac{dz}{dx} \cdot \frac{dy}{dz} = y' = \frac{2x}{a} \cdot \frac{a}{\sqrt{x^4+a^2}}$

$= \underline{\underline{\frac{2x}{\sqrt{x^4+a^2}}}}$

2. $y = \text{ar sinh}(\tan x)$

$\tan x = z; \longrightarrow y = \text{ar sinh}\, z$

Zur Lösung kann die goniometrische Beziehung

$$\frac{1}{\sqrt{\tan^2 x + 1}} = \cos x$$

herangezogen werden.

2. $z = \tan x; \longrightarrow \frac{dz}{dx} = \frac{1}{\cos^2 x}$

$y = \text{ar sinh}\, z; \longrightarrow \frac{dy}{dz} = \frac{1}{\sqrt{z^2+1}}$

$= \frac{1}{\sqrt{\tan^2 x + 1}}$

$= \cos x$

$\frac{dz}{dx} \cdot \frac{dy}{dz} = y' = \frac{1}{\cos^2 x} \cdot \cos x$

$= \frac{1}{\cos x}$

3. $y = \text{ar cosh}\frac{1}{\cos x}$

$\frac{1}{\cos x} = z; \longrightarrow y = \text{ar cosh}\, z$

Zur Lösung wird die Beziehung

$$\sqrt{1 - \cos^2 x} = \sin x$$

verwendet.

3. $z = \frac{1}{\cos x}; \longrightarrow \frac{dz}{dx} = \frac{\sin x}{\cos^2 x}$

$y = \text{ar cosh}\, z; \longrightarrow \frac{dy}{dz} = \pm\frac{1}{\sqrt{z^2 - 1}}$

$= \pm\frac{1}{\sqrt{\frac{1}{\cos^2 x} - 1}}$

$= \pm\frac{\cos x}{\sqrt{1 - \cos^2 x}}$

$= \pm\frac{\cos x}{\sin x}$

$\frac{dz}{dx} \cdot \frac{dy}{dz} = y' = \frac{\sin x}{\cos^2 x} \cdot \pm\frac{\cos x}{\sin x}$

$= \pm\frac{1}{\cos x}$

4. $y = \text{ar tanh}\sqrt{x}$

$\sqrt{x} = z; \longrightarrow y = \text{ar tanh}\, z$

4. $z = \sqrt{x}; \longrightarrow \frac{dz}{dx} = \frac{\sqrt{x}}{2x}$

$y = \text{ar tanh}\, z; \longrightarrow \frac{dy}{dz} = \frac{1}{1 - z^2}$

$= \frac{1}{1 - x}$

$\frac{dz}{dx} \cdot \frac{dy}{dz} = y' = \frac{\sqrt{x}}{2x(1-x)}$

5. $y = \text{ar coth}(\sin x)$

$\sin x = z; \longrightarrow y = \text{ar coth}\, z$

Die Lösung läßt sich vereinfachen unter Verwendung der Beziehung:

$$1 - \sin^2 x = \cos^2 x$$

5. $z = \sin x; \longrightarrow \frac{dz}{dx} = \cos x$

$y = \text{ar coth}\, z; \longrightarrow \frac{dy}{dz} = \frac{1}{1 - z^2}$

$= \frac{1}{1 - \sin^2 x}$

$= \frac{1}{\cos^2 x}$

$\frac{dz}{dx} \cdot \frac{dy}{dz} = y' = \cos x \cdot \frac{1}{\cos^2 x}$

$= \frac{1}{\cos x}$

Übungen

2.3.1. Differentiation von logarithmischen Funktionen

$$y = \log_b x; \longrightarrow y' = \frac{1}{x \cdot \ln b}$$

$$y = \ln x; \longrightarrow y' = \frac{1}{x}$$

Differenziere nachstehende Funktionen:

1. $y = \log_b x^3$ **2.** $y = \lg x^2$ **3.** $y = \log_a x^4$

4. $y = \lg x^5$ **5.** $y = \log_b x^n$ **6.** $y = \frac{1}{3} \lg x$

7. $y = \frac{1}{4} \log_b x$ **8.** $y = \frac{1}{3} \lg x^2$ **9.** $y = \frac{8}{9} \log_a x$

10. $y = \log_b \sqrt{a^2 x + b}$ **11.** $y = \log_7 x$ **12.** $y = \log_{10} (a + bx)$

13. $y = \log_{10} \sqrt[3]{(a_2 x^2 + a_1 x + a_0)^2}$ **14.** $y = \log_a \sqrt[3]{\frac{ax^2 + bx}{ax^2 - bx}}$ **15.** $y = \lg \sqrt[7]{x^5}$

16. $y = \lg x^{-2}$ **17.** $y = \lg x^{-n}$ **18.** $y = \lg x^{-2z}$

19. $y = \log_b (a + x)$ **20.** $y = \log_b (a - x)$ **21.** $y = \log_b \frac{1}{a \pm x}$

22. $y = \log_a \left(1 + \frac{b}{x}\right)$ **23.** $y = \log_a \left(1 - \frac{b}{x}\right)$ **24.** $y = \log_b \sqrt{1 \pm \frac{a}{x}}$

25. $y = \lg \frac{1 + x}{1 - x}$ **26.** $y = \lg \frac{x - 1}{x + 1}$ **27.** $y = \lg \sqrt{\frac{1 + x}{1 - x}}$

28. $y = \ln (1 - x^2)$ **29.** $y = \ln (1 - x)$ **30.** $y = \ln \tan x$

31. $y = \ln (1 - x^4)$ **32.** $y = \ln (x^4 - 1)$ **33.** $y = \ln x^4$

34. $y = \ln \frac{x^4}{4}$ **35.** $y = \ln \frac{1}{x^2}$ **36.** $y = \ln (5x)$

37. $y = \ln \sqrt[3]{x}$ **38.** $y = \ln \sqrt[5]{x^4}$ **39.** $y = \ln \sqrt[n]{x}$

40. $y = \ln \frac{1}{\sqrt{x}}$ **41.** $y = \ln \frac{1}{\sqrt[3]{x}}$ **42.** $y = \ln \frac{1 + x}{1 - x}$

43. $y = \ln \frac{a + x}{a - x}$ **44.** $y = \ln \frac{a_0 + a_1 x}{a_0 - a_1 x}$ **45.** $y = \ln \left(1 - \frac{7}{\sqrt[7]{x}}\right)$

46. $y = \ln \sqrt{\frac{a + x}{a - x}}$ **47.** $y = \ln \sqrt{\frac{1 - x}{1 + x}}$ **48.** $y = \ln \sqrt{\frac{a_0 + a_1 x}{a_0 - a_1 x}}$

49. $y = \ln \frac{x}{\sqrt{1-x^2}}$ 50. $y = \ln\left(x + \sqrt{1+x^2}\right)$ 51. $y = \ln \frac{1}{\sqrt{1+x^2}}$

52. $y = \ln \sqrt[3]{\frac{a^2-x^2}{a^2+x^2}}$ 53. $y = \ln \frac{a^2-x^2}{a^2+x^2}$ 54. $y = \ln \sqrt{\frac{a^2-x^2}{a^2+x^2}}$

55. $y = \ln \frac{(x+3)^2}{(x-4)^3}$ 56. $y = \ln \sqrt{\frac{1-\sin x}{1+\sin x}}$ 57. $y = \ln \frac{1-\sqrt[3]{x}}{1+\sqrt[3]{x}}$

58. $y = \ln\left(x + \sqrt{x^2-a^2}\right)$ 59. $y = x^n \ln(4x^2)$ 60. $y = \ln\left(x - \sqrt{a^2+x^2}\right)$

61. $y = x^3 \ln x$ 62. $y = x^2 \ln x$ 63. $y = (ax + a_0) \ln x$

64. $y = \frac{x^3}{\ln x}$ 65. $y = \frac{x^2-1}{\ln(x^2-1)}$ 66. $y = \ln\left(x + \sqrt{a^2+x^2}\right)$

67. $y = \ln(a_3x^3 + a_2x^2 + a_1x + a_0)$ 68. $y = \frac{1}{\sqrt{2}} \ln \frac{\sqrt{2+x}-\sqrt{2}}{\sqrt{2+x}+\sqrt{2}}$

2.3.2. Differentiation von Exponentialfunktionen

$y = b^x; \longrightarrow y' = b^x \cdot \ln b$ $y = e^x; \longrightarrow y' = e^x$

Bilde die erste Ableitung folgender Funktionen:

1. $y = e^{ax}$ 2. $y = b^{ax}$ 3. $y = e^{10x}$

4. $y = b^{10x}$ 5. $y = 7^{5x}$ 6. $y = e^{x+2}$

7. $y = b^{x+2}$ 8. $y = e^{ax+b}$ 9. $y = 3^{ax+b}$

10. $y = 5e^{\frac{x}{5}}$ 11. $y = x^3 \cdot e^{\frac{x}{3}}$ 12. $y = x^4 \cdot b^{\frac{x}{4}}$

13. $y = x^n \cdot e^x$ 14. $y = b^x \cdot x^{\frac{1}{\ln b}}$ 15. $y = \frac{e^{3x}}{x^3}$

16. $y = e^x (x-1)$ 17. $y = (x^2 + 2x - 2) \cdot e^x$ 18. $y = e^x(a_3x^3 + a_2x^2 + a_1x + a_0)$

19. $y = e^x \cdot x^{-1}$ 20. $y = e^{-x} \cdot x^n$ 21. $y = e^x \cdot x^{-n}$

22. $y = b^x \cdot x^n$ 23. $y = \frac{e^x-1}{e^x+1}$ 24. $y = \sqrt{e^x}$

25. $y = \frac{e^x+1}{e^x-1}$ 26. $y = \frac{1}{e^x+1}$ 27. $y = \frac{1}{\sqrt{e^x}}$

28. $y = e^x \cdot \sqrt{\frac{x+1}{x-1}}$ 29. $y = \sqrt{x \cdot e^x + x}$ 30. $y = \sqrt{\frac{e^{ax}+1}{e^{ax}-1}}$

31. $y = b^{(x^2)}$ 32. $y = e^{(x^3)}$ 33. $y = b^{rx}$

34. $y = \ln \frac{1+b^{\sqrt{x}}}{1-b^{\sqrt{x}}}$ 35. $y = e^{\sqrt[3]{x}}$ 36. $y = b^{\sqrt[3]{x}}$

37. $y = e^{\sqrt[3]{x^2+1}}$

38. $y = b^{\sqrt[3]{x^2-1}}$

39. $y = \sqrt[3]{e^{2x}}$

40. $y = \sqrt[3]{8^{2x}}$

41. $y = e^{x}(x^5 + x^4)$

42. $y = e^{2x}(x^4 - 3x^2 + 6x)$

43. $y = e^{x}(x^2 - 2x + 2)$

44. $y = a_2 x^2 \cdot e^{-\frac{a_0}{x}}$

45. $y = x^3 \cdot \ln(4x^2) \cdot e^{\frac{3}{x}}$

46. $y = \dfrac{x^{2n} \cdot e^{ax^2+b}}{\ln(x^n)}$

47. $y = \dfrac{e^{3x}}{(1 - x^2)^2}$

48. $y = \ln(e^{ax} + e^{-ax})$

49. $y = \dfrac{e^{x} - e^{-x}}{e^{x} + e^{-x}}$

50. $y = \dfrac{a}{2}\left(e^{\frac{x}{a}} + e^{-\frac{x}{a}}\right)^2$

51. $y = 2x + \dfrac{e^{2x} - e^{-2x}}{2}$

52. $y = \dfrac{x}{3} \cdot \sqrt[x]{(1 + e^{x})^3}$

53. $y = \sqrt[x]{\dfrac{1}{x}}$

54. $y = \sqrt[nx]{x^3}$

55. $y = \sqrt[2x]{x}$

56. $y = \sqrt[x]{x}$

57. $y = \sqrt[3x-1]{x}$

58. $y = (x^{ax})^{x}$

59. $y = (x^{3x})^{x^2}$

60. $y = (x^{x})^{x}$

61. $y = (x^{ax+b})^{x}$

62. $y = x^{(x^{x})}$

63. $y = (e^{x})^{x}$

64. $y = (e^{2x})^{x}$

65. $y = (x^{x+1})^{x-1}$

66. $y = (e^{a_0 + a_1 x + a_2 x^2})^{x}$

67. $y = \left(x^{x-a}\right)^{x-b}$

68. $y = \left(a_1 x\right)^{a_2 x}$

69. $y = \left(\dfrac{a}{x^2}\right)^{x}$

70. $y = \left(\dfrac{a}{x}\right)^{\frac{x}{a}}$

71. $y = (a_0 + a_1 x)^{x}$

72. $y = \sqrt[x]{a_0 + a_1 x}$

73. $y = \left(\dfrac{a + x}{a - x}\right)^{\frac{a-x}{a+x}}$

74. $y = \sqrt[x]{\dfrac{1 + x}{1 - x}}$

75. $y = \sqrt[x]{\left(\dfrac{1 - x}{x}\right)^{1-x}}$

76. $y = \sqrt[x^2]{\dfrac{1 + x^2}{1 - x^2}}$

77. $y = \sqrt[x+2]{\dfrac{3 + x}{3 - x}}$

78. $y = \left(\dfrac{a + x}{a - x}\right)^{\frac{a+x}{a-x}}$

79. $y = e^{x}\sqrt[x]{\dfrac{1 + x}{1 - x}}$

80. $y = \sqrt[2x]{x(e^{x} + 1)}$

81. $y = (e^{x} + x)^{-\frac{1}{x}}$

82. $y = \sqrt[x]{\dfrac{e^{ax} - 1}{e^{ax} + 1}}$

83. $y = \left(p^{ax} + q\right)^{x}$

84. $y = e^{x} \cdot \sqrt[x]{x}$

85. $y = \left(e^{x} - e^{-x}\right)^{x}$

86. $y = e^{x} \cdot \left(\ln x\right)^{x}$

87. $y = x^{x} \cdot e^{x}$

88. $y = \sqrt[x]{x(e^{x} + 1)}$

89. $y = \left(\dfrac{x^{a}}{e^{x}}\right)^{x}$

90. $y = \dfrac{e^{x}(x - a)}{x^{x}}$

91. $y = \ln \dfrac{1 + a \cdot \sqrt[x]{x}}{1 - a \cdot \sqrt[x]{x}}$

92. $y = \ln(e^{x} + 1) - x - \dfrac{1}{e^{x}}$

93. $y = \dfrac{1}{x}\left(e^{ax} + e^{-ax}\right)^{x}$

94. $y = \left(e^{4x} - 1\right)^{\frac{1}{x}} \cdot \left(e^{4x} + 1\right)^{-\frac{1}{x}}$

2.3.3. Differentiation von trigonometrischen Funktionen

$y = \sin x; \longrightarrow y' = \cos x$	$y = \tan x; \longrightarrow y' = \dfrac{1}{\cos^2 x}$
$y = \cos x; \longrightarrow y' = -\sin x$	$y = \cot x; \longrightarrow y' = \dfrac{-1}{\sin^2 x}$

Differenziere nachstehende Funktionen:

1. $y = \cos(2x)$ **2.** $y = 3 \cdot \cos \dfrac{x}{3}$ **3.** $y = 2 \cdot \sin \dfrac{x}{2}$

4. $y = n \cdot \cos(m \cdot x)$ **5.** $y = \tan(2x)$ **6.** $y = \cot \dfrac{x}{2}$

7. $y = a \cdot \sin\left(\dfrac{2\pi}{p} \cdot x\right)$ **8.** $y = a \cdot \sin\left[\dfrac{2\pi}{p}(x - \varphi)\right]$ **9.** $y = \sin^3 x$

10. $y = \cos^4 x$ **11.** $y = \tan^2 x$ **12.** $y = \cot^4 x$

13. $y = \dfrac{1}{\cos x}$ **14.** $y = \ln(\cos x)$ **15.** $y = \dfrac{1}{2} \ln[\sin(2x)]$

16. $y = \ln(\tan x)$ **17.** $y = x \cdot \sin x$ **18.** $y = e^x \cdot \sin x$

19. $y = e^{-x} \cdot \cos x$ **20.** $y = \sin x \cdot \cos x$ **21.** $y = \cos x + 2 \cdot \sin x \cdot \cos x$

22. $y = \sin x \cdot \sin(1 - x)$ **23.** $y = \sin x - x \cdot \cos x$ **24.** $y = \dfrac{1 + \cos x}{1 - \cos x}$

25. $y = \tan \dfrac{x - 2}{x + 2}$ **26.** $y = \dfrac{a_1 - a_2 \cdot \cos x}{a_1 + a_2 \cdot \cos x}$ **27.** $y = \tan \sqrt{x}$

28. $y = \sqrt{\tan x}$ **29.** $y = \sqrt[5]{(\sin x + \cos x)^2}$ **30.** $y = \sin \sqrt{\cos(2x + 3)}$

31. $y = 3 \cdot \sin x - 5 \cdot \sin^4 x$ **32.** $y = \dfrac{x}{4} - \dfrac{1}{2} \sin(2x)$ **33.** $y = \tan x - 4 \cdot \sin x$

34. $y = x + \cot x$ **35.** $y = \cot(3x)$ **36.** $y = \tan \sqrt{1 - x}$

37. $y = \ln^2(\sin x)$ **38.** $y = \ln(\cos^2 x)$ **39.** $y = \tan^2[\ln(2x)]$

40. $y = \dfrac{3}{8}x + \dfrac{1}{4} \sin(2x) + \dfrac{1}{32} \sin(4x)$ **41.** $y = \cos^3 x - \sin^2 x + \tan x$

42. $y = \cot^3\left(\ln \dfrac{x}{3}\right)$ **43.** $y = \tan^4 x - 2 \cdot \tan^3 x + 4 \cdot \tan^2 x + \tan(2x)$

2.3.4. Differentiation von zyklometrischen Funktionen

$y = \operatorname{arc\,sin} x; \longrightarrow y' = \frac{1}{\sqrt{1-x^2}}$

$y = \operatorname{arc\,tan} x; \longrightarrow y' = \frac{1}{1+x^2}$

$y = \operatorname{arc\,cos} x; \longrightarrow y' = \frac{-1}{\sqrt{1-x^2}}$

$y = \operatorname{arc\,cot} x; \longrightarrow y' = \frac{-1}{1+x^2}$

Bilde die ersten Ableitungen bei den folgenden zyklometrischen Funktionen:

1. $y = \operatorname{arc\,sin}(mx)$

2. $y = \operatorname{arc\,cos}(6x)$

3. $y = \operatorname{arc\,tan}(12x)$

4. $y = \operatorname{arc\,cot}(3x)$

5. $y = \operatorname{arc\,sin}(1-x)$

6. $y = \operatorname{arc\,cot}\frac{1}{x}$

7. $y = \operatorname{arc\,sin}\sqrt{1-x^2}$

8. $y = \operatorname{arc\,cos}\sqrt{x}$

9. $y = \operatorname{arc\,sin}\frac{x}{\sqrt{1+x^2}}$

10. $y = \operatorname{arc\,sin}\frac{x}{m}$

11. $y = 3 \cdot \operatorname{arc\,sin}\frac{x}{3}$

12. $y = \operatorname{arc\,sin}\sqrt{\frac{1-x}{1+x}}$

13. $y = x^3 \cdot \operatorname{arc\,sin} x$

14. $y = \sqrt[4]{(\operatorname{arc\,sin} x)^3}$

15. $y = \operatorname{arc\,sin}\frac{m^2-x^2}{m^2+x^2}$

16. $y = \operatorname{arc\,sin}\left[\tan\frac{m-x}{m+x}\right]$

17. $y = \operatorname{arc\,cos}\frac{m-x}{x}$

18. $y = \operatorname{arc\,cos}\frac{x^5-1}{x^5+1}$

19. $y = \operatorname{arc\,cos}\frac{a+b\cdot\cos x}{b+a\cdot\cos x}$

20. $y = \operatorname{arc\,tan}(9x)$

21. $y = a\,(\operatorname{arc\,tan} x)^{-1}$

22. $y = a \cdot \operatorname{arc\,tan}(x^{-1})$

23. $y = \operatorname{arc\,tan}\sqrt[3]{\frac{x}{x+a}}$

24. $y = \operatorname{arc\,tan}(a \cdot \tan x)$

25. $y = \operatorname{arc\,tan}\sqrt{\frac{1-x}{1+x}}$

26. $y = \operatorname{arc\,tan}[\ln(4x)]$

27. $y = \sqrt{\ln(\operatorname{arc\,tan} x)}$

28. $y = \operatorname{arc\,tan}(e^{2x})$

29. $y = e^{\operatorname{arc\,tan} x}$

30. $y = \operatorname{arc\,cot}\frac{1}{\sqrt{x}}$

31. $y = x^{3\cdot\operatorname{arc\,cot}\frac{x}{3}}$

32. $y = \operatorname{arc\,sin}\frac{1-x^2}{1+x^2}$

33. $y = x \cdot \operatorname{arc\,tan} x - \ln\sqrt{x^2+1}$

34. $y = x \cdot \operatorname{arc\,sin} x + \sqrt{1-x^2}$

35. $y = x \cdot \sqrt{1-x^2} + \operatorname{arc\,sin} x$

36. $y = 2x^2 \operatorname{arc\,sin} x - \operatorname{arc\,sin} x + x \cdot \sqrt{1-x^2}$

2.3.5. Differentiation von Hyperbelfunktionen

$$y = \sinh x; \longrightarrow y' = \cosh x$$

$$y = \tanh x; \longrightarrow y' = \frac{1}{\cosh^2 x}$$

$$y = \cosh x; \longrightarrow y' = \sinh x$$

$$y = \coth x; \longrightarrow y' = -\frac{1}{\sinh^2 x}$$

Differenziere nachstehende Funktionen:

1. $y = \frac{1}{\cosh^2 x}$ **2.** $y = \frac{1}{\sinh^2 x}$ **3.** $y = \frac{1}{\sinh x \cdot \cosh x}$

4. $y = \frac{1}{\sinh x}$ **5.** $y = \frac{1}{\cosh x}$ **6.** $y = \ln (\tanh x)$

7. $y = \ln \left(\tanh \frac{x}{2}\right)$ **8.** $y = \cosh^2 x$ **9.** $y = \sinh^2 x$

10. $y = x \cdot \sinh x$ **11.** $y = x \cdot \cosh x$ **12.** $y = \sinh x \cdot \cosh x + x$

13. $y = \ln (\sinh x)$ **14.** $y = e^{\sinh x}$ **15.** $y = e^{\cosh x}$

16. $y = e^{\tanh x}$ **17.** $y = e^{\coth x}$ **18.** $y = x^{\sinh x}$

19. $y = (\cosh x)^{\sinh x}$ **20.** $y = (\tanh x)^x$ **21.** $y = (\sinh x)^{\sinh x}$

22. $y = \arctan (\tanh x)$ **23.** $y = \sinh^2 x \cdot \cosh^2 x$ **24.** $y = \tanh^2 x \cdot \coth^2 x$

25. $y = \frac{1}{2} \sinh x \cdot \cosh x + \frac{x}{2}$ **26.** $y = \frac{1}{2} \sinh x \cdot \cosh x - \frac{x}{2}$

27. $y = x \cdot \cosh x - \sinh x$ **28.** $y = x \cdot \sinh x - \cosh x$

29. $y = 2 \cdot \mathrm{arc\,tan} (\sinh x + \cosh x)$ **30.** $y = e^{2x} \cdot \coth (x + e^x)$

2.3.6. Differentiation von Areafunktionen

$$y = \mathrm{ar\,sinh}\, x; \longrightarrow y' = \frac{1}{\sqrt{x^2 + 1}}$$

$$y = \mathrm{ar\,tanh}\, x; \longrightarrow y' = \frac{1}{1 - x^2}$$

$$y = \mathrm{ar\,cosh}\, x; \longrightarrow y' = \pm \frac{1}{\sqrt{x^2 - 1}}$$

$$y = \mathrm{ar\,coth}\, x; \longrightarrow y' = \frac{1}{1 - x^2}$$

1. $y = 2 \cdot \mathrm{ar\,sinh} \frac{x}{2}$ **2.** $y = \mathrm{ar\,sinh} (m \cdot \cosh x)$ **3.** $y = \mathrm{ar\,sinh} \sqrt{\frac{1 - x}{1 + x}}$

4. $y = \mathrm{ar\,sinh} \frac{x^2 - 1}{2x}$ **5.** $y = \mathrm{ar\,cosh} \frac{x^2 + 1}{2x}$ **6.** $y = \mathrm{ar\,tanh} \frac{x^2 - 1}{x^2 + 1}$

7. $y = \mathrm{ar\,tanh} \frac{\sqrt{x}}{x^2}$ **8.** $y = \mathrm{ar\,tanh} (\sin x)$ **9.** $y = \mathrm{ar\,sinh} (\sin x)$

10. $y = \mathrm{ar\,cosh} (\sin x)$ **11.** $y = \mathrm{ar\,tanh} (\tanh x)$ **12.** $y = \mathrm{ar\,sinh}\, x \cdot \mathrm{ar\,cosh}\, x$

13. $y = \ln x \cdot \mathrm{ar\,sinh}\, x$ **14.** $y = \mathrm{ar\,cosh} \frac{1}{1 - x^2}$ **15.** $y = \mathrm{ar\,coth} (\tan x)$

16. $y = e^x \cdot \mathrm{ar\,sinh}\, x$ **17.** $y = \mathrm{ar\,cosh}\, (e^x)$ **18.** $y = x \cdot \mathrm{ar\,sinh} \left(x - \sqrt{x^2 + 1}\right)$

19. $y = x \cdot \mathrm{ar\,cosh} \left(x - \sqrt{x^2 - 1}\right)$ **20.** $y = x \cdot \mathrm{ar\,tanh}\, x + \frac{1}{2} \ln (1 - x^2)$

2.4. Differentialquotienten höherer Ordnung

Differenziert man eine Funktion $y = f(x)$, so erhält man ihren Differentialquotienten $y' = f'(x)$, auch Differentialquotient erster Ordnung genannt.

Diese differenzierte Funktion kann man nun erneut ableiten und erhält dann den Differentialquotienten zweiter Ordnung oder die zweite Ableitung.

Entsprechend läßt sich eine 3., 4. ... n-te Ableitung bilden (Differentialquotient 3., 4. ... n-ter Ordnung).

Da bei Ableitungen höherer Ordnung die Schreibweise y', y''... nicht mehr durchzuführen ist, setzt man die Größe der Ordnung von der vierten Ordnung ab in Klammern als Hochzahl.

Die nebenstehende Schreibweise mit römischen Zahlen ist veraltet.

$$y = f(x)$$

$$\frac{dy}{dx} = y' = f'(x) \longrightarrow$$ Differentialquotient erster Ordnung

$$\frac{d^2y}{dx^2} = y'' = f''(x) \longrightarrow$$ Differentialquotient zweiter Ordnung

$$\frac{d^3y}{dx^3} = y''' = f'''(x) \longrightarrow$$ Differentialquotient dritter Ordnung

$$\frac{d^ny}{dx^n} = y^{(n)} = f^{(n)}(x) \longrightarrow$$ Differentialquotient n-ter Ordnung

$$\frac{d^4y}{dx^4} = y^{(4)} = f^{(4)}(x)$$

$$= y^{IV} = f^{IV}(x)$$

gelesen: „d — vier y nach dx hoch vier

= y — vier Strich

= f — vier Strich von x“

Merke: Differentialquotienten höherer Ordnung werden z. B. in der Reihenlehre, Integralrechnung und bei der Lösung von Differentialgleichungen benötigt.

Beispiele:

Bestimme in den folgenden Funktionen die Ableitungen der angegebenen Ordnung!

1. $y = 2x^5$; ⟶ gesucht: $y' \ldots y^{(6)}$

Lösungen:

1. $y = 2x^5$

$$y' = \underline{\underline{10x^4}}$$

$$y'' = \underline{\underline{40x^3}}$$

$$y''' = \underline{\underline{120x^2}}$$

$$y^{(4)} = \underline{\underline{240x}}$$

$$y^{(5)} = \underline{\underline{240}}$$

$$y^{(6)} = \underline{\underline{0}}$$

2. $y = \sin x$; ⟶ gesucht: $y' \ldots y^{(4)}$

2. $y = \sin x$

$y' = \underline{\underline{\cos x}}$

$y'' = \underline{\underline{- \sin x}}$

$y''' = \underline{\underline{- \cos x}}$

$y^{(4)} = \underline{\underline{\sin x}}$

3. $y = \tan x$; ⟶ gesucht: y', y''

3. $y = \tan x$

$y' = \underline{\underline{\dfrac{1}{\cos^2 x}}}$

$y'' = \underline{\underline{\dfrac{2 \cdot \sin x}{\cos^3 x}}}$

4. $y = a \cdot x^m$; ⟶ gesucht: $y' \ldots y'''$

4. $y = a x^m$

$y' = \underline{\underline{a \cdot m \cdot x^{m-1}}}$

$y'' = \underline{\underline{a m \cdot (m - 1) \cdot x^{m-2}}}$

$y''' = \underline{\underline{a m \cdot (m - 1)\,(m - 2) \cdot x^{m-3}}}$

5. $y = \sin^2 x$; ⟶ gesucht: $y' \ldots y^{(5)}$, $y^{(n)}$

5. $y = \sin^2 x$

$y' = 2 \cdot \sin x \cdot \cos x$

$= \underline{\underline{\sin (2x)}}$

$y'' = 2 \cdot \cos (2x)$

$= \underline{\underline{2 \cdot \sin \left(2x + \dfrac{\pi}{2}\right)}}$

$y''' = 2 \cdot 2 \cdot - \sin (2x)$

$= \underline{\underline{2^2 \cdot \sin (2x + \pi)}}$

$y^{(4)} = 2 \cdot 2 \cdot 2 \cdot - \cos (2x)$

$= \underline{\underline{2^3 \cdot \sin \left(2x + \dfrac{3}{2} \pi\right)}}$

$y^{(5)} = 2 \cdot 2 \cdot 2 \cdot 2 \cdot \sin (2x)$

$= \underline{\underline{2^4 \cdot \sin (2x)}}$

$y^{(n)} = \underline{\underline{2^{n-1} \cdot \sin \left(2x + \dfrac{n - 1}{2} \pi\right)}}$

Übungen

2.4. Differentialquotienten höherer Ordnung

Berechne y'' für folgende Funktionen:

1. $y = 5^x$ **2.** $y = \operatorname{arc}\cos x$ **3.** $y = \operatorname{arc}\cot x$

4. $y = \sqrt{1 - x^2}$ **5.** $y = \frac{4}{(ax + 1)^5}$ **6.** $y = \operatorname{arc}\tan x$

Berechne y''' für nachstehende Funktionen:

7. $y = x^3 + 3x^2$ **8.** $y = \ln x$ **9.** $y = e^{-x}$

10. $y = x^3 \cdot \tan x + 6x$ **11.** $y = -\cos x$ **12.** $y = \sqrt[5]{x^3}$

13. $y = b^{3x}$ **14.** $y = \frac{x^3}{x - 1}$ **15.** $y = \sqrt[7]{x^5}$

Bestimme bei den folgenden Funktionen den jeweils verlangten Differentialquotienten:

16. $y = 2 \cdot x^7;$ $\longrightarrow y^{(6)} = ?$ **17.** $y = (x^2 + 2x)(x^3 + x);$ $\longrightarrow y^{(6)} = ?$

18. $y = e^{2x};$ $\longrightarrow y^{(n)} = ?$ **19.** $y = \frac{b}{x^n};$ $\longrightarrow y^{(5)} = ?$

20. $y = x^3 \cdot e^{3x};$ $\longrightarrow y^{(4)} = ?$ **21.** $y = x^2 \cdot \sin(2x);$ $\longrightarrow y^{(4)} = ?$

22. $y = e^{3x};$ $\longrightarrow y^{(20)} = ?$ **23.** $y = e^x \cdot \cos x;$ $\longrightarrow y^{(4)} = ?$

24. $y = \cos(bx);$ $\longrightarrow y^{(n)} = ?$ **25.** $y = x \cdot \sin x;$ $\longrightarrow y^{(10)} = ?$

26. Stelle die Funktionen aus Aufgabe 17 und 21 mit allen Ableitungen graphisch dar!

2.5. Besondere Formen der Differentiation

2.5.1. Differentiation impliziter Funktionen

Eine Funktion $y = f(x)$ läßt sich nach x differenzieren.

Beispiele:

1. $y = x^2;$ $\longrightarrow \frac{dy}{dx} = \frac{d(x^2)}{dx}$

$$= \underline{\underline{2x}}$$

2. $y = \ln x;$ $\longrightarrow \frac{dy}{dx} = \frac{d(\ln x)}{dx}$

$$= \underline{\underline{\frac{1}{x}}}$$

Eine Funktion $t = f(y)$ läßt sich nach y differenzieren.

Beispiele:

1. $t = y^2; \longrightarrow \frac{dt}{dy} = \frac{d(y^2)}{dy} = \underline{\underline{2y}}$

2. $t = \ln y; \longrightarrow \frac{dt}{dy} = \frac{d(\ln y)}{dy} = \underline{\underline{\frac{1}{y}}}$

Eine Funktion $t = f(y)$ läßt sich auch nach x differenzieren, aber nur dann, wenn $y = \varphi(x)$, d. h. wenn y selbst wieder eine Funktion von x ist. (Es wird, da $t = f[\varphi(x)]$ die Funktion einer Funktion ist, die Kettenregel angewendet).

Die Größe dy läßt sich kürzen, und man erhält die gesuchte Differentiation nach dx.

Beispiele:

1. $t = y^2; \longrightarrow \frac{d(y^2)}{dx} = \frac{d(y^2)}{dy} \cdot \frac{dy}{dx} = \underline{\underline{2y \cdot y'}}$

2. $t = \ln y; \longrightarrow \frac{d(\ln y)}{dx} = \frac{d(\ln y)}{dy} \cdot \frac{dy}{dx} = \underline{\underline{\frac{1}{y} \cdot y'}}$

Aufgabe:

Bilde die explizite Schreibweise der impliziten Funktion

$$4x + 2y = x^2 - 1$$

und differenziere die explizite und implizite Form.

Lösung:

1. Explizite Form:

$$4x + 2y = x^2 - 1$$

$$y = \frac{x^2}{2} - 2x - \frac{1}{2}$$

$$y' = \underline{\underline{x - 2}}$$

2. Implizite Form:

$$4x + 2y = x^2 - 1$$

man bildet:

$$\frac{d(4x)}{dx} + \frac{d(2y)}{dy} \cdot \frac{dy}{dx} = \frac{d(x^2)}{dx} - \frac{d(1)}{dx}$$

$$4 \cdot 1 + 2 \cdot 1 \cdot y' = 2x - 0$$

$$y' = \underline{\underline{x - 2}}$$

Merke:

Die implizite Form $f(x, y) = 0$ kann sofort differenziert werden, wenn man das Glied $2y$ als mittelbare Funktion auffaßt (Kettenregel!), denn y ist eine Funktion von x.

Merke:

Implizite Funktionen — $f(x; y)$ — werden differenziert, indem man die Glieder, die nur x enthalten — $f(x)$ — nach den entsprechenden Regeln differenziert $\longrightarrow f'(x)$.

Glieder, in denen nur y enthalten ist — $\varphi(y)$ —, werden nach y differenziert $\longrightarrow \varphi'(y)$ und anschließend mit y' multipliziert.

$$f(x, y) = 0; \longrightarrow y' = -\frac{f'(x)}{f'(y)}$$

$$f(x) = \varphi(y); \longrightarrow f'(x) \cdot dx = \varphi'(y) \cdot dy$$

Beispiele:

Differenziere sowohl die explizite (b) als auch die implizite (a) Form der folgenden Funktionen $f(x, y) = 0$:

1. a) $x^2 + y^2 - r^2 = 0$

b) $y = \sqrt{r^2 - x^2}$

$r^2 - x^2 = z; \longrightarrow y = z^{\frac{1}{2}}$

2. a) $y^2 - 2px = 0$

b) $y = \sqrt{2px}$

$2px = z; \longrightarrow y = z^{\frac{1}{2}}$

Lösungen:

1. a) $x^2 + y^2 - r^2 = 0$

$$2x + 2y \cdot y' = 0$$

$$y' = -\frac{2x}{2y}$$

$$\underline{\underline{y' = -\frac{x}{y}}}$$

b) $z = r^2 - x^2; \longrightarrow \frac{dz}{dx} = -2x$

$$y = z^{\frac{1}{2}}; \qquad \longrightarrow \frac{dy}{dz} = \frac{1}{2} z^{-\frac{1}{2}} = \frac{1}{2\sqrt{r^2 - x^2}}$$

$$\frac{dz}{dx} \cdot \frac{dy}{dz} = y' = \frac{-x}{\sqrt{r^2 - x^2}} = \underline{\underline{-\frac{x}{y}}}$$

2. a) $y^2 - 2px = 0$

$$2y \cdot y' - 2p = 0$$

$$y' = \underline{\underline{\frac{p}{y}}}$$

b) $z = 2px; \longrightarrow \frac{dz}{dx} = 2p$

$$y = z^{\frac{1}{2}}; \qquad \longrightarrow \frac{dy}{dz} = \frac{1}{2} z^{-\frac{1}{2}} = \frac{1}{2\sqrt{2px}}$$

$$\frac{dz}{dx} \cdot \frac{dy}{dz} = y' = \frac{2p}{2\sqrt{2px}} = \underline{\underline{\frac{p}{y}}}$$

3. a) $\frac{x}{a} + \frac{y^2}{b} - 1 = 0$

b) $y = \sqrt{\left(1 - \frac{x}{a}\right) b}$

$\left(1 - \frac{x}{a}\right) b = z; \longrightarrow y = z^{\frac{1}{2}}$

3. a) $\frac{x}{a} + \frac{y^2}{b} - 1 = 0$

$$\frac{1}{a} + \frac{2y}{b} \cdot y' = 0$$

$$y' = -\frac{b}{2ay}$$

b) $z = b - \frac{xb}{a}; \longrightarrow \frac{dz}{dx} = -\frac{b}{a}$

$y = z^{\frac{1}{2}}; \qquad \longrightarrow \frac{dy}{dz} = \frac{1}{2} z^{-\frac{1}{2}}$

$$= \frac{1}{2\sqrt{\left(1 - \frac{x}{a}\right) b}}$$

$$\frac{dz}{dx} \cdot \frac{dy}{dz} = y' = \frac{-\frac{b}{a}}{2 \cdot \sqrt{\left(1 - \frac{x}{a}\right) b}}$$

$$= -\frac{b}{2ay}$$

Beispiele:

Bilde die ersten Ableitungen folgender impliziten Funktionen:

1. $\frac{x^2}{a^2} + \frac{y^2}{b^2} - 1 = 0$

2. $x^2 y^3 + \sin y = 0$

   Zur Differentiation des Ausdrucks $x^2 \cdot y^3$ wird die Produktenregel angewendet.

   y' kommt hier in zwei Gliedern vor und muß ausgeklammert werden.

3. $\sin x + \cos y = 0$

   $\sin y = \sqrt{1 - \cos^2 y}$ in y' eingesetzt, ergibt unter Verwendung der Ausgangsgleichung $y' = 1$.

Lösungen:

1. $\frac{x^2}{a^2} + \frac{y^2}{b^2} - 1 = 0$

$$\frac{2x}{a^2} + \frac{2y}{b^2} \cdot y' = 0$$

$$y' = -\frac{b^2 x}{a^2 y}$$

2. $x^2 y^3 + \sin y = 0$

$$2x \cdot y^3 + x^2 \cdot 3y^2 \cdot y' + \cos y \cdot y' = 0$$

$$y' (3x^2 y^2 + \cos y) = -2xy^3$$

$$y' = -\frac{2x\, y^3}{3x^2 y^2 + \cos y}$$

3. $\sin x + \cos y = 0$

$$\cos x - \sin y \cdot y' = 0$$

$$y' = \frac{\cos x}{\sin y}$$

$$y' = \frac{\cos x}{\sqrt{1 - \cos^2 y}}$$

$$y' = \frac{\cos x}{\sqrt{1 - \sin^2 x}}$$

$$y' = \frac{\cos x}{\cos x}$$

$$y' = 1$$

4. $y = e^{\ln x}$

Aus $e^{\ln x} = x$ folgt $y' = 1$.

4.
$$y = e^{\ln x}$$
$$\ln y = \ln x \cdot \ln e$$
$$\ln y = \ln x \cdot 1$$
$$\frac{1}{y} \cdot y' = \frac{1}{x}$$
$$y' = \frac{y}{x}$$
$$y' = \frac{e^{\ln x}}{x}$$
$$y' = \underline{\underline{\frac{1}{x} e^{\ln x}}} = \underline{\underline{1}}$$

5. $y = x^{(x^3)}$

Der Ausdruck $x^3 \cdot \ln x$ wird mit Hilfe der Produktenregel differenziert.

5.
$$y = x^{(x^3)}$$
$$\ln y = x^3 \cdot \ln x$$
$$\frac{1}{y} \cdot y' = 3x^2 \cdot \ln x + \frac{1}{x} \cdot x^3$$
$$y' = y\,(3x^2 \cdot \ln x + x^2)$$
$$y' = x^{(x^3)} \cdot x^2\,(3 \cdot \ln x + 1)$$
$$y' = \underline{\underline{x^{x^3+2}\,(1 + \ln x^3)}}$$

2.5.2. Differentiation von Funktionen in Polarkoordinatendarstellung

Die erste Ableitung einer Funktion stellt die Steigungsgleichung dieser Funktion dar.

$$y = f(x); \longrightarrow y' = f'(x) = \tan \tau$$

Unter dem Steigungswinkel τ der Tangente wird dabei der Winkel verstanden, den die Tangente in einem Punkt der Funktion mit der positiven Richtung der x-Achse bildet.

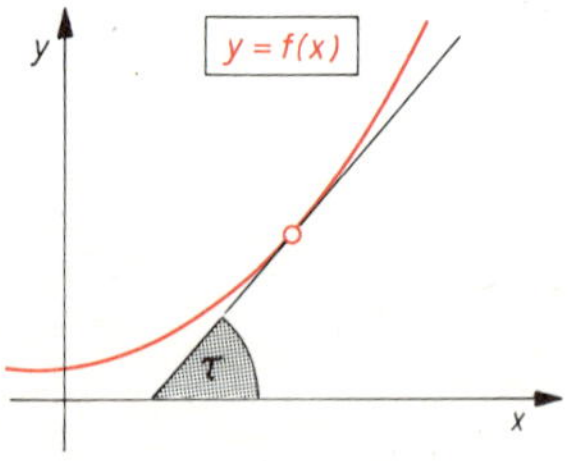

Bei der Darstellung einer Funktion im Polarkoordinatensystem wird als Steigungswinkel einer Tangente an die Kurve der Winkel bezeichnet, den die Tangente mit dem zugehörigen Radiusvektor r bildet.

Die Steigung $\tan \alpha$ ergibt sich aus folgender Entwicklung:

Die Sehne $P P_1$ bildet mit dem Leitstrahl $O P_1 = r + \Delta r$ den Winkel $A P_1 P = \sphericalangle \beta$. Dieser kann aus dem Dreieck PAP_1, das für $\Delta \varphi \longrightarrow 0$ rechtwinklig wird, berechnet werden. Die Strecke $\overline{AP} = r \cdot \tan \Delta \varphi$ kann gleich $r \cdot \Delta \varphi$ gesetzt werden, da für sehr kleine Winkel der Tangens eines Winkels gleich dem Bogen wird.

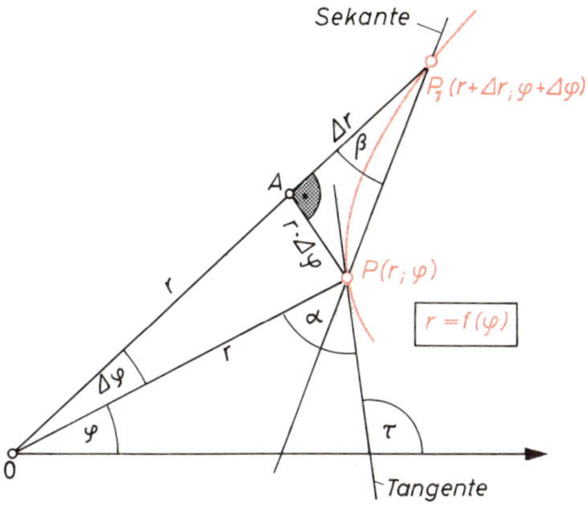

$$\overline{AP_1} = \Delta r; \quad \sphericalangle PAP_1 = R$$

$$\tan \alpha = \lim_{\Delta\varphi \to 0} \tan \beta = \lim_{\Delta\varphi \to 0} \frac{r \cdot \Delta \varphi}{\Delta r} = \lim_{\Delta\varphi \to 0} \frac{r}{\frac{\Delta r}{\Delta \varphi}} = \frac{r}{\frac{dr}{d\varphi}}$$

Beim Grenzprozeß $\Delta \varphi \longrightarrow 0$ wird aus der Sekantenlage die Tangentenlage.

Der Differentialquotient $r' = \frac{dr}{d\varphi}$ ist von der Lage der Polarachse unabhängig.

$$\tan \alpha = \frac{r}{r'}$$

$$r' = \frac{r}{\tan \alpha} = r \cdot \cot \alpha$$

In manchen Fällen interessiert der Winkel τ, den die Tangente mit der Polarachse bildet. Er ergibt sich als Summe von $\alpha + \varphi$ (Außenwinkelsatz).

Daraus läßt sich $\tan \tau$ mit Hilfe der Winkelsummensätze leicht berechnen.

$$\tau = \varphi + \alpha$$

$$\tan \tau = \tan (\varphi + \alpha)$$

$$\tan \tau = \frac{\tan \varphi + \tan \alpha}{1 - \tan \varphi \cdot \tan \alpha}$$

$$\tan \alpha = \frac{r}{r'}$$

$$\tan \tau = \frac{\tan \varphi + \frac{r}{r'}}{1 - \frac{r}{r'} \cdot \tan \varphi}$$

$$\tan \tau = \frac{r' \cdot \tan \varphi + r}{r' - r \cdot \tan \varphi}$$

Merke:

$$r = f(\varphi); \longrightarrow \frac{dr}{d\varphi} = r' = r \cdot \cot \alpha; \quad \tan \alpha = \frac{r}{r'}$$

$$\tau = \varphi + \alpha; \longrightarrow \tan \tau = \frac{r' \cdot \tan \varphi + r}{r' - r \cdot \tan \varphi}$$

Beispiel:

Berechne den Steigungswinkel α, den eine Tangente an die logarithmische Spirale $r = e^{\varphi}$ mit dem zugehörigen Radiusvektor r bildet.

Lösung:

$$\tan\alpha = \frac{r}{r'}$$

$$r = e^{\varphi}; \longrightarrow r' = e^{\varphi}$$

$$\tan\alpha = \frac{e^{\varphi}}{e^{\varphi}} = 1$$

$$\alpha = \frac{\pi}{4} \mathrel{\hat{=}} 45°$$

$\tan\alpha$ = konstant zeigt, daß die logarithmische Spirale alle Radien unter konstantem Winkel schneidet.

Beispiele:

Berechne den Tangens des Winkels α, den die Tangente mit dem zugehörigen Radius r für nachstehende Funktionen bildet.

Lösungen:

1. $r = \sin\varphi \cdot \cos\varphi$

$\cos^2\varphi - \sin^2\varphi = \cos(2\varphi)$

$2 \cdot \sin\varphi \cdot \cos\varphi = \sin(2\varphi)$

1. $\tan\alpha = \frac{r}{r'}$

$$r = \sin\varphi \cdot \cos\varphi; \longrightarrow r = u \cdot v$$

$$r' = u' \cdot v + v' \cdot u$$

$$r' = \cos\varphi \cdot \cos\varphi - \sin\varphi \cdot \sin\varphi = \cos^2\varphi - \sin^2\varphi = \cos(2\varphi)$$

$$\tan\alpha = \frac{\sin\varphi \cdot \cos\varphi}{\cos(2\varphi)}$$

$$\tan\alpha = \frac{\sin(2\varphi)}{2 \cdot \cos(2\varphi)} = \frac{1}{2} \cdot \tan(2\varphi)$$

2. $r = \sin^2\varphi$

$\sin\varphi = z; \longrightarrow r = z^2$

2.

$$r = \sin^2\varphi$$

$$z = \sin\varphi; \longrightarrow \frac{dz}{d\varphi} = \cos\varphi$$

$$r = z^2; \longrightarrow \frac{dr}{dz} = 2z = 2 \cdot \sin\varphi$$

$$\frac{dz}{d\varphi} \cdot \frac{dr}{dz} = r' = 2 \cdot \sin\varphi \cdot \cos\varphi$$

$$\tan\alpha = \frac{r}{r'}$$

$$\tan\alpha = \frac{\sin^2\varphi}{2 \cdot \sin\varphi \cdot \cos\varphi}$$

$$\tan\alpha = \frac{1}{2} \cdot \tan\varphi$$

3. $r = \cos(2\varphi)$

$2\varphi = z; \longrightarrow r = \cos z$

3.

$$r = \cos(2\varphi)$$

$$r' = -2 \cdot \sin(2\varphi)$$

$$\tan\alpha = \frac{r}{r'}$$

$$\tan\alpha = \frac{\cos(2\varphi)}{-2 \cdot \sin(2\varphi)}$$

$$\tan\alpha = -\frac{1}{2} \cdot \cot(2\varphi)$$

2.5.3. Differentiation von Funktionen in Parameterdarstellung

Aufgabe:

Stelle den Einheitskreis $x^2 + y^2 = 1$ in Parameterform dar. Bilde

1. die erste Ableitung der Parameterform,
2. die erste Ableitung der impliziten Form, und vergleiche beide!

Lösung:

1. $x^2 + y^2 = 1$; ⟶ implizite Form

$$\left.\begin{aligned} x &= \cos t \\ y &= \sin t \end{aligned}\right\} \longrightarrow \text{Parameterform}$$

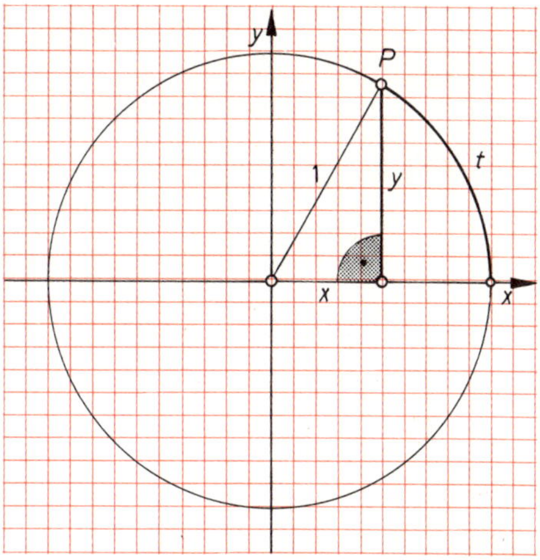

Der Parameter t hat hier eine bestimmte Bedeutung, t ist der Winkel in Bogenmaß.

Die beiden Gleichungen $x = \cos t$ und $y = \sin t$ werden nach t differenziert.

$$x = \cos t; \longrightarrow \frac{dx}{dt} = -\sin t$$

$$dx = dt \cdot (-\sin t)$$

$$y = \sin t; \longrightarrow \frac{dy}{dt} = \cos t$$

$$dy = dt \cdot \cos t$$

Dividiert man die Differentiale dy und dx durcheinander, so erhält man y'.

$$\frac{dy}{dx} = y' = \underline{\underline{\frac{\cos t}{-\sin t}}}$$

Setzt man rückläufig wieder $\cos t = x$ und $\sin t = y$, so zeigt sich völlige Übereinstimmung des auf diese Weise gefundenen Differentialquotienten mit *dem* Differentialquotienten, der als Ableitung der impliziten Funktionsgleichung zu berechnen ist.

$$\cos t = x; \quad \sin t = y$$

$$y' = \frac{\cos t}{-\sin t}$$

$$= \underline{\underline{-\frac{x}{y}}}$$

2.

$$x^2 + y^2 = 1$$

$$2x + 2y \cdot y' = 0$$

$$y' = \underline{\underline{-\frac{x}{y}}}$$

Merke:

Aus den Funktionsgleichungen $y = f_1(t)$ und $x = f_2(t)$ ergibt sich über $dy = f'_1(t) \cdot dt$ und $dx = f'_2(t) \cdot dt$ durch Division die 1. Ableitung.

$$y = f_1(t); \; x = f_2(t); \longrightarrow y' = \frac{f_1'(t)}{f_2'(t)}$$

Beispiel:

Setze in der impliziten Funktionsgleichung $x^2 + y^2 = 1$ für $x^2 = t$, stelle damit eine Parameterform dar, und bilde die erste Ableitung dieser Parameterdarstellung!

Der Parameter t hat hier eine andere Bedeutung als in der einleitenden Aufgabe dieses Abschnitts. (Für jede Funktion gibt es unendlich viele Parameterdarstellungen.)

Die erste Ableitung ergibt sich aus der Division der Differentiale dy und dx.

Lösung:

$x^2 + y^2 = 1; \longrightarrow$ implizite Form

$$\left.\begin{aligned} x^2 &= t; && \longrightarrow x = \sqrt{t} \\ y^2 &= 1 - x^2 && \\ y^2 &= 1 - t; && \longrightarrow y = \sqrt{1-t} \end{aligned}\right\} \text{Parameterform}$$

$$x = \sqrt{t}; \longrightarrow dx = \frac{1}{2\sqrt{t}} \cdot dt$$

$$y = \sqrt{1-t}; \longrightarrow dy = \frac{-1}{2\sqrt{1-t}} \cdot dt$$

$$y' = \frac{dy}{dx} = -\frac{\sqrt{t}}{\sqrt{1-t}}$$

$$= -\frac{x}{y}$$

Beispiele:

Bilde die ersten Ableitungen:

1. $y = \sin\sqrt{x}$

   $(x = t^2; \quad y = \sin t)$

2. $y = \sqrt[3]{x}$

   $(x = t^3; \quad y = t)$

3. $y = \cos x$

   $(x = t; \quad y = \cos t)$

Lösungen:

1. $x = t^2; \longrightarrow dx = 2t \cdot dt$

$y = \sin t; \longrightarrow dy = \cos t \cdot dt$

$$y' = \frac{dy}{dx} = \frac{\cos t}{2t}$$

$$= \frac{\cos\sqrt{x}}{2\sqrt{x}}$$

2. $x = t^3; \longrightarrow dx = 3t^2 \cdot dt$

$y = t; \longrightarrow dy = 1 \cdot dt$

$$y' = \frac{1}{3t^2}$$

$$= \frac{1}{3\sqrt[3]{x^2}}$$

3. $x = t; \longrightarrow dx = 1 \cdot dt$

$y = \cos t; \longrightarrow dy = -\sin t \cdot dt$

$$y' = -\sin t$$

$$= -\sin x$$

4. $\frac{x^2}{a^2} + \frac{y^2}{b^2} = 1$

$(x = a \cdot \cos t; \quad y = b \cdot \sin t)$

4. $x = a \cdot \cos t; \longrightarrow dx = -a \sin t \cdot dt$

$y = b \cdot \sin t; \longrightarrow dy = b \cos t \cdot dt$

$$y' = -\frac{b \cdot \cos t}{a \cdot \sin t} = -\frac{ab^2 \cdot \cos t}{a^2 b \cdot \sin t} = -\frac{b^2 x}{a^2 y}$$

5. $\frac{x^2}{a^2} - \frac{y^2}{b^2} = 1$

$(x = a \cdot \cosh t; \quad y = b \cdot \sinh t)$

5. $x = a \cdot \cosh t; \longrightarrow dx = a \cdot \sinh t \cdot dt$

$y = b \cdot \sinh t; \longrightarrow dy = b \cdot \cosh t \cdot dt$

$$y' = \frac{b \cdot \cosh t}{a \cdot \sinh t} = \frac{b^2 x}{a^2 y}$$

2.5.4. Numerische Differentiation

Die bisher erwähnten Methoden der Differentiation setzten eine exakte mathematische Definition der zu differenzierenden Funktion voraus. In Naturwissenschaft und Technik liegen Versuchsergebnisse jedoch vorwiegend in Form von Meßreihen, Beobachtungswerten und empirischen Kurven vor. Diese Abhängigkeiten lassen sich nur selten als Funktionsgleichung schreiben, da sie meistens eine Superposition vieler unbekannter Funktionen darstellen. Der rechnerischen Ermittlung des Differentialquotienten solcher zahlenmäßig gegebenen Funktionen dient die numerische Differentiation.

Grundgedanke:

Liegt eine empirische Funktion $y = f(t)$ als Wertetafel vor, so ergibt die Sekante durch zwei dicht beieinanderliegende Punkte einen guten Näherungswert der gesuchten Steigung (erste Ableitung) an dieser Stelle der Funktion. Man bildet also den Differenzenquotient $\frac{\Delta y}{\Delta x}$ aus zwei benachbarten Meßwerten. Dieser Differenzenquotient nähert sich dem gesuchten Differentialquotienten $\frac{dy}{dx}$ um so mehr, je dichter die Werte beieinanderliegen. So läßt sich an jeder Stelle einer empirischen Funktion die erste Ableitung mit meist genügender Genauigkeit bestimmen. Ebenso ergeben sich die höheren Ableitungen.

Beispiel:

Die Meßwerte eines Versuches ergeben nachstehende Abhängigkeiten.

x	x_0	x_1	x_2	x_3	x_4	x_5	x_6	x_7
y	y_0	y_1	y_2	y_3	y_4	y_5	y_6	y_7

Es sind die Steigungen der einzelnen Punkte rechnerisch zu bestimmen!

Lösungsgang:

Man setzt voraus, daß die Steigung der Funktion zwischen zwei Punkten konstant ist.

Dann ergibt sich die Steigung zwischen diesen Punkten aus dem Differenzenquotient.

Die angenäherte zweite Ableitung erhält man aus dem Differenzenquotient, der Differenzenquotienten $\Delta^1 y_1$ und $\Delta^1 y_0$.

Eine systematische und schnelle Feststellung der einzelnen angenäherten Differentialquotienten ist mit nebenstehendem Differenzenschema möglich. Jede Zahl des Differenzenschemas ist gleich der Differenz der beiden über ihr stehenden Zahlen.

z. B. $y_4' \approx \dfrac{y_5 - y_4}{\Delta x}$

Δx bleibt bei konstanten Meßwertabständen gleich.

Anderenfalls errechnet es sich aus:

z. B. $\Delta x_0 = x_1 - x_0$

$$y_0' \approx \frac{y_1 - y_0}{x_1 - x_0}$$

$$y_0'' \approx \frac{\Delta^1 y_1 - \Delta^1 y_0}{x_1 - x_0}$$

Lösung:

Allgemein:

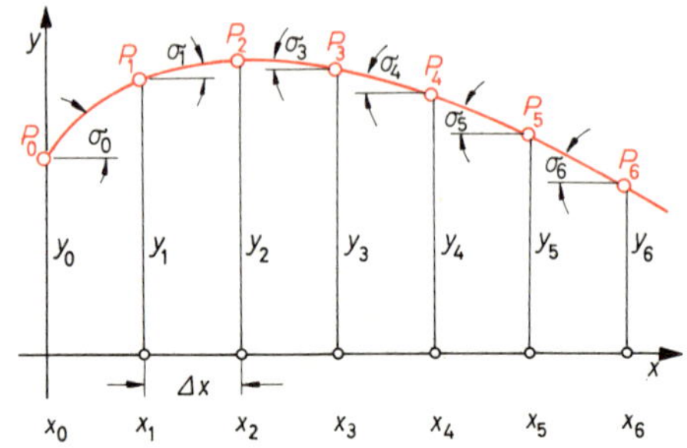

$$\tan \sigma_{P_0-P_1} = \frac{y_1 - y_0}{\Delta x} = \Delta^1 y_0 \approx y_0'$$

$$\tan \sigma_{P_1-P_2} = \frac{y_2 - y_1}{\Delta x} = \Delta^1 y_1 \approx y_1'$$

$$y_0'' \approx \frac{\Delta^1 y_1 - \Delta^1 y_0}{\Delta x} = \Delta^2 y_0$$

Es bedeutet:

$\Delta^1 y \approx y'$; $\Delta^2 y \approx y''$; ...

Differenzschema

x	x_0	x_1	x_2	x_3	x_4	x_5	x_6
y	y_0	y_1	y_2	y_3	y_4	y_5	y_6
$y' \approx$	$\frac{y_1-y_0}{x_1-x_0}$ $\Delta^1 y_0$	$\frac{y_2-y_1}{x_2-x_1}$ $\Delta^1 y_1$	$\frac{y_3-y_2}{\Delta x}$ $\Delta^1 y_2$	... $\Delta^1 y_3$	... $\Delta^1 y_4$	... $\Delta^1 y_5$	
$y'' \approx$	$\Delta^2 y_0$	$\Delta^2 y_1$	$\Delta^2 y_2$	$\Delta^2 y_3$	$\Delta^2 y_4$		
$y''' \approx$	$\Delta^3 y_0$	$\Delta^3 y_1$	$\Delta^3 y_2$	$\Delta^3 y_3$			
$y^{(4)} \approx$	$\Delta^4 y_0$	$\Delta^4 y_1$	$\Delta^4 y_2$				
$y^{(5)} \approx$	$\Delta^5 y_0$	$\Delta^5 y_1$					
$y^{(6)} \approx$	$\Delta^6 y_0$						

Beispiel:

Berechne zu nebenstehenden Funktionswerten die Ableitungen $y' \dots y^{(4)}$ mit Hilfe des Differenzenschemas!

Erklärung:

Die errechneten Differenzen bedeuten:

z. B. $y' = 19$; → zwischen den Punkten $x = -3$ und $x = -2$ beträgt der Tangens des Steigungswinkels σ $y' = 19 \Rightarrow \sigma = 87°$.

Lösung:

$\Delta x = 1 = \text{const.}$

Differenzenschema:

	P_1	P_2	P_3	P_4	P_5	P_6	P_7	P_8	P_9
x	−4	−3	−2	−1	0	1	2	3	4
y	−63	−26	−7	0	1	2	9	28	65
$y' \approx$	37	19	7	1	1	7	19	37	
$y'' \approx$	−18	−12	−6	0	6	12	18		
$y''' \approx$	6	6	6	6	6	6			
$y^{(4)} \approx$	0	0	0	0	0				

Zur Kontrolle der Genauigkeit des Verfahrens wurden die Werte der Funktion $y = x^3 + 1$ entnommen.

Setzt man in die nebenstehenden genauen Ableitungen Werte für x ein, so stellt man eine nahezu vollkommene Übereinstimmung fest.

Kontrolle:

Ergebnisse der exakten Differentiation:	Ergebnisse der numerischen Differentiation:
$y = x^3 + 1$;	
$y' = 3x^2$	
$x_8 = 3;\ x_9 = 4$	
$x_{8\dots9} = \dfrac{3+4}{2} = 3{,}5$	
$y'_{8\dots9} = 3 \cdot 3{,}5^2 = \underline{\underline{36{,}75}}$	$y'_{8\dots9} = \Delta^1 y_8 = \underline{\underline{37}}$ Fehler: 0,7%
$y'' = 6x$	$\Delta^2 y_1 = \underline{\underline{-12}} = y_3''$
$x_3 = -2$; $y_3'' = \underline{\underline{-12}}$	
$y''' = \underline{\underline{6}}$	$\Delta^3 y = \underline{\underline{6}} = y'''$
$y^{(4)} = \underline{\underline{0}}$	$\Delta^4 y = \underline{\underline{0}} = y^{(4)}$

Die zweite, dritte und vierte Ableitung stimmen genau überein.

2.5.5. Graphische Differentiation

Ist von einer empirischen Funktion $y = f(x)$ nur der Verlauf in einem Koordinatensystem bekannt, so kann man durch graphische Differentiation die 1. Ableitung $y' = f'(x)$ als 1. Differentialkurve zeichnen. Dieses Verfahren ist wichtig, da in der Technik viele Ergebnisse in Form graphischer Darstellungen aufgezeichnet werden.

Grundgedanke:

Zeichnet man an einen Punkt einer Kurve die Tangente, so ist $\tan \alpha = y'$. Hat man auf diese Weise genügend Punkte (y'-Werte) gefunden, so kann man die erste Differentialkurve zeichnen.

Beispiel:

gegeben: $y = f(x) = \sin x$

gesucht: $y' = f'(x)$

Lösungsgang:

1. Kurve in das Koordinatenkreuz x, y einzeichnen. Vorher Maßstab festlegen.
2. Kennzeichnen der wichtigsten Punkte (Höchstpunkte, Tiefstpunkte, Wendepunkte, Zwischenpunkte).
3. In jeden der festgelegten Kurvenpunkte zeichnet man ein rechtwinkliges Steigungsdreieck. Steigt die Tangente nach rechts oben, so liegt der rechte Winkel des Dreiecks rechts, steigt die Tangente nach links oben, so liegt der rechte Winkel des Dreiecks links. Die Größe des Dreiecks ist beliebig, da es nur auf das Steigungsverhältnis $\tan \alpha = y'$ ankommt.
4. Aus den Steigungsdreiecken berechnet man die y'-Werte (ohne Dimension unter Berücksichtigung des Maßstabs).

$$y'_0 \approx \frac{ab}{bP_0} = \frac{0{,}4}{0{,}4} = \underline{\underline{1}}$$

$$y'_{P_1} \approx \frac{cd}{dP_1} = \frac{0{,}45}{0{,}52} = \underline{\underline{0{,}87}}$$

$$y'_{P_2} \approx \frac{ef}{fP_2} = \frac{0{,}26}{0{,}52} = \underline{\underline{0{,}5}}$$

$$y'_{P_3} \approx \underline{\underline{0}}$$

$$y'_{P_5} \approx \frac{gh}{hP_5} = \frac{0{,}51}{-0{,}52} = \underline{\underline{-0{,}98}}$$

5. Man zeichnet das Koordinatenkreuz x, y' unter das Koordinatenkreuz x, y. Der Maßstab ist beliebig.
6. Überträgt man die Punkte $P_1' \ldots P'_n$ sinngemäß, so erhält man die erste Differentialkurve $y' = f'(x) = \cos x$.

Lösung:

x-Maßstab: 0,4 cm $\hat{=}$ 30° $\hat{=} \frac{\pi}{6}$

y-Maßstab: 0,4 cm $\hat{=}$ 0,2 Einheiten

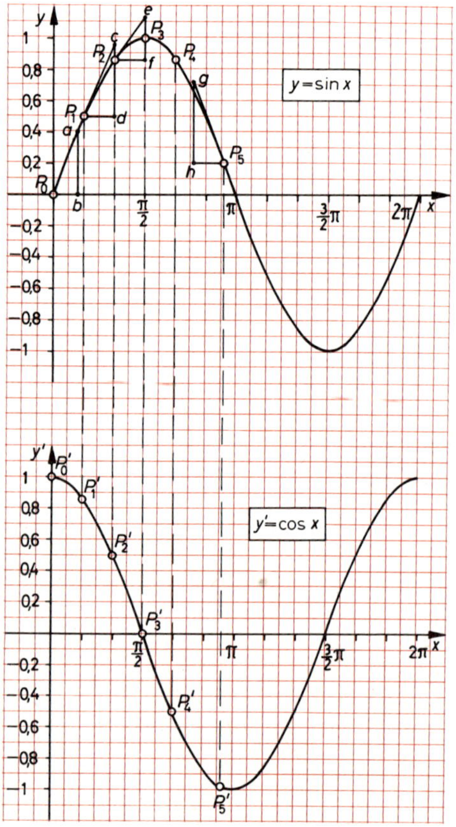

Übungen

2.5.1. Differentiation impliziter Funktionen

Bilde die ersten Ableitungen durch Differentiation:

a) der impliziten *und*, soweit entwickelbar,

b) der expliziten Form folgender Funktionsgleichungen:

1. $x + y = 3$

2. $x - y = a$

3. $y^2 - 2px - x^2 = 0$

4. $y^3 - 10x = 0$

5. $(x - a)^2 + (y - b)^2 = r^2$

6. $(x - 2)^2 + (y + 1)^2 - 9 = 0$

7. $x \cdot y = 12$

8. $\frac{x}{y} - 4 = 0$

9. $x^3 + x^2y - c = 0$

10. $x^2 - x^3 + y^2 = 0$

11. $xy^2 + y^3 - 8 = 0$

12. $(x^2 + y^2)^2 = 64$

13. $x^3y^2 + x^2y^3 = 0$

14. $x^2 - b^y = 0$

15. $x^2 + 2xy = -y^2$

16. $x^2 - 2xy + y^2 = 0$

17. $x^3 + y^3 = 10$

18. $x^3 - a = y^3$

19. $x^2 + y^2 = 2(x + y)$

20. $x^2 + y^2 = 2y$

21. $x^4 + y^3 = 3axy$

22. $e^x + e^y = 0$

23. $e^y - e^x = xy$

24. $a_1x - a_2x + y^2 = 0$

25. $\sqrt[3]{x^2} + \sqrt[3]{y^2} + \sqrt[3]{100} = 0$

26. $x^2 + xy + y^2 = 0$

27. $a_5x^5 + a_3x^3y + a_2x^2y^2 + a_1xy^3 + a_0y^5 = 0$

28. $y^3 + 3x^2 + xy^2 = a$

29. $\frac{x}{y^2} + x^2y + b = 0$

30. $x^3y^2 + x^2 + \frac{3y}{x} = 0$

31. $\frac{y^2}{x} + a = y^2x^3$

32. $(x + y)^2 = mxy$

33. $(x^2 - y^2)^{\frac{1}{2}} = 0$

34. $\sqrt{xy} = 0$

35. $y^4x^3 - a = 0$

36. $\sin x - \sin y = 0$

37. $\sin^2 x = \sin^2 y$

38. $\sin(xy) = 0$

39. $\cos(xy) = 0$

40. $\tan(xy) = 0$

41. $\cot(x + y) = 0$

42. $x^3 = b^y$

43. $x \cdot \sin y + x^2y + bx = 0$

44. $y \cdot \ln x = 3$

45. $x \cdot \ln y^2 = 0$

46. $y^{ax} = -a$

47. $xy + e^x = 0$

48. $a^{x-y} + x^y = 0$

49. $\sinh(xy) = 0$

50. $\cosh(x + y) = 0$

51. $\tanh(xy) = 0$

52. $\coth(x + y) = 0$

2.5.2. Differentiation von Funktionen in Polarkoordinatendarstellung

Für nachstehende Funktionen ist der Tangens des Winkels zu berechnen, den die Tangente mit dem Radiusvektor r bildet.

1. $r = \sin(2\varphi)$

2. $r = \tan(\varphi + 1)$

3. $r^2 = \sin\varphi \cdot \cos\varphi$

4. $r \cdot \sin\varphi = \frac{1}{r} \cdot \cos\varphi$

5. $r = \tan^2\varphi$

6. $r^2 \cdot \tan\varphi = \sqrt{\sin\varphi}$

7. $r \cdot \cos\varphi = \tan(2\varphi)$

8. $r = \sin(4^\varphi)$

9. $r = e^\varphi + e^{-\varphi}$

10. $r = e^\varphi - e^{-\varphi}$

11. $r = \tanh\varphi$

12. $r = \coth\varphi$

13. $r = \operatorname{ar}\sinh\varphi$

14. $r = \operatorname{ar}\tanh\varphi$

15. $r = e^\varphi \cdot \sin\varphi$

16. $r = e^{2\varphi} \cdot \tan^2\varphi$

17. $r = e^{\sin\varphi} \cdot e^{\cos\varphi}$

18. $r = e^{\tan\varphi}$

19. $r = 4a^\varphi$

20. $r = \frac{2^\varphi}{\sin\varphi}$

21. $r = \cos(e^\varphi)$

22. $r = e^{2\varphi} + e^{-\varphi}$

2.5.3. Differentiation von Funktionen in Parameterdarstellung

Bilde die ersten Ableitungen:

1. Kreis: $x = a \cdot \cos t;\quad y = a \cdot \sin t$

2. Zykloide (Radkurve): $x = at - a \cdot \sin t;\quad y = a - a \cdot \cos t$

3. Astroide (Sternkurve): $x = a \cdot \cos^3 t;\quad y = a \cdot \sin^3 t$

4. Konchoide (Muschelkurve): $x = 2 \cdot \cos t - 1;\quad y = 2 \cdot \sin t - \tan t$

5. $x = a \cdot \sqrt[3]{t^2};\quad y = \sin^2 t$

6. $x = 5 \cdot t^{-2};\quad y = e^{\tan t}$

7. $x = \frac{a}{\cos t};\quad y = b \cdot \tan t$

8. $x = a \cdot \cosh t; y = a \cdot \sinh \cdot t$

9. $x = \frac{a}{\cosh t};\quad y = b \cdot \tanh t$

10. $x = a\cos^2 t;\quad y = a \cdot \sin^2 t$

11. $x = a\sqrt{\cos t};\quad y = b\sqrt{\sin t}$

12. $x = 2a\cos t;\quad y = a\sin(2t)$

13. $x = a \cdot \cos t;\quad y = b[\sin t - \sin(2t)]$

14. $x = \operatorname{arc}\tan t; y = 1 + t^2$

15. $x = e^{at} \cdot \cos t; y = e^{at}\sin t$

16. $x = \sin(2t);\quad y = t^3$

17. $x = \operatorname{arc}\sin t;\quad y = t^2$

18. $x = \operatorname{arc}\cot t;\quad y = \sqrt{1 - t^2}$

19. $x = 2a\cos t - a\cos(2t);\quad y = 2a\sin t - a\sin(2t)$

Führe in den folgenden Funktionsgleichungen die angegebene Hilfsveränderliche (Parameter) ein und bestimme die 1. Ableitung aus der Parameterdarstellung:

20. $y = \dfrac{\sin x}{x}$; $\quad t = \sin x$

21. $y = \ln(\cos x)$; $\quad t = \cos x$

22. $y = \ln\left(\cos \sqrt{\dfrac{1}{x}}\right)$; $\quad t = \sqrt{\dfrac{1}{x}}$

23. $y = \dfrac{e^x - e^{-x}}{e^x + e^{-x}}$; $\quad t = e^x$

24. $y = \dfrac{e^x}{x}$; $\quad t = e^x$

25. $y = \dfrac{e^x}{x^2}$; $\quad t = e^x$

26. $y = \dfrac{e^x}{\ln x}$; $\quad t = e^x$

27. $y = \dfrac{1}{e^x + 1}$; $\quad t = e^x$

28. $y = 2 \cdot \sqrt{x} - 5$; $\quad t = \sqrt{x}$

29. $y = e^{x^2} + e^{-x^2}$; $\quad t = x^2$

2.5.4. Numerische Differentiation

Bilde aus nachstehenden Wertetabellen die 1., 2. und 3. Ableitung durch numerische Differentiation unter Verwendung eines Differenzenschemas.

1.

x	−5	−4	−3	−2	−1	0	1	2	3	4	5	6	7	8
y	−12	−4,4	0	1,8	1,6	0	−2,4	−5	−7,2	−8,4	−8	−5,4	0	8,8

2.

x	10	12	14	16	18	20	22	24	26	28	30	32	34
y	25,5	21,2	18,2	15,9	14,2	12,8	11,6	10,6	9,8	9,1	8,5	8	7,5

3.

x	1,1	1,2	1,3	1,4	1,5	1,6	1,7	1,8	1,9	2	2,1	2,2	2,3
y	5	5,78	6,7	7,75	9	10,4	12,1	13,9	16,2	18,7	21,6	25	29

4.

x	0	1	2	3	4	5	6	7	8	9	10	11	12
y	0	0,21	0,84	1,89	3,36	5,25	7,56	10,3	13,4	17	21	25,4	30,2

5.

x	0	2	4	6	8	10	12	14	16	18	20	22	24
y	0	0,4	3,2	10,8	25,6	50	86,4	137,4	205	292	400	532	691

6.

x	0	1	2	3	4	5	6	7	8	9	10	11	12
y	0	2,23	3,16	3,87	4,47	5	5,48	5,91	6,32	6,7	7,07	7,42	7,75

7.

x	10	20	30	40	50	60	70	80	90	100	110	120	130
y	1,71	2,15	2,47	2,71	2,92	3,11	3,27	3,42	3,56	3,68	3,8	3,91	4,02

8.

x	2	4	6	8	10	12	14	16	18	20	22	24	20
y	0,69	1,39	1,79	2,08	2,3	2,48	2,64	2,77	2,89	2,99	3,09	3,18	3,26

9.

x	0	0,2	0,4	0,6	0,8	1	1,2	1,4	1,6	1,8	2	2,2	2,4
y	1	0,82	0,67	0,55	0,45	0,37	0,3	0,25	0,2	0,16	0,15	0,11	0,09

10.

x	1	1,1	1,2	1,3	1,4	1,5	1,6	1,7	1,8	1,9	2	2,1	2,2
y	1,54	1,67	1,81	1,97	2,15	2,35	2,58	2,83	3,1	3,42	3,76	4,14	4,57

2.5.5. Graphische Differentiation

Zeichne folgende Funktionen, und differenziere sie graphisch zwischen den Grenzen $x = -10$ und $x = +10$.

1. $y = \cos x$	**2.** $y = \sqrt{3 + x}$
3. $y = \tan x$	**4.** $y = x^3 - 3x$
5. $y = \ln x$	**6.** $y = x^3 - x^2 - 4x + 4$
7. $y = x^3$	**8.** $y = \sqrt{2x}$
9. $y = \frac{x^2}{2}$	**10.** $y = \cosh x$

2.6. Einführung in die partielle Differentiation

(Differentiation von Funktionen mit zwei Veränderlichen)

Bei der Funktion $y = f(x)$ ist y nur von der unabhängigen Größe x abhängig.

$$y = f(x); \quad \rightarrow A = \frac{d^2 \cdot \pi}{4} \quad \text{(Kreis)}$$

$$\rightarrow V = \frac{d^3 \cdot \pi}{6} \quad \text{(Kugel)}$$

Eine Funktion kann jedoch auch von zwei und mehr unabhängigen Größen abhängen (siehe S. 18).

$$z = f(x; y) \quad \rightarrow A = l \cdot b \quad \text{(Rechteck)}$$

$$\rightarrow V = \frac{d^2 \cdot \pi \cdot h}{4} \quad \text{(Zylinder)}$$

$$z = f(x_1; x_2; x_3) \quad V = l \cdot b \cdot h \quad \text{(Quader)}$$

$$y = f(x_1; x_2; x_3 \ldots)$$

Die partielle (teilweise) Differentiation kann nur bei Funktionen mit mehr als einer Veränderlichen vorkommen.

Erklärung:

Ein partieller Differentialquotient einer Funktion $f(x; y)$ ist der Differentialquotient dieser Funktion, aber nur nach einer Veränderlichen (x oder y); die andere Veränderliche wird als Konstante behandelt.

$$z = f(x; y)$$

Partielle Ableitung nach x:

$$\lim_{\Delta x \to 0} \frac{f(x + \Delta x; y) - f(x; y)}{\Delta x}$$

Partielle Ableitung nach y:

$$\lim_{\Delta y \to 0} \frac{f(x; y + \Delta y) - f(x; y)}{\Delta y}$$

Schreibweise:

An Stelle von d wird beim partiellen Differentialquotienten ∂ geschrieben.

$$\lim_{\Delta x \to 0} \frac{f(x + \Delta x; y) - f(x; y)}{\Delta x} = \frac{\partial f(x; y)}{\partial x} = \frac{\partial f}{\partial x} = f_x$$

Kurzschreibweise der partiellen Ableitung nach y.

$$\lim_{\Delta y \to 0} \frac{f(x; y+\Delta y) - f(x;y)}{\Delta y} = \underline{\underline{\frac{\partial f(x;y)}{\partial y}}}$$

$$= \underline{\underline{\frac{\partial f}{\partial y}}}$$

$$= \underline{\underline{f_y}}$$

Partielle Ableitung zweiter Ordnung

$$\frac{\partial^2 f}{\partial x^2} = f_{xx}; \quad \text{und} \quad \frac{\partial^2 f}{\partial y^2} = f_{yy}$$

Sprechweise:

1. Partiell df nach dx gleich f nach x.

2. Partiell $d\,2f$ nach dx hoch 2 gleich f nach xx.

1. $\frac{\partial f}{\partial x} = f_x$;

2. $\frac{\partial^2 f}{\partial x^2} = f_{xx}$

Beispiele:

1. gegeben: $f(x;y) = x^4y^2 + 3y + 4x - 3 = 0$

   gesucht: a) f_x b) f_y

Bei der Lösung a) ist $f(x;y)$ nach x zu differenzieren. Die Veränderliche y ist dabei als Konstante zu behandeln. Bei der Lösung b) ist umgekehrt zu verfahren.

Lösungen:

1. $x^4y^2 + 3y + 4x - 3 = 0$

a) $f_x = \frac{\partial f}{\partial x} = \underline{\underline{4x^3\,y^2 + 4}}$

b) $f_y = \frac{\partial f}{\partial y} = \underline{\underline{2x^4\,y + 3}}$

2. gegeben: $f(x;y) = \frac{x^2}{a^2} - \frac{y^2}{b^2} - 1 = 0$

   gesucht: a) f_x

   b) f_y

2. $\frac{x^2}{a^2} - \frac{y^2}{b^2} - 1 = 0$

a) $f_x = \frac{\partial f}{\partial x} = \underline{\underline{\frac{2x}{a^2}}}$

b) $f_y = \frac{\partial f}{\partial y} = \underline{\underline{-\frac{2y}{b^2}}}$

3. gegeben: $f(x;y) = 2x^2y^3 + 3y + 4x^2 + 2 = 0$

   gesucht: a) f_{xx}

   b) f_{yy}

   Die Lösung erfolgt stufenweise über die partielle Ableitung erster Ordnung zur partiellen Ableitung zweiter Ordnung.

3. $2x^2y^3 + 3y + 4x^2 + 2 = 0$

a) $f_x = \frac{\partial f}{\partial x} = 4xy^3 + 8x$

$f_{xx} = \frac{\partial^2 f}{\partial x^2} = \underline{\underline{4y^3 + 8}}$

b) $f_y = \frac{\partial f}{\partial y} = 6x^2y^2 + 3$

$f_{yy} = \frac{\partial^2 f}{\partial y^2} = \underline{\underline{12\,x^2\,y}}$

Die Funktionsgleichung $z = f(x; y)$ stellt geometrisch (in einfachen Fällen) eine gebogene Fläche im räumlichen Koordinatensystem x, y, z (Rechtssystem) dar. x und y sind die unabhängig Veränderlichen, z ist die abhängig Veränderliche.

AB = Kurve, auf der sich ein Punkt bewegt, wenn x konstant bleibt.

BC = Kurve, auf der sich ein Punkt bewegt, wenn y konstant bleibt.

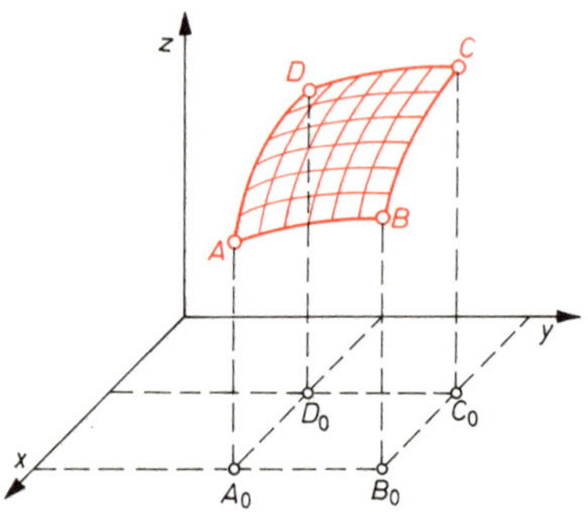

Erklärung:

Der partielle Differentialquotient der Funktion $z = f(x; y)$ stellt geometrisch den Richtungsfaktor dar, den eine Tangente an eine Schnittkurve mit der Richtung der y- oder x-Achse bildet. Eine Schnittkurve entsteht immer dann, wenn die Fläche $z = f(x; y)$ von einer zur y-z-Ebene oder x-z-Ebene parallelen Ebene geschnitten wird.

$$\frac{P_1Q}{P_0Q_0} = \frac{\partial z}{\partial y} = \frac{\partial f}{\partial y} = \tan\alpha$$

$$\frac{R_1S}{S_0R_0} = \frac{\partial z}{\partial x} = \frac{\partial f}{\partial x} = \tan\beta$$

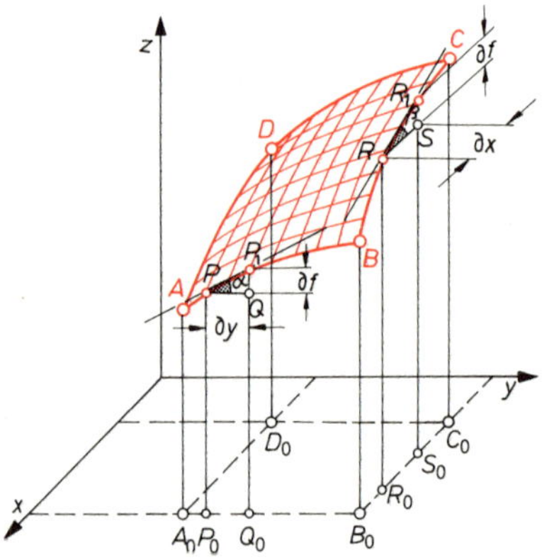

Übungen

2.6. Einführung in die partielle Differentiation

Berechne f_x und f_y von folgenden Funktionen:

1. $f(x; y) = x^3 + y^3 + xy = 0$

2. $f(x; y) = \dfrac{x^2}{a} + \dfrac{y^2}{b} - 1 = 0$

3. $f(x; y) = x^2 + y^2 + 2axy = 0$

4. $f(x; y) = \sin x + x^3 y^2 = 0$

5. $f(x; y) = e^x + e^y - xy = 0$

6. $f(x; y) = x^2 + y^2 - r = 0$

7. $f(x; y) = y^2 - 2px = 0$

8. $f(x; y) = 2x^2 - 2y^2 - r^2 = 0$

9. $f(x; y) = ax + 5y^2 - by = 0$

10. $f(x; y) = \sqrt[3]{x^2} + \sqrt[3]{y^2} + a = 0$

11. $f(x; y) = x^6 + ax^4y + bx^3y^2 + cy^3 = 0$

12. $f(x; y) = ay^2 - (a - x)(a + x)^3 = 0$

13. $f(x; y) = (x - a)^2 + (y - b)^2 - r^2 = 0$

14. $f(x; y) = x^2y + \dfrac{x}{y} + 3 = 0$

15. $f(x; y) = (x + y)^2 - axy = 0$

16. $f(x; y) = 2x^3 + \dfrac{3x}{y} - \dfrac{3}{x^2} = 0$

17. $f(x; y) = \sqrt{ax^2 - by^2} = 0$

18. $f(x; y) = (3x^2 - 4y)^3 = 0$

19. $f(x; y) = \cos(xy) - 1 = 0$

20. $f(x; y) = 2x + \ln y = 0$

21. $f(x; y) = y^2 \cdot \ln x = 0$

22. $f(x; y) = x^{3x} - 3y = 0$

23. $f(x; y) = xy - e^x + y^2 = 0$

24. $f(x; y) = \frac{1}{\sqrt[4]{x^3}} - y = 0$

25. $f(x; y) = \sin y - \cos x = 0$

26. $f(x; y) = a^{x+y} - y^x = 0$

27. $f(x; y) = e^{ax-by} + c = 0$

28. $f(x; y) = e^{x+y} + x^a = 0$

29. $f(x; y) = (e^x - 1) \cdot (e^y + 1) = 0$

30. $f(x; y) = e^{\sqrt{x+a}} + by = 0$

2.7. Anwendung der Differentialrechnung

2.7.1. Kurvendiskussionen

Zur genauen Kenntnis des Verlaufs einer Funktion in einem Koordinatensystem muß man eine Wertetafel aufstellen und die Funktion punktweise aufzeichnen. Dieses Verfahren ist sehr zeitraubend und kann nur für einen bestimmten Bereich der Funktion Anwendung finden. Zur Charakterisierung einer Funktion genügt es jedoch, wenn man einige bestimmte Kurvenpunkte ermittelt.

In der Funktionenlehre wurden die Methoden zur Auffindung von Nullstellen, Polstellen, Asymptoten und Lücken aufgezeigt.

Mit Hilfe der Differentialrechnung lassen sich weitere wichtige Punkte finden, die das Bild einer Funktion vervollständigen.

Die Ermittlung der charakteristischen Punkte einer Kurve bezeichnet man als Kurvendiskussion.

Definitionen:

1. Maximum nennt man den Punkt einer Kurve, dessen benachbarte Punkte (vorher und nachher) einen kleineren y-Wert besitzen. Die Tangente verläuft in diesem Punkt parallel zur x-Achse. Ihre Steigung ist 0.

2. Minimum nennt man den Punkt einer Kurve, dessen benachbarte Punkte einen größeren y-Wert besitzen. Die Tangente verläuft in diesem Punkt parallel zur x-Achse, d. h. ihre Steigung ist 0.

3. Wendepunkt nennt man den Punkt einer Funktion, in dem sich die Kurve von der einen Seite der Tangente auf die andere Seite der Tangente wendet. Die Tangente im Wendepunkt heißt Wendetangente.

4. Sattelpunkt nennt man *den* Wendepunkt, dessen Wendetangente parallel zur x-Achse verläuft, d. h. dessen Steigung gleich Null ist.

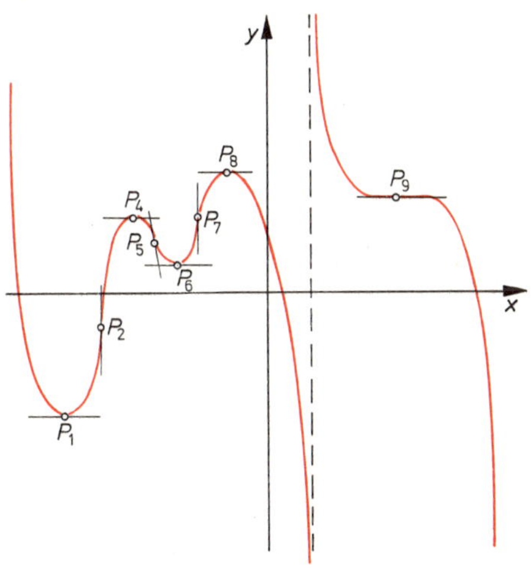

P_8 ⟶ absolutes Maximum
P_4 ⟶ relatives Maximum
P_1 ⟶ absolutes Minimum
P_6 ⟶ relatives Minimum
} Extremwerte

P_2; P_5; P_7 ⟶ Wendepunkte

P_9 ⟶ Sattelpunkt

Aufgabe:

Bilde für die Funktion $y = \sin x$ die erste und zweite und dritte Ableitung und zeichne die Bilder der Kurven.

Lösung:

$$y = \sin x$$
$$y' = \cos x$$
$$y'' = -\sin x$$
$$y''' = -\cos x$$

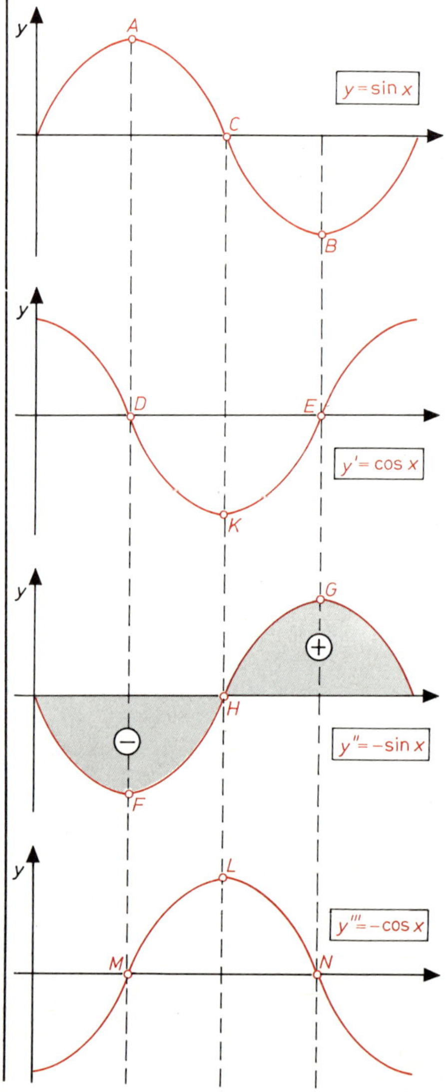

Erkenntnis:

1. Eine Funktion $y = f(x)$ besitzt für einen Punkt ein Maximum (Punkt A), wenn für den gleichen x-Wert die erste Ableitung Null (Punkt D) und die zweite Ableitung negativ werden (Punkt F).

   Maximum: $y' = 0$; $y'' < 0$

2. Bei einer Funktion $y = f(x)$ liegt für einen Punkt ein Minimum (Punkt B) vor, wenn für den gleichen x-Wert die erste Ableitung Null (Punkt E) und die zweite Ableitung positiv werden (Punkt G).

   Minimum: $y' = 0$; $y'' > 0$

3. Eine Funktion $y = f(x)$ hat an einer Stelle einen Wendepunkt (Punkt C), wenn an der gleichen Stelle die dritte Ableitung ungleich Null (Punkt L) und die zweite Ableitung gleich Null werden (Punkt H).

   Wendepunkt: $y'' = 0$; $y''' \neq 0$

Aufgabe:

Zeichne die Funktion

$$y = \frac{x^3}{3} - 4x^2 + 16x$$

sowie ihre Ableitungen $y' \ldots y'''$!

$$y' = x^2 - 8x + 16$$
$$y'' = 2x - 8$$
$$y''' = 2$$

Erkenntnis:

Eine Funktion $y = f(x)$ besitzt an einer Stelle einen besonderen Wendepunkt, genannt Sattelpunkt (Punkt A), wenn für den gleichen x-Wert im Gegensatz zu dem normalen Wendepunkt ($y'' = 0$; $y^{(2n+1)} \neq 0$) auch $y' = 0$ wird.

Wendepunkt: $y'' = 0$; $y''' \neq 0$
Sattelpunkt: $y' = 0$; $y'' = 0$; $y''' \neq 0$

Der Sattelpunkt ist an der Stelle $x = 4$.

Kontrolle für $x = 4$:

$$y' = x^2 - 8x + 16 = 16 - 32 + 16 = 0$$

$$y'' = 2x - 8 = 8 - 8 = 0$$

$$y''' = 2$$

Um zu entscheiden, ob ein Wendepunkt gegebenenfalls ein Sattelpunkt ist, müssen die Nullstellen von y'' in y' eingesetzt werden. Wird $y' = 0$, so liegt ein Sattelpunkt vor.

Lösung:

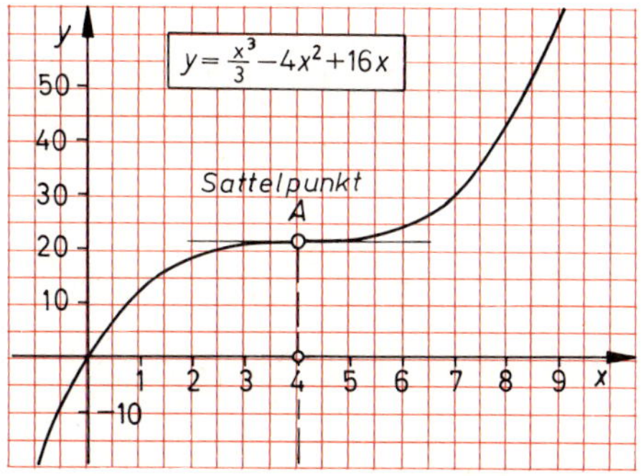

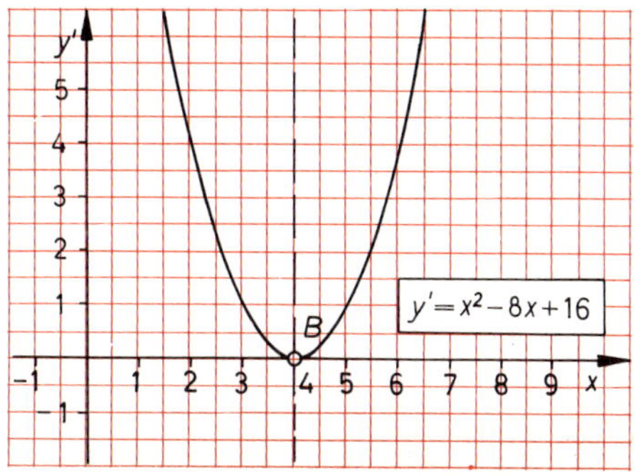

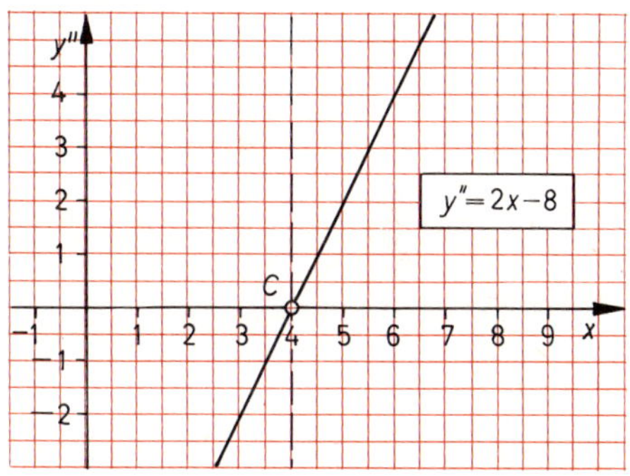

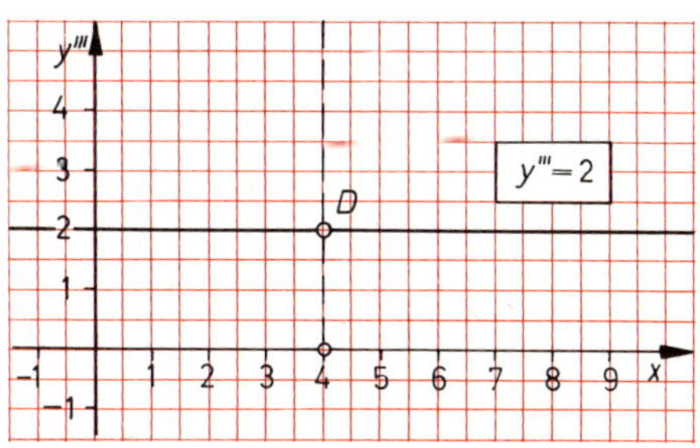

Aufgabe:

Zeichne die Funktion

$$y = x^6 - 1{,}2x^5 - 9x^4$$

und untersuche Maxima, Minima und Wendepunkte auf Grund der Erkenntnisse vorstehender Aufgaben!

Das Bild der Funktion zeigt:

Maximum bei $P_1\,(0 \mid 0)$

Minimum bei $P_2\,(-2 \mid -41{,}6)$

Minimum bei $P_3\,(3 \mid -291)$

Wendepunkt bei $P_4\,(-1{,}54 \mid -36{,}9)$

Wendepunkt bei $P_5\,(2{,}34 \mid -191)$

Zur Kontrolle der zeichnerischen Ergebnisse wird y' bis y''' gebildet und festgestellt, ob für:

$P_1 \longrightarrow y' = 0;\; y'' < 0$

$P_2 \longrightarrow y' = 0;\; y'' > 0$

$P_3 \longrightarrow y' = 0;\; y'' > 0$

$P_4 \longrightarrow y''' \neq 0$

$P_5 \longrightarrow y''' \neq 0$

Die Rechnung ergibt eine Übereinstimmung mit der Zeichnung in den Punkten $P_2 \ldots P_5$.

Nach den Erkenntnissen der vorangegangenen Aufgaben hätte jedoch für $x = 0$ (P_1) die zweite Ableitung kleiner als Null werden müssen, da ein Maximum vorliegt.

Bei y''' und $y^{(4)}$ ergibt sich für den Punkt $P_1 \longrightarrow x = 0$:

$y''' = 0;\; y^4 < 0$

Erkenntnis:

Hat eine Funktion an einer Stelle ein Maximum oder Minimum, so sind die Bedingungen $y' = 0;\ y'' \neq 0$ zwar hinreichend, $y'' \neq 0$ jedoch nicht notwendig.

Lösung:

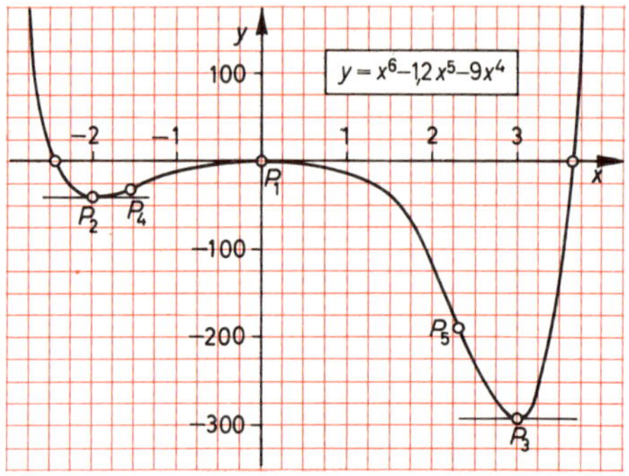

$y = x^6 - 1{,}2x^5 - 9x^4$

$y' = 6x^5 - 6x^4 - 36x^3$

$y'' = 30x^4 - 24x^3 - 108x^2$

$y''' = 120x^3 - 72x^2 - 216x$

$y^{(4)} = 360x^2 - 144x - 216$

$P_1 \longrightarrow x = 0$

$y'_{(0)} = 0;$

$y''_{(0)} = 0$

$P_2 \longrightarrow x = -2$

$y'_{(-2)} = 0;$

$y''_{(-2)} = 240 > 0; \longrightarrow$ relatives Minimum

$P_3 \longrightarrow x = 3$

$y'_{(3)} = 0;$

$y''_{(3)} = 810 > 0; \longrightarrow$ absolutes Minimum

$P_4 \longrightarrow x \approx -1{,}54$

$y'_{(-1,54)} \approx -45{,}7 \neq 0;$

$y''_{(-1,54)} \approx 0;$

$y'''_{(-1,54)} \approx -276 \neq 0 \longrightarrow$ Wendepunkt

$P_5 \longrightarrow x \approx 2{,}34$

$y'_{(2,34)} \approx -220 \neq 0;$

$y''_{(2,34)} \approx 0;$

$y'''_{(2,34)} \approx 637 \neq 0 \longrightarrow$ Wendepunkt

$P_1 \longrightarrow x = 0$

$y'''_{(0)} = 0;$

$y^{(4)}_{(0)} = -216 < 0; \longrightarrow$ Maximum

Allgemein gilt:

Eine Funktion hat ein Maximum für:

$$y' \ldots y^{(2n-1)} = 0; \quad y^{(2n)} < 0$$

und ein Minimum für:

$$y' \ldots y^{(2n-1)} = 0; \quad y^{(2n)} > 0$$

Beispiel:

$y' \ldots y^{(7)} = 0; \quad y^{(8)} < 0 \longrightarrow$ Maximum

$y' \ldots y^{(11)} = 0; \quad y^{(12)} > 0 \longrightarrow$ Minimum

Merke:

Bei der vollständigen Diskussion einer Funktion erstrecken sich die Untersuchungen auf: Nullstellen, Schnittpunkte mit der y-Achse, Pole, Lücken, Asymptoten, Extremwerte, Wendepunkte, Geltungsbereich.

Nachstehende Reihenfolge und Regeln erweisen sich als zweckmäßig.

Gegeben: $y = f(x); \longrightarrow y = \frac{Z(x)}{N(x)}$;

Untersuchung auf:

1. Nullstellen: $y = 0$;
(siehe auch S. 51)

2. Schnittpunkte mit der y-Achse: $x = 0$;
(siehe auch S. 51)

3. Polstellen: $y \longrightarrow \infty$;

4. Lücken: $\frac{Z(x)}{N(x)} = \frac{0}{0}$;
(siehe auch S. 49 und 51)

5. Asymptoten bzw. Verhalten im Unendlichen: $\lim\limits_{x \to \pm\infty} f(x)$

ganze Funktion:

$$y = x^m$$

echt gebrochene Funktion:

$$y = \frac{x^m}{x^n}; \; m < n$$

unecht gebrochene Funktion:

$$y = \frac{x^m}{x^n}; \; m \geqq n$$

Regel:

1. Man setzt $y = 0$ und löst die Gleichung nach x auf. Liegt eine Funktion der Form $y = \frac{Z(x)}{N(x)}$ vor, so setzt man $Z(x) = 0$ und berechnet x. Für diese x-Werte muß dann jedoch $N(x) \neq 0$ werden, da sonst ein unbestimmter Ausdruck vorliegt.

2. Man setzt $x = 0$ und berechnet den Wert y.

3. Pole (Unendlichkeitsstellen) sind nur bei gebrochenen Funktionen möglich. Man setzt $N(x) = 0$ und berechnet x. Für diese x-Werte muß $Z(x) \neq 0$ werden, da sonst ein unbestimmter Ausdruck vorliegt.

4. Man stellt fest, ob Nullstellen und Pole übereinstimmen. Ist dies der Fall, so liegt für diesen x-Wert eine Lücke vor.

5. Bei ganzen Funktionen bildet man den Grenzwert $y = \lim\limits_{x \to \pm\infty} f(x)$.

Bei echt gebrochenen Funktionen kürzt man so durch x, daß bei der Bildung des Grenzwertes kein unbestimmter Ausdruck, z. B. $\frac{\infty}{\infty}$, entsteht und berechnet y.

Bei unecht gebrochenen Funktionen dividiert man $Z(x)$ durch $N(x)$, bis eine echt gebrochene Funktion als Rest verbleibt. Danach bildet man $x \longrightarrow \pm\infty$ und errechnet y.

6. Extremwerte: $y' \ldots y^{(2n-1)} = 0$
Maximum: $y^{(2n)} < 0$
Minimum: $y^{(2n)} > 0$

6. Man bildet y', setzt diese erste Ableitung gleich 0 und löst die Gleichung nach x auf.
Die errechneten x-Werte werden in die zweite Ableitung eingesetzt. Ergibt sich $y'' < 0$, so liegt ein Maximum vor. Bei $y'' > 0$ handelt es sich um ein Minimum.
Sollte für einen x-Wert $y'' = 0$ werden, so bildet man die höheren Ableitungen und setzt den betreffenden x-Wert ein, und zwar so lange, bis für diesen Wert eine Ableitung ungerader Ordnung $y^{(2n-1)} = 0$ und die nächste Ableitung gerader Ordnung $y^{(2n)} \neq 0$ wird.
Bei $y^{(2n)} < 0$ liegt ein Maximum, bei $y^{(2n)} > 0$ ein Minimum vor.
Nach Bestimmung der x-Werte der Extreme erhält man die zugehörigen y-Werte durch Einsetzen dieser x-Werte in die Stammfunktion.

7. Wendepunkte:
Normaler Wendepunkt:
$$y'' = 0; \quad y''' \neq 0$$
Sattelpunkt:
$$y' = 0; \quad y'' = 0; \quad y''' \neq 0$$

7. Man bildet y' bis y''', setzt $y'' = 0$ und errechnet die x-Werte.
Diese x-Werte setzt man in die dritte Ableitung ein. Ergibt sich $y''' \neq 0$, so liegt ein normaler Wendepunkt vor.
Wird dagegen y' für diesen Wert auch gleich Null, so hat die Funktion an dieser Stelle einen Sattelpunkt.
Die entsprechenden y-Werte ergeben sich durch Einsetzen der x-Werte der Wendepunkte in die Stammfunktion.

8. Geltungsbereich:
Feststellung der reellen Bereiche in denen die Funktion existiert.

8. Diese Untersuchung ist nur bei irrationalen und transzendenten Funktionen notwendig.
Bei irrationalen Funktionen mit geradem Wurzelexponent werden die Grenzen ermittelt, in denen der Radikand $\geqq 0$ ist. Nur in diesen Grenzen existiert die Kurve. Bei transzendenten Funktionen müssen entsprechende Überlegungen angestellt werden (siehe auch S. 51).

9. Bild der Kurve:

9. Die ermittelten Werte werden in ein Koordinatensystem eingetragen und der charakteristische Verlauf der Kurve gezeichnet.

Beispiel: Die Funktion $y = 4x^2 - 2x^4$ ist zu diskutieren und zu zeichnen!

1. $y = 0$ setzen und Gleichung nach x auflösen.

   Ein Produkt ist Null, wenn ein Faktor Null ist.

1. Nullstellen:

$$y = 4x^2 - 2x^4$$
$$y = 2x^2 (2 - x^2)$$
$$0 = 2x^2 (2 - x^2)$$
$$\left.\begin{aligned} 2x^2 &= 0; \rightarrow x_1 = \underline{\underline{0}} \\ 2 - x^2 &= 0; \rightarrow x_2 = \underline{\underline{\sqrt{2}}} \\ & \qquad\;\; x_3 = \underline{\underline{-\sqrt{2}}} \end{aligned}\right\} \text{Nullstellen}$$

2. $x = 0$ setzen und Gleichung nach y auflösen.

   Pole und Lücken entfallen.

2. Schnittpunkte mit der y-Achse:

$$y = 4 \cdot 0^2 - 2 \cdot 0^4$$
$$= \underline{\underline{0}}$$
$$\underline{\underline{x = 0}}; \rightarrow \underline{\underline{y = 0}}; \rightarrow \text{Schnittpunkt mit } y\text{-Achse}$$

3. Den Grenzwert $y = \lim\limits_{x \to \pm\infty} f(x)$ bestimmen.

3. Verhalten im Unendlichen:

$$y = \lim_{x \to \infty} 4x^2 - 2x^4; \; y = 4 \cdot \infty^2 - 2 \cdot \infty^4$$
$$y = \underline{\underline{-\infty}}$$
$$y = \lim_{x \to -\infty} 4x^2 - 2x^4; \; y = 4 \cdot (-\infty)^2 - 2 \cdot (-\infty)^4$$
$$y = \underline{\underline{-\infty}}$$

4. $y' = 0$ setzen und Gleichung nach x auflösen.

4. Extremwerte:

$$y = 4x^2 - 2x^4$$
$$y' = 8x - 8x^3$$
$$0 = 8x - 8x^3$$
$$0 = 8x (1 - x^2)$$
$$8x = 0; \rightarrow x_4 = \underline{\underline{0}}$$
$$1 - x^2 = 0; \rightarrow x_5 = \underline{\underline{1}}$$
$$x_6 = \underline{\underline{-1}}$$

$x_4 \ldots x_6$ sind die x-Koordinaten der Extremwerte. Um zu entscheiden, ob ein Maximum oder Minimum vorliegt, werden die x-Koordinaten der Extremwerte in die zweite Ableitung eingesetzt. Für

$y'' > 0 \rightarrow$ Minimum

$y'' < 0 \rightarrow$ Maximum

Um die y-Werte der Extrempunkte zu berechnen, setzt man die x-Werte in die Stammfunktion ein.

$$y'' = 8 - 24x^2$$
$$x_4 = 0; \rightarrow y'' = \underline{\underline{8 > 0}} \text{ (Minimum)}$$
$$x_5 = 1; \rightarrow y'' = \underline{\underline{-16 < 0}} \text{ (Maximum)}$$
$$x_6 = -1; \rightarrow y'' = \underline{\underline{-16 < 0}} \text{ (Maximum)}$$

$$\left.\begin{aligned} x_4 &= 0; \rightarrow y_4 = \underline{\underline{0}} \\ x_5 &= 1; \rightarrow y_5 = \underline{\underline{2}} \\ x_6 &= -1; \rightarrow y_6 = \underline{\underline{2}} \end{aligned}\right\} \text{Extremwerte}$$

5. $y'' = 0$ setzen und Gleichung nach x auflösen.

Durch Einsetzen in die gegebene Ausgangsfunktion erhält man die y- Koordinaten der Wendepunkte.

Als zweite Bedingung für Wendepunkte muß die dritte oder eine höhere ungerade Ableitung der Funktion verschieden von Null sein.

Die x-Werte der Wendepunkte werden in y' und y''' eingesetzt.

5. Wendepunkte:

$$y'' = 8 - 24\,x^2$$

$$0 = 8 - 24\,x^2$$

$$x^2 = \frac{1}{3}$$

$$\underline{\underline{x_7 = \sqrt{\frac{1}{3}}}}\,; \quad \longrightarrow y_7 = \underline{\underline{\frac{10}{9}}}$$

$$\underline{\underline{x_8 = -\sqrt{\frac{1}{3}}}}\,; \longrightarrow y_8 = \underline{\underline{\frac{10}{9}}}$$

$$y' = 8x\,(1 - x^2)$$

$$y''' = -48x$$

für $x_7 = \sqrt{\frac{1}{3}}$:

$$\left.\begin{aligned} y' &= 8 \cdot \sqrt{\frac{1}{3}}\left(1 - \frac{1}{3}\right) \neq 0 \\ y''' &= -48 \cdot \sqrt{\frac{1}{3}} \neq 0 \end{aligned}\right\}\ \text{normaler Wendepunkt}$$

für $x_8 = -\sqrt{\frac{1}{3}}$:

$$\left.\begin{aligned} y' &= 8 \cdot -\sqrt{\frac{1}{3}}\left(1 - \frac{1}{3}\right) \neq 0 \\ y''' &= -48 \cdot \left(-\sqrt{\frac{1}{3}}\right) \neq 0 \end{aligned}\right\}\ \text{normaler Wendepunkt}$$

6. Die ermittelten Punkte werden in ein Koordinatensystem gezeichnet und lassen den charakteristischen Verlauf der Kurve erkennen.

$$\left.\begin{aligned} &P_1\,(0 \mid 0) \\ &P_2\,(\sqrt{2} \mid 0) \\ &P_3\,(-\sqrt{2} \mid 0) \end{aligned}\right\} \longrightarrow \text{Nullstellen}$$

$$P_4\,(0 \mid 0) \longrightarrow \text{Minimum}$$

$$\left.\begin{aligned} &P_5\,(1 \mid 2) \\ &P_6\,(-1 \mid 2) \end{aligned}\right\} \longrightarrow \text{Maxima}$$

$$\left.\begin{aligned} &P_7\left(\sqrt{\frac{1}{3}} \,\middle|\, \frac{10}{9}\right) \\ &P_8\left(-\sqrt{\frac{1}{3}} \,\middle|\, \frac{10}{9}\right) \end{aligned}\right\} \longrightarrow \text{Wendepunkte}$$

6. Bild der Kurve:

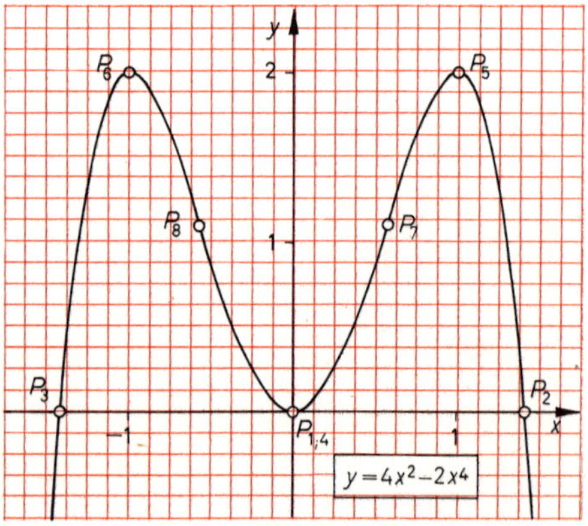

Beispiel: Diskutiere und zeichne die Funktion $y = \frac{x^2 - 3x - 4}{x + 2}$

1. Man setzt $y = 0$ und errechnet die x-Werte. Da eine gebrochene Funktion vorliegt, muß $Z(x) = 0$ gesetzt werden, damit $y = 0$ wird. Die Nullstellen $x = 4$ und $x = -1$ existieren, da $N(x)$ für diese Werte nicht gleich Null wird.

1. Nullstellen:

$$y = \frac{x^2 - 3x - 4}{x + 2} = \frac{Z(x)}{N(x)}$$

$$Z(x) = 0; \longrightarrow x^2 - 3x - 4 = 0$$

$$x_{1;2} = \frac{3}{2} \pm \sqrt{\frac{9}{4} + \frac{16}{4}}$$

$$\left.\begin{array}{l} x_1 = \underline{\underline{4}}; \\ x_2 = \underline{\underline{-1}}; \end{array}\right\} \longrightarrow \text{Nullstellen}$$

2. Es wird in der Funktion $x = 0$ gesetzt und y berechnet.

2. Schnittpunkte mit der y-Achse:

$$y_{(0)} = \frac{0^2 - 3 \cdot 0 - 4}{0 + 2}$$

$$x_3 = \underline{\underline{0}}; \longrightarrow y_3 = \underline{\underline{-2}}; \longrightarrow \text{Schnittpunkt mit } y\text{-Achse}$$

3. Der Nenner $N(x)$ muß Null gesetzt werden, damit $y \longrightarrow \infty$ strebt. Die Polstelle ist existent, da für $x_4 = -2$ der Zähler ungleich Null wird.

Lücken entfallen, da Pole und Nullstellen nicht übereinstimmen.

3. Polstellen:

$$N(x) = 0; \quad \longrightarrow x + 2 = 0$$

$$x_4 = \underline{\underline{-2}}; \longrightarrow \text{Polstelle}$$

4. Da eine unecht gebrochene Funktion vorliegt, d. h. der Potenzgrad des Zählers größer als der des Nenners ist, wird der Zähler durch den Nenner dividiert, bis der Rest eine echtgebrochene Funktion darstellt.

Die Asymptote $y_1 = x - 5$ ergibt sich aus der Tatsache, daß die Differenz zwischen:

$$y = \frac{x^2 - 3x - 4}{x + 2} \text{ und } y_1 = x - 5$$

mit wachsendem x immer kleiner wird,

da $\lim\limits_{x \to \infty} y_2 = \lim\limits_{x \to \infty} \frac{6}{x + 2} = 0$ ist.

4. Asymptoten:

$$y = (x^2 - 3x - 4) : (x + 2)$$

$$= x - 5 + \frac{6}{x + 2}$$

$$y = \quad y_1 \quad + \quad y_2$$

$$\underline{\underline{y_1 = x - 5}}; \longrightarrow \text{Asymptote}$$

5. Man bildet $y' = 0$ und setzt die errechneten x-Werte in die zweite Ableitung ein. Bei $y'' > 0$ liegt ein Minimum, bei $y'' < 0$ ein Maximum vor.

Ein Bruch ist gleich Null, wenn der Zähler 0 ist. Man setzt also $Z(x) = 0$ und berechnet die x-Werte.

Die zugehörigen y-Werte werden durch Einsetzen der x-Werte in die Stammfunktion errechnet.

Nach Bildung der 2. Ableitung und Einsetzen der entsprechenden x-Werte zeigt sich, ob ein Maximum oder Minimum vorliegt.

5. Extremwerte:

$$y = \frac{x^2 - 3x - 4}{x + 2} = \frac{u}{v}$$

$$u = x^2 - 3x - 4; \longrightarrow u' = 2x - 3$$

$$v = x + 2; \longrightarrow v' = 1$$

$$y' = \frac{u' \cdot v - v' \cdot u}{v^2}$$

$$y' = \frac{(2x - 3)(x + 2) - (x^2 - 3x - 4)}{(x + 2)^2}$$

$$y' = \frac{x^2 + 4x - 2}{(x + 2)^2}; \longrightarrow \text{Null setzen}$$

$$0 = x^2 + 4x - 2;$$

$$x_{5,6} = -2 \pm \sqrt{4 + 2}$$

$$\left.\begin{array}{l} \underline{\underline{x_5 \approx 0{,}45}}; \longrightarrow \underline{\underline{y_5 \approx -2{,}1}} \\ \underline{\underline{x_6 \approx -4{,}45}}; \longrightarrow \underline{\underline{y_6 \approx -11{,}9}} \end{array}\right\} \text{Extremwerte}$$

$$y' = \frac{x^2 + 4x - 2}{(x + 2)^2} = \frac{u}{v}$$

$$u = x^2 + 4x - 2; \longrightarrow u' = 2x + 4$$

$$v = (x + 2)^2$$

$$= x^2 + 4x + 4; \longrightarrow v' = 2x + 4$$

$$y'' = \frac{(2x+4)(x+2)^2 - (2x+4)(x^2+4x-2)}{(x + 2)^4}$$

$$y'' = \frac{12(x + 2)}{(x + 2)^4}$$

$$= \frac{12}{(x + 2)^3}$$

$$y''_{(0,45)} = \frac{12}{(0{,}45 + 2)^3}$$

$$= \underline{\underline{0{,}82 > 0}}; \longrightarrow \text{Minimum}$$

$$y''_{(-4,45)} = \frac{12}{(-4{,}45 + 2)^3}$$

$$= \underline{\underline{-0{,}82 < 0}}; \longrightarrow \text{Maximum}$$

6. Da für $y'' = 0$ $[Z(x) = 0]$ kein x-Wert existiert, liegen keine Wendepunkte vor.

6. Wendepunkte:

$$y'' = \frac{12}{(x + 2)^3} = \frac{Z(x)}{N(x)}$$

$$y'' = 0; \longrightarrow Z(x) = 0 \longrightarrow \text{kein Ergebnis}$$

7. Die errechneten Punkte der Funktion werden in ein Koordinatensystem eingetragen. Zwischenwerte ergänzen das Kurvenbild.

$P_1\,(4\,|\,0)$ }
$P_2\,(-1\,|\,0)$ } → Nullstellen

$P_3\,(0\,|\,-2)$ → Schnittpunkt mit der y-Achse

$P_4\,(-2\,|\,\infty)$ → Polstelle

$P_5\,(0{,}45\,|\,-2{,}1)$ → Minimum

$P_6\,(-4{,}45\,|\,-11{,}9)$ → Maximum

$y = x - 5$; → Asymptote

7. Bild der Kurve:

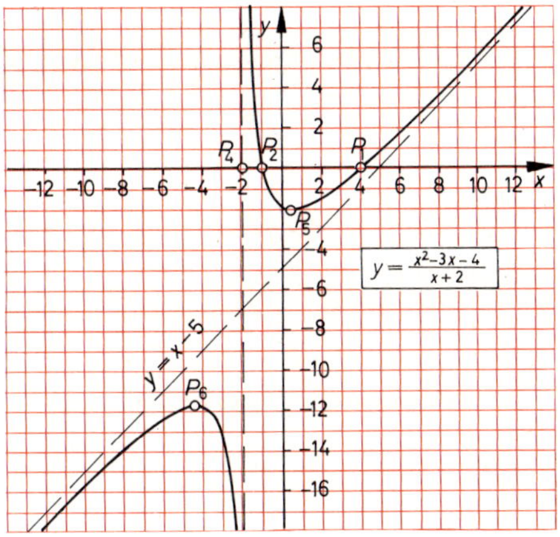

Beispiel: Die Funktion $y = \dfrac{2x}{1+x^2}$ ist zu diskutieren und graphisch darzustellen!

1. Ein Bruch ist gleich Null, wenn der Zähler gleich Null ist.

1. Nullstellen: $(y = 0)$

$$y = \frac{2x}{1+x^2} = \frac{Z\,(x)}{N\,(x)} \longrightarrow Z\,(x) = 0$$

$$2x = 0$$

$$\underline{\underline{x_1 = 0}}; \longrightarrow \text{Nullstelle}$$

2. Die Berechnung der Punkte P_1 und P_2 ergibt, daß die Kurve durch den Nullpunkt geht.

2. Schnittpunkte mit der y-Achse:

$$y_0 = \frac{0}{1}$$

$$= 0; \longrightarrow \left.\begin{aligned} x &= \underline{\underline{0}} \\ y &= \underline{\underline{0}} \end{aligned}\right\}\ \text{Schnittpunkt mit der } y\text{-Achse}$$

3. Ein Bruch wird ∞, wenn der Nenner Null wird. Da aber für $N\,(x) = 0$ ein imaginäres Ergebnis vorliegt, hat die Funktion keine Polstelle.
Die Funktion hat auch keine Lücken, da keine Polstelle existiert.

3. Polstellen: $(y \longrightarrow \infty)$

$$N\,(x) = 0; \quad \longrightarrow 1 + x^2 = 0$$

$$\underline{\underline{x = \pm\sqrt{-1}}} \longrightarrow \text{imaginär}$$

4. Die x-Achse ist Asymtote der Funktion $y = \dfrac{2x}{1+x^2}$.
Der Ausdruck $(-)\,0$ bedeutet, daß sich die Kurve von unten an die x-Achse anschmiegt.

4. Asymptoten:

$$\text{a) } y = \lim_{x \to \infty} \frac{2x}{1+x^2} \longrightarrow y = \frac{\infty}{\infty^2} = \frac{1}{\infty} = \underline{\underline{0}}$$

$$\text{b) } y = \lim_{x \to -\infty} \frac{2x}{1+x^2} \longrightarrow y = \frac{-\infty}{(-\infty)^2} = -\frac{1}{\infty} = \underline{\underline{(-)\,0}}$$

5. Die erste Ableitung wird gleich Null gesetzt.

5. Extremwerte ($y' = 0$)

$$y = \frac{2x}{1 + x^2} = \frac{u}{v}$$

$$y' = \frac{u' \cdot v - v' \cdot u}{v^2}$$

$$y' = \frac{2(1 + x^2) - 2x \cdot 2x}{(1 + x^2)^2} = \frac{2 - 2x^2}{(1 + x^2)^2}$$

Ein Bruch wird Null, wenn der Zähler Null wird.

$$0 = 2 - 2x^2$$

$$x_{3,4} = \pm \sqrt{1}$$

Zugehörige y-Werte werden durch Einsetzen der x-Koordinaten in die Stammfunktion ermittelt.

$$\left.\begin{array}{l} \underline{\underline{x_3 = 1}}; \longrightarrow \underline{\underline{y_3 = 1}} \\ \underline{\underline{x_4 = -1}}; \longrightarrow \underline{\underline{y_4 = -1}} \end{array}\right\} \text{Extremwerte}$$

Um zu entscheiden, welcher x-Wert ein Maximum oder ein Minimum ist, werden die x-Koordinaten der Extremwerte in die zweite Ableitung eingesetzt.

$y'' < 0$ Maximum

$y'' > 0$ Minimum

$$y'' = \frac{-4x \cdot (1 + x^2)^2 - (2 - 2x^2) \cdot 2(1 + x^2) \cdot 2x}{(1 + x^2)^4} = \frac{-4x(1 + x^2) - 4x(2 - 2x^2)}{(1 + x^2)^3} = \frac{-12x + 4x^3}{(1 + x^2)^3}$$

$$x_3 = 1; \longrightarrow y'' = \underline{\underline{-1}}; \longrightarrow \text{Maximum}$$

$$x_4 = -1; \longrightarrow y'' = \underline{\underline{1}}; \longrightarrow \text{Minimum}$$

6. Ein Bruch wird Null, wenn nur der Zähler Null ist.

6. Wendepunkte: ($y'' = 0$; $y''' \neq 0$)

$$y'' = \frac{-12x + 4x^3}{(1 + x^2)^3}; \longrightarrow \text{Null setzen}$$

$$-12x + 4x^3 = 0$$

$$x(-12 + 4x^2) = 0$$

$$\underline{\underline{x_5 = 0}}$$

$$\underline{\underline{x_6 = \sqrt{3}}}$$

$$\underline{\underline{x_7 = -\sqrt{3}}}$$

$$y''' = \frac{-12x^4 + 72x^2 - 12}{(1 + x^2)^4}$$

Um zu entscheiden, ob an den Stellen $x_5 \ldots x_7$ Wendepunkte vorhanden sind, muß für diese Koordinatenwerte festgestellt werden, ob $y''' \neq 0$ ist.

$$\left.\begin{array}{lll} x_5 = 0; & \longrightarrow y' = 2; & y''' = -12 \\ x_6 = \sqrt{3}; & \longrightarrow y' = -\frac{1}{4}; & y''' = 0{,}375 \\ x_7 = -\sqrt{3}; & \longrightarrow y' = -\frac{1}{4}; & y''' = 0{,}375 \end{array}\right\} \neq 0$$

Die y-Koordinaten der Wendepunkte werden durch Einsetzen der x-Werte in die Stammfunktion ermittelt.

$$\left.\begin{array}{ll} \underline{\underline{x_5 = 0}}; & \longrightarrow \underline{\underline{y_5 = 0}} \\ \underline{\underline{x_6 = \sqrt{3}}}; & \longrightarrow \underline{\underline{y_6 = \frac{1}{2}\sqrt{3}}} \\ \underline{\underline{x_7 = -\sqrt{3}}}; & \longrightarrow \underline{\underline{y_7 = -\frac{1}{2}\sqrt{3}}} \end{array}\right\} \text{Wendepunkte}$$

7. $P_1\,(0 \mid 0)$ ⟶ Nullstelle

$P_2\,(0 \mid 0)$ ⟶ Schnittpunkt mit y-Achse

$P_3\,(1 \mid 1)$ ⟶ Maximum

$P_4\,(-1 \mid -1)$ ⟶ Minimum

$P_5\,(0 \mid 0)$, $P_6\left(\sqrt{3} \mid \frac{1}{2}\sqrt{3}\right)$, $P_7\left(-\sqrt{3} \mid -\frac{1}{2}\sqrt{3}\right)$ ⟶ Wendepunkte

7. Bild der Kurve:

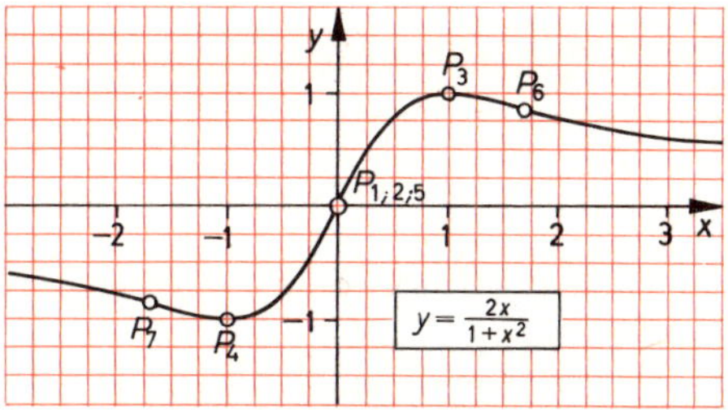

Beispiel: Untersuche die Funktion $y = \dfrac{2x^3}{3x^2 - x - 1} = \dfrac{Z\,(x)}{N\,(x)}$ auf Nullstellen, Schnittpunkte mit der y-Achse, Pole, Lücken, Asymptoten, Extremwerte, Wendepunkte und zeichne sie in ein rechtwinkliges Koordinatensystem!

1. Die Kurve geht durch den Nullpunkt.

1. Nullstellen: $(y = 0)$

$$y = \frac{2x^3}{3x^2 - x - 1}; \longrightarrow \text{Null setzen}$$

$$x_1 = \underline{\underline{0}}; \longrightarrow y_1 = \underline{\underline{0}}; \longrightarrow P_1$$

2. Die Funktion hat im Punkte $x_2 = 0$; $y_2 = 0$ einen Schnittpunkt mit der y-Achse.

2. Schnittpunkte mit der y-Achse: $(x = 0)$

$$y = \frac{2 \cdot 0}{0 - 0 - 1} = 0$$

$$x_2 = \underline{\underline{0}}; \longrightarrow y_2 = \underline{\underline{0}}; \longrightarrow P_2$$

3. Pole sind vorhanden, wenn der Nenner Null wird, nicht aber der Zähler. Die Kurve hat zwei Pole mit Zeichenwechsel.

3. Pole: $(y \longrightarrow \infty)$

$$N\,(x) = 0; \longrightarrow 3x^2 - x - 1 = 0$$

$$x_3 = \frac{1}{6} + \sqrt{\frac{13}{36}} \approx \underline{\underline{0{,}77}}; \longrightarrow P_3$$

$$x_4 = \frac{1}{6} - \sqrt{\frac{13}{36}} \approx \underline{\underline{-0{,}43}}; \longrightarrow P_4$$

4. Lücken sind solche Werte von x, für die Zähler- und Nenner gleichzeitig Null werden. Für obige Funktion existieren keine Lücken, da Nullstellen und Polstellen nicht übereinstimmen.

4. Lücken: $\left(\dfrac{Z\,(x)}{N\,(x)} = \dfrac{0}{0}\right)$

$$y = \frac{2x^3}{3x^2 - x - 1} \neq \frac{0}{0}; \longrightarrow \text{keine Lücke}$$

5. Die Funktion ist unecht gebrochen, sie läßt sich in die Summe einer ganzen und einer echt gebrochenen Funktion zerlegen. Für $\lim\limits_{x \to \infty} \dfrac{\frac{8}{9}x + \frac{2}{9}}{3x^2 - x - 1}$ geht die echt gebrochene Funktion gegen Null.

5. Asymptoten: $y = \lim\limits_{x \to \pm\infty} f(x)$

$$y = \frac{2x^3}{3x^2 - x - 1}$$

$$= \frac{2}{3}x + \frac{2}{9} + \frac{\frac{8}{9}x + \frac{2}{9}}{3x^2 - x - 1}$$

$$\underline{\underline{y_A = \frac{2}{3}x + \frac{2}{9}}}; \rightarrow \text{Asymptote}$$

Die Untersuchung, ob Kurve und Asymptote einander schneiden, ergibt nach Auflösung beider Gleichungen einen Schnittpunkt.

Schnittpunkt: Kurve — Asymptote

$$\left.\begin{aligned} y_A &= \frac{2}{3}x + \frac{2}{9} \\ y &= \frac{2x^3}{3x^2 - x - 1} \end{aligned}\right\} \text{gleichsetzen und auflösen}$$

$$\frac{2}{3}x + \frac{2}{9} = \frac{2x^3}{3x^2 - x - 1}$$

$$x_5 = \underline{\underline{-\frac{1}{4}}}; \rightarrow y_5 = \underline{\underline{\frac{1}{18}}}; \rightarrow P_5$$

6. Ein Bruch wird Null, wenn der Zähler Null wird.

6. Extremwerte: $(y' = 0)$

$$y = \frac{2x^3}{3x^2 - x - 1} = \frac{u}{v}$$

$$y' = \frac{6x^2(3x^2 - x - 1) - (6x - 1) \cdot 2x^3}{(3x^2 - x - 1)^2}$$

$$= \frac{6x^4 - 4x^3 - 6x^2}{(3x^2 - x - 1)^2}; \rightarrow \text{Null setzen}$$

Bei der Ausrechnung der einzelnen Faktoren des Zählers erhält man drei x-Werte.

Die y-Werte ergeben sich durch Einsetzen der x-Werte in die Stammfunktion.

$$0 = 2x^2(3x^2 - 2x - 3)$$

$$2x^2 = 0$$

$$x_6 = \underline{\underline{0}}; \quad \rightarrow y_6 = \underline{\underline{0}}; \quad \rightarrow P_6$$

$$3x^2 - 2x - 3 = 0$$

$$x_7 \approx \underline{\underline{1{,}39}}; \quad \rightarrow y_7 \approx \underline{\underline{1{,}58}}; \quad \rightarrow P_7$$

$$x_8 \approx \underline{\underline{-0{,}72}}; \rightarrow y_8 \approx \underline{\underline{-0{,}58}}; \rightarrow P_8$$

$$y'' = \frac{16x^3 + 12x^2 + 12x}{(3x^2 - x - 1)^3}$$

An der Stelle x_6 ist kein Extremwert vorhanden, da y'' Null wird. Dieser Punkt muß näher untersucht werden, da ein Sattelpunkt vorliegen kann.

$$x_6 = 0; \quad \rightarrow y'' = \underline{\underline{0}}; \rightarrow ?$$

$$x_7 \approx 1{,}39; \quad \rightarrow y'' \approx \underline{\underline{2{,}1}} > 0; \quad \text{(Minimum)}$$

$$x_8 \approx -0{,}72; \rightarrow y'' \approx \underline{\underline{-4{,}05}} < 0; \quad \text{(Maximum)}$$

7. y'' wird Null, wenn der Zähler Null wird. Der Faktor $4x^2 + 3x + 3$ ergibt keine Werte, da die quadratische Gleichung keine reellen Ergebnisse besitzt. Nur an der Stelle $x_6 = 0$; $y_6 = 0$, also im Nullpunkt, befindet sich ein Wendepunkt.

Da an dieser Stelle auch $y' = 0$ ist und $y''' \neq 0$, so handelt es sich um einen Sattelpunkt.

7. Wendepunkte: $(y'' = 0;\ y''' \neq 0)$

$$16x^3 + 12x^2 + 12x = 0$$
$$4x\,(4x^2 + 3x + 3) = 0$$
$$4x = 0$$
$$\underline{\underline{x_6 = 0}}; \longrightarrow \underline{\underline{y_6 = 0}}; \longrightarrow P_6$$
$$4x^2 + 3x + 3 = 0; \longrightarrow \text{Ergebnisse imaginär}$$
$$y''' = \frac{-12\,(12x^4 + 12x^3 + 18x^2 + 1)}{(3x^2 - x - 1)^4}$$
$$x_6 = 0; \longrightarrow y''' = \underline{\underline{-12}}; \longrightarrow \text{Sattelpunkt}$$

8. Für die Zeichnung der Kurve sind folgende Punkte wichtig:

$P_1\,(0 \mid 0)$	→ Nullstelle
$P_2\,(0 \mid 0)$	→ Schnittpunkt mit der y-Achse
$P_3\,(0{,}77 \mid \infty)$	→ Pole
$P_4\,(-0{,}43 \mid \infty)$	→ Pole
$P_5\left(-\frac{1}{4} \,\middle|\, \frac{1}{18}\right)$	→ Schnittpunkt: Kurve — Asymptote
$P_6\,(0 \mid 0)$	→ Sattelpunkt
$P_7\,(1{,}39 \mid 1{,}58)$	→ Minimum
$P_8\,(-0{,}72 \mid -0{,}58)$	→ Maximum
$y = \frac{2}{3}x + \frac{2}{9}$	→ Asymptote

8. Bild der Kurve:

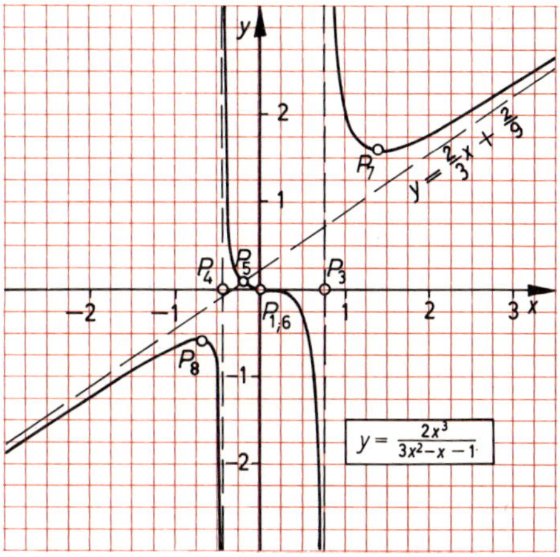

Beispiel: Diskutiere und zeichne die Funktion $y = \pm\sqrt{\dfrac{x+1}{x-1}} = \pm\dfrac{\sqrt{x+1}}{\sqrt{x-1}}$!

1. Ein Bruch wird Null, wenn der Zähler Null ist.

1. Nullstellen: $(y = 0)$

$$Z(x) = 0 \longrightarrow 0 = \sqrt{x+1}$$
$$0 = x + 1$$
$$\underline{\underline{x_1 = -1}}; \longrightarrow \text{Nullstelle}$$

2. Es bestehen keine Schnittpunkte mit der y-Achse, da für $x = 0$ die Funktion imaginär wird.

2. Schnittpunkte mit der y-Achse: $(x = 0)$

$$y = \sqrt{\frac{0+1}{0-1}}$$
$$= \underline{\underline{\sqrt{-1}}}; \longrightarrow \text{Ergebnis imaginär}$$

3. Ein Bruch wird ∞, wenn der Nenner Null wird.

Da Nullstellen und Pole nicht übereinstimmen, existieren keine Lücken.

3. Polstellen: $(y \longrightarrow \infty)$

$$N(x) = 0; \longrightarrow 0 = \sqrt{x-1}$$
$$0 = x - 1$$
$$\underline{\underline{x_2 = 1}}; \longrightarrow \text{Pol}$$

4. Man dividiert Zähler und Nenner durch x und bestimmt dann $y = \lim_{x \to \pm\infty} f(x)$. Es ergeben sich zwei Asymptoten:

$$y = \pm 1$$

4. Asymptoten: $y = \lim_{x \to \pm\infty} f(x)$

$$y = \pm \sqrt{\frac{x+1}{x-1}}$$

$$= \pm \sqrt{\frac{1+\frac{1}{x}}{1-\frac{1}{x}}}$$

$$\left.\begin{array}{l} \text{für } x \to +\infty\text{; geht } y \to \underline{\underline{\pm 1}} \\ \text{für } x \to -\infty\text{; geht } y \to \underline{\underline{\pm 1}} \end{array}\right\} \text{Asymptoten}$$

5. Ein Bruch wird Null, wenn der Zähler Null ist. Da dies nicht der Fall sein kann, liegen keine Extremwerte vor.

5. Extremwerte: $(y' = 0)$

$$y = \frac{\sqrt{x+1}}{\sqrt{x-1}} = \frac{u}{v}$$

$$u = \sqrt{x+1}; \to u' = \frac{1}{2\sqrt{x+1}}$$

$$v = \sqrt{x-1}; \to v' = \frac{1}{2\sqrt{x-1}}$$

$$y' = \frac{\frac{\sqrt{x-1}}{2\sqrt{x+1}} - \frac{\sqrt{x+1}}{2\sqrt{x-1}}}{x-1}$$

$$y' = \frac{-1}{(x-1)\sqrt{x^2-1}}$$

$Z(x) = 0; \to$ keine Extremwerte

6. Zur Bestimmung der Wendepunkte setzt man $y'' = 0$.

Für $y'' = 0$ ergibt sich eine Gleichung 3. Grades. Aus ihr lassen sich zwei Funktionsgleichungen bilden, die sich im Punkte $x = 1$ berühren und in $x = -0{,}5$ schneiden.

Die beiden Lösungen sind jedoch keine Wendepunkte, da für sie der dazugehörige Funktionswert den Wert ∞ annimmt bzw. imaginär wird.

Die Funktion hat also keine Wendepunkte.

6. Wendepunkte: $(y'' = 0;\ y''' \neq 0)$

$$y' = \frac{-1}{\sqrt{(x-1)^2(x^2-1)}}$$

$$y' = -(x^4 - 2x^3 + 2x - 1)^{-\frac{1}{2}}$$

$$y'' = \frac{2x^3 - 3x^2 + 1}{\sqrt{(x^4 - 2x^3 + 2x - 1)^3}}$$

$$\frac{Z(x)}{N(x)} = 0; \to 0 = 2x^3 - 3x^2 + 1$$

$$\frac{1}{x^2} = -2x + 3$$

$$y = \frac{1}{x^2};\ y = -2x + 3$$

$$x_1 = \underline{\underline{1}}; \quad \to y_1 = \underline{\underline{\infty}}$$

$$y'_1 = \infty$$

$$x_2 = \underline{\underline{-\frac{1}{2}}}; \quad \to \underline{\underline{y \text{ imaginär}}}$$

7. Für die Werte $x = -1$ bis $x = 1$ wird y imaginär. In diesem Bereich ist die Funktion also nicht existent.

7. Geltungsbereich:

$$y = \pm\sqrt{\frac{x+1}{x-1}}$$

$x < 1; \longrightarrow y =$ imaginär

$x > -1; \longrightarrow y =$ imaginär

Geltungsbereich: $\underline{\underline{x < -1 \text{ oder } x > 1}}$

8. Wichtige Kurvenpunkte:

$P_1(-1 \mid 0) \longrightarrow$ Nullstelle

$P_2(1 \mid \infty) \longrightarrow$ Polstelle

$\left.\begin{array}{l} y = 1 \\ y = -1 \end{array}\right\} \longrightarrow$ Asymptoten

$-1 < x < 1 \longrightarrow$ imaginärer Bereich

8. Bild der Kurve:

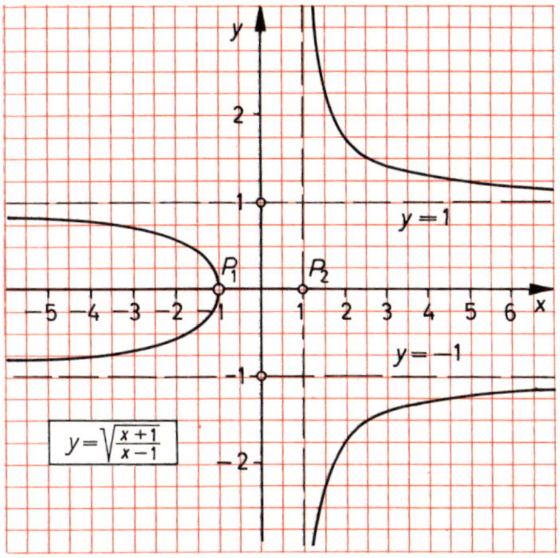

Beispiel: Führe für die Funktion $y = x^2 \pm \sqrt{2 - x^2}$ eine vollständige Kurvendiskussion durch!

1. Zur Berechnung der Nullstellen wird die Funktion gleich Null gesetzt, umgestellt, quadriert und dann x berechnet.

Es ergeben sich zwei reelle Lösungen.

$P_1(1 \mid 0)$; $P_2(-1 \mid 0)$

1. Nullstellen: $(y = 0)$

$$0 = x^2 \pm \sqrt{2 - x^2}$$

$$x^2 = \pm\sqrt{2 - x^2} \quad \| \text{ quadrieren}$$

$$0 = x^4 + x^2 - 2$$

$$x^2 = -\frac{1}{2} \pm \sqrt{\frac{1}{4} + \frac{8}{4}}$$

$$x^2 = -\frac{1}{2} \pm \frac{3}{2}$$

$x_I = \pm\sqrt{1}; \longrightarrow \underline{\underline{x_1 = -1}}$, $\underline{\underline{x_2 = 1}}$ } Nullstellen

$x_{II} = \pm\sqrt{-2}; \longrightarrow$ Lösungen imaginär

2. Es ergeben sich zwei Schnittpunkte der Kurve mit der y-Achse

$P_3(0 \mid \sqrt{2})$; $P_4(0 \mid -\sqrt{2})$

Polstellen, Lücken und Asymptoten entfallen.

2. Schnittpunkte mit der y-Achse: $(x = 0)$

$$y = 0 \pm \sqrt{2 - 0}$$

$\underline{\underline{y_3 = +\sqrt{2}}}$; $\underline{\underline{y_4 = -\sqrt{2}}}$

3. Man bildet $y' = 0$. Durch Umformen ergibt sich eine quadratische Gleichung. Daraus folgen drei verschiedene x-Werte:

$$x = 0, \quad x \approx 1{,}32, \quad x \approx -1{,}32,$$

von denen jeder zwei zugehörige y-Werte besitzt.

3. Extremwerte: ($y' = 0$)

$$y' = 2x \mp \frac{x}{\sqrt{2-x^2}}; \longrightarrow \text{Null setzen}$$

$$0 = 2x \mp \frac{x}{\sqrt{2-x^2}}$$

$$x_{5;6} = 0; \longrightarrow \begin{cases} y_5 = \underline{\underline{\sqrt{2}}} \\ y_6 = \underline{\underline{-\sqrt{2}}} \end{cases}$$

$$\sqrt{2-x^2} = \frac{1}{2}; \longrightarrow \text{quadrieren}$$

$$2 - x^2 = \frac{1}{4}$$

$$x = \pm \sqrt{\frac{7}{4}}$$

$$x_{7;8} \approx \underline{\underline{1{,}32}}; \longrightarrow \begin{cases} y_7 \approx \underline{\underline{2{,}25}} \\ y_8 \approx \underline{\underline{1{,}23}} \end{cases}$$

$$x_{9;10} \approx \underline{\underline{-1{,}32}}; \longrightarrow \begin{cases} y_9 \approx \underline{\underline{2{,}25}} \\ y_{10} \approx \underline{\underline{1{,}23}} \end{cases}$$

Durch Bildung von y'' und Einsetzen der Extremwerte wird festgestellt, wo ein Maximum bzw. Minimum vorliegt.

$$y'' = 2 \mp \frac{2}{\sqrt{(2-x^2)^3}}$$

Dabei muß beachtet werden, daß beim Einsetzen der Werte für $x = \pm 1{,}32$ die zweite Ableitung des positiven Zweiges der Funktion $y = x^2 + \sqrt{2-x^2}$ benutzt wird; denn die zugehörigen y-Werte zeigen, daß ein Maximum oder Minimum nur oberhalb der x-Achse liegen kann.

für $x = \pm 1{,}32$ wird:

$y'' = -13{,}3 < 0; \longrightarrow$ Maxima

Für $x = 0$ kommen beide Zweige in Frage.

für $x = 0$ wird:

$y'' \approx 1{,}3 > 0; \longrightarrow$ Minimum

$y'' \approx 2{,}7 > 0; \longrightarrow$ Minimum

Bei $x = \pm 1{,}32$ ergeben sich je zwei y-Werte. Da jedoch für $x = \pm 1{,}32$ Maxima vorliegen, muß $y_7 = 2{,}25$ der zum Maximum gehörende y-Wert sein. Die Punkte $P_8\,(1{,}32 \mid 1{,}23)$ und $P_{10}\,(-1{,}32 \mid 1{,}23)$ sind keine Extremwerte, sondern normale Kurvenpunkte.

$P_5\,(0 \mid \sqrt{2}) \longrightarrow$ relatives Minimum

$P_6\,(0 \mid -\sqrt{2}) \longrightarrow$ absolutes Minimum

$P_7\,(1{,}32 \mid 2{,}25)$, $P_9\,(-1{,}32 \mid 2{,}25)$ } Maxima

4. Man setzt $y'' = 0$ und kontrolliert durch Einsetzen der errechneten x-Werte in die erste und dritte Ableitung.

Die y-Werte der Wendepunkte lassen sich aus der Stammfunktion bestimmen.

$\left.\begin{matrix} P_{11}\ (1 \mid 2) \\ P_{12}\ (-1 \mid 2) \end{matrix}\right\}$ Wendepunkte

5. Wird x größer als $+\sqrt{2}$ und kleiner als $-\sqrt{2}$, so wird y imaginär. Die Funktion hat also nur zwischen $x = \pm\sqrt{2}$ reelle Werte.

6. Wichtige Kurvenpunkte:

$\left.\begin{matrix} P_1\ (-1 \mid 0) \\ P_2\ (1 \mid 0) \end{matrix}\right\}$ Nullstellen

$\left.\begin{matrix} P_3\ (0 \mid \sqrt{2}) \\ P_4\ (0 \mid -\sqrt{2}) \end{matrix}\right\}$ Schnittpunkte mit der y-Achse

$P_5\ (0 \mid \sqrt{2}) \longrightarrow$ relatives Minimum

$P_6\ (0 \mid -\sqrt{2}) \longrightarrow$ absolutes Minimum

$\left.\begin{matrix} P_7\ (1{,}32 \mid 2{,}25) \\ P_9\ (-1{,}32 \mid 2{,}25) \end{matrix}\right\}$ Maxima

$\left.\begin{matrix} P_{11}\ (1 \mid 2) \\ P_{12}\ (-1 \mid 2) \end{matrix}\right\}$ Wendepunkte

4. Wendepunkte: ($y'' = 0$; $y''' \neq 0$)

$$y'' = 2 \pm \frac{2}{\sqrt{(2-x^2)^3}}; \longrightarrow \text{Null setzen}$$

$$0 = 2 \pm \frac{2}{\sqrt{(2-x^2)^3}}$$

$$1 = \sqrt{(2-x^2)^3}$$

$$1 = 2 - x^2$$

$$y''' = \frac{6x}{\sqrt{(2-x^2)^5}}$$

$$x_{11} = \underline{\underline{1}}; \longrightarrow y_{11} = \underline{\underline{2}}; \longrightarrow y' = \underline{\underline{1}} \quad y''' = \underline{\underline{6}}$$

$$x_{12} = \underline{\underline{-1}}; \longrightarrow y_{12} = \underline{\underline{2}}; \longrightarrow y' = \underline{\underline{-1}} \quad y''' = \underline{\underline{-6}}$$

5. Geltungsbereich:

Die Funktion hat reelle Werte für:

$$\underline{\underline{-\sqrt{2} < x < \sqrt{2}}}$$

6. Bild der Kurve:

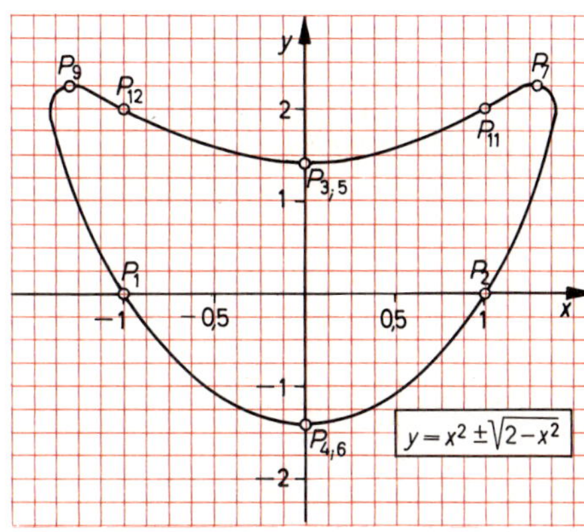

Beispiel: Die Funktion $y = e^{-2x^2}$ bzw. $y = \frac{1}{e^{2x^2}}$ ist zu diskutieren und graphisch darzustellen!

1. Ein Bruch wird Null, wenn der Zähler Null wird. Da dies nicht der Fall sein kann, liegen keine Nullstellen vor.

Pole und Lücken entfallen, da Zähler und Nenner nie Null werden können.

2. An der Stelle $P_1\ (0 \mid 1)$ existiert ein Schnittpunkt mit der y-Achse.

1. Nullstellen: ($y = 0$)

$$y = \frac{1}{e^{2x^2}} = \frac{Z(x)}{N(x)}$$

$$y = 0; \longrightarrow Z(x) = 0; \longrightarrow \text{kein Ergebnis}$$

2. Schnittpunkte mit der y-Achse: ($x = 0$)

$$x_1 = 0; \longrightarrow y_1 = \frac{1}{e^0}$$

$$= \underline{\underline{1}}$$

3. Die Kurve nähert sich für

$y = \lim\limits_{x \to \pm\infty} \frac{1}{e^{2x^2}}$ asymptotisch der x-Achse.

3. Asymptoten: $y = \lim\limits_{x \to \pm\infty} f(x)$

$$y = \lim_{x \to \pm\infty} \frac{1}{e^{2x^2}}; \longrightarrow y = \frac{1}{e^{\infty}} = \underline{\underline{0}}$$

$y = 0; \longrightarrow$ Asymptote:

4. Das Produkt $(-4x) \cdot (e^{-2x^2})$ wird Null, wenn ein Faktor Null wird. Nur der erste Faktor ergibt einen sinnvollen Wert. Die Rechnung zeigt an der Stelle $x_2 = 0$ ein Maximum.

$P_2\,(0 \mid 1); \longrightarrow$ Maximum

4. Extremwerte: $(y' = 0)$

$y = e^{-2x^2}$

$y' = -4x \cdot e^{-2x^2}; \longrightarrow$ Null setzen

$0 = -4x \cdot e^{-2x^2}$

$0 = -4x$

$x_2 = \underline{\underline{0}}; \longrightarrow y_2 = \underline{\underline{1}}$

$y'' = \frac{4\,(4x^2 - 1)}{e^{2x^2}}; \longrightarrow x_2$ einsetzen

$x_2 = 0; \longrightarrow y'' = \underline{\underline{-4 < 0}}; \longrightarrow$ **Maximum**

5. Die zweite Ableitung ist gleich Null, wenn der Zähler Null ist.

Durch Einsetzen der x-Werte der Nullstellen von y'' in die erste und dritte Ableitung ergibt sich $y' \neq 0$ und $y''' \neq 0$, d. h. es liegen normale Wendepunkte vor.

$P_3\,(0{,}5 \mid 0{,}61)$
$P_4\,(-0{,}5 \mid 0{,}61)$ } Wendepunkte

5. Wendepunkte: $(y'' = 0;\ y''' \neq 0)$

$y'' = \frac{4\,(4x^2 - 1)}{e^{2x^2}}; \longrightarrow$ Null setzen

$0 = 4\,(4x^2 - 1)$

$x^2 = 0{,}25$

$x_3 = \underline{\underline{0{,}5}}; \quad \longrightarrow y_3 \approx \underline{\underline{0{,}61}}$

$x_4 = \underline{\underline{-0{,}5}}; \longrightarrow y_4 \approx \underline{\underline{0{,}61}}$

$y' = \frac{-4x}{e^{2x^2}}: \longrightarrow x$-Werte einsetzen

$y''' = \frac{48x - 64x^3}{e^{2x^2}}$

für $x_3 = 0{,}5; \longrightarrow y' \approx \underline{\underline{-1{,}22}}; y''' \approx \underline{\underline{9{,}7}}$

für $x_4 = -0{,}5; \longrightarrow y' \approx \underline{\underline{+1{,}22}}; y''' \approx \underline{\underline{-9{,}7}}$

6. Für die Zeichnung der Kurve sind folgende Punkte wichtig:

$P_1\,(0 \mid 1)$	$\longrightarrow$	Schnittpunkt mit der y-Achse
$P_2\,(0 \mid 1)$	$\longrightarrow$	Maximum
$P_3\,(0{,}5 \mid 0{,}61)$	$\longrightarrow$	Wendepunkt
$P_4\,(-0{,}5 \mid 0{,}61)$	$\longrightarrow$	Wendepunkt
$y = 0$	$\longrightarrow$	Asymptote

6. Bild der Kurve:

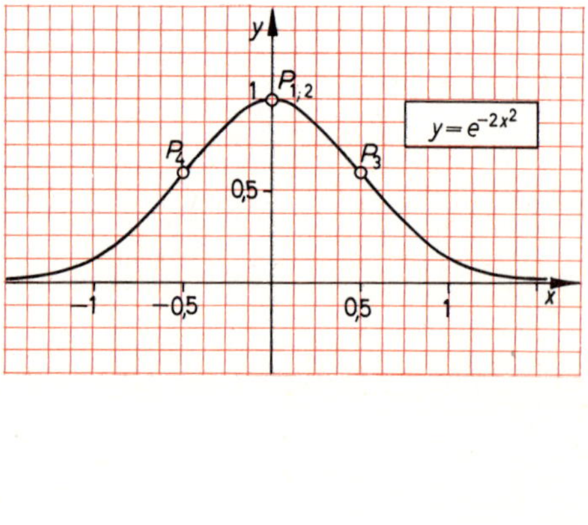

Beispiel: Diskutiere die Funktion $y = 2 \cdot \sin(2x) + 4 \cdot \cos x$ in den Grenzen $x = 0$ bis $x = 2\pi$!

1. Durch Umwandlung von $\sin(2x)$ kann man die Summe in ein Produkt verwandeln. Dieses Produkt ist Null, wenn entweder $4 \cdot \cos x$ oder $\sin x + 1$ gleich Null werden. Die beiden Lösungen aus $4 \cos x = 0$ und $\sin x + 1 = 0$ ergeben die Schnittpunkte x_1 und x_2 mit der x-Achse.

$$\left.\begin{array}{l} P_1\left(\frac{\pi}{2}\,\middle|\,0\right) \\ P_2\left(\frac{3}{2}\pi\,\middle|\,0\right) \end{array}\right\}\ \text{Nullstellen}$$

1. Nullstellen: $(y = 0)$

$$y = 2\sin(2x) + 4\cos x$$
$$= 2 \cdot 2\sin x \cdot \cos x + 4\cos x$$
$$= 4\sin x\cos x + 4\cos x$$
$$= 4\cos x(\sin x + 1); \longrightarrow \text{Null setzen}$$
$$0 = 4\cos x$$
$$\underline{\underline{x_1 = \frac{\pi}{2}}}; \longrightarrow \text{Nullstelle}$$
$$\underline{\underline{x_2 = \frac{3}{2}\pi}}; \longrightarrow \text{Nullstelle}$$
$$0 = \sin x + 1$$
$$-1 = \sin x; \longrightarrow x_3 = \frac{3}{2}\pi; \longrightarrow x_3 = x_2$$

2. Die Kurve schneidet die y-Achse im Punkt $P_4\ (0\,|\,4)$.

2. Schnittpunkte mit der y-Achse: $(x = 0)$

$$y = 2 \cdot \sin 0 + 4\cos 0$$
$$= 0 + 4$$
$$\underline{\underline{x_4 = 0}}; \longrightarrow \underline{\underline{y_4 = 4}}$$

3. Die erste Ableitung enthält zwei verschiedene trigonometrische Funktionen. Durch Einsetzen von $\cos(2x) = 1 - 2\sin^2 x$ erhält man eine quadratische trigonometrische Gleichung.

Vor Anwendung der Lösungsformel bringt man die Gleichung auf die Normalform.

Durch Einsetzen von $x_5 \dots x_7$ in y'' ergibt sich, daß nur für x_5 und x_6 ein Extrem vorliegt. Für x_7 wird $y'' = 0$, d. h. es kann ein Sattelpunkt vorliegen.

$$P_5\left(\frac{\pi}{6}\,\middle|\,5{,}2\right) \longrightarrow \text{Maximum}$$
$$P_6\left(\frac{5}{6}\pi\,\middle|\,-5{,}2\right) \longrightarrow \text{Minimum}$$

3. Extremwerte: $(y' = 0)$

$$y = 2\sin(2x) + 4\cos x$$
$$y' = 4\cos(2x) - 4\sin x$$
$$= 4(1 - 2\sin^2 x) - 4\sin x$$
$$0 = 4 - 8\sin^2 x - 4\sin x$$
$$0 = \sin^2 x + \frac{1}{2}\sin x - \frac{1}{2}$$
$$\sin x_{5,6,7} = -\frac{1}{4} \pm \sqrt{\frac{1}{16} + \frac{1}{2}}$$
$$\sin x_{5,6} = 0{,}5; \longrightarrow \underline{\underline{x_5 = \frac{\pi}{6}}}; \quad y_5 \approx \underline{\underline{5{,}2}}$$
$$\underline{\underline{x_6 = \frac{5}{6}\pi}}; \quad y_6 \approx \underline{\underline{-5{,}2}}$$
$$\sin x_7 = -1; \longrightarrow \underline{\underline{x_7 = \frac{3}{2}\pi}}; \quad y_7 = \underline{\underline{0}}$$
$$y'' = -8 \cdot \sin(2x) - 4 \cdot \cos x$$
$$x_5 = \frac{\pi}{6}; \longrightarrow y'' \approx \underline{\underline{-10{,}4 < 0}}\ \text{(Maximum)}$$
$$x_6 = \frac{5}{6}\pi; \longrightarrow y'' \approx \underline{\underline{10{,}4 > 0}}\ \text{(Minimum)}$$
$$x_7 = \frac{3}{2}\pi; \longrightarrow y'' = \underline{\underline{0}}; \longrightarrow \text{Sattelpunkt?}$$

4. Bevor man die zweite Ableitung Null setzt, ist es zweckmäßig, durch Ausklammern von $-4\cos x$ ein Produkt herzustellen. Die Gleichung wird gelöst, indem man jeden der beiden Faktoren Null setzt und dann jeweils x ausrechnet.

Die beiden Faktoren ergeben die vier Werte $x_8 \dots x_{11}$, wobei der Wert x_9 mit dem Wert x_7 identisch ist.

4. Wendepunkte: ($y'' = 0$; $y''' \neq 0$)

$y'' = -4\cos x\,(4\sin x + 1)$; → Null setzen

$0 = -4\cos x\,(4\sin x + 1)$

$0 = -4\cos x$; → $x_8 = \frac{\pi}{2}$; $y_8 = 0$

$x_9 = \frac{3}{2}\pi$; $y_9 = 0$

$0 = 4\sin x + 1$; → $x_{10} \approx 1{,}08\,\pi$

$y_{10} \approx -2{,}91$

→ $x_{11} \approx 1{,}92\,\pi$

$y_{11} \approx 2{,}91$

Da die erste und dritte Ableitung für die Werte x_8, x_{10}, x_{11} verschieden von Null ist, befinden sich an diesen Stellen normale Wendepunkte. Für $x_7 \mathrel{\hat{=}} x_9$ wird auch die erste Ableitung gleich Null, d. h. es liegt ein Sattelpunkt vor.

$P_8\left(\frac{\pi}{2}\,\middle|\,0\right)$; → normaler Wendepunkt

$P_9\left(\frac{3}{2}\pi\,\middle|\,0\right)$; → Sattelpunkt

$P_{10}\,(1{,}08\pi \mid -2{,}91)$, $P_{11}\,(1{,}92\,\pi \mid 2{,}91)$ } normale Wendepunkte

$y' = 4\cos(2x) - 4\sin x$

$y''' = 4\sin x - 16\cos(2x)$

$x_8 = \frac{\pi}{2}$; → $y' = -8$; $y''' = 20$ (normaler Wendepunkt)

$x_9 = \frac{3}{2}\pi$; → $y' = 0$; $y''' = 12$ (Sattelpunkt)

$x_{10} = 1{,}08\pi$; → $y' = 4{,}5$; $y''' = -15{,}6$ (normaler Wendepunkt)

$x_{11} = 1{,}92\pi$; → $y' = 4{,}5$; $y''' = -15{,}2$ (normaler Wendepunkt)

5. Für die Zeichnung der Kurve sind folgende Punkte wichtig:

$P_1\left(\frac{\pi}{2}\,\middle|\,0\right)$, $P_2\left(\frac{3}{2}\pi\,\middle|\,0\right)$ } Nullstellen

$P_4\ (0 \mid 4)$ → Schnittpunkt mit der y-Achse

$P_5\left(\frac{\pi}{6}\,\middle|\,5{,}2\right)$ → Maximum

$P_6\left(\frac{5}{6}\pi\,\middle|\,-5{,}2\right)$ → Minimum

$P_8\left(\frac{\pi}{2}\,\middle|\,0\right)$ → Wendepunkt

$P_9\left(\frac{3}{2}\pi\,\middle|\,0\right)$ → Sattelpunkt

$P_{10}\,(1{,}08\,\pi \mid -2{,}91)$, $P_{11}\,(1{,}92\,\pi \mid 2{,}91)$ } normale Wendepunkte

5. Bild der Kurve:

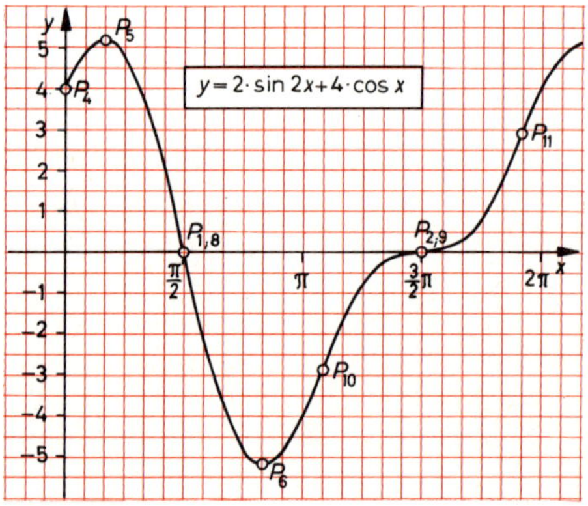

Beispiel: Diskutiere die durch die Parameter $y = t^2 - 4$ und $x = t + 1$ gegebene Funktion!

1. Man bildet $y = 0$, setzt den erhaltenen Wert für t in $x = t + 1$ ein und erhält die Nullstellen:

$$P_1(3 \mid 0); \quad P_2(-1 \mid 0).$$

1. Nullstellen: ($y = 0$)

$y = t^2 - 4; \longrightarrow$ Null setzen

$0 = t^2 - 4; \longrightarrow t = \underline{\underline{\pm 2}}$

$x = t + 1$

$x = \pm 2 + 1; \longrightarrow x_1 = \underline{\underline{3}};\ x_2 = \underline{\underline{-1}}$

2. Man setzt $x = t + 1$ gleich Null, errechnet t, das, in $y = t^2 - 4$ eingesetzt, den Schnittpunkt mit der y-Achse ergibt.

$$P_3(0 \mid -3)$$

Pole und Lücken entfallen.

2. Schnittpunkte mit der y-Achse: ($x = 0$)

$x = t + 1; \longrightarrow$ Null setzen

$0 = t + 1; \longrightarrow t = \underline{\underline{-1}}$

$y = t^2 - 4; \longrightarrow y = (-1)^2 - 4$

$= \underline{\underline{-3}}$

3. Für $y = \lim\limits_{x \to \pm\infty} t^2 - 4$ geht y gegen ∞. Es existieren also keine Asymptoten.

3. Asymptoten: $y = \lim\limits_{x \to \pm\infty} f(x)$

$x = t + 1; \qquad y = t^2 - 4$

$x \longrightarrow +\infty;\ t \longrightarrow \infty;\quad y \longrightarrow \infty$

$x \longrightarrow -\infty;\ t \longrightarrow -\infty;\ y \longrightarrow \infty$

4. Man bildet $\frac{dy}{dt}$ und $\frac{dx}{dt}$ (siehe S. 161).

Die Division der beiden Differentialquotienten ergibt y'. Für $y' = 0$ erhält man den Extremwert $P_4(1 \mid -4)$. Nach Einsetzen in y'' erweist sich das Extrem als Minimum.

$P_4(1 \mid -4); \longrightarrow$ Minimum.

Man erhält y'', indem man y' nach t ableitet und durch $\frac{dx}{dt}$ dividiert.

Da $y'' = 2 \neq 0$ ist, liegen keine Wendepunkte vor.

4. Extremwerte: ($y' = 0$)

$y = t^2 - 4; \longrightarrow \frac{dy}{dt} = 2t$

$x = t + 1; \longrightarrow \frac{dx}{dt} = 1$

$\frac{dy}{dt} \cdot \frac{dt}{dx} = y' = 2t; \longrightarrow$ Null setzen

$y' = 0; \longrightarrow t = \underline{\underline{0}}$

$x = t + 1; \longrightarrow x = \underline{\underline{1}};\quad y = \underline{\underline{-4}}$

$y'' = \frac{dy'}{dx} = \frac{dy'}{dt} \cdot \frac{dt}{dx}$

$y' = 2t; \longrightarrow \frac{dy'}{dt} = 2$

$x = t + 1; \longrightarrow \frac{dx}{dt} = 1$

$y'' = \frac{2}{1} = \underline{\underline{2 > 0}}; \longrightarrow$ Minimum

5. Wichtige Kurvenpunkte:

$P_1 (3 \mid 0)$, $P_2 (-1 \mid 0)$ } Nullstellen

$P_3 (0 \mid -3) \longrightarrow$ Schnittpunkt mit der y-Achse

$P_4 (1 \mid -4) \longrightarrow$ Minimum

5. Bild der Kurve:

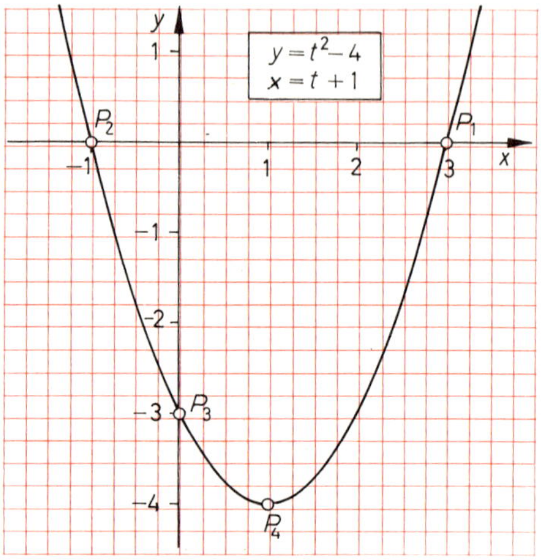

Beispiel: Diskutiere die in Polarkoordinaten gegebene Funktion $r = 1 + \cos\varphi$ und stelle sie graphisch dar!

Da im Polarkoordinatensystem x- bzw. y-Achse fehlen, müssen auch die Begriffe Nullstelle, Maximum, Minimum, Wendepunkte usw. in dem bisher gebrauchten Sinne entfallen. Man bestimmt hier die Kurvenpunkte für:

1. $r = 0$
2. $\varphi = 0$
3. $r' = 0; \longrightarrow$ Radiusvektor wird ein Maximum bzw. Minimum.

Diese Werte sagen jedoch über die Form der Kurve nur wenig aus.

Um die Punkte zu bestimmen, an denen die Kurve Tangenten parallel und senkrecht zur Polarachse hat (entsprechend Extremen und Polen im kartesischen System), benutzt man den Winkel τ, den Kurventangente und Polarachse miteinander bilden.

Für $\tan\tau = 0$ hat die Polarkurve Tangenten parallel zur Polarachse.

Tangenten senkrecht zur Polarachse existieren für $\tan\tau \longrightarrow \infty$.

Über die Beziehungen zwischen τ, α und φ siehe S. 158!

1. $r = 1 + \cos\varphi; \qquad \longrightarrow r = 0$

$0 = 1 + \cos\varphi;$

$-1 = \cos\varphi; \qquad \longrightarrow \varphi_2 = 180°$

$P_2 (0 \mid 180°)$

2. $r = 1 + \cos\varphi; \qquad \longrightarrow \varphi_1 = 0$

$r = 1 + \cos 0°$

$\underline{\underline{r = 2}}; \qquad \longrightarrow P_1 (2 \mid 0°)$

3. $r = 1 + \cos\varphi$

$r' = -\sin\varphi; \qquad \longrightarrow r' = 0$

$0 = \sin\varphi$

$\varphi_3 = \underline{\underline{0°}}; \quad r_3 = \underline{\underline{2}}; \longrightarrow P_3 (2 \mid 0°)$

$\varphi_4 = \underline{\underline{180°}}; r_4 = \underline{\underline{0}}; \longrightarrow P_4 (0 \mid 180°)$

$$\tau = \alpha + \varphi$$

$$\tan\tau = \tan(\alpha + \varphi)$$

$$\tan\tau = \frac{r' \cdot \tan\varphi + r}{r' - r \cdot \tan\varphi}$$

4. Zur Bestimmung von Kurvenpunkten mit Tangenten parallel zur Polarachse setzt man $\tan\tau = \dfrac{r'\cdot\tan\varphi + r}{r' - r\cdot\tan\varphi}$ gleich Null, d. h. der Zähler $r'\cdot\tan\varphi + r$ wird 0.

Nach Umstellen und Auflösung der quadratischen Gleichung erhält man drei Werte für φ. Durch Einsetzen der Winkel in die Stammfunktion ergeben sich die zugehörigen Werte für r.

Dabei wird die Beziehung

$$\sin^2\varphi + \cos^2\varphi = 1$$

verwendet.

4. $\tan\tau = 0$

$$0 = r'\cdot\tan\varphi + r$$

$$r = 1 + \cos\varphi; \longrightarrow r' = -\sin\varphi$$

$$0 = -\sin\varphi\cdot\frac{\sin\varphi}{\cos\varphi} + 1 + \cos\varphi$$

$$0 = \cos^2\varphi - 1 + \cos\varphi + \cos^2\varphi$$

$$0 = \cos^2\varphi + \frac{1}{2}\cos\varphi - \frac{1}{2}$$

$$\cos\varphi = -\frac{1}{4} \pm \sqrt{\frac{1}{16} + \frac{8}{16}}$$

$$\cos\varphi_{5,6} = \underline{\underline{0{,}5}}; \longrightarrow \left.\begin{matrix}\varphi_5 = \underline{\underline{60^\circ}}\\ r_5 = \underline{\underline{1{,}5}}\end{matrix}\right\}\longrightarrow P_5$$

$$\longrightarrow \left.\begin{matrix}\varphi_6 = \underline{\underline{300^\circ}}\\ r_6 = \underline{\underline{1{,}5}}\end{matrix}\right\}\longrightarrow P_6$$

$$\cos\varphi_7 = \underline{\underline{-1}}; \longrightarrow \left.\begin{matrix}\varphi_7 = \underline{\underline{180^\circ}}\\ r_7 = \underline{\underline{0}}\end{matrix}\right\}\longrightarrow P_7$$

5. Für $\tan\tau \longrightarrow \infty$ muß der Nenner $r' - r\cdot\tan\varphi$ des Bruchs $\dfrac{r'\cdot\tan\varphi + r}{r' - r\cdot\tan\varphi}$ Null werden.

Nach Einsetzen der Werte ergibt sich eine Gleichung, deren Auflösung vier Werte für φ erbringt. In diesen Punkten hat die Funktion Tangenten senkrecht zur Polarachse.

Ein Produkt ist Null, wenn ein Faktor Null ist.

5. $\tan\varphi \longrightarrow \infty$

$$0 = r' - r\cdot\tan\varphi$$

$$r = 1 + \cos\varphi; \longrightarrow r' = -\sin\varphi$$

$$0 = -\sin\varphi - (1 + \cos\varphi)\tan\varphi$$

$$0 = \sin\varphi + \frac{\sin\varphi}{\cos\varphi} + \sin\varphi$$

$$0 = 2\cdot\sin\varphi\cdot\cos\varphi + \sin\varphi$$

$$0 = \sin\varphi\,(2\cos\varphi + 1)$$

$$0 = \sin\varphi; \longrightarrow \left.\begin{matrix}\varphi_8 = \underline{\underline{0}}\\ r_8 = \underline{\underline{2}}\end{matrix}\right\}\longrightarrow P_8$$

$$\longrightarrow \left.\begin{matrix}\varphi_9 = \underline{\underline{180^\circ}}\\ r_9 = \underline{\underline{0}}\end{matrix}\right\}\longrightarrow P_9$$

$$0 = 2\cos\varphi + 1$$

$$\cos\varphi = \underline{\underline{-0{,}5}}; \longrightarrow \left.\begin{matrix}\varphi_{10} = \underline{\underline{120^\circ}}\\ r_{10} = \underline{\underline{0{,}5}}\end{matrix}\right\} P_{10}$$

$$\longrightarrow \left.\begin{matrix}\varphi_{11} = \underline{\underline{240^\circ}}\\ r_{11} = \underline{\underline{0{,}5}}\end{matrix}\right\} P_{11}$$

Der Punkt $\varphi = 180^\circ$; $r = 0$ hat sowohl eine Tangente parallel als auch senkrecht zur Polarachse. Das bedeutet, daß an dieser Stelle eine Spitze (Rückkehrpunkt) vorliegt (siehe S. 56).

6. Folgende Punkte sind zur Konstruktion wichtig.

$P_1\,(2\,|\;\;0°) = P_3 \longrightarrow r$ ist ein Maximum

$P_2\,(0\,|\,180°) = P_4 \longrightarrow r$ ist ein Minimum

$\left.\begin{array}{l} P_5\,(1{,}5\,|\;\;60°) \\ P_6\,(1{,}5\,|\,300°) \\ P_7\,(0\;\;|\,180°) \end{array}\right\}$ Tangenten parallel zur Polarachse

$\left.\begin{array}{l} P_8\,(2;\,|\;\;0°) \\ P_9\,(0\;\;|\,180°) \\ P_{10}\,(0{,}5\,|\,120°) \\ P_{11}\,(0{,}5\,|\,240°) \end{array}\right\}$ Tangenten senkrecht zur Polarachse

Die Kurve wird als Kardioide (Herzkurve) bezeichnet.

6. Bild der Funktion:

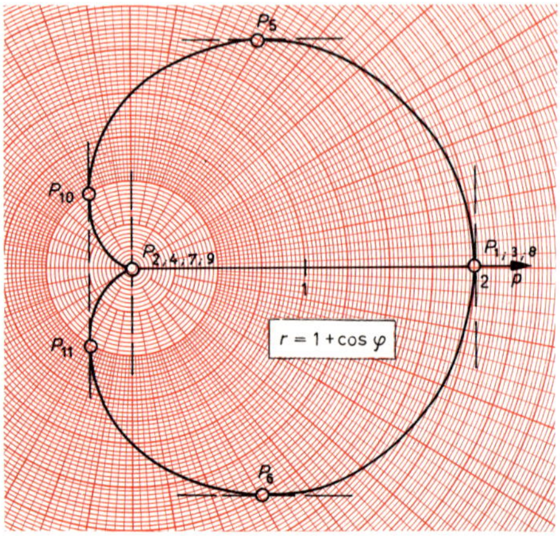

2.7.2. Maxima- und Minimarechnung

Die Kurvendiskussion dient der Ermittlung aller wichtigen Punkte einer Kurve und gibt die Möglichkeit, ohne Wertetafel den charakteristischen Verlauf einer Funktion in einem Koordinatensystem darzustellen.

Im Gegensatz dazu interessieren in der sogenannten Maxima- und Minimarechnung nur die Stellen der Funktion, an denen ein Maximum bzw. Minimum vorliegt. Zur Bestimmung dieser Extremwerte können vereinfachte Verfahren angewendet werden, welche die Rechnung wesentlich beschleunigen.

Mit Hilfe der Maxima- und Minimarechnung lassen sich eine Vielzahl technischer Probleme lösen.

Aufgabe:

Bestimme Maxima und Minima der Funktionen:

1. $y = \dfrac{a\,(2x^3 - 3x^2 - 36x)}{b} \pm C$

2. $y = 2x^3 - 3x^2 - 36x$

Erklärung:

Eine Funktion hat Extremwerte für $y' = 0$, und zwar ein Maximum für $y'' < 0$ und ein Minimum für $y'' > 0$.

Lösung:

1. $y = \dfrac{a\,(2x^3 - 3x^2 - 36x)}{b} \pm C$

$$y = \frac{2a}{b}x^3 - \frac{3a}{b}x^2 - \frac{36a}{b}x \pm C$$

$$y' = \frac{6a}{b}x^2 - \frac{6a}{b}x - \frac{36a}{b}$$

$$y'' = \frac{12a}{b}x - \frac{6a}{b}$$

$$y' = 0; \longrightarrow \frac{6a}{b}x^2 - \frac{6a}{b}x - \frac{36a}{b} = 0$$

$$x^2 - x - 6 = 0$$

$$x_1 = 3; \longrightarrow y'' = \frac{30a}{b} > 0 \text{ (Minimum)}$$

$$x_2 = -2; \longrightarrow y'' = -\frac{30a}{b} < 0 \text{ (Maximum)}$$

Erkenntnis:

Die Konstanten a, $\frac{1}{b}$, und $\pm C$ haben keinen Einfluß auf den x-Wert der Extreme.

2. $y = 2x^3 - 3x^2 - 36x$

$y' = 6x^2 - 6x - 36$

$y'' = 12x - 6$

$y' = 0; \longrightarrow 6x^2 - 6x - 36 = 0$

$x_1 = \underline{\underline{3}}; \longrightarrow y'' = \underline{\underline{30 > 0}}$ (Minimum)

$x_2 = \underline{\underline{-2}}; \longrightarrow y'' = \underline{\underline{-30 < 0}}$ (Maximum)

Merke:

> Konstante Faktoren und Summanden haben keinen Einfluß auf die Lage des Maximums oder Minimums. Zur Vereinfachung der Rechnung können sie vor der Differentiation weggelassen werden.

Aufgabe:

Berechne Maxima und Minima der Funktionen:

1. $y = \sqrt{2x^3 - 9x^2 + 12x}$
2. $y = \sqrt[3]{2x^3 - 9x^2 + 12x}$
3. $y = 2x^3 - 9x^2 + 12x$

Erklärungen:

Extremwerte liegen für $y' = 0$ vor. Ist y' ein Bruch, so wird dieser gleich Null, wenn man den Zähler Null setzt.

Erkenntnis:

Alle drei Funktionen haben an der gleichen Stelle ein Maximum bzw. ein Minimum.

Lösung:

1. $y = \sqrt{2x^3 - 9x^2 + 12x}$

$$y' = \frac{3x^2 - 9x + 6}{\sqrt{2x^3 - 9x^2 + 12x}}$$

$$y'' = \frac{3x^4 - 18x^3 + 36x^2 - 36}{\sqrt{(2x^3 - 9x^2 + 12x)^3}}$$

$y' = 0; \longrightarrow 3x^2 - 9x + 6 = 0$

$x_1 = \underline{\underline{2}}; \longrightarrow y'' > 0; \longrightarrow$ Minimum

$x_2 = \underline{\underline{1}}; \longrightarrow y'' < 0; \longrightarrow$ Maximum

2. $y = \sqrt[3]{2x^3 - 9x^2 + 12x}$

$$y' = \frac{2x^2 - 6x + 4}{\sqrt[3]{(2x^3 - 9x^2 + 12x)^2}}$$

$$y'' = \frac{-2x^2 + 24x - 32}{\sqrt[3]{(2x^3 - 9x^2 + 12x)^5}}$$

$y' = 0; \longrightarrow 2x^2 - 6x + 4 = 0$

$x_1 = \underline{\underline{2}}; \longrightarrow y'' > 0; \longrightarrow$ Minimum

$x_2 = \underline{\underline{1}}; \longrightarrow y'' < 0; \longrightarrow$ Maximum

3. $y = 2x^3 - 9x^2 + 12x$

$y' = 6x^2 - 18x + 12$

$y'' = 12x - 18$

$y' = 0; \longrightarrow 6x^2 - 18x + 12 = 0$

$x_1 = \underline{\underline{2}}; \longrightarrow y'' > 0; \longrightarrow$ Minimum

$x_2 = \underline{\underline{1}}; \longrightarrow y'' < 0; \longrightarrow$ Maximum

Merke:

> Zur Vereinfachung der Rechnung bei der Bestimmung der Extremwerte von Wurzelfunktionen kann man bei der Differentiation die Wurzel weglassen, d. h. man potenziert die Funktion vor der Differentiation mit ihrem Wurzelexponenten.

Um festzustellen, ob ein Maximum oder Minimum vorliegt, muß jeweils die 2. Ableitung gebildet werden. Zur Bestimmung von y'' sind dabei meistens umfangreiche Rechnungen notwendig. Da in der Maxima-Minima-Rechnung kein Wert auf die Berechnung der Wendepunkte gelegt wird, kann die Rechnung in vielen Fällen wesentlich abgekürzt werden.

Die erste Ableitung einer Funktion liegt häufig als Bruch vor.

$$y = f(x); \longrightarrow y' = \frac{Z(x)}{N(x)}$$

Daraus ergibt sich y'' nach der Quotientenregel.

$$y' = \frac{Z(x)}{N(x)}; \longrightarrow y'' = \frac{Z'(x) \cdot N(x) - N'(x) \cdot Z(x)}{[N(x)]^2}$$

Zur Bestimmung der Extreme muß y' gleich Null gesetzt werden, d. h. der Zähler muß Null werden.

$$y' = \frac{Z(x)}{N(x)} = 0; \longrightarrow Z(x) = 0$$

Nach Einsetzen von $Z(x) = 0$ in y'' ergibt sich eine wesentliche Vereinfachung.

$$Z(x) = 0; \longrightarrow y''_{(y'=0)} = \frac{Z'(x) \cdot N(x) - N'(x) \cdot 0}{[N(x)]^2}$$

$$\underline{\underline{y''_{(y'=0)} = \frac{Z'(x)}{N(x)}}}$$

Für $y' = 0$ ist also $y'' = \dfrac{Z'(x)}{N(x)}$

Zahlenbeispiel:

Diese Erkenntnis wird auf die vorige Aufgabe angewendet.

$$y = \sqrt{2x^3 - 9x^2 + 12x}$$

$$y' = \frac{3x^2 - 9x + 6}{\sqrt{2x^3 - 9x^2 + 12x}}; \longrightarrow y' = \frac{Z(x)}{N(x)}$$

$$y'' = \frac{3x^4 - 18x^3 + 36x^2 - 36}{\sqrt{(2x^3 - 9x^2 + 12x)^3}}$$

$$y' = 0; \longrightarrow 3x^2 - 9x + 6 = 0$$

$$x_1 = \underline{\underline{2}}; \longrightarrow y'' > 0; \longrightarrow \text{Minimum}$$

$$x_2 = \underline{\underline{1}}; \longrightarrow y'' < 0; \longrightarrow \text{Maximum}$$

Nach der vereinfachten Berechnung von y'' erhält man die gleichen Ergebnisse.

$$y''_{(y'=0)} = \frac{Z'(x)}{N(x)} = \frac{6x - 9}{\sqrt{2x^3 - 9x^2 + 12x}}$$

$$x_1 = 2; \longrightarrow y'' > 0; \longrightarrow \text{Minimum}$$

$$x_2 = 1; \longrightarrow y'' < 0; \longrightarrow \text{Maximum}$$

Merke:

In der Maxima- und Minimarechnung kann die 2. Ableitung vereinfacht berechnet werden, wenn die erste Ableitung ein Bruch ist:

$$y = f(x); \longrightarrow y' = \frac{Z(x)}{N(x)}; \longrightarrow y''_{(y'=0)} = \frac{Z'(x)}{N(x)}$$

Aufgabe:

Bestimme die Extremwerte der Funktionen:

1. $y = \frac{x}{x^2 + 1}$

Lösung:

1. $y = \frac{x}{x^2 + 1}$

$y' = \frac{1 - x^2}{(x^2 + 1)^2}$

$y''_{(y'=0)} = \frac{-2x}{(x^2 + 1)^2}$

$y' = 0; \longrightarrow 1 - x^2 = 0$

$x_1 = \underline{\underline{1}}; \longrightarrow \underline{\underline{y'' < 0}}; \longrightarrow$ Maximum

$x_2 = \underline{\underline{-1}}; \longrightarrow \underline{\underline{y'' > 0}}; \longrightarrow$ Minimum

2. $y = \frac{x^2 + 1}{x}$

2. $y = \frac{x^2 + 1}{x}$

$= x + \frac{1}{x}$

$y' = 1 - \frac{1}{x^2}$

$y'' = \frac{2}{x^3}$

$y' = 0; \longrightarrow 1 - \frac{1}{x^2} = 0$

$x_1 = \underline{\underline{1}}; \longrightarrow \underline{\underline{y'' > 0}}; \longrightarrow$ Minimum

$x_2 = \underline{\underline{-1}}; \longrightarrow \underline{\underline{y' < 0}}; \longrightarrow$ Maximum

Erkenntnis:

Hat eine Funktion an einer Stelle ein Maximum (Minimum), so hat ihr Kehrwert an der gleichen ein Minimum (Maximum).

Merke: Zur Vereinfachung der Differentiation bei der Bestimmung der Extremwerte ist es oft einfacher, den Kehrwert der Funktion zu differenzieren. Dabei wird ein Maximum zu einem Minimum bzw. ein Minimum zu einem Maximum.

Mit den nachstehenden Beispielen soll die praktische Anwendung der Maxima-Minima-Rechnung erläutert werden.

Beispiel:

Die Zahl 100 soll derart in zwei Summanden zerlegt werden, daß die Summe der Quadrate der beiden Summanden möglichst klein wird.

Lösungsweg:

1. Aus der Textaufgabe wird eine Funktionsgleichung gebildet.
2. Da die Summe der Quadrate ein Minimum werden soll, bildet man $y' = 0$ und stellt fest, ob $y'' > 0$, d. h. ein Minimum wird.

Beide Summanden haben also den Wert 50.

Lösung:

$y; \longrightarrow$ Summe der Quadrate

$x; \longrightarrow$ erster Summand

$100 - x; \longrightarrow$ zweiter Summand

$$y = x^2 + (100 - x)^2$$

$$y = 2x^2 - 200x + 10000$$

$$y' = 4x - 200$$

$$y'' = 4$$

$$y' = 0; \longrightarrow 4x - 200 = 0$$

$$x = \underline{\underline{50}}; \longrightarrow \underline{\underline{y'' > 0}}; \longrightarrow \text{Minimum}$$

$$y = 100 - x$$

$$= \underline{\underline{50}}$$

Beispiel:

Eine Fläche, die an einer Seite durch eine Mauer abgegrenzt ist, soll an den anderen drei Seiten so mit einem 40 m langen Zaun umgeben werden, daß sie möglichst groß wird.

Lösungsweg:

Die Fläche A soll ein Maximum werden. Da A von zwei Veränderlichen abhängt, die Differentiation aber nur bei einer Variablen möglich ist, muß eine der beiden unabhängig Veränderlichen durch die andere ersetzt werden.

Diese Substitution ist auf Grund der Nebenbedingungen der Aufgabe möglich.

Man bildet die erste Ableitung $\frac{dA}{db}$, setzt diese gleich Null und kontrolliert, ob die zweite Ableitung $\frac{d^2A}{db^2}$ kleiner als Null, d. h. ein Maximum wird.

Die errechnete Fläche ist ein Maximum, nach den gegebenen Bedingungen also die größtmögliche.

Lösung:

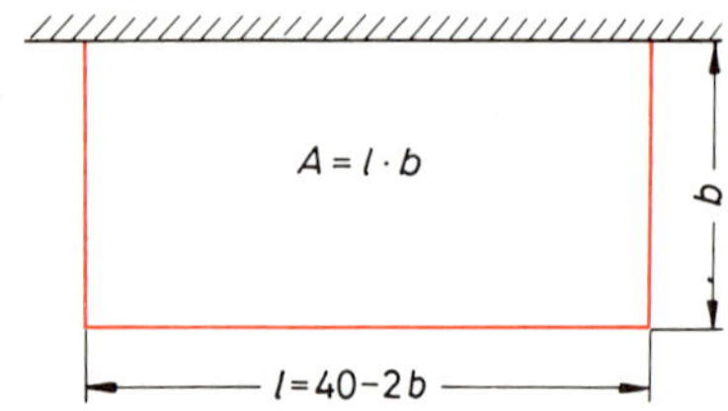

$$A = l \cdot b$$

$$l = 40 - 2b; \longrightarrow \text{Nebenbedingung}$$

$$A = (40 - 2b) \cdot b$$

$$A = 40b - 2b^2$$

$$\frac{dA}{db} = f'(b) = 40 - 4b; \longrightarrow \text{Null setzen}$$

$$0 = 40 - 4b$$

$$b = \underline{\underline{10\,\text{m}}}; \longrightarrow l = 40\,\text{m} - 2 \cdot 10\,\text{m}$$

$$= \underline{\underline{20\,\text{m}}}$$

$$\frac{d^2A}{db^2} = f''(b) = -4 < 0; \longrightarrow \text{Maximum}$$

$$A_{\text{max}} = 20\,\text{m} \cdot 10\,\text{m}$$

$$= \underline{\underline{200\,\text{m}^2}}$$

Beispiel:

Aus Blechtafeln 500 mm · 800 mm sollen durch Ausschneiden, Biegen und Schweißen nach Skizze allseitig geschlossene quaderförmige Kanister mit möglichst großem Volumen hergestellt werden. Es sind Maße und Volumen des Quaders zu berechnen.

Lösungsweg:

Das Volumen soll ein Maximum werden. Da die Größe des Volumens eine Funktion von drei Veränderlichen ist, müssen zwei Veränderliche substituiert werden. Die Nebenbedingungen ergeben sich aus der Skizze der Abwicklung.

Es ist zweckmäßig, das Problem zuerst allgemein zu lösen, da diese Lösung für alle Blechgrößen Gültigkeit hat.

Nach Bildung von $\frac{dV}{dh} = 0$ ergeben sich zwei Lösungen. Die Lösung $h_1 \approx 333{,}3$ mm ist jedoch sinnlos, da es unmöglich ist, aus einem 500 mm breiten Blech zwei Ecken 333,3 mm · 333,3 mm auszuschneiden. Für $h_2 = 100$ mm ergibt die zweite Ableitung ein Maximum.

Im vorliegenden Falle ergibt sich bei einer Höhe von 100 mm ein Quader mit quadratischer Grundfläche und 9 l Inhalt als günstigste Lösung.

Lösung:

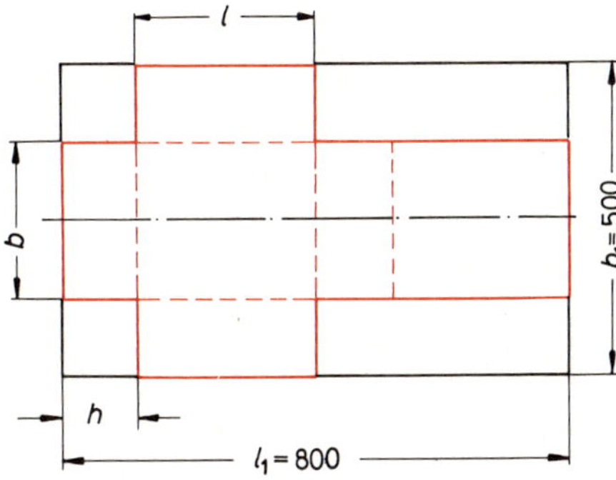

$$V = l \cdot b \cdot h$$

$$l = \frac{l_1}{2} - h; \quad b = b_1 - 2 \cdot h$$

$$V = \left(\frac{l_1}{2} - h\right) \cdot (b_1 - 2 \cdot h) \cdot h$$

$$V = 2 \cdot h^3 - (l_1 + b_1) \cdot h^2 + \frac{l_1 \cdot b_1}{2} \cdot h$$

$$\frac{dV}{dh} = 6h^2 - 2\,(l_1 + b_1) \cdot h + \frac{l_1 \cdot b_1}{2}$$

$$0 = h^2 - \left(\frac{l_1 + b_1}{3}\right) h + \frac{l_1 \cdot b_1}{12}$$

$$h_{1;2} = \frac{l_1 + b_1}{6} \pm \sqrt{\left(\frac{l_1 + b_1}{6}\right)^2 - \frac{l_1 \cdot b_1}{12}}$$

$$h_{1;2} = \frac{l_1 + b_1}{6} \pm \frac{1}{6}\sqrt{l_1^2 - l_1 \cdot b_1 + b_1^2}$$

für $l_1 = 800$ mm und $b_1 = 500$ mm:

$$h_1 \approx 333{,}3 \text{ mm}; \quad h_2 = 100 \text{ mm};$$

$$\frac{d^2V}{dh^2} = 12 \cdot h - 2\,(l_1 + b_1)$$

für $h_2 = 100; \longrightarrow \frac{d^2V}{dh^2} = 1200 - 2600 < 0; \longrightarrow$ Maximum

für $h_2 = 100$ mm wird:

$$l = \frac{l_1}{2} - h_2 = \frac{800 \text{ mm}}{2} - 100 \text{ mm} = 300 \text{ mm}$$

$$b = b_1 - 2h_2 = 500 \text{ mm} - 2 \cdot 100 \text{ mm} = 300 \text{ mm}$$

$$V_{max} = 3 \text{ dm} \cdot 3 \text{ dm} \cdot 1 \text{ dm} = 9 \text{ dm}^3$$

Beispiel:

Eine rechteckige Generatorgasleitung muß zur Vermeidung von Wärmeverlusten mit Isoliermaterial umwickelt werden. Wie müssen die Maße der Leitung sein, wenn möglichst wenig Isoliermaterial verwendet werden soll und die beförderte Gasmenge 18000 $\frac{m^3}{h}$ beträgt bei einer Gasgeschwindigkeit von 20 $\frac{m}{s}$?

Lösungsweg:

Die Aufgabe wird zunächst allgemein gelöst.

Da möglichst wenig Isoliermaterial verbraucht werden soll, muß der Umfang l_u des rechteckigen Querschnitts ein Minimum werden.

Der Umfang eines Rechtecks ist eine Funktion von zwei Veränderlichen (Länge und Breite). Daher muß eine Veränderliche vor dem Differenzieren substituiert werden.

Beim Differenzieren können Konstante weggelassen werden (siehe S. 199).

Der Querschnitt der Gasleitung ergibt sich aus der Beziehung $Q = A \cdot v$.

Länge und Breite sind gleich. Das Rechteck mit dem kleinsten Umfang ist das Quadrat.

Lösung:

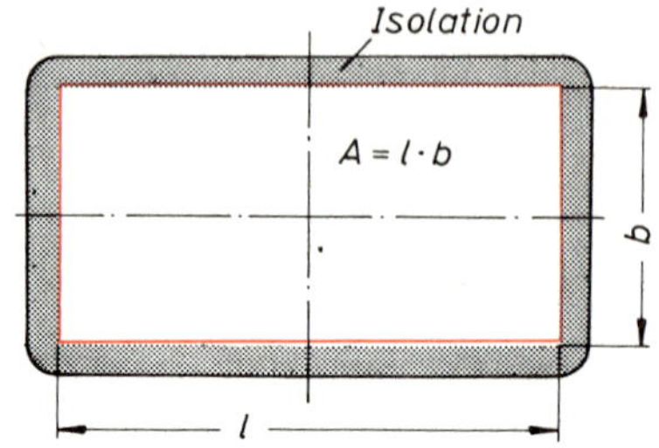

$$l_u = 2l + 2b$$

$$A = l \cdot b; \longrightarrow l = \frac{A}{b}; \longrightarrow \text{Nebenbedingung}$$

$$l_u = 2\left(\frac{A}{b} + b\right); \quad l_{u_1} = \frac{A}{b} + b$$

$$\frac{dl_{u_1}}{db} = -\frac{A}{b^2} + 1; \longrightarrow \text{Null setzen}$$

$$0 = -\frac{A}{b^2} + 1; \longrightarrow \underline{\underline{b = \sqrt{A}}}$$

$$l = \frac{A}{b} = \frac{A}{\sqrt{A}} = \underline{\underline{\sqrt{A}}}$$

$$\frac{d^2 l_{u_1}}{db^2} = \frac{2 \cdot A}{b^3} > 0; \longrightarrow \text{Minimum}$$

Gasmenge: $Q = A \cdot v$

$$Q = 18000 \frac{m^3}{h} \triangleq 5 \frac{m^3}{s}; \quad v = 20 \frac{m}{s}$$

$$A = \frac{Q}{v}; \longrightarrow A = \frac{5 \frac{m^3}{s}}{20 \frac{m}{s}} = \underline{\underline{0{,}25 \text{ m}^2}}$$

$$l = b = \sqrt{A} = \sqrt{0{,}25 \text{m}^2}$$

$$l = \underline{\underline{500 \text{ mm}}}; \quad b = \underline{\underline{500 \text{ mm}}}$$

Beispiel:

Ein Bewässerungskanal mit dreieckigem Querschnitt soll 28800 m³ Wasser stündlich bei einer Strömungsgeschwindigkeit von 3,6 $\frac{\text{km}}{\text{h}}$ befördern. Wie müssen die Maße gewählt werden, damit die benetzte Fläche, d. h. der Betonverbrauch möglichst klein wird?

Lösung:

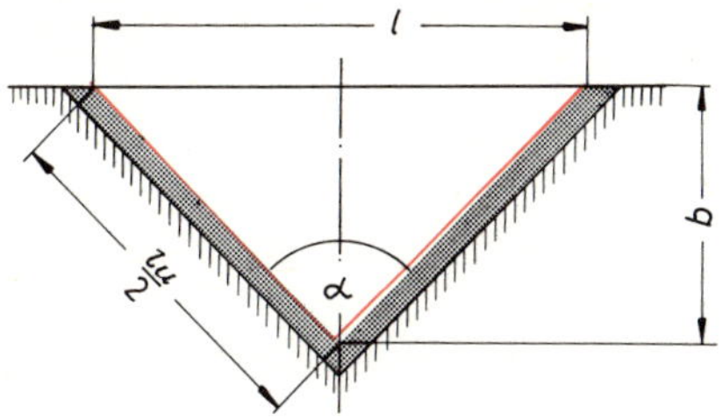

Lösungsweg:

Der benetzte Umfang l_u soll bei konstantem Querschnitt ein Minimum werden.

$$\frac{l_u}{2} = \sqrt{\left(\frac{l}{2}\right)^2 + b^2}$$

$$A = \frac{l \cdot b}{2}; \; l = \frac{2\,A}{b}; \longrightarrow \text{Nebenbedingung}$$

$$l_u = 2 \cdot \sqrt{\left(\frac{A}{b}\right)^2 + b^2}$$

$$= 2 \cdot \sqrt{\frac{A^2}{b^2} + b^2}$$

Man substituiert eine der beiden Veränderlichen auf Grund der Nebenbedingungen und differenziert unter Vernachlässigung der Konstanten und Wurzel l_{u_1} (siehe S. 199/200).

$$l_{u_1} = \frac{A^2}{b^2} + b^2$$

$$\frac{dl_{u_1}}{db} = -\frac{2 \cdot A^2}{b^3} + 2b; \longrightarrow \text{Null setzen}$$

$$0 = 2b - \frac{2\,A^2}{b^3}$$

Die Ergebnisse zeigen, daß der günstigste Kanalquerschnitt unter den gegebenen Voraussetzungen die Hälfte eines Quadrates ist.

$$b = \sqrt[4]{A^2}; \quad \longrightarrow l = \frac{2\,A}{b}$$

$$= \underline{\underline{\sqrt{A}}} \qquad = \underline{\underline{2 \cdot \sqrt{A}}}$$

$$\frac{d^2 l_{u_1}}{db^2} = \frac{6\,A^2}{b^4} + 2 > 0; \longrightarrow \text{Minimum}$$

$$\tan\frac{\alpha}{2} = \frac{l}{2 \cdot b}$$

$$= \frac{2 \cdot \sqrt{A}}{2 \cdot \sqrt{A}}$$

$$= \underline{\underline{1}} \mathrel{\hat{=}} \frac{\alpha}{2} = 45°; \longrightarrow \underline{\underline{\alpha = 90°}}$$

Die Maße des Kanals werden mit Hilfe der Beziehung $Q = A \cdot v$ ermittelt.

Wassermenge: $Q = A \cdot v$

$$A = \frac{Q}{v}; \quad \rightarrow A = \frac{28800 \frac{\mathrm{m}^3}{\mathrm{h}}}{3600 \frac{\mathrm{m}}{\mathrm{h}}} = \underline{\underline{8\,\mathrm{m}^2}}$$

$$b = \sqrt{A}; \quad \rightarrow \quad l = 2 \cdot \sqrt{A}$$
$$= \sqrt{8\,\mathrm{m}^2} \qquad = 2 \cdot \sqrt{8\,\mathrm{m}^2}$$
$$\approx \underline{\underline{2{,}83\,\mathrm{m}}} \qquad \approx \underline{\underline{5{,}66\,\mathrm{m}}}$$

Beispiel:

Es sind die Maße eines ellipsenförmigen Autotunnels zu berechnen, der eine Fahrbahn von 8 m Breite bei einer lichten Höhe von 4 m aufnehmen soll. Bei der Konstruktion ist darauf zu achten, daß der ungenutzte Tunnelquerschnitt möglichst klein wird. Berechne die Durchmesser der Ellipse und den Verlustquerschnitt in %!

Lösungsweg:

Lösung:

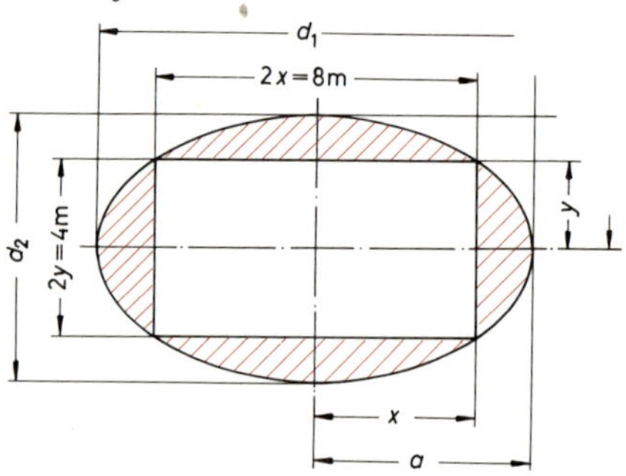

Ellipse: $A_E = a \cdot b \cdot \pi$

Rechteck: $A_R = 2x \cdot 2y = 4xy$

Die Differenz A zwischen der Ellipsenfläche und dem rechteckigen Nutzquerschnitt soll ein Minimum werden.

Ungenutzter Querschnitt:

$$A = A_E - A_R$$
$$A = a \cdot b \cdot \pi - 4xy$$

Von den beiden Variablen a und b kann eine mit Hilfe der Ellipsengleichung ersetzt werden.

Ellipsengleichung: $\frac{x^2}{a^2} + \frac{y^2}{b^2} = 1$

$$a = \sqrt{\frac{x^2 \cdot b^2}{b^2 - y^2}}$$

Um die Differentiation zu vereinfachen, bringt man b unter die Wurzel und läßt dann die Konstanten $-4xy$, π, x^2 sowie die Wurzel beim Differenzieren weg.

$$A = \sqrt{\frac{x^2 \cdot b^2}{b^2 - y^2}} \cdot b \cdot \pi - 4xy$$

$$A_1 = \frac{b^4}{b^2 - y^2}; \quad \rightarrow A_1 = \frac{u}{v}$$

Extremwerte existieren für $\frac{dA_1}{db} = 0$.

$$\frac{dA_1}{db} = \frac{2b^5 - 4y^2b^3}{(b^2 - y^2)^2}; \rightarrow \text{Null setzen}$$

$$0 = 2b^5 - 4y^2b^3$$
$$= 2b^3(b^2 - 2y^2)$$

$$0 = 2b^3; \rightarrow b_1 = 0; \rightarrow \text{entfällt, da ohne Sinn}$$

$$0 = b^2 - 2y^2; \rightarrow b_2 = \underline{\underline{y \cdot \sqrt{2}}}$$

$$a = \sqrt{\frac{x^2 \cdot b^2}{b^2 - y^2}}; \rightarrow b = y \cdot \sqrt{2}$$
$$= \underline{\underline{x \cdot \sqrt{2}}}$$

Die zweite Ableitung berechnet man vereinfacht mit:

$$y''_{(y'=0)} = \frac{Z'(b)}{N(b)}$$

$$\frac{d^2 A_1}{db^2}_{(y'=0)} = \frac{Z'(b)}{N(b)} = \frac{10b^4 - 12y^2b^2}{(b^2 - y^2)^2}$$

Für $b = y \cdot \sqrt{2}$ ist die gesuchte Flächendifferenz ein Minimum.

$$b = y \cdot \sqrt{2}; \longrightarrow \frac{d^2 A_1}{db^2}_{(y'=0)} = \frac{40y^4 - 24y^4}{y^4} = \underline{\underline{16 > 0}}$$

(Minimum)

Die Durchmesser des ellipsenförmigen Querschnitts ergeben sich durch Einsetzen der Maße.

$$d_1 = 2 \cdot a; \quad d_1 = 2 \cdot x \cdot \sqrt{2} = 8\,\text{m} \cdot \sqrt{2} \approx \underline{\underline{11{,}31\,\text{m}}}$$

$$d_2 = 2 \cdot b; \quad d_2 = 2 \cdot y \cdot \sqrt{2} = 4\,\text{m} \cdot \sqrt{2} \approx \underline{\underline{5{,}66\,\text{m}}}$$

Der Verlustquerschnitt errechnet sich mit:

$$A = A_E - A_R.$$
$$= ab\pi - 4xy$$

$$A = a \cdot b \cdot \pi - 4xy \approx 50{,}28\,\text{m}^2 - 32\,\text{m}^2 \approx \underline{\underline{18{,}28\,\text{m}^2}} \mathrel{\hat=} \underline{\underline{36{,}4\%}}$$

Beispiel:

Ein Sportflugzeug fliegt von A nach B und zurück nach C. Bei welcher Windgeschwindigkeit legt das Flugzeug den Weg ABC in kürzester Zeit zurück, wenn seine Eigengeschwindigkeit $420\,\frac{\text{km}}{\text{h}}$ beträgt? Windrichtung von A nach B.

Lösung:

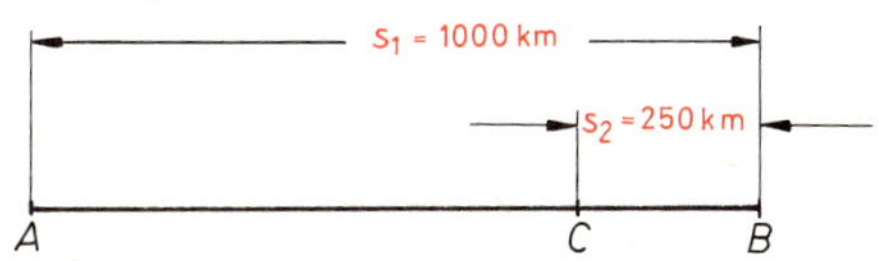

t = Gesamtzeit; $t = \frac{s}{v}$

t_1 = Zeit für Strecke A—B

t_2 = Zeit für Strecke B—C

v_W = Windgeschwindigkeit

v_E = Eigengeschwindigkeit

Lösungsweg:

Die Gesamtzeit setzt sich aus der Hin- und Rückflugzeit zusammen. Dabei wirkt beim Hinflug von A nach B der Wind als zusätzliche Kraft. Beim Rückflug verzögert sie den Flug.

$$t = t_1 + t_2$$

$$t = \frac{s_1}{v_E + v_W} + \frac{s_2}{v_E - v_W}$$

$$t = \frac{1000}{420 + v_W} + \frac{250}{420 - v_W}$$

$$\frac{dt}{dv_W} = \frac{-1000}{(420 + v_W)^2} + \frac{250}{(420 - v_W)^2}$$

Nach Einsetzen der Werte ergibt sich für $\frac{dt}{dv_W} = 0$ die gesuchte günstigste Windgeschwindigkeit.

$$0 = \frac{-1000}{(420 + v_W)^2} + \frac{250}{(420 - v_W)^2}$$

$$3 \cdot v_W = 420$$

$$v_W = 140\,\frac{\text{km}}{\text{h}}; \longrightarrow y'' > 0; \longrightarrow \text{Minimum}$$

Die kürzeste Flugzeit beträgt demnach 2,68 Stunden.

$$t = \frac{1000\,\text{km}}{420\,\frac{\text{km}}{\text{h}} + 140\,\frac{\text{km}}{\text{h}}} + \frac{250\,\text{km}}{420\,\frac{\text{km}}{\text{h}} - 140\,\frac{\text{km}}{\text{h}}} \approx \underline{\underline{2{,}68\,\text{h}}}$$

Beispiel:

Ein Schiff, das mit einer Geschwindigkeit von $v_1 = 30 \frac{\text{km}}{\text{h}}$ von A nach B fährt, peilt um 10 Uhr ein anderes Schiff, das mit $v_2 = 20 \frac{\text{km}}{\text{h}}$ von C in Richtung A fährt unter einem Winkel von $\alpha = 60°$ in $l = 8$ km Entfernung an.

Um wieviel Uhr ist der Abstand a beider Schiffe am geringsten, und wie groß ist er?

Lösung:

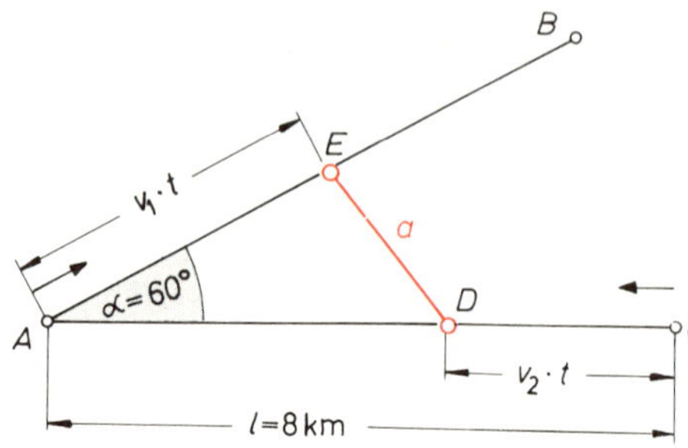

Lösungsweg:

Der Abstand a soll ein Minimum werden. Betrachtet man das Dreieck ADE, dessen Seiten AE und AD sowie der Winkel α bekannt sind, so kann der Abstand a mit Hilfe des Cosinussatzes bestimmt werden. Dabei wird der Abstand a eine Funktion der Zeit. Man differenziert a^2, da für das Quadrat von a an der gleichen Stelle ein Extrem vorliegen muß.

$\overline{AE} \mathrel{\hat{=}} v_1 \cdot t; \quad \overline{AD} \mathrel{\hat{=}} l - v_2 \cdot t$

Cosinussatz: $a^2 = b^2 + c^2 - 2bc \cdot \cos\alpha$

$$a^2 = (v_1 \cdot t)^2 + (l - v_2 \cdot t)^2 - 2 \cdot v_1 \cdot t \cdot (l - v_2 \cdot t) \cdot \cos\alpha$$

$$a^2 = t^2 (v_1^2 + v_2^2 + 2 \cdot v_1 \cdot v_2 \cdot \cos\alpha) - 2 \cdot l \cdot t (v_2 + v_1 \cdot \cos\alpha) + l^2$$

Nach Bildung von $\frac{da^2}{dt} = 0$ ergibt sich die gesuchte Zeit.

$$\frac{da^2}{dt} = 2t (v_1^2 + v_2^2 + 2 \cdot v_1 \cdot v_2 \cdot \cos\alpha) - 2l (v_2 + v_1 \cdot \cos\alpha); \longrightarrow 0 \text{ setzen}$$

$$t = \frac{l (v_2 + v_1 \cdot \cos\alpha)}{v_1^2 + v_2^2 + 2 \cdot v_1 \cdot v_2 \cdot \cos\alpha}$$

Die zweite Ableitung ist positiv, d. h. es liegt ein Minimum vor.

$$\frac{d^2 a^2}{dt^2} = 2 (v_1^2 + v_2^2 + 2 \cdot v_1 \cdot v_2 \cdot \cos\alpha) = \text{positiv} \longrightarrow \text{Minimum}$$

Die zahlenmäßigen Ergebnisse erhält man durch Einsetzen der Meßwerte.

$$t = \frac{8 (20 + 30 \cdot \cos 60°)}{900 + 400 + 2 \cdot 30 \cdot 20 \cdot \cos 60°}$$

$t \approx 0{,}1474$ Std. $\mathrel{\hat{=}} \underline{\underline{8'51''}}$

Kürzester Abstand um $\underline{\underline{10^h 8'51''}}$

$$a^2 = (v_1 \cdot t)^2 + (l - v_2 \cdot t)^2 + - 2 \cdot v_1 \cdot t (l - v_2 \cdot t) \cos\alpha$$

$$a^2 \approx 19{,}5 + 25{,}5 - 22{,}3 \approx 22{,}7368$$

Die kürzeste Entfernung a ergibt sich aus der Stammfunktion mit ca. 4770 m.

Diese wird um $10^h 8'51''$ erreicht.

$$a \approx \sqrt{22{,}7368} \approx \underline{\underline{4{,}77 \text{ km}}}$$

Beispiel:

Die Ortschaft A, die an der Straße A—B liegt, soll mit dem Kraftwerk C, das 2 km von der Straße entfernt ist, durch eine unter der Erde verlegte Leitung verbunden werden. Die Kosten betragen 60 DM pro lfd. Meter bei Verlegung neben der Straße und 100 DM pro lfd. Meter im Gelände. In welcher Entfernung von der Ortschaft A muß die Leitung abzweigen, damit die Kosten möglichst niedrig gehalten werden.

Lösung:

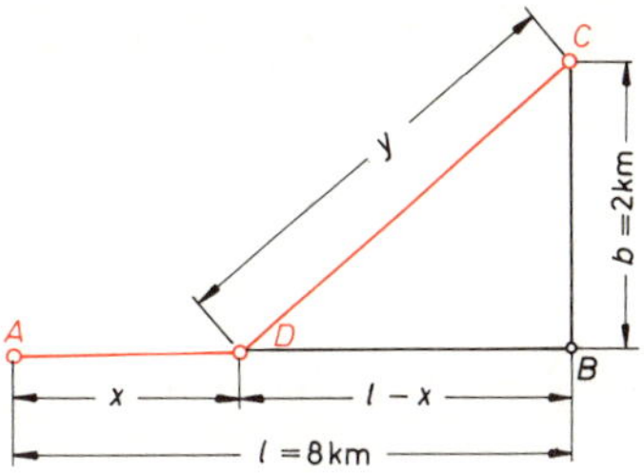

Lösungsweg:

Man bringt die Gesamtkosten K in Abhängigkeit von den Strecken x und y. Dabei läßt sich y durch x ausdrücken.

K_1 = 60 DM pro Meter ⟶ Abschnitt x

K_2 = 100 DM pro Meter ⟶ Abschnitt y

K = Gesamtkosten

$$K = K_1 \cdot x + K_2 \cdot y$$

$$y = \sqrt{(l - x)^2 + b^2}$$

$$K = K_1 \cdot x + K_2 \cdot \sqrt{(l - x)^2 + b^2}$$

Dann ergibt sich für $\frac{dK}{dx} = 0$ die Strecke x und damit auch y, für welche die Gesamtkosten ein Minimum werden.

$$\frac{dK}{dx} = K_1 - \frac{K_2 (l - x)}{\sqrt{(l - x)^2 + b^2}}; \longrightarrow 0$$

Die Wurzelgleichung wird durch Quadrieren und Ausrechnung der sich ergebenden quadratischen Gleichung gelöst.

$$K_2 (l - x) = K_1 \cdot \sqrt{(l - x)^2 + b^2}$$

$$K_2^2 \cdot (l - x)^2 = K_1^2 \cdot [(l - x)^2 + b^2]$$

$$\frac{K_1^2 \cdot b^2}{K_2^2 - K_1^2} = (l - x)^2$$

$$0 = x^2 - 2lx + \left[l^2 - \frac{K_1^2 \cdot b^2}{K_2^2 - K_1^2}\right]$$

Nur das Minuszeichen ergibt ein sinnvolles Ergebnis, da x nicht größer als l werden kann.

$$x = l - \sqrt{l^2 - l^2 + \frac{K_1^2 \cdot b^2}{K_2^2 - K_1^2}}$$

Beim Einsetzen von x in die zweite Ableitung ergibt sich ein Minimum.

$$\underline{\underline{x = l - \frac{K_1 \cdot b}{\sqrt{K_2^2 - K_1^2}}}}; \longrightarrow \frac{d^2K}{dx^2} > 0$$

Die Länge der Strecken errechnet man durch Einsetzen der Zahlenwerte.

$$x = 8000\,\text{m} - \frac{60\,\text{DM} \cdot 2000\,\text{m}}{\sqrt{10000\,\text{DM}^2 - 3600\,\text{DM}^2}}$$

$$x = \underline{\underline{6500\,\text{m}}}$$

$$y = \sqrt{(8000\,\text{m} - 6500\,\text{m})^2 + (2000\,\text{m})^2}$$

$$y = \underline{\underline{2500\,\text{m}}}$$

Die Gesamtkosten betragen 640 000 DM.

$$K = 6500\,\text{m} \cdot 60\,\frac{\text{DM}}{\text{m}} + 2500\,\text{m} \cdot 100\,\frac{\text{DM}}{\text{m}}$$

$$= \underline{\underline{640\,000\,\text{DM}}}$$

Beispiel:

Welche Höhe muß ein Beobachtungsturm haben, von dessen Spitze man die Strecke AB unter einem möglichst großen Gesichtswinkel sieht.

Lösung:

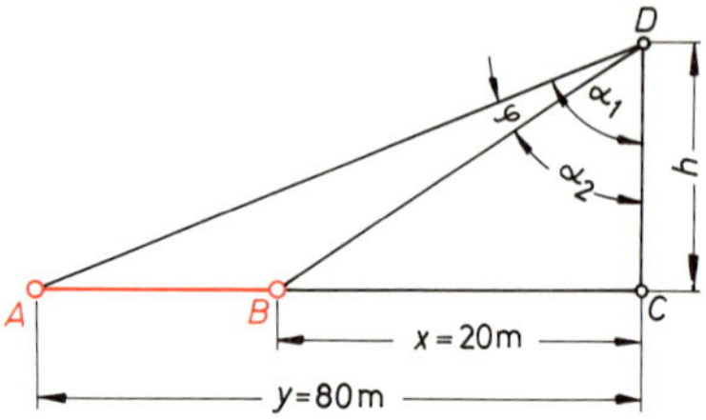

Lösungsweg:

Der Winkel φ soll ein Maximum werden, d. h. auch der Tangens des Winkels φ wird ein Maximum.

Durch Umformen läßt sich der Winkel φ in Abhängigkeit von der Turmhöhe bringen.

$$\tan\varphi = \tan(\alpha_1 - \alpha_2)$$

$$\tan\varphi = \frac{\tan\alpha_1 - \tan\alpha_2}{1 + \tan\alpha_1 \cdot \tan\alpha_2}$$

$$\tan\alpha_1 = \frac{y}{h};\ \tan\alpha_2 = \frac{x}{h}$$

$$\tan\varphi = \frac{\frac{y}{h} - \frac{x}{h}}{1 + \frac{x \cdot y}{h^2}}$$

$$\tan\varphi = \frac{h\,(y - x)}{h^2 + x \cdot y}$$

Für $\frac{d\tan\varphi}{dh} = 0$ ergibt sich der Tangens des Gesichtswinkels φ, unter dem die Strecke AB am günstigsten zu sehen ist.

$$\frac{d\tan\varphi}{dh} = \frac{(y - x)(h^2 + xy) - 2h^2(y - x)}{(h^2 + xy)^2}$$

$$0 = (y - x)(h^2 + xy) - 2h^2(y - x)$$

$$\underline{\underline{h = \sqrt{x \cdot y}}}$$

$$\frac{d^2\tan\varphi}{dh^2}\left(\frac{d\tan\varphi}{dh} = 0\right) = \frac{Z'(x)}{N(x)}$$

$$\frac{Z'(x)}{N(x)} = \frac{2h\,(y - x) - 4h\,(y - x)}{(h^2 + xy)^2}$$

für $h = \sqrt{xy}$ wird:

Die zweite Ableitung ergibt für $h = \sqrt{xy}$ ein Maximum.

$$\frac{Z'(x)}{N(x)} = \frac{-(y - x)\sqrt{xy}}{2x^2y^2} < 0; \longrightarrow \text{Maximum}$$

Die Zahlenwerte erhält man durch Einsetzen der gegebenen Längen.

$$h = \sqrt{xy}$$

$$= \sqrt{20\,\text{m} \cdot 80\,\text{m}}$$

$$= \underline{\underline{40\,\text{m}}}$$

$$\tan\varphi = \frac{h\,(y - x)}{h^2 + xy}$$

$$= \frac{40\,(80 - 20)}{1600 + 1600}$$

$$\tan\varphi = 0{,}75; \longrightarrow \underline{\underline{\varphi \approx 36{,}9^\circ}}$$

Beispiel:

Für eine Bewässerungsanlage soll ein Kanal mit trapezförmigem Querschnitt aus drei gleich großen Betonfertigplatten gebaut werden. Die Platten sind so anzuordnen, daß möglichst viel Wasser transportiert werden kann. Wie groß ist der günstigste Böschungswinkel?

Lösung:

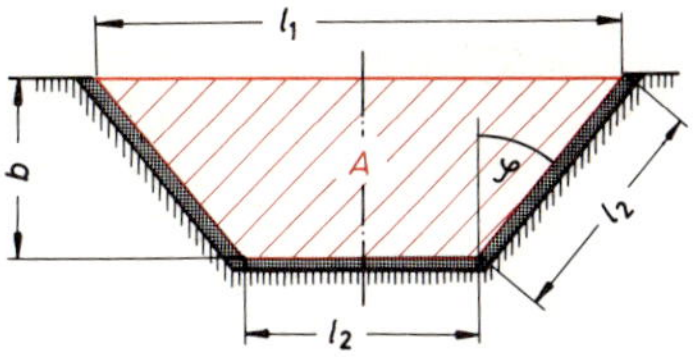

Lösungsweg:

Der trapezförmige Querschnitt A des Kanals wird als Funktion des Böschungswinkels φ dargestellt.

$$A = \frac{l_1 + l_2}{2} \cdot b$$

$$\cos \varphi = \frac{b}{l_2}; \longrightarrow b = l_2 \cdot \cos \varphi$$

$$\sin \varphi = \frac{l_1 - l_2}{2 \cdot l_2}; \longrightarrow l_1 = l_2\,(2 \sin \varphi + 1)$$

$$A = \frac{l_2\,(2 \cdot \sin \varphi + 1) + l_2}{2} \cdot l_2 \cdot \cos \varphi$$

$2 \cdot \sin \varphi \cdot \cos \varphi = \sin (2\varphi)$

$$A = \frac{l_2^2}{2}\,(2 \cdot \sin \varphi \cdot \cos \varphi + 2 \cos \varphi)$$

$$A = \frac{l_2^2}{2}\,[\sin (2\varphi) + 2 \cos \varphi]$$

Die Konstante $\frac{l_2^2}{2}$ kann beim Differenzieren vernachlässigt werden.

$$A_1 = \sin (2\varphi) + 2 \cos \varphi$$

$$\frac{dA_1}{d\varphi} = 2 \cos (2\varphi) - 2 \sin \varphi; \longrightarrow 0 \text{ setzen}$$

$\cos (2\varphi) = 1 - 2 \cdot \sin^2 \varphi$

$$0 = \sin^2 \varphi + \frac{1}{2} \sin \varphi - \frac{1}{2}$$

Für $\frac{dA_1}{d\varphi} = 0$ ergibt sich eine quadratische Gleichung. Von den errechneten Werten hat nur $\varphi_1 = 30°$ für die Aufgabe einen Sinn.

$$\sin \varphi_{1;2} = -\frac{1}{4} \pm \sqrt{\frac{1}{16} + \frac{8}{16}}$$

$$\sin \varphi_1 = \underline{\underline{0{,}5}}; \longrightarrow \varphi_1 = \underline{\underline{30°}}$$

$$\sin \varphi_2 = \underline{\underline{-1}}; \longrightarrow \varphi_2 = \underline{\underline{270°}}; \longrightarrow \text{entfällt}$$

Die zweite Ableitung zeigt, daß der Querschnitt für $\varphi = 30°$ ein Maximum wird.

$$\frac{d^2A}{d\varphi^2} = \frac{l_2^2}{2}\,[-4 \cdot \sin (2\varphi) - 2 \cdot \cos \varphi]$$

$$= \frac{l_2^2}{2} \cdot (-4 \cdot 0{,}866 - 2 \cdot 0{,}866) < 0$$

(Maximum)

Beispiel:

In welcher Höhe h muß eine Lichtquelle über einer Straße mit der Breite b angebracht werden, damit die Fahrbahnränder noch möglichst stark ausgeleuchtet werden?

Lösungsweg:

Die Beleuchtungsstärke E_1 am Fahrbahnrand C muß ein Maximum werden.

Bei der Lösung müssen zwei physikalische Gesetze beachtet werden.

1. Die Beleuchtungsstärke auf einer Fläche nimmt mit dem Quadrat ihrer Entfernung von der Lichtquelle ab.
2. Die Beleuchtungsstärke hängt vom Einfallswinkel ab, unter dem die Lichtstrahlen auf eine beleuchtete Fläche auftreffen. Eine Fläche wird um so stärker beleuchtet, je senkrechter die Strahlen einfallen.

Φ : Lichtstrom auf die Fläche, die mit Hilfe von $\overline{AC}$ bei senkrechtem Lichteinfall gebildet wird.

Φ_1 : Lichtstrom auf die Fläche AC bei Einfall unter $\sphericalangle\ \varphi$.

E : Beleuchtungsstärke im Punkt C bei senkrechtem Lichteinfall.

E_1 : Beleuchtungsstärke im Punkt C bei schrägem Lichteinfall unter φ.

Die Beleuchtungsstärke $E_1 = E \cdot \sin\varphi$ im Punkte C hängt aber auch noch von der Entfernung r von der Lichtquelle L ab. Die Strecke r wird durch φ substituiert, so daß sich E_1 als Funktion von φ ergibt.

Die Konstante $\frac{4}{b^2}$ kann beim Differenzieren weggelassen werden. Für $\frac{dE_2}{d\varphi}$ erhält man zwei Winkel, von denen nur $\varphi = 54{,}7°$ einen Sinn ergibt und gleichzeitig ein Maximum ist.

Die Höhe der Lampe über der Straße ergibt sich durch Einsetzen von $\sin\varphi = \sqrt{\frac{2}{3}}$.

Lösung:

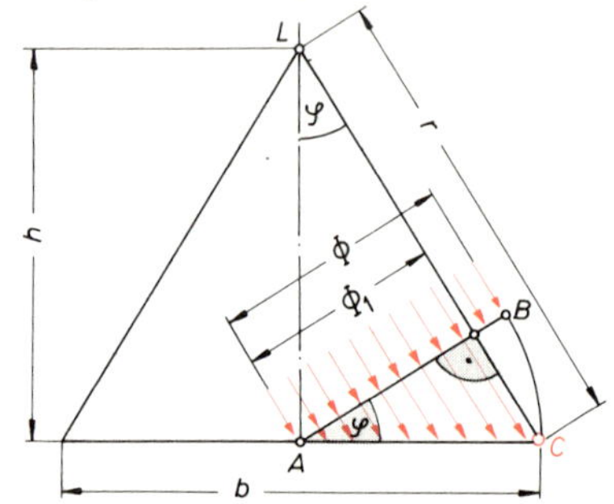

$$\text{Beleuchtungsstärke } (E) = \frac{\text{Lichtstrom } (\Phi)}{\text{Fläche } (A)}$$

$$E = \frac{\Phi}{A}; \longrightarrow E_1 = \frac{\Phi_1}{A}$$

$$\frac{E_1}{\Phi_1} = \frac{E}{\Phi}; \longrightarrow E_1 = \frac{E \cdot \Phi_1}{\Phi}$$

$$\Phi_1 = \Phi \cdot \cos\varphi; \quad E = \frac{r^2}{1}; \longrightarrow \text{einsetzen}$$

$$E_1 = \frac{\cos\varphi}{r^2}; \quad \longrightarrow r = \frac{b}{2 \cdot \sin\varphi}$$

$$E_1 = \frac{4 \cdot \cos\varphi \cdot \sin^2\varphi}{b^2}$$

$$E_1 = \frac{4}{b^2}(\cos\varphi - \cos^3\varphi)$$

$$E_2 = \cos\varphi - \cos^3\varphi$$

$$\frac{dE_2}{d\varphi} = -\sin\varphi + 3 \cdot \cos^2\varphi \cdot \sin\varphi$$

$$= 2 \cdot \sin\varphi - 3 \cdot \sin^3\varphi; \longrightarrow \text{Null setzen}$$

$$0 = \sin\varphi\,(2 - 3 \cdot \sin^2\varphi)$$

$$0 = \sin\varphi; \longrightarrow \varphi_1 = 0°; \longrightarrow \text{entfällt}$$

$$0 = 2 - 3 \cdot \sin^2\varphi$$

$$\sin\varphi_2 = \sqrt{\frac{2}{3}}; \longrightarrow \underline{\underline{\varphi_2 \approx 54{,}7°}}$$

$$\frac{d^2E_2}{d\varphi^2} = 2 \cdot \cos\varphi - 9 \cdot \sin^2\varphi \cdot \cos\varphi$$

$$\text{für } \varphi_2 = 54{,}7°; \longrightarrow \frac{d^2E_2}{d\varphi^2} < 0; \longrightarrow \text{Maximum}$$

$$h = \sqrt{r^2 - \frac{b^2}{4}}; \longrightarrow r = \frac{b}{2 \cdot \sin\varphi}$$

$$h = \sqrt{\frac{b^2}{4 \cdot \sin^2\varphi} - \frac{b^2}{4}}$$

$$= \frac{b}{2}\sqrt{\frac{1}{\sin^2\varphi} - 1}$$

$$\sin\varphi = \sqrt{\frac{2}{3}}; \longrightarrow \underline{\underline{h = \frac{b}{4}\sqrt{2}}}$$

Beispiel:

Wie müssen sich bei einer zylindrischen Konservendose (mit Deckel) Höhe zum Durchmesser verhalten, damit bei gegebenem Volumen möglichst wenig Blech verbraucht wird.

Lösungsweg:

Der geringste Blechbedarf liegt dann vor, wenn die Oberfläche A der Dose (Mantel und zwei Kreisflächen) ein Minimum wird.

Die zweite Veränderliche h wird mit Hilfe des gegebenen Volumens substituiert und so die Oberfläche A nur von d abhängig gemacht.

Für $\frac{dA}{dd} = 0$ ergibt sich der günstigste Durchmesser. Nach Einsetzen in die Stammfunktion erhält man die zugehörige Höhe h.

Das Ergebnis zeigt, daß der günstigste Blechverbrauch dann vorliegt, wenn man Durchmesser und Höhe der Konservendose gleich groß macht.

Lösung:

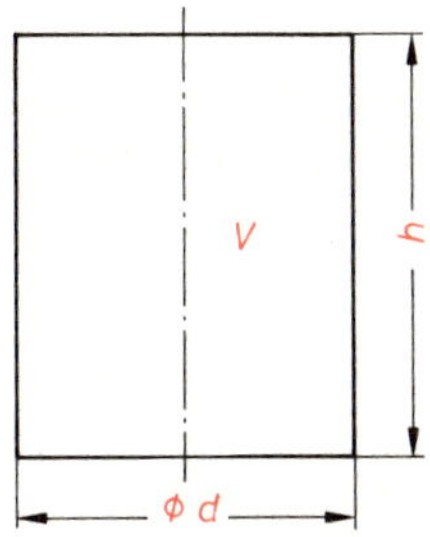

$$V = \frac{d^2 \cdot \pi \cdot h}{4}$$

$$h = \frac{4V}{d^2 \cdot \pi}$$

$$A = 2 \cdot \frac{d^2 \cdot \pi}{4} + d \cdot \pi \cdot h; \longrightarrow h = \frac{4 \cdot V}{d^2 \pi}$$

$$A = \frac{d^2 \cdot \pi}{2} + \frac{4 \cdot V}{d}$$

$$\frac{dA}{dd} = d \cdot \pi - \frac{4 \cdot V}{d^2}; \longrightarrow \text{Null setzen!}$$

$$0 = d \cdot \pi - \frac{4 \cdot V}{d^2}; \longrightarrow d = \underline{\underline{\sqrt[3]{\frac{4 \cdot V}{\pi}}}}$$

$$h = \frac{4 \cdot V}{d^2 \cdot \pi}; \qquad \longrightarrow h = \underline{\underline{\sqrt[3]{\frac{4 \cdot V}{\pi}}}}$$

$$\frac{d^2 A}{dd^2} = \pi + \frac{8 \cdot V}{d^3} > 0; \longrightarrow \text{Minimum}$$

$$\frac{d}{h} = \frac{1}{1}; \longrightarrow \underline{\underline{d = h}}$$

Beispiel:

In die kegelförmige Spitze eines Turmes soll ein zylindrischer Wasserbehälter mit möglichst großem Volumen eingebaut werden.

Wie müssen die Maße des Behälters bei gegebenem Volumen V gewählt werden? Wieviel Prozent des Turmvolumens werden ausgenutzt?

Lösung:

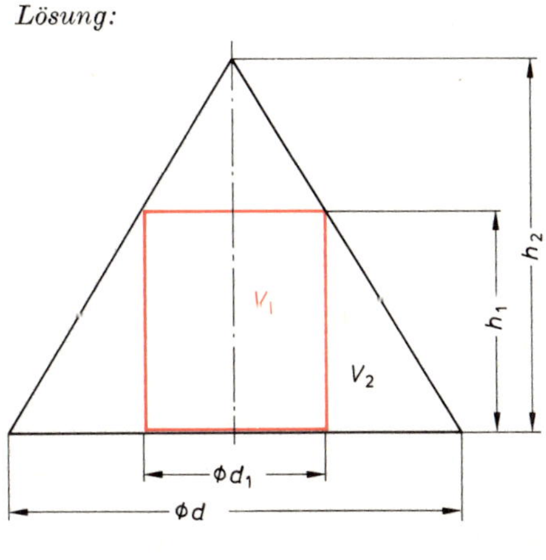

Lösungsweg:

Die Gleichung für das Zylindervolumen V_1 enthält zwei Veränderliche. Davon läßt sich eine mit Hilfe des Strahlensatzes substituieren.

$$V = \frac{d^2 \cdot \pi \cdot h}{12}; \quad V_1 = \frac{d_1^2 \cdot \pi \cdot h_1}{4}$$

$$\frac{h}{d} = \frac{h - h_1}{d_1}; \longrightarrow \text{Strahlensatz}$$

$$h_1 = h\left(1 - \frac{d_1}{d}\right)$$

Die Konstanten $\frac{h \cdot \pi}{4}$ kann man zur Vereinfachung bei der Differentiation weglassen.

$$V_1 = \frac{h \cdot \pi}{4}\left(d_1^2 - \frac{d_1^3}{d}\right)$$

$$V_2 = d_1^2 - \frac{d_1^3}{d}$$

$$\frac{dV_2}{dd_1} = 2 \cdot d_1 - 3 \cdot \frac{d_1^2}{d}; \longrightarrow \text{Null setzen}$$

$$0 = d_1\left(2 - 3 \cdot \frac{d_1}{d}\right)$$

$$d_{1.1} = 0; \longrightarrow \text{entfällt, da sinnlos}$$

Die Lösungen zeigen, daß der günstigste Fall dann eintritt, wenn die Zylinderhöhe $\frac{1}{3}$ der Kegelhöhe und der Zylinderdurchmesser $\frac{2}{3}$ des Kegeldurchmessers betragen.

$$0 = 2 - 3 \cdot \frac{d_1}{d}; \longrightarrow d_{1.2} = \frac{2}{3} \cdot d$$

$$h_1 = h\left(1 - \frac{d_1}{d}\right); \longrightarrow h_1 = \frac{1}{3} \cdot h$$

$$\frac{d^2 V_2}{dd_1^2} = 2 - \frac{6 \cdot d_1}{d}; \quad \text{für } d_1 = \frac{2}{3} \cdot d$$

$$= 2 - \frac{12}{3} < 0; \longrightarrow \text{Maximum}$$

$V_{1\,max}$ errechnet sich aus V_1 durch Einsetzen der ermittelten günstigsten Werte für d_1 und h_1.

$$V_{1max} = \frac{4 \cdot d^2 \cdot \pi \cdot h}{9 \cdot 4 \cdot 3}$$

$$= \frac{d^2 \cdot \pi \cdot h}{27}; \longrightarrow V = \frac{d^2 \cdot \pi \cdot h}{12}$$

Die Ausnutzung des Turmes in Prozent ergibt sich aus der Proportion:

$$\frac{V_{1\,max}}{V} = \frac{P}{100}$$

$$\frac{V_{1max}}{V} = \frac{P}{100}$$

$$P = \frac{100 \cdot V_{1\,max}}{V}$$

$$P = \frac{100 \cdot d^2\,\pi \cdot h \cdot 12}{27 \cdot d^2 \cdot \pi \cdot h}$$

$$= \frac{400}{9}$$

$$P \approx 44{,}4\,\%; \longrightarrow \text{Ausnutzung des Turmvolumens}$$

Beispiel:

In eine Kugel ist ein Kegel mit möglichst großem Volumen einzubeschreiben!

Lösungsweg:

Das Volumen V_1 des Kegels soll bei gegebenem Kugelvolumen ein Maximum werden.

Es liegen zwei Veränderliche vor, von denen sich eine mit Hilfe des Höhensatzes ersetzen läßt.

Höhensatz: $h^2 = p \cdot q$

Die Konstanten $\frac{4 \cdot \pi}{12}$ können beim Differenzieren fortgelassen werden, da sie keinen Einfluß auf die Lage der Extreme haben.

Das größte Kegelvolumen ergibt sich für:

$$h_1 = \frac{2}{3} \cdot d$$

$$d_1 = \frac{2}{3} \cdot d \cdot \sqrt{2}$$

$$\frac{d_1}{h_1} = \sqrt{2}$$

Die zweite Ableitung bestätigt, daß es sich um ein Maximum handelt.

Lösung:

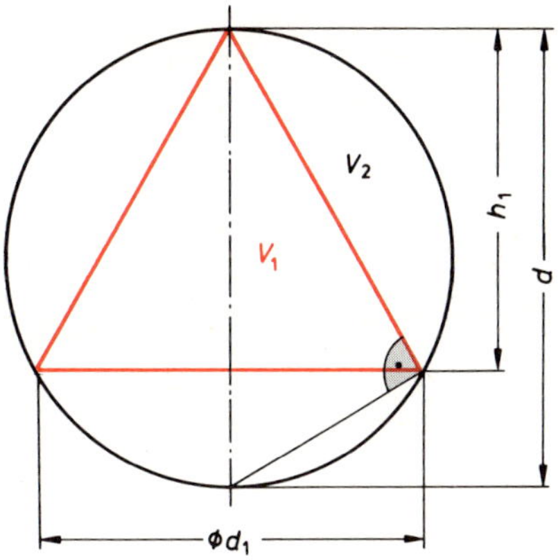

$$V_1 = \frac{d_1^2 \cdot \pi \cdot h_1}{12}$$

$$\left(\frac{d_1}{2}\right)^2 = h_1 \cdot (d - h_1); \longrightarrow \text{Höhensatz}$$

$$d_1^2 = 4 \cdot h_1 \cdot (d - h_1); \longrightarrow \text{einsetzen}$$

$$V_1 = \frac{4 \cdot \pi}{12} \cdot h_1^2 (d - h_1)$$

$$V_2 = h_1^2 \cdot d - h_1^3$$

$$\frac{dV_2}{dh_1} = 2 \cdot d \cdot h_1 - 3 \cdot h_1^2; \longrightarrow \text{Null setzen}$$

$$0 = h_1 (2 \cdot d - 3 \cdot h_1)$$

$$h_{1.1} = \underline{\underline{0}}; \longrightarrow \text{entfällt, da sinnlos}$$

$$0 = 2 \cdot d \cdot - 3 \cdot h_1; \longrightarrow h_{1.2} = \underline{\underline{\frac{2}{3} \cdot d}}$$

$$d_1 = \sqrt{4 \cdot h_1 (d - h_1)}; \longrightarrow d_1 = \underline{\underline{\frac{2}{3} \cdot d \cdot \sqrt{2}}}$$

$$\frac{d^2 V_2}{d h_1^2} = 2d - 6h_1; \quad \text{für } h_1 = \frac{2}{3} d$$

$$= 2d - \frac{12}{3} d < 0; \longrightarrow \text{Maximum}$$

Beispiel:

Ein kugelförmiger Gasbehälter ist so mit einer kegelförmigen Tarnung zu versehen, daß möglichst wenig Tarnmaterial benötigt wird.

Lösung:

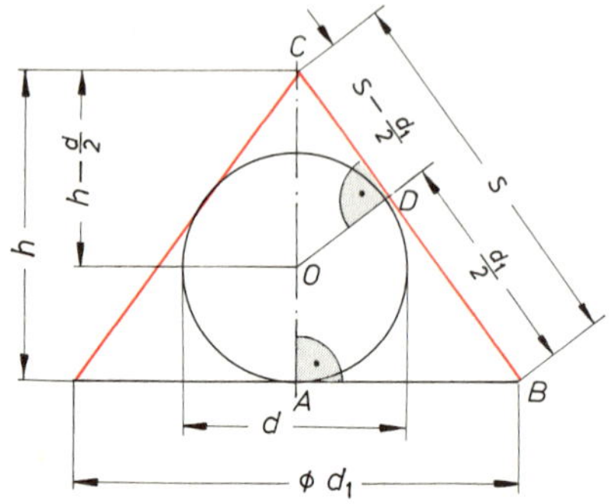

Lösungsweg:

Um die Forderung der Aufgabe zu erfüllen, muß der Kegelmantel A ein Minimum werden. Zur Differentiation wird zweckmäßig s substituiert.

$$A = \frac{\pi \cdot d_1 \cdot s}{2}; \longrightarrow \text{Kegelmantel}$$

$\triangle\, ABC \sim \triangle\, ODC$

Strahlensatz anwenden

Aus den Proportionen a) und b) läßt sich jeweils durch Umstellung h bzw. s errechnen.

a) $$\frac{d}{d_1} = \frac{s - \frac{d_1}{2}}{h}$$

$$h = \frac{s \cdot d_1}{d} - \frac{d_1^2}{2 \cdot d}; \quad s = \frac{d \cdot h}{d_1} + \frac{d_1}{2}$$

b) $$\frac{d}{d_1} = \frac{h - \frac{d}{2}}{s}$$

$$h = \frac{d \cdot s}{d_1} + \frac{d}{2}; \quad s = \frac{d_1 \cdot h}{d} - \frac{d_1}{2}$$

Durch Gleichsetzen wird einmal s isoliert, das in die Funktion eingesetzt wird, zum anderen h, das am Ende berechnet werden muß.

$$\frac{s \cdot d_1}{d} - \frac{d_1^2}{2 \cdot d} = \frac{d \cdot s}{d_1} + \frac{d}{2}; \longrightarrow h \text{ gleichgesetzt}$$

$$s = \frac{d_1^3 + d^2 \cdot d_1}{2\,(d_1^2 - d^2)}$$

$$\frac{d \cdot h}{d_1} + \frac{d_1}{2} = \frac{d_1 \cdot h}{d} - \frac{d_1}{2}; \longrightarrow s \text{ gleichgesetzt}$$

$$h = \frac{d \cdot d_1^2}{d_1^2 - d^2}$$

$$A = \frac{\pi}{2} \cdot d_1 \cdot s; \longrightarrow \text{Ausdruck für } s \text{ einsetzen}$$

Die Konstante $\frac{\pi}{4}$ kann beim Differenzieren vernachlässigt werden, sie hat keinen Einfluß auf die Lage der Extremwerte.

$$A = \frac{\pi}{2} \cdot d_1 \cdot \frac{d_1^3 + d^2 \cdot d_1}{2 \cdot (d_1^2 - d^2)}$$

$$A_1 = \frac{d_1^4 + d^2 \cdot d_1^2}{d_1^2 - d^2}; \longrightarrow A_1 = \frac{u}{v}$$

$$u = d_1^4 + d^2 \cdot d_1^2; \longrightarrow \frac{du}{dd_1} = 4d_1^3 + 2d^2 \cdot d_1$$

$$v = d_1^2 - d^2; \quad \longrightarrow \frac{dv}{dd_1} = 2d_1$$

$$\frac{dA_1}{dd_1} = \frac{(4 \cdot d_1^3 + 2 \cdot d^2 \cdot d_1)(d_1^2 - d^2) - (d_1^4 + d^2 \cdot d_1^2) \cdot 2 \cdot d_1}{(d_1^2 - d^2)^2}$$

$$= \frac{2 \cdot d_1^5 - 4 \cdot d^2 \cdot d_1^3 - 2 \cdot d^4 \cdot d_1}{(d_1^2 - d^2)^2}$$

$$= \frac{Z(x)}{N(x)}; \longrightarrow \text{Null setzen}$$

$$0 = 2 \cdot d_1 \, (d_1^4 - 2 \cdot d^2 \cdot d_1^2 - d^4)$$

Für $\frac{dA_1}{dd_1} = 0$ ergeben sich zwei Werte für d_1. Davon ist jedoch nur $d_{1.2}$ brauchbar.

$$d_{1.1} = 0; \longrightarrow \text{entfällt, da sinnlos}$$

$$0 = d_1^4 - 2 \cdot d^2 \cdot d_1^2 - d^4$$

$$d_{1.2}^2 = d^2 \pm \sqrt{d^4 + d^4}$$

$$= d^2 \pm d^2 \sqrt{2}$$

$$d_{1.2} = \sqrt{d^2 \pm d^2 \cdot \sqrt{2}}$$

Nur das positive Vorzeichen ist brauchbar, da sonst ein imaginärer Wert auftritt.

$$d_{1.2} = \underline{\underline{d \cdot \sqrt{1 + \sqrt{2}}}}$$

$$\approx \underline{\underline{1{,}55 \cdot d}}$$

$$h = \frac{d \cdot d_1^2}{d_1^2 - d^2}; \longrightarrow d_{1.2} \text{ einsetzen}$$

$$h = \frac{d \cdot d^2 \left(1 + \sqrt{2}\right)}{d^2 \left(1 + \sqrt{2}\right) - d^2}$$

$$h = \underline{\underline{\frac{d}{2}\left(2 + \sqrt{2}\right)}}$$

$$\approx \underline{1{,}71 \cdot d}$$

Die zweite Ableitung bestätigt für $d_1 = d \cdot \sqrt{1 + \sqrt{2}}$ die Existenz eines Minimums.

$$\frac{d^2 A_1}{dd_1^2}\left(\frac{dA_1}{dd_1} = 0\right) = \frac{10 \cdot d_1^4 - 12 \cdot d^2 \cdot d_1^2 - 2 \cdot d^4}{(d_1^2 - d^2)^2}$$

$$\frac{d^2 A_1}{dd_1^2} > 0 \longrightarrow \text{Minimum}$$

Beispiel:

Wie müssen sich bei einem Balken mit rechteckigem Querschnitt Höhe zur Breite verhalten, damit er möglichst hoch auf Biegung beansprucht werden kann? Der Balken soll aus einem kreisrunden Baumstamm geschnitten werden.

Lösung:

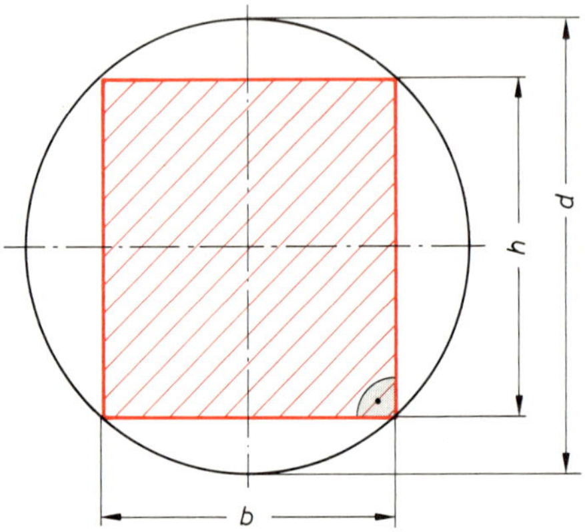

Lösungsweg:

Die Biegefestigkeit eines Trägers ist von der Größe des Widerstandsmomentes abhängig. Im vorliegenden Fall muß daher das Widerstandsmoment ein Maximum werden.

Das Widerstandsmoment für einen rechteckigen Querschnitt lautet:

$$W = \frac{b \cdot h^2}{6}; \longrightarrow W_{\text{Rechteck}}$$

h wird substituiert unter Verwendung des pythagoräischen Lehrsatzes.

$$h^2 = d^2 - b^2; \longrightarrow \text{einsetzen}$$

$$W = \frac{b\,(d^2 - b^2)}{6}$$

$$= \frac{1}{6}\,(b \cdot d^2 - b^3)$$

Die Konstante $\frac{1}{6}$ kann beim Differenzieren unberücksichtigt bleiben.

$$W_1 = b \cdot d^2 - b^3$$

Für $\frac{dW_1}{db} = 0$ ergibt sich b, das eingesetzt auch den Wert für h erbringt.

$$\frac{d\,W_1}{db} = d^2 - 3 \cdot b^2; \longrightarrow \text{Null setzen}$$

$$0 = d^2 - 3 \cdot b^2; \quad \longrightarrow b = \frac{d}{\sqrt{3}}$$

$$h = \sqrt{d^2 - b^2}$$

$$= \sqrt{d^2 - \frac{d^2}{3}}$$

$$\underline{\underline{h = \frac{1}{3}\, d \cdot \sqrt{6}}}; \quad \underline{\underline{b = \frac{1}{3} \cdot d \cdot \sqrt{3}}}$$

$$\frac{d^2 W_1}{db^2} = -6b < 0; \longrightarrow \text{Maximum}$$

Bei einem Verhältnis $\frac{h}{b} = \sqrt{2}$ hat ein Balken die größte Biegefestigkeit.

$$\frac{h}{b} = \frac{\sqrt{6}}{\sqrt{3}}; \quad \longrightarrow \underline{\underline{\frac{h}{b} = \sqrt{2}}}$$

Beispiel:

Auf einen Träger auf zwei Stützen wirkt eine gleichmäßig verteilte Gewichtskraft von q Nm[-1]. Das größte Biegemoment M_{max} ist zu berechnen.

Lösungsweg:

Die Stelle, an der das Biegemoment M ein Maximum wird, ist für die Dimensionierung des Trägers maßgebend.

Es wird die Momentengleichung für einen beliebigen Punkt mit dem Abstand x vom Auflager A gebildet.

Für $\frac{dM_1}{dx} = 0$ ergibt sich die Stelle des größten Biegemomentes, was durch die zweite Ableitung bestätigt wird.

Man setzt $x = \frac{l}{2}$ in die Momentengleichung ein und erhält das größte Biegemoment.

Lösung:

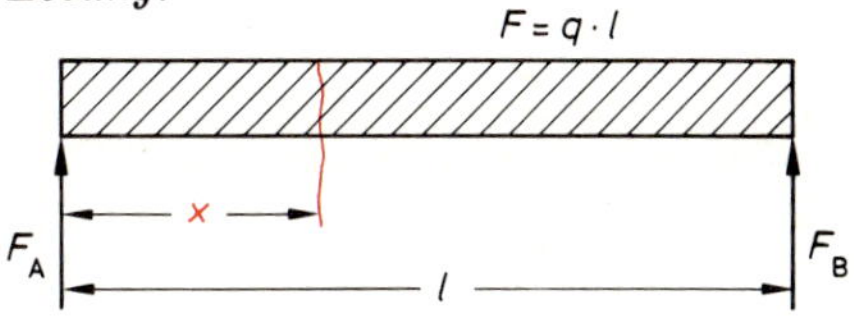

$q \longrightarrow$ Gewichtskraft pro lfd. Meter

$F = q \cdot l; \longrightarrow$ Gesamtkraft

$F_A = F_B = \frac{q \cdot l}{2}; \longrightarrow$ Auflagerkräfte

$$M = \frac{q \cdot l}{2} \cdot x - q \cdot x \cdot \frac{x}{2}$$

$$M = \frac{q}{2}(l \cdot x - x^2)$$

$$M_1 = l \cdot x - x^2$$

$\frac{dM_1}{dx} = l - 2x; \longrightarrow$ Null setzen

$$0 = l - 2x; \quad \longrightarrow x = \frac{l}{2}$$

$\frac{d^2M_1}{dx^2} = -2 < 0; \longrightarrow$ Maximum

$$M = \frac{q}{2}(l \cdot x - x^2); \longrightarrow x = \frac{l}{2}$$

$$M_{max} = \frac{q}{2}\left(\frac{l^2}{2} - \frac{l^2}{4}\right); \longrightarrow q \cdot l = F$$

$$M_{max} = \frac{q \cdot l^2}{8}; \longrightarrow M_{max} = \frac{F \cdot l}{8}$$

Beispiel:

Eine Kranbrücke mit der Stützweite l wird von einer Laufkatze mit dem Radabstand a befahren. Die Gewichtskraft F wirkt auf alle Räder gleichmäßig. An welcher Stelle liegt das maximale Biegemoment, und wie groß ist es?

Lösungsweg:

Zur Bestimmung des Biegemoments ist zunächst eine Auflagerkraft zu berechnen.

Das Biegemoment M an der Stelle x ergibt sich aus der Momentengleichung.

Die Konstante $\frac{F}{l}$ kann unberücksichtigt bleiben.

Lösung:

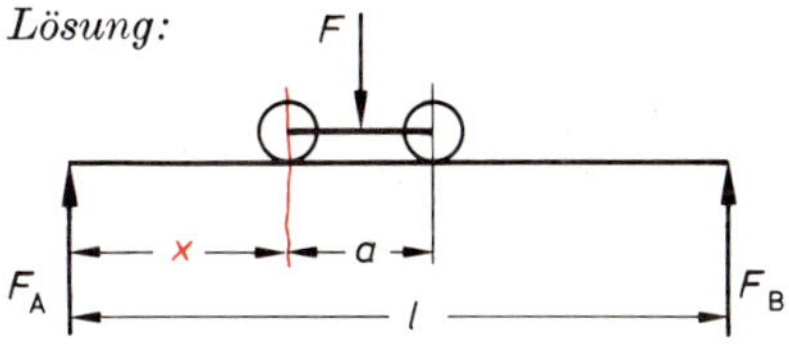

Auflagerkraft:

$$F_A \cdot l - F \cdot \left(l - x - \frac{a}{2}\right) = 0$$

$$F_A = \frac{F}{l}\left(l - \frac{a}{2} - x\right)$$

$$M = F_A \cdot x$$

$$M = \frac{F}{l}\left(l - \frac{a}{2} - x\right) \cdot x$$

$$M_1 = l \cdot x - \frac{a}{2} \cdot x - x^2$$

$\frac{dM_1}{dx} = l - \frac{a}{2} - 2 \cdot x; \longrightarrow$ Null setzen

Im Abstand x von A liegt das größte Biegemoment, das für die Dimensionierung der Träger maßgebend ist.

$$0 = l - \frac{a}{2} - 2 \cdot x$$

$$\underline{\underline{x = \frac{l}{2} - \frac{a}{4}}}$$

$$\frac{d^2 M_1}{dx^2} = -2 < 0; \longrightarrow \text{Maximum}$$

Durch Einsetzen von x in die Momentengleichung erhält man M_{max}.

$$M_{\text{max}} = \frac{F}{l}\left(\frac{l}{2} - \frac{a}{4}\right) \cdot \left(l - \frac{a}{2} - \frac{l}{2} + \frac{a}{4}\right)$$

$$\underline{\underline{M_{\text{max}} = \frac{F}{4 \cdot l}\left(l - \frac{a}{2}\right)^2}}$$

Beispiel:

Ein Geschoß wird mit einer Anfangsgeschwindigkeit v_0 abgefeuert. Bei welchem Abschußwinkel wird

1. die Steighöhe h,
2. die Wurfweite l

ein Maximum? Der Luftwiderstand werde vernachlässigt.

Lösungsweg:

Die Gleichungen für die Steighöhe und Wurfweite sind aus der Physik bekannt.

Lösung:

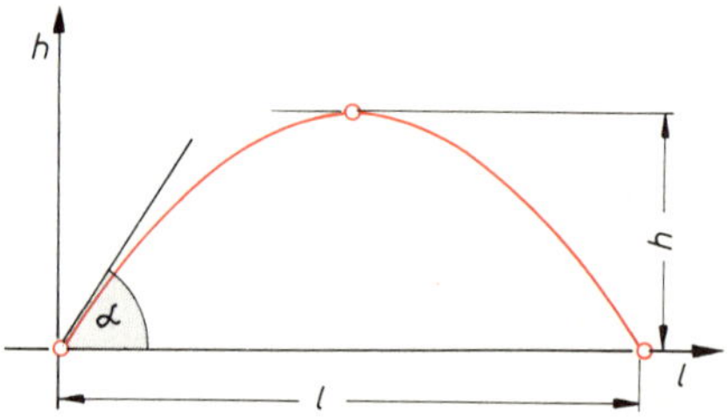

1. Die Konstanten $\frac{v_0^2}{2g}$ können beim Differenzieren unberücksichtigt bleiben.

$$h = \frac{v_0^2 \cdot \sin^2 \alpha}{2 \cdot g}$$

$$h_1 = \sin^2 \alpha$$

$$\frac{dh_1}{d\alpha} = 2 \cdot \sin \alpha \cdot \cos \alpha$$

$$= \sin(2\alpha); \longrightarrow \text{Null setzen}$$

$$0 = \sin(2\alpha)$$

$$2\alpha = 0°; \longrightarrow \alpha = 0°; \longrightarrow \text{entfällt}$$

$$2\alpha = 180°; \longrightarrow \underline{\underline{\alpha = 90°}}$$

$$h = \frac{v_0^2 \cdot \sin^2\alpha}{2 \cdot g}; \longrightarrow \alpha \text{ einsetzen}$$

$$\underline{\underline{h_{\text{max}} = \frac{v_0^2}{2 \cdot g}}}$$

Die größte Steighöhe ergibt sich also bei senkrechtem Abschuß.

2. $\frac{v_0^2}{g}$ bleibt konstant und kann beim Differenzieren vernachlässigt werden.

$$l = \frac{v_0^2 \cdot \sin(2\alpha)}{g}$$

$$l_1 = \sin(2\alpha)$$

$$\frac{dl_1}{d\alpha} = 2 \cdot \cos(2\alpha); \longrightarrow \text{Null setzen}$$

$$0 = 2 \cdot \cos(2\alpha)$$

$$2\alpha = 270°; \longrightarrow \alpha = 135°; \longrightarrow \text{entfällt}$$

$$2\alpha = 90°; \longrightarrow \underline{\underline{\alpha = 45°}}$$

$$l = \frac{v_0^2 \cdot \sin(2\alpha)}{g}; \longrightarrow \alpha \text{ einsetzen}$$

$$\underline{\underline{l_{\text{max}} = \frac{v_0^2}{g}}}$$

Die Maximalweite wird bei einem Abschuß unter 45° erreicht.

Beispiel:

Wie müssen Akkumulatoren bzw. galvanische Elemente geschaltet werden, damit bei gegebenem äußerem Widerstand ihre Nutzleistung ein Maximum wird?

Lösungsweg:

Die gesetzmäßigen Beziehungen zwischen U, I, R und P ergeben sich aus der Elektrotechnik.

P wird in Abhängigkeit von R_a gebracht. Zur Vereinfachung differenziert man den Kehrwert und vernachlässigt die Konstante U^2. Das bedeutet, daß ein Minimum auf P bezogen ein Maximum wird.

Das Maximum an Nutzleistung liegt dann vor, wenn man die Elemente so schaltet, daß ihr innerer Widerstand gleich dem äußeren Widerstand wird. Man kann dies durch Parallel- und Hintereinanderschaltung erreichen.

Lösung:

$R_a \longrightarrow$ äußerer Widerstand

$R_i \longrightarrow$ innerer Widerstand

$$I = \frac{U}{R_i + R_a}; \longrightarrow \text{Ohmsches Gesetz}$$

$$P = I^2 \cdot R_a; \longrightarrow \text{Leistung}$$

$$P = \frac{U^2 \cdot R_a}{(R_i + R_a)^2}$$

$$P_1 = \frac{R_i^2 + 2 \cdot R_i \cdot R_a + R_a^2}{R_a}$$

$$P_1 = \frac{R_i^2}{R_a} + 2 \cdot R_i + R_a$$

$$\frac{dP_1}{dR_a} = -\frac{R_i^2}{R_a^2} + 1; \longrightarrow \text{Null setzen}$$

$$0 = 1 - \frac{R_i^2}{R_a^2}$$

$$\underline{\underline{R_a = R_i}}$$

$$\frac{d^2 P_1}{dR_a^2} = \frac{2 \cdot R_i^2}{R_a^3} > 0; \longrightarrow \text{Minimum}$$

$$P_1 \mathrel{\hat{=}} \text{Minimum}; \longrightarrow P \mathrel{\hat{=}} \text{Maximum}$$

Beispiel:

Für eine Präzisionsmaschine ist eine Schraube mit möglichst gutem Wirkungsgrad zu konstruieren. Wie groß muß der Steigungswinkel α bei konstantem Reibungswinkel ϱ sein?

Lösungsweg:

Nach Bildung von $\frac{d\eta}{d\alpha} = 0$ erhält man durch Umformen eine trigonometrische Gleichung.

Man bringt die Gleichung auf den Hauptnenner $\cos^2 \alpha \cdot \cos^2 (\alpha + \varrho)$.

Durch Multiplizieren der Gleichung mit dem Hauptnenner und dem Faktor 2 entfällt dieser, und man formt um nach der Beziehung

$$2 \cdot \sin x \cdot \cos x = \sin (2x).$$

Der Wert $\varrho = 0$ ist irreal, da die Reibung nie Null sein kann.

Da der Sinus mehrdeutig ist, gilt auch nebenstehende Beziehung.

Der günstigste Steigungswinkel liegt also für $\alpha = 45° - \frac{\varrho}{2}$ vor.

Lösung:

$$\eta = \frac{\tan \alpha}{\tan (\alpha + \varrho)}; \longrightarrow \text{Wirkungsgrad der Schraube}$$

$$u = \tan \alpha; \longrightarrow u' = \frac{1}{\cos^2 \alpha} = \frac{\sin \alpha}{\cos \alpha}$$

$$v = \tan (\alpha + \varrho); \longrightarrow v' = \frac{1}{\cos^2 (\alpha + \varrho)} = \frac{\sin (\alpha + \varrho)}{\cos (\alpha + \varrho)}$$

$$\frac{d\eta}{d\alpha} = \frac{\frac{1}{\cos^2 \alpha} \cdot \frac{\sin (\alpha + \varrho)}{\cos (\alpha + \varrho)} - \frac{\sin \alpha}{\cos \alpha} \cdot \frac{1}{\cos^2 (\alpha + \varrho)}}{\tan^2 (\alpha + \varrho)}$$

$$0 = \frac{\sin (\alpha + \varrho)}{\cos^2 \alpha \cdot \cos (\alpha + \varrho)} - \frac{\sin \alpha}{\cos \alpha \cdot \cos^2 (\alpha + \varrho)}$$

$$0 = \frac{\sin (\alpha + \varrho) \cdot \cos (\alpha + \varrho) - \sin \alpha \cdot \cos \alpha}{\cos^2 \alpha \cdot \cos^2 (\alpha + \varrho)}$$

$$0 = \sin [2 (\alpha + \varrho)] - \sin (2\alpha)$$

$$\sin [2 (\alpha + \varrho)] = \sin (2\alpha)$$

$$2 (\alpha + \varrho) = 2\alpha$$

$$\alpha + \varrho = \alpha; \longrightarrow \varrho = 0; \longrightarrow \text{entfällt, da sinnlos}$$

$$2 (\alpha + \varrho) = 180° - 2\alpha$$

$$\alpha + \varrho = 90° - \alpha$$

$$2\alpha = 90 - \varrho; \quad \underline{\underline{\alpha = 45° - \frac{\varrho}{2}}}$$

2.7.3. Fehlerrechnung

In der Naturwissenschaft und Technik sind praktisch alle durch Messungen gewonnenen Untersuchungsergebnisse mit Fehlern behaftet. Der Grund dafür ist in der beschränkten Leistungsfähigkeit von Meßinstrumenten und Sinnesorganen zu suchen. Das Ziel der Fehlerrechnung ist es nun, zu berechnen, wie stark die Meßungenauigkeit die Genauigkeit des Ergebnisses beeinflussen kann.

Aufgabe:

Die Kantenlänge l eines Würfels wurde mit 10 mm ausgemessen bei einer Meßungenauigkeit von $\Delta l = \pm 0{,}1$ mm. Wie groß ist der Fehler, mit dem das Ergebnis im ungünstigsten Fall behaftet ist?

Lösung:

1. $V = l^3; \longrightarrow l = 10\,\text{mm}$

$V = \underline{\underline{1000\,\text{mm}^3}}$

2. $l_{1;2} = l \pm \Delta l; \longrightarrow l_{1;2} = 10 \pm 0{,}1$

$V_1 = 10{,}1^3; \quad V_2 = 9{,}9^3$

$\approx \underline{\underline{1030\,\text{mm}^3}}; \quad \approx \underline{\underline{970\,\text{mm}^3}}$

Erklärung:

Man unterscheidet drei verschiedene Fehlertypen:

a) *absoluter Fehler*

Die Kenntnis des absoluten Fehlers ist zwar wertvoll, sie gibt jedoch meistens nicht die Möglichkeit, den Fehler richtig zu beurteilen.

$\Delta V = V_{1;2} - V; \longrightarrow$ absoluter Fehler

$$\Delta V = \left.\begin{matrix} 1030\,\text{mm}^3 \\ 970\,\text{mm}^3 \end{matrix}\right\} - 1000\,\text{mm}^3$$

$\Delta V = \underline{\underline{\pm 30\,\text{mm}^3}}$

b) *relativer Fehler*

Das Verhältnis des größtmöglichen Fehlers zur zu berechnenden Größe gibt ein besseres Bild von der Tragweite eines Fehlers.

$\frac{\Delta V}{V} = \frac{V_{1;2} - V}{V}; \longrightarrow$ relativer Fehler

$$\frac{\Delta V}{V} = \frac{\pm 30\,\text{mm}^3}{1000\,\text{mm}^3} = \underline{\underline{\pm 0{,}03}}$$

c) *prozentualer Fehler*

Der prozentuale Fehler drückt den relativen Fehler als Prozentsatz aus.

$\frac{\Delta V}{V} \cdot 100; \longrightarrow$ prozentualer Fehler

$$\frac{\Delta V \cdot 100}{V} = \frac{\pm 30\,\text{mm}^3 \cdot 100}{1000\,\text{mm}^3} = \underline{\underline{\pm 3\%}}$$

Führt man die Untersuchung für das Beispiel allgemein durch, so erhält man für ΔV das gleiche Ergebnis.

Ist der Fehler ΔV im Verhältnis zu V klein, so können die Größen $3 \cdot l \cdot (\Delta l)^2 + (\Delta l)^3$ weggelassen werden, da sie den Fehler in der zweiten bzw. dritten Potenz enthalten und daher das Ergebnis nur unwesentlich beeinflussen.

Allgemein:

$$V = l^3$$

$$V + \Delta V = (l + \Delta l)^3 = l^3 + 3l^2\Delta l + \underbrace{3l(\Delta l)^2 + (\Delta l)^3}_{\approx 0}$$

$$V + \Delta V = V + 3 \cdot l^2 \cdot \Delta l$$

$\Delta V = 3 \cdot l^2 \cdot \Delta l; \longrightarrow$ Werte einsetzen

$= 3 \cdot 10^2 \cdot 0{,}1$

$\Delta V = \underline{\underline{30\,\text{mm}^3}}$

Aufgabe:

Bestimme für die Funktion $y = f(x)$:

1. *den absoluten Fehler,*
2. *den relativen Fehler,*
3. *den prozentualen Fehler,*

wenn sich die Veränderliche x (Meßwert) um den Wert Δx (Meßfehler) ändert.

Erklärung:

$P(x \mid y)$ ist ein beliebiger Punkt der Funktion $y = f(x)$, deren absoluter Fehler für eine Meßungenauigkeit Δx bestimmt werden soll.

Wächst der Meßwert x um den Meßfehler Δx, so wächst das Ergebnis y um den absoluten Fehler Δy.

Da für $\Delta x \to 0$ als Grenzwert der Differentialquotient $f'(x)$ auftritt, kann man, da der Meßfehler Δx gegenüber x sehr klein ist, als gute Annäherung $\Delta y \approx f'(x) \cdot \Delta x$ schreiben.

Der absolute Fehler kann also hinreichend genau als Produkt der ersten Ableitung und des Meßfehlers bestimmt werden.

Eine Kontrolle durch Einsetzen der Werte aus der vorigen Aufgabe bestätigt die Richtigkeit.

Es war:

$V = l^3; \quad \hat{=}\; y = f(x^3)$

$l = 10\,\text{mm}; \quad \hat{=}\; x = 10\,\text{mm}$

$\Delta l = \pm\,0{,}1\,\text{mm}; \quad \hat{=}\; \Delta x = \pm\,0{,}1\,\text{mm}$

Lösung:

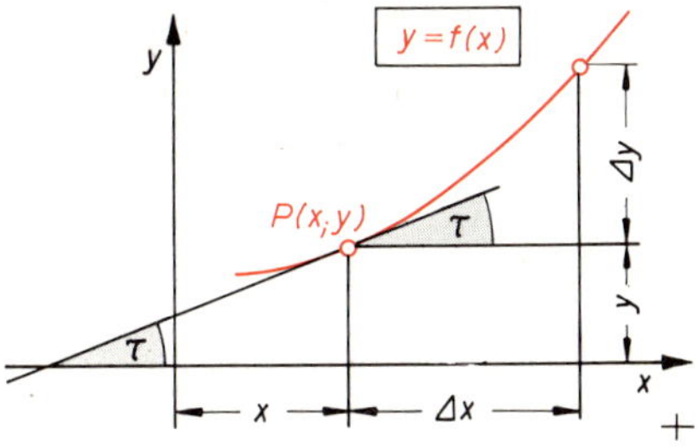

$$y = f(x)$$

$$y + \Delta y = f(x + \Delta x)$$

$$\Delta y = f(x + \Delta x) - f(x); \;\to\; \cdot \frac{\Delta x}{\Delta x}$$

$$\Delta y = \frac{f(x + \Delta x) - f(x)}{\Delta x} \cdot \Delta x$$

$$\Delta y \approx f'(x) \cdot \Delta x; \;\to\; \text{absoluter Fehler}$$

$$\frac{\Delta y}{y} \approx \frac{f'(x)}{f(x)} \cdot \Delta x; \;\to\; \text{relativer Fehler}$$

$$\frac{\Delta y \cdot 100}{y} \approx \frac{f'(x)}{f(x)} \cdot 100 \cdot \Delta x \to \text{prozentualer Fehler}$$

$$\Delta y \approx f'(x) \cdot \Delta x$$

$$\approx 3x^2 \cdot \Delta x$$

$$\Delta y \approx 3 \cdot 10^2 \cdot (\pm 0{,}1)$$

$$\approx \underline{\underline{\pm\,30\,\text{mm}^3}}$$

$$\frac{\Delta y}{y} \approx \frac{3x^2 \cdot \Delta x}{x^3}$$

$$\approx \frac{3 \cdot \Delta x}{x}$$

$$\approx \frac{3 \cdot (\pm\,0{,}1)}{10}$$

$$\approx \underline{\underline{\pm\,0{,}03 \;\hat{=}\; \pm\,3\%}}$$

Merke:

$$y = f(x); \;\to\; \Delta y \approx f'(x) \cdot \Delta x; \;\to\; \text{absoluter Fehler}$$

$$y = f(x); \;\to\; \frac{\Delta y}{y} \approx \frac{f'(x)}{f(x)} \cdot \Delta x; \;\to\; \text{relativer Fehler}$$

$$y = f(x); \;\to\; \frac{\Delta y}{y} \cdot 100 \approx \frac{f'(x)}{f(x)} \cdot 100 \cdot \Delta x; \;\to\; \text{prozentualer Fehler}$$

Beispiel:

Der Wert von $\sqrt{5}$ ist zu schätzen, durch Probe zu kontrollieren und mit Hilfe der Fehlerrechnung zu korrigieren.

Lösung:

1. *Allgemein:* $y = \sqrt{x}$

$$\Delta y \approx f'(x) \cdot \Delta x; \longrightarrow f'(x) = \frac{1}{2 \cdot \sqrt{x}}$$

$$\Delta y \approx \frac{\Delta x}{2 \cdot \sqrt{x}}$$

2. Zahlenbeispiel:

Der geschätzte Wert ist ungefähr 2,2. Macht man mit diesem Wert die Probe, so ist ein Fehler von $\Delta x = 0{,}16$ festzustellen.

$$y = \sqrt{5} \approx 2{,}2; \longrightarrow 2{,}2^2 = 4{,}84$$

$$y \approx 2{,}2; \longrightarrow x = 4{,}84; \longrightarrow \Delta x = 0{,}16$$

Setzt man den Fehler in die allgemeine Lösung ein, so ergibt das Resultat $y + \Delta y$ eine gute Annäherung an das exakte Ergebnis.

$$\Delta y \approx \frac{\Delta x}{2 \cdot \sqrt{x}}$$

$$\Delta y \approx \frac{0{,}16}{2 \cdot 2{,}2}$$

$$\Delta y \approx 0{,}0363$$

$$y + \Delta y = 2{,}2 + 0{,}0363$$

Dieser Wert läßt sich nun weiter annähern, indem man das Verfahren wiederholt.

$$\sqrt{5} \approx \underline{\underline{2{,}2363}}$$

$$\sqrt{5} = 2{,}2361; \longrightarrow \text{genaues Ergebnis}$$

Beispiel:

Wie groß ist der absolute und relative Fehler, mit dem die Flächenberechnung eines Kreises behaftet sein kann, wenn der Durchmesser mit 30 mm bestimmt wurde bei einer Genauigkeit von $\pm 0{,}2$ mm?

Lösung:

$$A = f(d)$$

$$A = \frac{d^2 \cdot \pi}{4}$$

$$= \frac{30^2 \cdot \pi}{4}$$

$$= \underline{\underline{706{,}86 \text{ mm}^2}}; \longrightarrow \text{genaues Ergebnis}$$

$$\Delta A \approx f'(d) \cdot \Delta d; \longrightarrow f(d) = \frac{d^2 \cdot \pi}{4}$$

$$\Delta A \approx \frac{\pi}{4} \cdot 2 \cdot d \cdot \Delta d; \longrightarrow \text{Zahlen einsetzen}$$

$$\Delta A \approx \frac{\pi \cdot 2 \cdot 30 \cdot 0{,}2}{4}$$

Der absolute Fehler ergibt sich mit $\pm$ 9,42 mm².

$$\approx \underline{\underline{9{,}42 \text{ mm}^2}}$$

$$A \approx \underline{\underline{706{,}86 \pm 9{,}42 \text{ mm}^2}}$$

Der relative Fehler beträgt $\pm$ 0,0133 entsprechend $\pm$ 1,33%.

$$\frac{\Delta A}{A} \approx \frac{\pm 9{,}42}{706{,}86}$$

$$\approx \underline{\underline{\pm 0{,}0133 \mathrel{\hat{=}} \pm 1{,}33\%}}$$

Aufgabe:

Bei einer elektrischen Leistungsmessung wurde gemessen:

$$U = 220 \pm 0{,}2 \text{ Volt}$$
$$I = 15 \pm 0{,}5 \text{ Ampere}$$

Berechne die Leistung und den größtmöglichen Fehler.

Erklärungen:

Bei einem Produkt ist jeder Faktor mit einem Fehler behaftet. Daraus ergibt sich $y + \Delta y$, d. h. das Ergebnis plus Fehler, durch Ausmultiplizieren der Klammern. Der Ausdruck $\Delta u \cdot \Delta v$ kann vernachlässigt werden, da er gegenüber dem Gesamtergebnis sehr klein ist.

Aus dem so errechneten absoluten Fehler $\Delta y = u \cdot \Delta v + v \cdot \Delta u$ kann der relative Fehler nach Division durch $u \cdot v$ bestimmt werden.

Der Vergleich der ermittelten Werte für den absoluten und relativen Fehler mit den genannten Größen ergibt eine gute Übereinstimmung und beweist die Brauchbarkeit der abgeleiteten Formeln.

Lösung:

Allgemein:

$$y = u \cdot v; \longrightarrow N = U \cdot I$$

$$y + \Delta y = (u + \Delta u) \cdot (v + \Delta v)$$

$$\Delta y = \underbrace{u\,v}_{y} + u\,\Delta v + \Delta u\,v + \underbrace{\Delta u\,\Delta v}_{0} - y$$

$$\Delta y \approx u \cdot \Delta v + v \cdot \Delta u; \longrightarrow \text{absoluter Fehler}$$

$$\frac{\Delta y}{y} \approx \frac{u \cdot \Delta v + v \cdot \Delta u}{u \cdot v}$$

$$\frac{\Delta y}{y} \approx \underline{\underline{\frac{\Delta u}{u} + \frac{\Delta v}{v}}}; \longrightarrow \text{relativer Fehler}$$

Zahlenbeispiel:

$$P = U \cdot I$$
$$= 220 \text{ V} \cdot 15 \text{ A}$$
$$= 3300 \text{ W}$$
$$\Delta U = \pm 0{,}2 \text{ V}; \quad \Delta I = \pm 0{,}5 \text{ A}$$
$$\Delta P \approx U \cdot \Delta I + I \cdot \Delta U$$
$$\Delta P \approx 220 \text{ V} \cdot 0{,}5 \text{ A} + 15 \text{ A} \cdot 0{,}2 \text{ V}$$
$$\approx 113 \text{ W}; \longrightarrow \text{absoluter Fehler}$$
$$P \approx \underline{\underline{3300 \text{ Watt} \pm 113 \text{ Watt}}}$$

Kontrolle:

$$U_{max} = 220 + 0{,}2; \quad I_{max} = 15 + 0{,}5$$
$$= 220{,}2 \text{ V} \qquad = 15{,}5 \text{ A}$$
$$P_{max} = 220{,}2 \text{ V} \cdot 15{,}5 \text{ A}$$
$$= 3413{,}1 \text{ W}$$
$$= \underline{\underline{3300 + 113{,}1 \text{ W}}}$$

$$\frac{\Delta P}{P} \approx \frac{\Delta U}{U} + \frac{\Delta I}{I}$$
$$\approx \frac{0{,}2}{220} + \frac{0{,}5}{15}$$
$$\frac{\Delta P}{P} \approx \underline{\underline{0{,}0342 \mathrel{\hat{=}} 3{,}42\,\%}}; \longrightarrow \text{relativer Fehler}$$

Kontrolle:

$$\frac{\Delta P}{P} = \frac{113{,}1}{3300}$$
$$= \underline{\underline{0{,}0342 \mathrel{\hat{=}} 3{,}42\,\%}}$$

Merke:

Der relative Fehler eines Produkts ist ungefähr gleich der Summe der relativen Fehler der Faktoren.

$$y = u \cdot v; \longrightarrow \frac{\Delta y}{y} \approx \frac{\Delta u}{u} + \frac{\Delta v}{v}; \longrightarrow \text{relativer Fehler}$$

entsprechend gilt:

$$y = u \cdot v \cdot w; \longrightarrow \frac{\Delta y}{y} \approx \frac{\Delta u}{u} + \frac{\Delta v}{v} + \frac{\Delta w}{w}; \longrightarrow \text{relativer Fehler}$$

Beispiel:

Die Wärmemenge von 800 kg Öl soll ermittelt werden. Es liegen folgende Meßwerte vor:

Masse: $m = 800$ kg $\pm$ 0,2 kg

Temperatur: $T = 393$ K $\pm$ 1 K

spezifische Wärmekapazität: $c = 1{,}67 \frac{\text{kJ}}{\text{kg K}} \pm 0{,}08 \frac{\text{kJ}}{\text{kg K}}$

Lösung:

$$Q = m \cdot c \cdot T \mathrel{\hat{=}} u \cdot v \cdot w$$

$$m = 800 \text{ kg}; \longrightarrow \Delta m = \pm 0{,}2 \text{ kg}$$

$$c = 1{,}67 \frac{\text{kJ}}{\text{kg K}}; \longrightarrow \Delta c = \pm 0{,}08 \frac{\text{kJ}}{\text{kg K}}$$

$$T = 393 \text{ K}; \longrightarrow \Delta T = \pm 1 \text{ K}$$

$$Q = 800 \text{ kg} \cdot 1{,}67 \frac{\text{kJ}}{\text{kg K}} \cdot 393 \text{ K} = \underline{\underline{509\,328 \text{ kJ}}}$$

$$\frac{\Delta Q}{Q} \approx \frac{\Delta m}{m} + \frac{\Delta c}{c} + \frac{\Delta T}{T} \approx \frac{\pm 0{,}2}{800} + \frac{\pm 0{,}08}{1{,}67} + \frac{\pm 1}{393}$$

$$\approx \underline{\underline{\pm 0{,}0507 \mathrel{\hat{=}} \pm 5{,}07\,\%}}; \text{ relativer Fehler}$$

Aus dem relativen bzw. prozentualen Fehler läßt sich der absolute Fehler errechnen.

$$\Delta Q \approx \frac{509\,328 \cdot (\pm 5{,}07) \text{ kJ}}{100} \approx \underline{\underline{25\,823 \text{ kJ}}} \longrightarrow \text{absoluter Fehler}$$

$$Q = \underline{\underline{509\,328 \text{ kJ} \pm 25\,823 \text{ kJ}}}$$

Aufgabe:

Berechne die Geschwindigkeit und den Fehler, wenn Weg und Zeit wie folgt gemessen werden:

Weg: $s = 600$ m $\pm$ 0,3 m

Zeit: $t = 40$ sec $\pm$ 0,2 sec

Lösung:

Allgemein:

$$y = \frac{u}{v}$$

$$y + \Delta y = \frac{u + \Delta u}{v + \Delta v}$$

$$\Delta y = \frac{u + \Delta u}{v + \Delta v} - \frac{u}{v}$$

$$\Delta y = \frac{v \cdot \Delta u - u \cdot \Delta v}{(v + \Delta v) \cdot v}$$

Da Δv relativ klein ist, kann man für den Nenner als gute Annäherung v^2 schreiben.

$$\Delta y \approx \underline{\underline{\frac{v \cdot \Delta u - u \cdot \Delta v}{v^2}}}; \longrightarrow \text{absoluter Fehler}$$

Der relative Fehler ergibt sich als Quotient $\frac{\Delta y}{y}$.

$$\frac{\Delta y}{y} \approx \frac{v}{u} \cdot \frac{v \cdot \Delta u - u \cdot \Delta v}{v^2}$$

$$\frac{\Delta y}{y} \approx \underline{\underline{\frac{\Delta u}{u} - \frac{\Delta v}{v}}}; \longrightarrow \text{relativer Fehler}$$

Der ungünstigste Fall tritt dann ein, wenn s zu groß ($+\Delta s$) und t zu klein ($-\Delta t$) gemessen wurde. Daher muß man einsetzen:

$$\Delta s = +0{,}3\ \text{m}$$
$$\Delta t = -0{,}2\ \text{s}$$

Der absolute Fehler beträgt also 0,55% von $15\ \frac{\text{m}}{\text{s}}$ entsprechend einem Wert von $0{,}083\ \frac{\text{m}}{\text{s}}$.

Zahlenbeispiel:

$$v = \frac{s}{t} = \frac{600\ \text{m}}{40\ \text{s}} = 15\ \frac{\text{m}}{\text{s}}$$

$$\frac{\Delta v}{v} \approx \frac{\Delta s}{s} - \frac{\Delta t}{t} \approx \frac{0{,}3}{600} - \frac{-0{,}2}{40}$$

$$\frac{\Delta v}{v} \approx \frac{1}{2000} + \frac{1}{200} \approx 0{,}0055 \mathrel{\hat{=}} 0{,}55\%$$

$$V \approx 15 \pm 0{,}083\ \frac{\text{m}}{\text{s}}$$

Merke:

Der relative Fehler eines Quotienten ist ungefähr gleich der Differenz der relativen Fehler von Zähler und Nenner.

$$y = \frac{u}{v}; \longrightarrow \frac{\Delta y}{y} \approx \frac{\Delta u}{u} - \frac{\Delta v}{v}; \longrightarrow \text{relativer Fehler}$$

2.7.4. Näherungsverfahren zur Lösung von Gleichungen höheren Grades

Zur Lösung von Gleichungen stehen zeichnerische und rechnerische Verfahren zur Verfügung. Während eine zeichnerische Lösung immer möglich ist, lassen sich algebraisch nur Gleichungen 2. Grades mit beliebiger Genauigkeit auflösen. Für Gleichungen höheren Grades kommt im allgemeinen, von bestimmten Ausnahmen abgesehen, nur die zeichnerische Lösung in Frage, d. h. es müssen die Schnittpunkte der Funktionen mit der x-Achse bestimmt werden. Da zeichnerische Lösungen nur eine geringe Genauigkeit erlauben, müssen die abgelesenen Werte korrigiert werden. Man bedient sich dabei im wesentlichen zweier Verfahren.

Sehnenverfahren — „Regula falsi"

Zur Feststellung des Schnittpunktes der Funktion mit der x-Achse entnimmt man der Wertetafel bzw. der graphischen Darstellung die Koordinaten für zwei Punkte $P_1(x_1 | y_1)$ und $P_2(x_2 | y_2)$, die nahe an der x-Achse liegen, und zwar so, daß die Werte y_1 und y_2 verschiedene Vorzeichen haben. Der gesuchte Wert x muß dann dazwischenliegen.

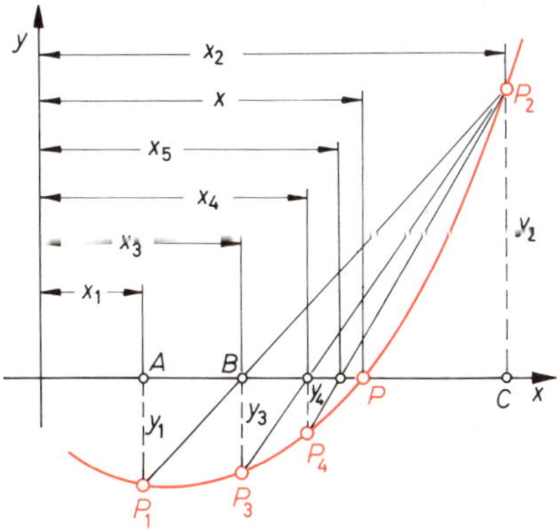

Der Näherungswert x_3 errechnet sich aus den beiden ähnlichen Dreiecken AP_1B und BCP_2.

$$\frac{y_2}{-y_1} = \frac{x_2 - x_3}{x_3 - x_1}$$

$$x_3 = \frac{x_1 \cdot y_2 - x_2 \cdot y_1}{y_2 - y_1}$$

Der Ausdruck für x_3 läßt sich auf eine allgemein gebräuchliche Form bringen, indem man im Zähler ohne Veränderung des Wertes $x_2 \cdot y_2$ subtrahiert und anschließend wieder addiert.

$$x_3 = \frac{x_1 \cdot y_2 - x_2 \cdot y_2 + x_2 \cdot y_2 - x_2 \cdot y_1}{y_2 - y_1}$$

$$x_3 = \frac{-y_2 (x_2 - x_1) + x_2 (y_2 - y_1)}{y_2 - y_1}$$

Nach Ausklammern von $-y_2$ bzw. x_2 und Kürzen mit $y_2 - y_1$ erhält man die „Regula falsi".

$$x_3 = x_2 - y_2 \cdot \frac{x_2 - x_1}{y_2 - y_1}; \longrightarrow \text{Regula falsi}$$

Wiederholt man das Verfahren, indem man aus dem gewonnenen Wert x_3 jetzt x_4, x_5... berechnet, so nähert man sich immer mehr der exakten Lösung x.

$$x_4 = x_2 - y_2 \cdot \frac{x_2 - x_3}{y_2 - y_3}$$

Merke:

$$x_3 = x_2 - \frac{x_2 - x_1}{y_2 - y_1} \cdot y_2; \longrightarrow \text{Regula falsi}$$

Beispiel:

Löse die Gleichung

$$0 = x^3 - x + 1$$

mit Hilfe der Regula falsi!

Lösung:

$y = x^3 - x + 1$

Erklärungen:

Man wandelt die Gleichung in eine Funktion um und stellt eine Wertetabelle auf. Aus der Tabelle ist ersichtlich, daß für $x = -1{,}4$ bzw. $x = -1{,}3$ ein negativer bzw. positiver y-Wert vorliegt. Die gesuchte Nullstelle (Lösung) muß zwischen diesen beiden Größen liegen.

Der Näherungswert wird mit Hilfe der Regula falsi bestimmt.

Wertetabelle:

x	0	1	− 1	− 2	− 1,5	− 1,4	− 1,3
y	1	1	1	− 5	− 0,87	− 0,344	0,103

$x_2 = -1{,}4; \longrightarrow y_2 = -0{,}344$

$x_1 = -1{,}3; \longrightarrow y_1 = 0{,}103$

$$x_3 = -1{,}4 - \frac{-1{,}4 - (-1{,}3)}{-0{,}344 - 0{,}103} \cdot (-0{,}344)$$

$$x_3 = -1{,}4 + 0{,}07692$$
$$= -1{,}323$$

Probe:

$y = -1{,}323^3 + 1{,}323 + 1$

$y = 0{,}007 \approx 0$

Die Probe zeigt, daß sich y bis auf 0,007 der Lösung $y = 0$ genähert hat.

Beim Newtonschen Verfahren wird von einem Punkt $P_1 (x_1 | y_1)$ ausgegangen, der nahe an der x-Achse liegt. Die Tangente im Punkte $P_1 (x_1 | y_1)$ schneidet die x-Achse in B und ergibt die Näherungslösung x_2.

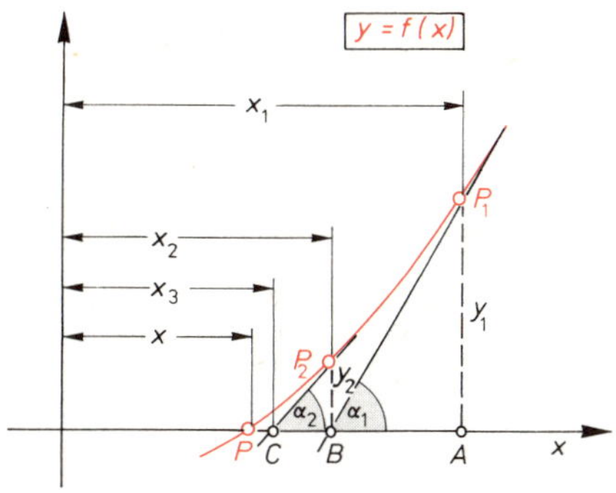

Die Größe von x_2 wird aus dem Dreieck BAP_1 ermittelt, indem man die Steigung des Winkels α_1 bestimmt.

Für $\tan \alpha_1$ läßt sich aber auch die erste Ableitung einsetzen.

$$\tan \alpha_1 = \frac{y_1}{x_1 - x_2}$$

$$\left.\begin{aligned} &= \frac{f(x_1)}{x_1 - x_2} \\ \tan \alpha_1 &= f'(x_1) \end{aligned}\right\} \longrightarrow \text{gleichsetzen}$$

$$f'(x_1) = \frac{f(x_1)}{x_1 - x_2}$$

Die Größe x_2 erhält man nach Umstellung der Gleichung.

$$x_2 = x_1 - \frac{f(x_1)}{f'(x_1)}$$

Eine weitere Annäherung läßt sich durch Wiederholung des Verfahrens erzielen.

$$x_3 = x_2 - \frac{f(x_2)}{f'(x_2)}$$

Im allgemeinen führt die Anwendung des Verfahrens von Newton schneller zum Ziel als die Regula falsi.

Merke:

$$x_2 = x_1 - \frac{f(x_1)}{f'(x_1)}; \longrightarrow \text{Newtonsche Näherungsformel}$$

Beispiel:

Es ist die Gleichung des vorigen Beispiels

$$0 = x^3 - x + 1$$

mit Hilfe des Newtonschen Verfahrens zu lösen.

Erklärungen:

Man wandelt die Gleichung in eine Funktion um, bildet die erste Ableitung und stellt eine Wertetafel auf (siehe voriges Beispiel).

Lösung:

$$y = x^3 - x + 1$$

für $x_1 = -1{,}3; \longrightarrow y_1 = 0{,}103$

$$y' = 3x^2 - 1$$

für $x_1 = -1{,}3; \longrightarrow y_1' = 4{,}07$

$$x_2 = x_1 - \frac{y_1}{y'_1}$$

$$x_2 = -1{,}3 - \frac{0{,}103}{4{,}07}$$

$$= \underline{\underline{-1{,}325}}$$

Der Punkt $P_1 (-1{,}3 \mid 0{,}103)$ liegt in der Nähe der x-Achse und wird in die Näherungsgleichung eingesetzt.

Die Probe zeigt, daß die Näherung sehr gut ist.

Probe:

$y = (-1{,}325)^3 - (-1{,}325) + 1$

$y = \underline{\underline{0{,}001 \approx 0}}$

Beispiel:

Löse die Gleichung

$$0 = x^4 - 2x - 1$$

mit Hilfe des Newtonschen Näherungsverfahrens!

Erklärungen:

Auf Grund der Wertetabelle und einer Diskussion der Kurve lassen sich zwei reelle Lösungen voraussagen.
Sie müssen liegen:

1. in der Nähe von $x = -0{,}5$,
2. in der Nähe von $x = 1{,}4$.

Lösung:

$y = x^4 - 2x - 1$

$y' = 4x^3 - 2$

Wertetabelle:

x	0	$-0{,}5$	-1	2	1,5	1,4	1,3	1
y	-1	0,0625	2	11	1,06	0,0416	$-0{,}74$	-2

1. $x_1 = -0{,}5$; ⟶ geschätzte Lösung

$y_1 = (-0{,}5)^4 - 2 \cdot (-0{,}5) - 1$

$= \underline{\underline{0{,}0625}}$

$y_1' = 4 \cdot (-0{,}5)^3 - 2$

$= \underline{\underline{-2{,}5}}$

$x_2 = x_1 - \dfrac{y_1}{y'_1}$; ⟶ Näherungsformel

$= -0{,}5 - \dfrac{0{,}0625}{-2{,}5}$

$x_2 = \underline{\underline{-0{,}475}}$

Der Wert $x = -0{,}475$ bringt eine sehr gute Annäherung an die Lösung $y = 0$.

Probe:

$y_2 = (-0{,}475)^4 - 2 \cdot (-0{,}475) - 1$

$y_2 \approx \underline{\underline{0{,}0009 \approx 0}}$

Die zweite Lösung der Gleichung, die in der Nähe von $x = 1{,}4$ liegt, ergibt sich entsprechend.

2. $x_3 = 1{,}4$

$y_3 = 1{,}4^4 - 2 \cdot 1{,}4 - 1$

$= \underline{\underline{0{,}0416}}$

$y'_3 = 4 \cdot 1{,}4^3 - 2$

$= \underline{\underline{8{,}976}}$

$x_4 = x_3 - \dfrac{y_3}{y'_3}$

$= 1{,}4 - \dfrac{0{,}0416}{8{,}976}$

$x_4 = \underline{\underline{1{,}395}}$

Probe:

$y_4 = 1{,}395^4 - 2 \cdot 1{,}395 - 1$

$y_4 \approx \underline{\underline{0{,}003 \approx 0}}$

Die gut angenäherten Lösungen der Gleichung $0 = x^4 - 2x - 1$ lauten also:

$$x_1 = \underline{\underline{-0{,}475}}$$

$$x_2 = \underline{\underline{1{,}395}}$$

Übungen

2.7.1. Kurvendiskussionen

Diskutiere die nachstehenden Funktionen:

1. $y = \frac{x^2}{2}$	**2.** $y = \frac{8x - 2x^2}{6}$	**3.** $y = \frac{x^3}{10}$
4. $y = x^5 - 5x^3 + 4x$	**5.** $y = x^3 - 4x$	**6.** $y = x^3 - 3x^2 + 6x + 7$
7. $y = \frac{2x^2}{1 + x^2}$	**8.** $y = \frac{x^2}{2x^4 - 8}$	**9.** $y = x^2 + \frac{1}{2x}$
10. $y = \frac{x^2 - 2x + 1}{x^2 + 1}$	**11.** $y = \frac{x^2 + 1}{2x^2 - 8x + 6}$	**12.** $y = \frac{x^3 - 4x}{2x^2 + 2}$
13. $y = \frac{x^2 - 4}{x^2 - 9}$	**14.** $y = \frac{2x^2 - 8x + 6}{x^2 - 5x + 12}$	**15.** $y = x^2 - \frac{1}{x^2}$
16. $y = \sqrt{\frac{x^3}{4 - x}}$	**17.** $y = \sqrt{x - 4}$	**18.** $y = \sqrt{x^3 - x^2}$
19. $y = \frac{x}{\sqrt{1 + x}}$	**20.** $y = \sqrt{\frac{x^2 + 1}{x^2 - 1}}$	**21.** $y = \frac{x - 4}{\sqrt{x^2 + 1}}$
22. $y = \sqrt{\frac{x - 1}{x + 1}}$	**23.** $y = \frac{x}{\ln x}$	**24.** $y = x^2 \cdot e^{-x}$
25. $y = x^x$	**26.** $y = e^x + e^{x^2}$	**27.** $y = \ln \frac{1 + x}{1 - x}$
28. $y = x \cdot \ln x$	**29.** $y = e^{-\frac{1}{x^2}}$	**30.** $y = \sin x + \cos x$
31. $y = \cos x^2$	**32.** $y = e^x \cdot \cos x$	**33.** $y = \frac{\tan x}{\tan (x + 1)}$
34. $y = \frac{\cos x}{\cos (2x)}$	**35.** $y = x \cdot \sin \frac{1}{x}$	**36.** $y = \arctan \frac{1}{x}$
37. $y = e^{-x} \cdot \sin (2x)$	**38.** $y = \sin x^2$	**39.** $y = \frac{\sin x}{x}$
40. $y = x \cdot \cos x$	**41.** $y = \ln x \cdot \sin x$	**42.** $y = \frac{e^x}{\cos x}$

2.7.2. Maxima- und Minimarechnung

Berechne die Extremwerte (Maxima und Minima) für folgende Funktionen:

1. $y = x^3 - 2x^2 + 4$ **2.** $y = \frac{2x}{(x-1)^3}$ **3.** $y = \frac{6x}{x^2 + 8}$

4. $y = \frac{2x^2 - 10x + 18}{x - 5}$ **5.** $y = \sqrt{(x+2)^3}$ **6.** $y = \frac{x + 4}{\sqrt{x}}$

7. $y = \frac{x^2 - 1}{\sqrt{x^2 + 1}}$ **8.** $y = \frac{\ln x}{x}$ **9.** $y = x^2 \cdot e^{(x^2)}$

10. $y = \frac{x}{e^{2x}}$ **11.** $y = x^2 \cdot \ln \frac{1}{x}$ **12.** $y = e \cdot \cos(2x)$

13. $y = \sqrt{\sin^2 x + 1}$ **14.** $y = x^2 \cdot \sin^4 x$ **15.** $y = \sin x \cdot \tan x^2$

16. Die Zahl 60 ist so in zwei Summanden zu zerlegen, daß das Produkt dieser Summanden möglichst groß wird.

17. Wie muß man die Zahl 100 in Faktoren zerlegen, damit

a) die Summe der Faktoren,

b) die Summe der Quadrate der Faktoren ein Minimum wird?

18. Aus Blechtafeln von 1 m Breite soll ein rechteckiger Warmluftkanal gebogen werden. Wie müssen die Maße sein, damit möglichst viel Luft transportiert werden kann?

19. Wie groß muß man den Winkel y eines Dreiecks machen, der die Seiten a und b als Schenkel hat, wenn der Flächeninhalt möglichst groß werden soll?

20. Welche Maße muß ein gleichschenkliges Dreieck haben, das man einem Kreis einbeschreiben kann, wenn der Flächeninhalt ein Maximum werden soll?

21. Welches von allen gleichschenkligen Dreiecken, die man einem Kreis umschreiben kann, hat den kleinsten Umfang?

22. Wie groß müssen die Katheten eines rechtwinkligen Dreiecks mit konstantem Umfang gewählt werden, damit die Hypotenuse möglichst klein wird?

23. Einer Parabel $y^2 = 2px$ soll ein gleichschenkliges Dreieck einbeschrieben werden. Die Spitze liegt im Brennpunkt, die Basis zwischen Brennpunkt und Scheitel. Wie sind die Maße zu wählen, damit die Dreiecksfläche ein Maximum wird?

24. Welcher Punkt der Funktion $y = \frac{x^2 + 1}{x}$ liegt dem Koordinatenursprung am nächsten?

25. Bestimme die kürzeste Entfernung zwischen den Kurven $y = x^2 + 1$ und $y = x - 4$!

26. Einer Ellipse ist ein gleichschenkliges Dreieck mit möglichst großem Flächeninhalt einzubeschreiben. Wie sind die Maße zu wählen, wenn die Dreiecksspitze im Scheitel der Ellipse liegen soll?

27. Von einer rechteckigen Scheibe 1000 mm × 600 mm ist eine Ecke mit der Form eines rechtwinkligen Dreiecks abgesprungen. Die Katheten dieses Dreiecks sind 100 mm und 150 mm groß. Aus dem Rest soll eine neue rechteckige Scheibe mit möglichst großem Flächeninhalt geschnitten werden. Bestimme die Maße!

28. In einen Aufzugschacht mit den Innenmaßen 3×3 m sollen Stahlschienen von 5 m Länge gebracht werden. Wie hoch muß die Öffnung in der Mauer sein, wenn die Dicke der Schienen vernachlässigt wird?

29. Zwei Schiffahrtskanäle von 10 m und 16 m Breite stoßen im Winkel von 90 ° aufeinander. Wie lang dürfen Schiffe von 3 m Breite höchstens sein, damit sie in den Seitenkanal abzweigen können ?

30. Eine kleine Insel A liegt 60 km von der Küste entfernt. Ihre Entfernung von der nächsten Küstenstadt B beträgt 140 km. Ein Verwundeter soll auf dem schnellsten Wege von A nach B gebracht werden. Da kein Hubschrauber vorhanden ist, soll ein schnelles Motorboot mit 50 km/h benutzt werden. An welcher Stelle der Küste muß das Boot anlegen ? Der Verwundete soll mit einem Auto, das per Telefon von der Insel dorthin bestellt wird, nach der Stadt B gefahren werden. Das Auto kann mit einer Durchschnittsgeschwindigkeit von 100 km/h auf der wenig befahrenen Küstenstraße fahren.

31. Auf zwei sich unter 90 ° schneidenden Straßen bewegen sich die Kraftfahrzeuge A und B in Richtung auf die Kreuzung. A fährt mit 80 km/h und ist 800 m von der Kreuzung entfernt, B hat die Geschwindigkeit 60 km/h und ist 400 m von der Kreuzung entfernt. Wieviel m beträgt der kleinste Abstand zwischen beiden Fahrzeugen ?

32. Von einer Hauptstraße, die vom Ort A nach der Ortschaft B führt, zweigen in C, 6 km von A entfernt, zwei Straßen im Winkel von 90 ° ab und führen zu den Dörfern D bzw. E. Die Entfernung von der Hauptstraße beträgt 800 m bzw. 1400 m.
Vom Ort A soll zu den Dörfern D und E eine Wasserleitung unter möglichst geringem Kostenaufwand gelegt werden. In welcher Entfernung vom Ort A müssen die Einzelleitungen zu den Dörfern D und E von der gemeinsamen Leitung auf der Hauptstraße abzweigen, wenn die Kosten der Hauptleitung 120 DM pro lfd. Meter, die der Zweigleitungen 80 DM pro lfd. Meter betragen ?

33. Ein Grundstück hat die Form eines rechtwinkligen Dreiecks und liegt an einer Straßenkreuzung, wobei die Katheten des Dreiecks gleichzeitig die Straßenfront mit 80 m und 60 m bilden. Welche Maße muß der rechteckige Grundriß eines Hauses haben, wenn a) die Straßenfront, b) die bebaute Fläche möglichst groß werden soll ?

34. Zwischen den Punkten A und B einer geradlinig verlaufenden Eisenbahnstrecke von $\overline{AB} = 8$ km soll ein Bahnhof errichtet werden, für die Orte C und D, die 2 km ($\overline{CA} \perp \overline{AB}$) bzw. 5 km ($\overline{DB} \perp \overline{AB}$) von A bzw. B entfernt liegen. In welcher Entfernung vom Streckenpunkt A muß der Bahnhof E gebaut werden, damit die Gesamtlänge des Weges von Ort C nach E und Ort D nach E möglichst gering ist ? Wie lang sind die Wege von C bzw. D zum Bahnhof E, wenn die Orte C und D auf derselben Seite der Eisenbahnstrecke liegen ?

35. Die Unterkante eines 80 cm hohen Bildes ist vom Fußboden 2 m entfernt. In welcher Entfernung zur Wand muß sich ein Beobachter (Augenhöhe 170 cm) aufstellen, damit er das Bild möglichst günstig sieht ?

36. Ein Kanal hat den Querschnitt eines gleichschenkligen Trapezes. Das durchfließende Wasser soll einen Querschnitt von 60 m² haben. Der Winkel, den Böschung und Sohle bilden, beträgt 120 °. Wie groß muß die Wassertiefe sein, damit die Reibung an Kanalwänden und Sohle möglichst gering ist ?

37. Für eine Bewässerungsanlage sollen Kanäle aus 4 Fertigbetonplatten von je 30 cm Breite zusammengefügt werden, so daß der Boden des Kanals aus zwei Platten zu einem dreieckigen Querschnitt zusammengesetzt wird und die Wände aus je einer senkrecht gestellten Platte gebildet werden. Dadurch ist bei niedrigem Wasserstand eine kleine Wasseroberfläche gegeben. Unter welchem Winkel müssen die Bodenplatten zusammengesetzt werden, damit der Kanalquerschnitt möglichst groß wird ? Welche Wassermenge kann bei einer Strömungsgeschwindigkeit von 2 m/sec befördert werden ?

38. Der Querschnitt eines unterirdischen Abwässerkanals von 4 m^2 hat die Form eines Rechtecks mit aufgesetztem Halbkreis. Wie sind die Maße zu wählen, damit der benetzte Umfang, d. h. die Reibung, möglichst klein wird?

39. Ein zylindrisches Gefäß von 2 m Durchmesser und 4 m Höhe ist mit Wasser gefüllt. In welcher Höhe über dem Boden muß man eine Öffnung anbringen, damit der austretende Wasserstrahl möglichst weit reicht?

40. An einem einarmigen Hebel wirkt im Abstand 30 cm vom Drehpunkt eine Kraft $F_1 = 800$ N. In welchem Abstand vom Drehpunkt muß eine Kraft F_2 angreifen, die den Hebel im Gleichgewicht halten soll? Die Kraft F_2 soll möglichst gering sein bei einer Hebelmasse von $m = 0{,}2$ kg/cm ($m \mathrel{\hat{=}} F = 2$ N/cm Gewichtskraft). Die Hebellänge ist gleich dem zu errechnenden Abstand x der Kraft F_2 vom Drehpunkt.

41. Auf einen Balken auf zwei Stützen mit dem Abstand 1 wirkt eine Gewichtskraft F in Form eines rechtwinkligen Dreiecks. Die Auflagerkräfte greifen in den Endpunkten einer Kathete an. Berechne das maximale Biegemoment!

42. Aus rechteckigen Blechplatinen von 400×200 mm sollen durch Ausschneiden der Ecken und Hochbiegen der Ränder offene Kästen mit möglichst großem Volumen hergestellt werden. Wie sind die Maße zu wählen?

43. Eine Zündholzschachtel soll 5 cm Länge haben bei einem Volumen von 20 cm^3. Wie müssen Breite und Höhe gewählt werden, damit möglichst wenig Material verbraucht wird, wobei die Hülle eine doppelte Seitenwand und das Innenteil eine doppelte Vorderwand erhält?

44. Welche Abmessungen muß ein offenes zylindrisches Gefäß von 1 Liter Inhalt erhalten, wenn man zu seiner Herstellung möglichst wenig Blech verbrauchen will?

45. Ein Draht von 20 cm Länge soll so zu einem Rechteck gebogen werden, daß bei der Rotation dieses Rechtecks um eine Seite ein Zylinder mit a) möglichst großem Volumen und b) möglichst großem Mantel entsteht.

46. Welcher von allen Zylindern, den man einer Kugel einbeschreiben kann, hat a) das größte Volumen und b) den größten Mantel?

47. In eine Halbkugel ist der Kegelstumpf größten Volumens einzubeschreiben, der den Querschnitt der Kugel als große Grundfläche hat.

48. Aus vier Stangen von 2 m Länge ist ein Zelt von der Form einer Pyramide mit quadratischer Grundfläche und möglichst großem Volumen aufzustellen. Welche Höhe hat es?

49. Welche Maße muß eine Packung von 2000 cm^3 Volumen und quadratischer Grundfläche haben, wenn man
a) möglichst wenig Papier zum Einwickeln,
b) möglichst wenig Bindfaden zum Verschnüren verbrauchen will?

50. Ein Zementsilo hat die Form eines Zylinders mit angesetztem Kegel. Wie müssen bei einem Volumen von 20 m^3 und einem Kegelwinkel von 90° die Maße des Silos gewählt werden, damit zu seiner Herstellung möglichst wenig Blech verbraucht wird?

51. Wie müssen sich Höhe und Durchmesser eines Kegels zueinander verhalten, den man einer Kugel einbeschreiben kann, wenn der Mantel des Kegels ein Maximum werden soll?

52. Einer Kugel ist eine Pyramide mit möglichst großem Volumen einzubeschreiben. Die Grundfläche der Pyramide sei ein gleichseitiges Dreieck. Wie groß ist der Quotient aus der Höhe h und der Seitenlänge a der Grundfläche?

53. Einer Kugel ist ein Doppelkegel mit möglichst kleinem Volumen zu umschreiben. Wie müssen Durchmesser und Höhe der Kegel gewählt werden?

54. Aus einer kreisförmigen Blechplatine soll durch Ausschneiden eines Segments ein kegelförmiger Trichter hergestellt werden. Wieviel Grad muß der Ausschnitt betragen, wenn das Volumen des Trichters ein Maximum werden soll?

55. Eine Spule von 200 mm Durchmesser soll durch einen Eisenkern mit symmetrischem, kreuzförmigem Querschnitt möglichst weitgehend ausgefüllt werden. Wie sind die Maße des Kreuzes zu wählen?

2.7.3. Fehlerrechnung

Die nachstehenden Ausdrücke sind näherungsweise zu berechnen:

1. $1{,}06^4$ **2.** $2{,}004^7$ **3.** $3{,}02^4$

4. $0{,}96^3$ **5.** $0{,}988^3$ **6.** $6{,}94^3$

7. $\frac{1}{1{,}004}$ **8.** $\frac{1}{8{,}98}$ **9.** $\frac{1}{0{,}096^3}$

10. $\sqrt{3{,}96}$ **11.** $\sqrt[3]{0{,}88}$ **12.** $\sqrt[4]{1{,}076}$

13. $\ln 12{,}8$ **14.** $e^{0{,}564}$ **15.** $\sin 40{,}78°$

Bei den nachstehenden Problemen ist jeweils der absolute, relative und prozentuale Fehler zu bestimmen!

16. Welchem Fehler unterliegt das Gewicht eines Rohres pro lfd. Meter von 400 mm Innendurchmesser, wenn die Wandstärke zwischen 9,8 mm und 10,2 mm schwankt?

17. Ein Trockenofen ist mit 10000 Stahlkugeln von 10 mm Durchmesser gefüllt. Es ist die wirksame Kugeloberfläche und die mögliche Abweichung zu bestimmen, wenn die Genauigkeit der Kugeln $\pm$ 0,1 mm beträgt!

18. Wie groß ist die Resultierende zweier Kräfte von 100 N und 160 N, die einen Winkel von 50° einschließen, wenn der Winkel mit einer Genauigkeit von $\pm$ 1° bestimmt werden konnte?

19. Welche Leistung vollbringt eine Lokomotive, die bei einer Geschwindigkeit von 100 km/h $\pm$ 4 km/h eine Zugkraft von 40 kN $\pm$ 0,5 kN aufbringt?

20. Mit welcher Genauigkeit kann die Höhe eines Turmes bestimmt werden, wenn ein von seiner Spitze frei fallender Körper ohne Berücksichtigung des Luftwiderstandes 8 Sekunden bis zum Aufschlag braucht. Meßgenauigkeit: $\pm$ 0,2 sec.

21. Ein Geschoß wird unter einem Winkel von 45° mit einer Anfangsgeschwindigkeit von 800 m/sec abgeschossen. Mit welcher Genauigkeit kann die Reichweite bestimmt werden bei einem Gradfehler von $\pm$ 0,5°? Der Luftwiderstand werde vernachlässigt.

22. Ein Kraftwagen von 900 kg Masse soll von 80 km/h mit einer Verzögerung von 4 m/sec² zum Stillstand gebracht werden. Berechne Bremsweg und Bremszeit und die möglichen Fehler.

23. Mit welcher Genauigkeit kann die Zugfestigkeit einer Stahlprobe von 10 mm $\pm$ 0,02 mm Durchmesser bestimmt werden?

24. Wie ändert sich die Leistung eines Elektromotors bei einer Spannung von 220 V und konstantem Widerstand von 1000 Ohm, wenn die Spannung um $\pm$ 20 Volt schwankt?

25. Wie ändert sich das maximale Biegemoment eines Trägers auf zwei Stützen bei einer Stützweite von 120 m, wenn die Stützweite durch Wärmedehnung um $\pm$ 48 mm schwankt und eine Gewichtskraft von 8 kN/m wirkt?

2.7.4. Näherungsverfahren zur Lösung von Gleichungen höheren Grades

Untersuche nachstehende Gleichungen auf die Anzahl ihrer Lösungen, und bestimme diese mit einer Genauigkeit von ca. 1%.

1. $2x^3 - 24x + 10 = 0$

2. $x^3 - 12x + 16 = 0$

3. $x^5 + 5x + 1 = 0$

4. $3x^3 + 6x^2 + 16x + 20 = 0$

5. $x^5 + 7x^3 - 5x + 11 = 0$

6. $\frac{x^3}{7} - 3x + 1 = 0$

7. $\frac{x^4}{2} + x^2 - 3x + 2 = 0$

8. $x^3 + 6x^2 + 6x - 7 = 0$

9. $\frac{x^3 + x^2 - 8x - 12}{x^2 - 2x - 1} = 0$

10. $x^3 - 4x^2 - x + 8 = 0$

Bestimme die Nullstellen folgender Funktionen:

11. $y = \frac{x^3 - 7x + 5}{3x^2 - 4}$

12. $y = \frac{x^3 + 3x + 2}{4 - x^2}$

13. $y = x^4 - 7x - 5$

14. $y = \frac{x^3 - 12x - 4}{24}$

15. $y = 4x^3 - 96x^2 + 44$

16. $y = \frac{x^4}{2} - \frac{x^3}{2} + 2x^2 + \frac{x}{2} - 2$

17. $y = \frac{x^4 + 2x^3 + 6x^2 - 1}{x^4 + x^3 - 4}$

18. $y = x^3 - 5x + 1$

19. $y = x^4 - 17x^2 - 20x - 6$

20. $y = \frac{x^4 - x^2 - 1}{x^4 + x^2 + 1}$

21. Wie tief taucht eine Hohlkugel aus Stahl ($\varrho = 7{,}8$ g/cm³) mit einem Außendurchmesser von 500 mm und einer Wandstärke von 5 mm in Quecksilber ein?

22. Der Ponton einer Schwimmbrücke hat die Maße 6 m × 2 m × 1 m, ist allseitig geschlossen und aus Stahlblech ($\varrho_S = 7{,}85$ kg/dm³) gefertigt. Von seiner Höhe 1 m tauchen 209 mm ins Wasser ein. Wie groß ist die Blechstärke?

23. Ein Heizölbehälter hat die Form eines Zylinders mit zwei angesetzten Halbkugeln und soll 20000 l fassen. Das zylindrische Stück ist 6 m lang. Wie muß der Durchmesser gewählt werden, wenn die Wandstärke vernachlässigt wird?

24. Eine Kugel soll durch zwei parallele Schnitte in drei volumengleiche Teile zerlegt werden. Welche Höhe haben die einzelnen Kugelabschnitte?

25. Ein Kegelstumpf, dessen Höhe gleich dem großen Durchmesser ist, und wobei der große Durchmesser dreimal so groß wie der kleine Durchmesser ist, hat ein Volumen von 200 cm³. Berechne seine Maße!

3. Anhang

FUNKTIONSLEHRE	
Wichtige Funktionsgleichungen	
Ganze rationale Funktion	$y = a_0 + a_1x + a_2x^2 + \ldots + a_nx^n$
Gebrochene rationale Funktion	$y = \dfrac{a_0 + a_1 x + a_2x^2 + \ldots + a_nx^n}{b_0 + b_1x + b_2x^2 + \ldots + b_mx^m}$
Gerade	$y = a_1 x + a_0$
Kreis	$y = \pm \sqrt{r^2 - x^2}; \quad \rightarrow x^2 + y^2 = r^2$
Ellipse	$y = \pm \dfrac{b}{a}\sqrt{a^2 - x^2}; \rightarrow \dfrac{x^2}{a^2} + \dfrac{y^2}{b^2} = 1$
Hyperbel	$y = \pm \dfrac{b}{a}\sqrt{x^2 - a^2}; \rightarrow \dfrac{x^2}{a^2} - \dfrac{y^2}{b^2} = 1$
Parabel	$y = \pm \sqrt{2px}; \quad \rightarrow y^2 = 2px$
Kubische Parabel	$y = ax^3$
Neilsche (semikubische) Parabel	$y^2 = ax^3$
Strophoide Doppelpunkt $(0 \mid 0)$ Schleifenlänge $= a$	$y^2 (a + x) = x^2 (a - x); \ r = a \dfrac{\cos (2\varphi)}{\cos \varphi}$
Lemniskate	$(x^2 + y^2)^2 = a^2 (x^2 - y^2)$ $r^2 [r^2 - a^2 \cos (2\varphi)] = 0$
Zissoide Spitze $(0 \mid 0)$	$y^2 (a - x) = x^3; \ r = \dfrac{a \sin^2 \varphi}{\cos \varphi}$
Konchoide (Muschellinie)	$x^2y^2 = (a^2 - y^2) (b + y)^2$ $r = a + \dfrac{b}{\cos \varphi}$
Kardioide	$(x^2 + y^2 - ax)^2 = a^2 (x^2 + y^2)$ $r = a (1 + \cos \varphi)$
Blatt des Cartesius Doppelpunkt $(0 \mid 0)$	$x^3 + y^3 = 3axy$
Pascalsche Schnecke	$(x^2 + y^2 - ax)^2 = b^2 (x^2 + y^2)$ $r = b + a \cos \varphi$
Vierblättriges Kleeblatt	$(x^2 + y^2)^3 = a^2x^2y^2; \ r = \dfrac{a}{2} \sin (2\varphi)$
Kettenlinie	$y = \dfrac{a}{2}\left(e^{\frac{x}{a}} + e^{-\frac{x}{a}}\right)$
Logarithmische Spirale	$r = m\, e^{\frac{\varphi}{a}}$

Archimedische Spirale	$r = a \cdot \varphi$
Hyperbolische Spirale	$r = \dfrac{a}{\varphi}$
Parabolische Spirale	$r^2 = 2p\,\varphi$
Zykloide	$x = a\,(t - \sin t)$ $y = a\,(1 - \cos t)$
Epizykloide	$x = a\,[m \cos t - \cos (mt)]$ $y = a\,[m \sin t - \sin (mt)]$
Hypozykloide	$x = a\,[m \cos t + \cos (mt)]$ $y = a\,[m \sin t - \sin (mt)]$
Astroide	$x = a \cos^3 t$ $y = a \sin^3 t$
Kreisevolvente	$x = a\,(\cos t + t \sin t)$ $y = a\,(\sin t - t \cos t)$

Exponential- und Logarithmusfunktionen

$y = a \cdot b^x$	Für $b \leqq 0$ ist die Funktion $y = a \cdot b^x$ nicht erklärt
$y = a \cdot e^x$	$e = 2{,}718281828459\ldots;$ ⟶ Eulersche Zahl
$y = \log_b x$	Für $b \leqq 0$ ist die Funktion $y = \log_b x$ nicht erklärt
$y = \lg x$	$\lg x = \log_{10} x;$ ⟶ Basis $= 10;$ ⟶ Briggsscher Logarithmus
$y = \ln x$	$\ln x = \log_e x;$ ⟶ Basis $= e;$ ⟶ natürlicher Logarithmus

Umrechnungsformeln

$\ln x = 2{,}3026 \cdot \lg x$	$\ln x = \log_b x \cdot \ln b$
$\lg x = 0{,}4343 \cdot \ln x$	$\log_b x = \dfrac{\ln x}{\ln b}$

Trigonometrische Funktionen

Grundbeziehungen im rechtwinkligen Dreieck

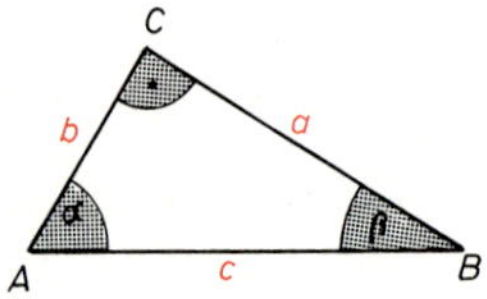

$\sin \alpha = \dfrac{\text{Gegenkathete}}{\text{Hypotenuse}} = \dfrac{a}{c}$	$\cos \alpha = \dfrac{\text{Ankathete}}{\text{Hypotenuse}} = \dfrac{b}{c}$
$\tan \alpha = \dfrac{\text{Gegenkathete}}{\text{Ankathete}} = \dfrac{a}{b}$	$\cot \alpha = \dfrac{\text{Ankathete}}{\text{Gegenkathete}} = \dfrac{b}{a}$
$\sec \alpha = \dfrac{\text{Hypotenuse}}{\text{Ankathete}} = \dfrac{c}{b}$	$\operatorname{cosec} \alpha = \dfrac{\text{Hypotenuse}}{\text{Gegenkathete}} = \dfrac{c}{a}$

Umrechnung von Winkeln: Gradmaß ⇄ Bogenmaß

$\widehat{\alpha} = \frac{2 \cdot \pi}{360} \cdot \alpha^\circ$ $\widehat{\alpha} = 0{,}01745 \cdot \alpha^\circ$	$\alpha^\circ = \frac{360}{2 \cdot \pi} \cdot \widehat{\alpha}$ $\alpha^\circ = 57{,}2958 \cdot \widehat{\alpha}$

Funktionswerte wichtiger Winkel

Winkel		$\frac{\pi}{12}$	$\frac{\pi}{10}$	$\frac{\pi}{6}$	$\frac{\pi}{5}$	$\frac{\pi}{4}$	$\frac{\pi}{3}$	$\frac{\pi}{2}$	π	$\frac{3}{2}\pi$	2π
	0°	15°	18°	30°	36°	45°	60°	90°	180°	270°	360°
sin	0	$\frac{1}{2}\sqrt{2-\sqrt{3}}$	$\frac{1}{4}(\sqrt{5}-1)$	$\frac{1}{2}$	$\frac{1}{4}\sqrt{10-2\sqrt{5}}$	$\frac{\sqrt{2}}{2}$	$\frac{\sqrt{3}}{2}$	1	0	—1	0
cos	1	$\frac{1}{2}\sqrt{2+\sqrt{3}}$	$\frac{1}{4}\sqrt{10+2\sqrt{5}}$	$\frac{\sqrt{3}}{2}$	$\frac{1}{4}(\sqrt{5}+1)$	$\frac{\sqrt{2}}{2}$	$\frac{1}{2}$	0	—1	0	1
tan	0	$2-\sqrt{3}$	$\frac{1}{5}\sqrt{25-10\sqrt{5}}$	$\frac{\sqrt{3}}{3}$	$\sqrt{5+2\sqrt{5}}$	1	$\sqrt{3}$	$\pm\infty$	0	$\pm\infty$	0
cot	$\pm\infty$	$2+\sqrt{3}$	$\sqrt{5+2\sqrt{5}}$	$\sqrt{3}$	$\frac{1}{5}\sqrt{25+10\sqrt{5}}$	1	$\frac{\sqrt{3}}{3}$	0	$\pm\infty$	0	$\pm\infty$

Berechnung des schiefwinkligen Dreiecks

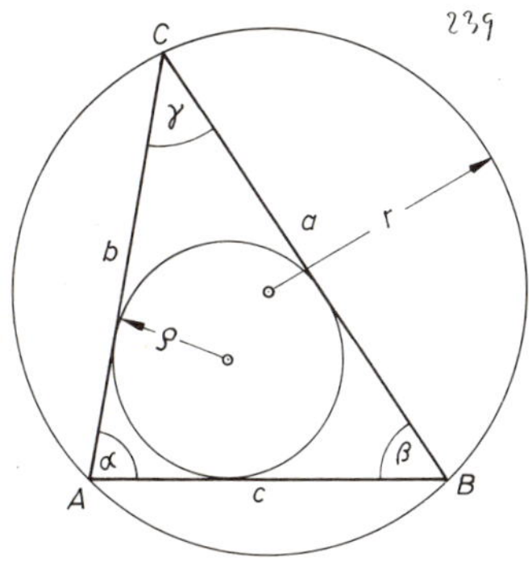

$$s = \frac{a+b+c}{2}$$

Sinussatz:

$$\sin\alpha : \sin\beta : \sin\gamma = a : b : c$$

Cosinussatz:

$$a^2 = b^2 + c^2 - 2 \cdot b \cdot c \cdot \cos\alpha$$
$$b^2 = a^2 + c^2 - 2 \cdot a \cdot c \cdot \cos\beta$$
$$c^2 = a^2 + b^2 - 2 \cdot a \cdot b \cdot \cos\gamma$$

Tangenssatz:

$$\frac{a+b}{a-b} = \frac{\tan\frac{\alpha+\beta}{2}}{\tan\frac{\alpha-\beta}{2}}$$

Mollwoidesche Gleichungen:

$$\frac{a+b}{c} = \frac{\cos\frac{\alpha-\beta}{2}}{\cos\frac{\alpha+\beta}{2}}$$

$$\frac{a-b}{c} = \frac{\sin\frac{\alpha-\beta}{2}}{\sin\frac{\alpha+\beta}{2}}$$

Halbwinkelsatz:

$$\tan\frac{\alpha}{2} = \frac{\varrho}{s-a}$$

$$\tan\frac{\beta}{2} = \frac{\varrho}{s-b}$$

$$\tan\frac{\gamma}{2} = \frac{\varrho}{s-c}$$

Dreiecksfläche:

$$A = \varrho \cdot s$$

$$A = \sqrt{s\,(s - a) \cdot (s - b) \cdot (s - c)}$$

$$A = \frac{1}{2} \cdot a \cdot b \cdot \sin \gamma$$

$$= \frac{1}{2} \cdot b \cdot c \cdot \sin \alpha$$

$$= \frac{1}{2} \cdot a \cdot c \cdot \sin \beta$$

$$A = 2 \cdot r^2 \cdot \sin \alpha \cdot \sin \beta \cdot \sin \gamma$$

$$A = \frac{a \cdot b \cdot c}{4 \cdot r}$$

Sehnengleichungen:

$$a = 2 \cdot r \cdot \sin \alpha$$

$$b = 2 \cdot r \cdot \sin \beta$$

$$c = 2 \cdot r \cdot \sin \gamma$$

Inkreisradius:

$$\varrho = \sqrt{\frac{(s - a) \cdot (s - b) \cdot (s - c)}{s}}$$

$$\varrho = 4 \cdot r \cdot \sin \frac{\alpha}{2} \cdot \sin \frac{\beta}{2} \cdot \sin \frac{\gamma}{2}$$

$$\varrho = \frac{a \cdot b \cdot c}{4 \cdot r \cdot s}$$

Vorzeichen der trigonometrischen Funktionswerte in den Quadranten I . . . IV

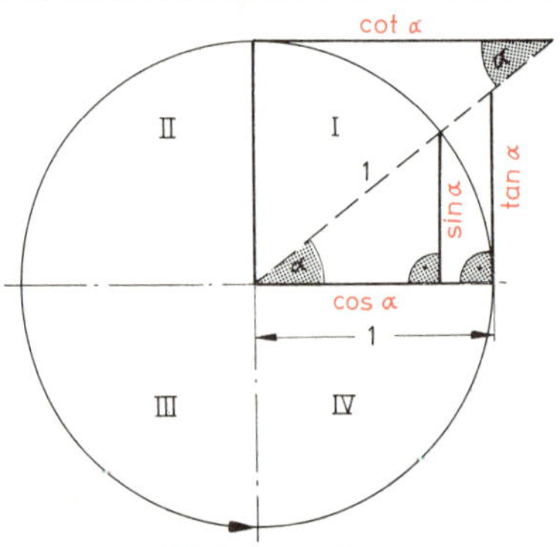

Einheitskreis

	I	II	III	IV
sin	+	+	—	—
cos	+	—	—	+
tan	+	—	+	—
cot	+	—	+	—
sec	+	—	—	+
cosec	+	+	—	—

Umformungen der trigonometrischen Funktionswerte in den Quadranten

Quadrant ▶	II	III	IV
$\alpha_{II} \ldots \alpha_{IV}$ ▶ ▼	$90° \leqq \alpha_{II} \leqq 180°$	$180° \leqq \alpha_{III} \leqq 270°$	$270° \leqq \alpha_{IV} \leqq 360°$
$\sin \alpha_{II} \ldots \sin a_{IV}$	$\sin\,(180° - \alpha_{II})$	$-\sin\,(\alpha_{III} - 180°)$	$-\sin\,(360° - \alpha_{IV})$
$\cos \alpha_{II} \ldots \cos \alpha_{IV}$	$-\cos\,(180° - \alpha_{II})$	$-\cos\,(\alpha_{III} - 180°)$	$\cos\,(360° - \alpha_{IV})$
$\tan \alpha_{II} \ldots \tan \alpha_{IV}$	$-\tan\,(180° - \alpha_{II})$	$\tan\,(\alpha_{III} - 180°)$	$-\tan\,(360° - \alpha_{IV})$
$\cot \alpha_{II} \ldots \cot \alpha_{IV}$	$-\cot\,(180° - \alpha_{II})$	$\cot\,(\alpha_{III} - 180°)$	$-\cot\,(360° - \alpha_{IV})$

Funktionen negativer Winkel

$\sin\,(-\alpha) = -\sin \alpha$	$\tan\,(-\alpha) = -\tan \alpha$
$\cos\,(-\alpha) = +\cos \alpha$	$\cot\,(-\alpha) = -\cot \alpha$

Beziehungen zwischen den Funktionswerten

$$\tan\alpha = \frac{\sin\alpha}{\cos\alpha} \qquad \sec\alpha = \frac{1}{\cos\alpha}$$

$$\cot\alpha = \frac{\cos\alpha}{\sin\alpha} \qquad \operatorname{cosec}\alpha = \frac{1}{\sin\alpha}$$

$$\sin^2\alpha + \cos^2\alpha = 1 \qquad \tan\alpha\cdot\cot\alpha = 1$$

$$\frac{1}{\sin^2\alpha} = 1 + \cot^2\alpha \qquad \frac{1}{\cos^2\alpha} = 1 + \tan^2\alpha$$

$\sin\alpha =$	$\cos\alpha =$	$\tan\alpha =$	$\cot\alpha =$
$\sqrt{1-\cos^2\alpha}$	$\sqrt{1-\sin^2\alpha}$	$\frac{\sin\alpha}{\sqrt{1-\sin^2\alpha}}$	$\frac{\sqrt{1-\sin^2\alpha}}{\sin\alpha}$
$\frac{\tan\alpha}{\sqrt{1+\tan^2\alpha}}$	$\frac{1}{\sqrt{1+\tan^2\alpha}}$	$\frac{\sqrt{1-\cos^2\alpha}}{\cos\alpha}$	$\frac{\cos\alpha}{\sqrt{1-\cos^2\alpha}}$
$\frac{1}{\sqrt{1+\cot^2\alpha}}$	$\frac{\cot\alpha}{\sqrt{1+\cot^2\alpha}}$	$\frac{1}{\cot\alpha}$	$\frac{1}{\tan\alpha}$

Funktionswerte von Vielfachen eines Winkels

$$\sin(2\alpha) = 2\cdot\sin\alpha\cdot\cos\alpha$$

$$\cos(2\alpha) = \cos^2\alpha - \sin^2\alpha = 2\cdot\cos^2\alpha - 1 = 1 - 2\cdot\sin^2\alpha$$

$$\sin(3\alpha) = 3\cdot\sin\alpha - 4\cdot\sin^3\alpha$$

$$\cos(3\alpha) = 4\cdot\cos^3\alpha - 3\cdot\cos\alpha$$

$$\tan(2\alpha) = \frac{2\cdot\tan\alpha}{1-\tan^2\alpha}$$

$$\cot(2\alpha) = \frac{\cot^2\alpha - 1}{2\cdot\cot\alpha}$$

$$\tan(3\alpha) = \frac{3\cdot\tan\alpha - \tan^3\alpha}{1 - 3\cdot\tan^2\alpha}$$

$$\cot(3\alpha) = \frac{\cot^3\alpha - 3\cdot\cot\alpha}{3\cdot\cot^2\alpha - 1}$$

$$\sin(n\alpha) = n\cdot\sin\alpha\cdot\cos^{n-1}\alpha - \binom{n}{3}\cdot\sin^3\alpha\cdot\cos^{n-3}\alpha + \binom{n}{5}\cdot\sin^5\alpha\cdot\cos^{n-5}\alpha - + \ldots$$

$$\cos(n\alpha) = \cos\alpha - \binom{n}{2}\cdot\sin^2\alpha\cdot\cos^{n-2}\alpha + \binom{n}{4}\cdot\sin^4\alpha\cdot\cos^{n-4}\alpha - + \ldots$$

$$\sin\alpha = \sqrt{\frac{1-\cos(2\alpha)}{2}}$$

$$\cos\alpha = \sqrt{\frac{1+\cos(2\alpha)}{2}}$$

$$\tan\alpha = \sqrt{\frac{1-\cos(2\alpha)}{1+\cos(2\alpha)}} = \frac{\sin(2\alpha)}{1+\cos(2\alpha)}$$

$$\cos\alpha + \sin\alpha = \sqrt{1+\sin(2\alpha)}$$

$$\cos\alpha - \sin\alpha = \sqrt{1-\sin(2\alpha)}$$

$$\cot\alpha + \tan\alpha = \frac{2}{\sin(2\alpha)}$$

$$\cot\alpha - \tan\alpha = 2\cdot\cot(2\alpha)$$

Funktionswerte von Teilen eines Winkels

$$\sin\frac{\alpha}{2} = \sqrt{\frac{1-\cos\alpha}{2}}$$

$$\cos\frac{\alpha}{2} = \sqrt{\frac{1+\cos\alpha}{2}}$$

$$\sin\alpha = 2\cdot\sin\frac{\alpha}{2}\cos\frac{\alpha}{2}$$

$$\cos\alpha = \cos^2\frac{\alpha}{2} - \sin^2\frac{\alpha}{2}$$

$$2\cdot\sin^2\frac{\alpha}{2} = 1-\cos\alpha$$

$$2\cdot\cos^2\frac{\alpha}{2} = 1+\cos\alpha$$

$$\tan\frac{\alpha}{2} = \sqrt{\frac{1-\cos\alpha}{1+\cos\alpha}}$$

$$= \frac{1+\cos\alpha}{\sin\alpha}$$

$$\tan\alpha = \frac{2\cdot\tan\frac{\alpha}{2}}{1-\tan^2\frac{\alpha}{2}}$$

$$\cot\alpha = \frac{\cot^2\frac{\alpha}{2}-1}{2\cdot\cot\frac{\alpha}{2}}$$

Funktionswerte für zwei Winkel

$$\sin(\alpha\pm\beta) = \sin\alpha\cdot\cos\beta \pm \cos\alpha\cdot\sin\beta$$

$$\cos(\alpha\pm\beta) = \cos\alpha\cdot\cos\beta \mp \sin\alpha\cdot\sin\beta$$

$$\tan(\alpha\pm\beta) = \frac{\tan\alpha\pm\tan\beta}{1\mp\tan\alpha\cdot\tan\beta}$$

$$\cot(\alpha\pm\beta) = \frac{\cot\alpha\cdot\cot\beta\mp 1}{\cot\beta\pm\cot\alpha}$$

$$\sin\alpha+\sin\beta = 2\cdot\sin\frac{\alpha+\beta}{2}\cdot\cos\frac{\alpha-\beta}{2}$$

$$\sin\alpha-\sin\beta = 2\cdot\cos\frac{\alpha+\beta}{2}\cdot\sin\frac{\alpha-\beta}{2}$$

$$\cos\alpha+\cos\beta = 2\cdot\cos\frac{\alpha+\beta}{2}\cdot\cos\frac{\alpha-\beta}{2}$$

$$\cos\alpha-\cos\beta = -2\cdot\sin\frac{\alpha+\beta}{2}\cdot\sin\frac{\alpha-\beta}{2}$$

$$\tan\alpha+\tan\beta = \frac{\sin(\alpha+\beta)}{\cos\alpha\cdot\cos\beta}$$

$$\tan\alpha-\tan\beta = \frac{\sin(\alpha-\beta)}{\cos\alpha\cdot\cos\beta}$$

$$\cot\alpha+\cot\beta = \frac{\sin(\alpha+\beta)}{\sin\alpha\cdot\sin\beta}$$

$$\cot\alpha-\cot\beta = -\frac{\sin(\alpha-\beta)}{\sin\alpha\cdot\sin\beta}$$

$$\frac{\sin\alpha+\sin\beta}{\cos\alpha+\cos\beta} = \tan\frac{\alpha+\beta}{2}$$

$$\frac{\sin\alpha-\sin\beta}{\cos\alpha+\cos\beta} = \tan\frac{\alpha-\beta}{2}$$

$$\frac{\tan\alpha+\tan\beta}{\cot\alpha+\cot\beta} = \tan\alpha\cdot\tan\beta$$

$$\frac{\cot\alpha+1}{\cot\alpha-1} = \cot(45^\circ-\alpha)$$

$$\frac{1+\tan\alpha}{1-\tan\alpha} = \tan(45^\circ+\alpha)$$

$$2\cdot\sin\alpha\cdot\cos\beta = \sin(\alpha+\beta)+\sin(\alpha-\beta)$$

$$2\cdot\cos\alpha\cdot\cos\beta = \cos(\alpha+\beta)+\cos(\alpha-\beta)$$

$$2\cdot\sin\alpha\cdot\sin\beta = -[\cos(\alpha+\beta)-\cos(\alpha-\beta)]$$

$$\sin(\alpha+\beta)\cdot\sin(\alpha-\beta) = \sin^2\alpha-\sin^2\beta = \cos^2\beta-\cos^2\alpha$$

$$\cos(\alpha+\beta)\cdot\cos(\alpha-\beta) = \cos^2\alpha-\sin^2\beta = \cos^2\beta-\sin^2\alpha$$

Funktionswerte für drei Winkel ($\alpha + \beta + \gamma = 180° \mathrel{\hat{=}} \pi$)

$$\sin\alpha + \sin\beta + \sin\gamma = 4 \cdot \cos\frac{\alpha}{2} \cdot \cos\frac{\beta}{2} \cdot \cos\frac{\gamma}{2}$$

$$\cos\alpha + \cos\beta + \cos\gamma = 4 \cdot \sin\frac{\alpha}{2} \cdot \sin\frac{\beta}{2} \cdot \sin\frac{\gamma}{2} + 1$$

$$\sin\alpha + \sin\beta - \sin\gamma = 4 \cdot \sin\frac{\alpha}{2} \cdot \sin\frac{\beta}{2} \cdot \cos\frac{\gamma}{2}$$

$$\cos\alpha + \cos\beta - \cos\gamma = 4 \cdot \cos\frac{\alpha}{2} \cdot \cos\frac{\beta}{2} \cdot \sin\frac{\gamma}{2} - 1$$

$$\sin(2\alpha) + \sin(2\beta) + \sin(2\gamma) = 4 \cdot \sin\alpha \cdot \sin\beta \cdot \sin\gamma$$

$$\cos(2\alpha) + \cos(2\beta) + \cos(2\gamma) = -4 \cdot \cos\alpha \cdot \cos\beta \cdot \cos\gamma - 1$$

$$\sin(2\alpha) + \sin(2\beta) - \sin(2\gamma) = 4 \cdot \cos\alpha \cdot \cos\beta \cdot \sin\gamma$$

$$\cos(2\alpha) + \cos(2\beta) - \cos(2\gamma) = -4 \cdot \sin\alpha \cdot \sin\beta \cdot \cos\gamma + 1$$

$$\sin^2\alpha + \sin^2\beta + \sin^2\gamma = 2 \cdot \cos\alpha \cdot \cos\beta \cdot \cos\gamma + 2$$

$$\cos^2\alpha + \cos^2\beta + \cos^2\gamma = -2 \cdot \cos\alpha \cdot \cos\beta \cdot \cos\gamma + 1$$

$$\sin^2\alpha + \sin^2\beta - \sin^2\gamma = 2 \cdot \sin\alpha \cdot \sin\beta \cdot \cos\gamma$$

$$\cos^2\alpha + \cos^2\beta - \cos^2\gamma = -2 \cdot \sin\alpha \cdot \sin\beta \cdot \cos\gamma + 1$$

$$\tan\alpha + \tan\beta + \tan\gamma = \tan\alpha \cdot \tan\beta \cdot \tan\gamma$$

$$\cot\frac{\alpha}{2} + \cot\frac{\beta}{2} + \cot\frac{\gamma}{2} = \cot\frac{\alpha}{2} \cdot \cot\frac{\beta}{2} \cdot \cot\frac{\gamma}{2}$$

$$\cot\alpha \cdot \cot\beta + \cot\beta \cdot \cot\gamma + \cot\gamma \cdot \cot\alpha = 1$$

Trigonometrische Beziehungen im Komplexen

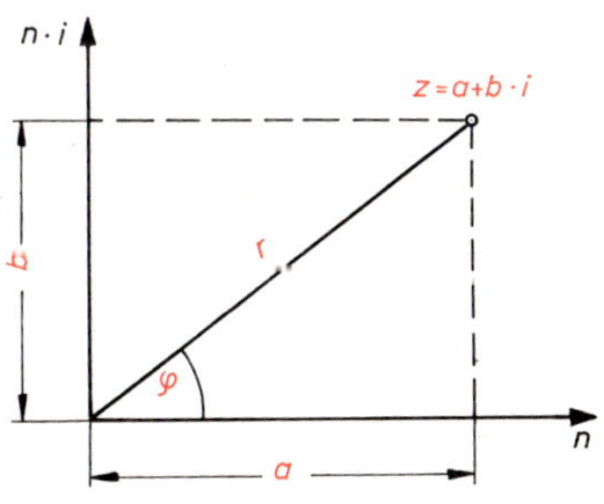

Grundbeziehungen:

$$r = \sqrt{a^2 + b^2}; \quad \tan\varphi = \frac{b}{a}$$

$$a = r \cdot \cos\varphi; \quad b = r \cdot \sin\varphi$$

$$a + bi = r(\cos\varphi + i \cdot \sin\varphi) = r \cdot e^{i \cdot \varphi}$$

Vorzeichen in den Quadranten:

- I $\longrightarrow a > 0; \quad b > 0$
- II $\longrightarrow a < 0; \quad b > 0$
- III $\longrightarrow a < 0; \quad b < 0$
- IV $\longrightarrow a > 0; \quad b < 0$

Berechnungen im Komplexen:

$$\left.\begin{aligned} z_1 &= r_1(\cos\varphi_1 + i\cdot\sin\varphi_1) \\ z_2 &= r_2(\cos\varphi_2 + i\cdot\sin\varphi_2) \end{aligned}\right\} \longrightarrow z_1\cdot z_2 = r_1\cdot r_2\left[\cos(\varphi_1+\varphi_2) + i\cdot\sin(\varphi_1+\varphi_2)\right]$$

$$\longrightarrow \frac{z_1}{z_2} = \frac{r_1}{r_2}\cdot\left[\cos(\varphi_1-\varphi_2) + i\cdot\sin(\varphi_1-\varphi_2)\right]$$

$$z^n = r^n\cdot\left[\cos(n\cdot\varphi) + i\cdot\sin(n\cdot\varphi)\right]$$

$$\sqrt[n]{z} = \sqrt[n]{r}\cdot\left(\cos\frac{\varphi}{n} + i\cdot\sin\frac{\varphi}{n}\right)$$

$$z^{\frac{m}{n}} = r^{\frac{m}{n}}\cdot\left(\cos\frac{m\cdot\varphi}{n} + i\cdot\sin\frac{m\cdot\varphi}{n}\right)$$

$$e^{i\cdot x} = \cos x + i\cdot\sin x$$

$$e^{-i\cdot x} = \cos x - i\cdot\sin x$$

$$\cos x = \frac{1}{2}\left(e^{i\cdot x} + e^{-i\cdot x}\right)$$

$$\sin x = \frac{1}{2\cdot i}\left(e^{i\cdot x} - e^{-i\cdot x}\right)$$

Arcusfunktionen

Funktion	Umkehrfunktion	Hauptwerte
$y = \sin x$	$y = \operatorname{arc}\sin x$	$-\frac{\pi}{2} \leqq y \leqq +\frac{\pi}{2}$
$y = \cos x$	$y = \operatorname{arc}\cos x$	$0 \leqq y \leqq +\pi$
$y = \tan x$	$y = \operatorname{arc}\tan x$	$-\frac{\pi}{2} < y < +\frac{\pi}{2}$
$y = \cot x$	$y = \operatorname{arc}\cot x$	$0 < y < +\pi$

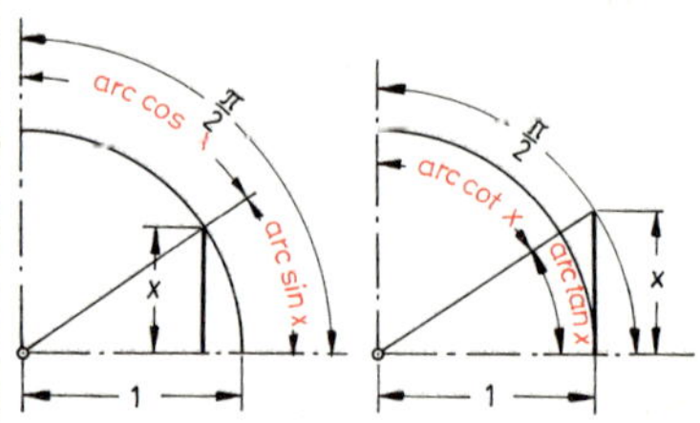

$$\operatorname{arc}\sin x + \operatorname{arc}\cos x = \frac{\pi}{2};\qquad \operatorname{arc}\tan x + \operatorname{arc}\cot x = \frac{\pi}{2}$$

Hyperbelfunktionen

$$\sinh x = \frac{1}{2}\left(e^x - e^{-x}\right)$$

$$\cosh x = \frac{1}{2}\left(e^x + e^{-x}\right)$$

$$\tanh x = \frac{\sinh x}{\cosh x} = \frac{e^x - e^{-x}}{e^x + e^{-x}}$$

$$\coth x = \frac{\cosh x}{\sinh x} = \frac{e^x + e^{-x}}{e^x - e^{-x}}$$

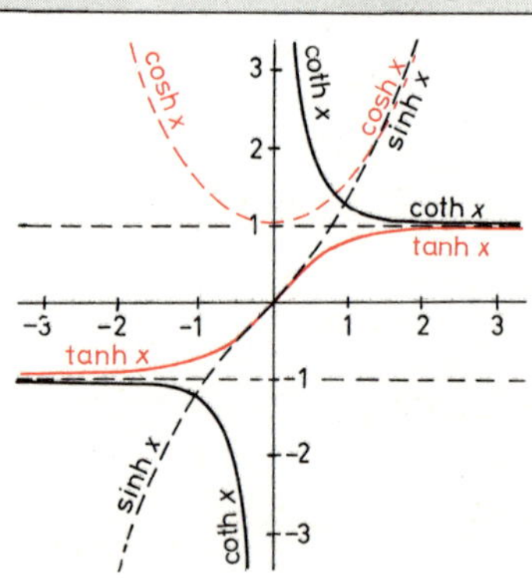

$\cosh^2 x - \sinh^2 x = 1$ $\cosh x + \sinh x = e^{x}$ $\cosh x - \sinh x = e^{-x}$	$\tanh(\alpha \pm \beta) = \dfrac{\tanh \alpha \pm \tanh \beta}{1 \pm \tanh \alpha \cdot \tanh \beta}$ $\coth(\alpha \pm \beta) = \dfrac{1 \pm \coth \alpha \cdot \coth \beta}{\coth \alpha \pm \coth \beta}$

$$\sinh(\alpha \pm \beta) = \sinh \alpha \cdot \cosh \beta \pm \cosh \alpha \cdot \sinh \beta$$
$$\cosh(\alpha \pm \beta) = \cosh \alpha \cdot \cosh \beta \pm \sinh \alpha \cdot \sinh \beta$$
$$\sinh(n\alpha) = n \cdot \sinh \alpha \cdot \cosh^{n-1} \alpha + \binom{n}{3} \cdot \sinh^3 \alpha \cdot \cosh^{n-3} \alpha + \dots$$
$$\cosh(n\alpha) = \cosh^{n} \alpha + \binom{n}{2} \cdot \cosh^{n-2} \alpha \cdot \sinh^2 \alpha + \binom{n}{4} \cdot \cosh^{n-4} \alpha \cdot \sinh^4 \alpha + \dots$$

$\sin x = -i \cdot \sinh(i x)$ $\cos x = \cosh(i x)$ $\tan x = -i \cdot \tanh(i x)$ $\cot x = i \cdot \coth(i x)$	$\sinh x = -i \cdot \sin(i x)$ $\cosh x = \cos(i x)$ $\tanh x = -i \cdot \tan(i x)$ $\coth x = i \cdot \cot(i x)$

Areafunktionen

$\operatorname{ar\,sinh} x = \ln\left(x + \sqrt{x^2 + 1}\right)$ $\operatorname{ar\,cosh} x = \ln\left(x \pm \sqrt{x^2 - 1}\right)$; für $x \geqq 1$	$\operatorname{ar\,tanh} x = \frac{1}{2} \cdot \ln \frac{1 + x}{1 - x}$; für $-1 \leqq x \leqq 1$ $\operatorname{ar\,coth} x = \frac{1}{2} \cdot \ln \frac{x + 1}{x - 1}$; für $-1 \geqq x \geqq 1$

Differentialrechnung

Differenzenquotient	$\dfrac{\Delta y}{\Delta x} = \dfrac{f(x + \Delta x) - f(x)}{\Delta x}$
Differentialquotient	$\dfrac{dy}{dx} = \lim\limits_{\Delta x \to 0} \dfrac{f(x + \Delta x) - f(x)}{\Delta x}$; $\dfrac{dy}{dx} = f'(x) = y'$

Grundformeln zur Differentiation algebraischer Funktionen

	Funktion: $y = f(x)$	1. Ableitung: $f'(x) = y'$
Potenzregel	$y = x^{n}$	$y' = n \cdot x^{n-1}$
Konstantenregel	$y = a \cdot x^{n}$ $y = a$	$y' = a \cdot n \cdot x^{n-1}$ $y' = 0$
Summenregel	$y = f_1(x) \pm f_2(x) \pm \dots$	$y' = f_1'(x) \pm f_2'(x) \pm \dots$
Quotientenregel	$y = \dfrac{u(x)}{v(x)}$	$y' = \dfrac{u' \cdot v - v' \cdot u}{v^2}$

Produktenregel	$y = u(x) \cdot v(x)$ $y = u(x) \cdot v(x) \cdot w(x)$	$y' = u' \cdot v + v' \cdot u$ $= u \cdot v \cdot \left[\frac{u'}{u} + \frac{v'}{v}\right]$ $y' = u' \cdot v \cdot w + u \cdot v' \cdot w + u \cdot v \cdot w'$ $= u \cdot v \cdot w \cdot \left[\frac{u'}{u} + \frac{v'}{v} + \frac{w'}{w}\right]$
Kettenregel	$y = f(z)$ $= f[\varphi(x)]$	$y' = f'(z) \cdot \varphi'(x)$ $= \frac{dy}{dz} \cdot \frac{dz}{dx}$
Grundformeln zur Differentiation transzendenter Funktionen		
Exponentialfunktion	$y = b^x$ $y = b^{ax}$ $y = e^x$ $y = e^{ax}$ $y = e^x \cdot x^n$ $y = x^x$	$y' = b^x \cdot \ln b$ $y' = a \cdot b^{ax} \cdot \ln b$ $y' = e^x$ $y' = a \cdot e^{ax}$ $y' = e^x \cdot x^{n-1} \cdot (n + x)$ $y' = x^x \cdot (1 + \ln x)$
Logarithmische Funktionen	$y = \log_b x$ $y = \log_b (ax)$ $y = \ln x$ $y = \ln (ax)$ $y = \ln \frac{1 + x}{1 - x}$	$y' = \frac{1}{x \cdot \ln b}$ $y' = \frac{1}{x \cdot \ln b}$ $y' = \frac{1}{x}$ $y' = \frac{1}{ax}$ $y' = \frac{2}{1 - x^2}$
Trigonometrische Funktionen	$y = \sin x$ $y = \cos x$ $y = \tan x$	$y' = \cos x$ $y' = -\sin x$ $y' = \frac{1}{\cos^2 x}$ $= 1 + \tan^2 x$

Trigonometrische Funktionen	$y = \cot x$	$y' = -\frac{1}{\sin^2 x}$ $= -(1 + \cot^2 x)$
	$y = \sec x$	$y' = \frac{\sin x}{\cos^2 x}$ $= \tan x \cdot \sec x$
	$y = \operatorname{cosec} x$	$y' = -\frac{\cos x}{\sin^2 x}$ $= -\cot x \cdot \operatorname{cosec} x$
	$y = a \cdot \sin (bx)$	$y' = a \cdot b \cdot \cos (bx)$
	$y = a \cdot \cos (bx)$	$y' = -a \cdot b \cdot \sin (bx)$
	$y = a \cdot \tan (bx)$	$y' = \frac{a \cdot b}{\cos^2 (bx)}$ $= a \cdot b \cdot [1 + \tan^2 (bx)]$
	$y = a \cdot \cot (bx)$	$y' = -\frac{a \cdot b}{\sin^2 (bx)}$ $= -a \cdot b \cdot [1 + \cot^2 (bx)]$
	$y = \sin^n x$	$y' = n \cdot \sin^{n-1} x \cdot \cos x$
	$y = \cos^n x$	$y' = -n \cdot \cos^{n-1} x \cdot \sin x$
	$y = \tan^n x$	$y' = n \cdot \tan^{n-1} x \cdot (1 + \tan^2 x)$
	$y = \cot^n x$	$y' = -n \cdot \cot^{n-1} x \cdot (1 + \cot^2 x)$
	$y = x \cdot \sin x$	$y' = x \cdot \cos x + \sin x$
Zyklometrische Funktionen	$y = \operatorname{arc} \sin x$	$y' = \frac{1}{\sqrt{1 - x^2}}$; für $-1 \leqq x \leqq +1$
	$y = \operatorname{arc} \cos x$	$y' = -\frac{1}{\sqrt{1 - x^2}}$; für $-1 \leqq x \leqq +1$
	$y = \operatorname{arc} \tan x$	$y' = \frac{1}{1 + x^2}$
	$y = \operatorname{arc} \cot x$	$y' = -\frac{1}{1 + x^2}$

Hyperbelfunktionen	$y = \sinh x$ $y = \cosh x$ $y = \tanh x$ $y = \coth x$	$y' = \cosh x$ $y' = \sinh x$ $y' = 1 - \tanh^2 x = \frac{1}{\cosh^2 x}$ $y' = 1 - \coth^2 x = -\frac{1}{\sinh^2 x}$
Areafunktionen	$y = \text{ar} \sinh x$ $y = \text{ar} \cosh x$ $y = \text{ar} \tanh x$ $y = \text{ar} \coth x$	$y' = \frac{1}{\sqrt{x^2 + 1}}$ $y' = \frac{1}{\sqrt{x^2 - 1}}$; für $x \geqq 1$ $y' = \frac{1}{1 - x^2}$; für $-1 \leqq x \leqq +1$ $y' = \frac{1}{1 - x^2}$; für $-1 \geqq x \geqq +1$
Besondere Formen der Differentiation		
Umkehrfunktion	$y = f(x); \longrightarrow x = \varphi(y)$	$y' = \frac{1}{\varphi'(x)}$
Implizite Funktion	$f(x;y) = 0$ $f(x) = \varphi(y)$	$y' = -\frac{\frac{\partial f}{\partial x}}{\frac{\partial f}{\partial y}} = -\frac{f'(x)}{f'(y)}$ $f'(x) \cdot dx = \varphi'(y) \cdot dy$
Parameter-darstellung	$y = f_1(t)$ $x = f_2(t)$	$y' = \frac{f_1'(t)}{f_2'(t)}$ $y'' = \frac{f_1''(t) \cdot f_2'(t) - f_2''(t) \cdot f_1'(t)}{[f_2'(t)]^2}$

Polarkoordinatendarstellung	$r = f(\varphi)$	$r' = \frac{dr}{d\varphi}$
	$x = r \cdot \cos \varphi$	$y' = \frac{r' \cdot \tan \varphi + r}{r' - r \cdot \tan \varphi}$
	$y = r \cdot \sin \varphi$	$y' = \frac{r' \cdot \sin \varphi + r \cdot \cos \varphi}{r' \cdot \cos \varphi - r \cdot \sin \varphi}$
		$y'' = \frac{r^2 + 2 \cdot r'^2 - r \cdot r'}{(r' \cdot \cos \varphi - r \cdot \sin \varphi)^3}$

Anwendungen der Differentialrechnung

Maxima- und Minimarechnung

Maximum	$y = f(x)$	$y' \dots y^{(2n-1)} = 0; \quad y^{(2n)} < 0$
Minimum		$y' \dots y^{(2n-1)} = 0; \quad y^{(2n)} > 0$
Normaler Wendepunkt		$y' \neq 0; \; y'' = 0; \; y^{(2n-1)} \neq 0$
Sattelpunkt		$y' = 0; \quad y'' = 0; \quad y''' \neq 0$

Fehlerrechnung

absoluter Fehler	$y = f(x); \longrightarrow \Delta y \approx f'(x) \cdot \Delta x$
relativer Fehler	$y = f(x); \longrightarrow \frac{\Delta y}{y} \approx \frac{f'(x)}{f(x)} \cdot \Delta x$
prozentualer Fehler	$y = f(x); \longrightarrow \frac{\Delta y}{y} \cdot 100 \approx \frac{f'(x)}{f(x)} \cdot 100 \cdot \Delta x$

Näherungsverfahren

Regula falsi	$x_3 = x_2 - \frac{x_2 - x_1}{y_2 - y_1} \cdot y_2$
Newtonsches Verfahren	$x_2 = x_1 - \frac{f(x_1)}{f'(x_1)}$

STICHWORTVERZEICHNIS

T

U

V

W

X

Y

Z